Les concepts de la géographie humaine

Chez le même éditeur

Géographie générale

La face de la Terre, par Ph. et G. Pinchemel
Éléments d'épistémologie de la géographie, par A.S. Bailly et R. Ferras
Éléments de géologie, par C. Pomerol et M. Renard
Les tropiques, terres de risques et de violences, par J. Gallais
Géographie de l'Orient arabe, par B. Dumortier
Les climats, par A. Godard et M. Tabeaud
La représentation des données géographiques, par M. Béguin et D. Pumain
Les cours d'eau, par J.-P. Bravard et F. Petit
Initiation aux pratiques statistiques en géographie, par Groupe Chadule
Les villes d'Afrique tropicale, par P. Vennetier
Géographie humaine de l'Allemagne, par J.-Cl. Boyer
Introduction à la géographie humaine, par A.S. Bailly et H. Beguin
Introduction à la géographie, par R. Marconis
Composantes et concepts de la géographie physique, par M. Derruau
Glossaire de géomorphologie, par F. Joly
Les États-Unis, par J. Mauduy
Les « milieux naturels » du globe, par J. Demangeot
Les littoraux, par J. Paskoff
Le monde en cartes, par R. Cheize et J.-P. Rousseau
Villes et urbanisme dans le monde, par J. Pelletier et C. Delfante
Villes et campagnes, par J.-B. Charrier
Les grandes métropoles du monde et leur crise, par R. Guglielmo
Géographie du tourisme, par J.-P. Lozato-Giotart
Géographie de la population, par D. Noin
Géomorphologie, par R. Coque
Géographie humaine, par M. Derruau
Les formes du relief terrestre, par M. Derruau
Les concepts de la géographie humaine, par A.-S. Bailly
Les grands types de structures agraires dans le monde, par R. Lebeau
Les quatre mondes du Tiers Monde, par R. Chapuis
Le Japon, par Ph. Pelletier
Le Tiers Monde, par N. Badia-Lloveras
Les rivages asiatiques du Pacifique, par R. d'Angio et J. Mauduy
L'Afrique du Sud et les États voisins, par Ph. Gervais-Lambony

Géographie de la France

Les littoraux français, par J.-J. Bavoux
Le relief de la France. Coupes et croquis, par Y. Battiau-Queney
Climats et cours d'eau de France, par P. Pagney
La France. Les 22 régions, par M. Baleste, J.-C. Boyer, J. Gras, S. Montagné-Villette et C. Vareil
L'économie française, par M. Baleste
La population de la France, par D. Noin
Les ruraux français, par R. Chapuis et T. Brossard
La France, par R. Cheize
Les villes françaises, par B. Barrère, M. Cassou-Mounat
La ville, par J. Bastié et B. Dézert
Géographie urbaine, par J. Beaujeu-Garnier
L'urbanisme des réseaux, par G. Dupuy
Les régions françaises, tomes 1 et 2, par P. Estienne
Les agricultures de l'Union européenne, par P. Limouzin

Les concepts de la géographie humaine

Coordinateur : Antoine S. Bailly

Quatrième édition revue et augmentée

ARMAND COLIN

ISBN : 2-200-217404

Armand Colin Éditeur – 34bis, rue de l'Université – 75007 Paris

Table des matières

Présentation de l'ouvrage : un guide de références et un manuel de réflexion

Antoine S. Bailly*

* Professeur à l'Université de Genève.

1. Les objectifs : un guide de références et un manuel de réflexion

Une science se définit par son champ d'étude, ses concepts, ses méthodes indispensables à l'expression de son rôle dans le progrès de la connaissance. La géographie, comme toutes les sciences sociales, s'est ainsi progressivement dotée d'une série de concepts[1] et de méthodes qui guident sa vision du monde, son « savoir géographier la Terre » pourrait-on dire.

Cet ouvrage a comme objectif premier de *définir* et *d'expliciter* les principaux concepts utilisés en géographie et de montrer leur insertion dans l'évolution des sciences. Il constitue à la fois un *guide de références* et un *manuel de réflexion* pour que les étudiants en géographie et en sciences économiques et sociales puissent trouver, dans un volume maniable, des définitions des grands concepts géographiques et comprendre l'évolution de la discipline ; ce texte se veut aussi utile pour la recherche théorique et appliquée par la présence de références aux principaux ouvrages et auteurs, sans lesquelles il est difficile d'entamer des analyses approfondies.

2. Des articles généraux pour compléter les manuels d'introduction

Cet ouvrage ne veut pas être un dictionnaire, ni une encyclopédie ; en effet, pour éviter les lacunes de dictionnaires, qui ne peuvent que survoler, hors contexte, chaque terme, le choix d'une présentation d'articles généraux a été délibérément décidé. Les auteurs décrivent dans le cadre de vingt-quatre chapitres l'évolution, les grands résultats et l'état actuel de la discipline, en ayant soin de définir les concepts qu'ils utilisent.

1. Concept : représentation mentale, abstraite. Le concept, reconstruction analytique du monde, prend son sens dans le cadre d'une problématique.

L'ouvrage se veut ainsi *complément des manuels d'introduction*, puisque sa conception repose sur l'idée que tout progrès dans la connaissance résulte, non seulement du raffinement des techniques, mais surtout des manières de concevoir la recherche et de considérer les phénomènes. Toute manipulation de données ne prend son sens que si elle est liée à un corpus de concepts cohérents. Par la présence d'auteurs utilisant des démarches et des méthodes différentes, le contenu reflète la *variété des points de vue géographiques*, ce qui est essentiel pour le lecteur qui souhaite avoir une vision complète des orientations disciplinaires.

3. La présentation des chapitres

Afin de faciliter la lecture et l'utilisation des chapitres de l'ouvrage, une mise en page originale a été choisie.

3.1. Le texte des chapitres

Le texte des chapitres, divisé en sections (1., 2., ...), permet de développer les thèmes et concepts majeurs de la discipline. Par exemple :

La géographie est « la seule discipline pour laquelle la région soit une notion centrale », écrivait E. Juillard[2] en 1967. Pourtant malgré l'ancienneté de la *géographie régionale*[3] subsiste un...

Les appels de notes et les italiques indiquent une référence numérotée dans la marge.

3.2. La marge

La colonne droite ou gauche de chaque page est alors utilisée pour mettre en évidence des concepts et ouvrages importants. Par exemple, en reprenant le texte qui précède.

La géographie est « la seule discipline pour laquelle la région soit une notion centrale » écrivait E. Juillard[2] en 1967. Pourtant malgré l'ancienneté de la *géographie régionale*[3] subsiste un...

Sont ainsi présentés dans cette marge :

– des définitions conceptuelles lorsque celles-ci ne sont pas données dans le texte : le concept de géographie régionale par exemple[3] ;

– les concepts, qui servent de repères aux lecteurs, lorsqu'ils sont définis dans le texte : le concept de perception par exemple[4] ;

– des références aux ouvrages nécessaires pour approfondir le sujet : un ouvrage par exemple[5] ;

La présentation respecte les normes suivantes :

– Nom de l'auteur, initiale du prénom, date de publication, *Titre*, Éditeur, lieu de parution, s'il s'agit d'un livre.

2. Juillard E., 1967, *Région et régionalisation*...
3. *Géographie régionale* : identification d'espaces caractérisés dans leur ensemble...
4. *Perception* : fonction par laquelle l'esprit se représente...
5. Bailly A., 1981, *La géographie du bien-être*...

– Nom de l'auteur, initiale du prénom, date de publication, *Titre*, *Revue*, volume et/ou numéro, pages, s'il s'agit d'un article.

4. Index et table des matières

4.1. Les index

Deux index détaillés des concepts et des auteurs, placés en fin d'ouvrage, permettent aux lecteurs de trouver la (ou les) page(s) des références et ainsi de se reporter directement au(x) chapitre(s) qui leur est (sont) utile(s). Sont mentionnées en italique les pages où se trouvent les définitions principales des concepts.

4.2. La table des matières

Une table des matières, au début de l'ouvrage, dresse la liste des chapitres correspondant aux principaux thèmes et méthodes développés dans l'ouvrage. Le choix des têtes de chapitres, ainsi que des concepts qui y sont présentés, a été effectué de manière systématique par enregistrement des termes et thèmes présentés ces vingt dernières années dans les grands ouvrages géographiques et dans les principales revues[6]. De plus, pour des raisons épistémologiques (explicitées dans le chapitre consacré à l'Épistémologie de la géographie), nous nous limitons aux concepts de géographie humaine. Pour faciliter la lecture, l'ouvrage est divisé en trois grandes parties : — Épistémologie et histoire de la géographie humaine, — Les grands thèmes de la géographie humaine, — Techniques géographiques et applications.

Cet ouvrage est complété depuis 1996, par un livre à présentation similaire, coordonné par M. Derruau, sur les concepts de la géographie physique, publié par le même éditeur[7].

5. Un ouvrage collectif

Par son souci de cohérence, malgré la diversité des auteurs et de leurs points de vue, de synthèse malgré la multiplicité des thèmes abordés, de didactique grâce aux définitions et à la présentation des visions historiques avec des ouvertures contemporaines, l'ouvrage souhaite combler une lacune dans la littérature géographique. Les auteurs ont essayé, de manière collective, d'atteindre ces objectifs difficiles ; espérons que le lecteur considérera cet ouvrage comme un guide de références et un manuel de réflexion utiles en complément des principales introductions à la géographie humaine.

6. Dans une enquête sur les concepts fondamentaux de leur domaine de recherche, menée en 1993 par C. Baumont, P.H. Derycke, I. Derognat et J.-M. Huriot, les géographes ont classé respectivement : distance, interactions spatiales, centre, région, territoire, accessibilité, espace, polarisation, hiérarchie, échelle, gradient, réseau, distribution spatiale, autocorrelation spatiale, diffusion. Ces concepts, qui se retrouvent dans cet ouvrage, illustrent la convergence entre la conception du livre et les résultats de l'enquête. On rejoint ici l'idée de Lakatos d'un « noyau dur » de concepts centraux, condition nécessaire à une connaissance disciplinaire commune et au progrès de la science.

7. Derruau M. (eds.), 1996, *Composantes et concepts de la géographie physique*, A. Colin, Paris.

La quatrième édition, intégrant les remarques apportées aux trois premières, est plus complète[8] ; non seulement les références sont actualisées avec une indication de conseils de lectures, mais plusieurs chapitres sont entièrement remaniés pour tenir compte de l'évolution de la discipline ces dernières années. De nouveaux auteurs sont associés à la conception de l'ouvrage afin que les nouvelles problématiques soient intégrées et, par la présentation de fiches d'exercices types, à la fin de chaque chapitre, l'ouvrage renforce son caractère didactique.

6. Dictionnaires et ouvrages épistémologiques ; quelques références bibliographiques

BRUNET R., FERRAS R., THERY H., 1993-1995, *Les mots de la géographie, dictionnaire critique*, Reclus, La Documentation française, Paris.

CABANNE C. (éd.), 1984, *Lexique de géographie humaine et économique*, Dalloz, Paris.

CLARK A.N., 1985, *Longman dictionary of geography : human and physical*, Longman, Harlow.

DAINVILLE (DE) F., 1964, *Le langage des géographes*, Aeks-Picard, Paris.

FOULQUIÉ P., 1978, *Vocabulaire des sciences sociales*, PUF, Paris.

GEORGE P., 1993, *Dictionnaire de la géographie*, PUF, Paris.

GOODALL B., 1987, *The Penguin dictionary of human geography*, Penguin Books, Harmondsworth.

JOHNSTON R.J. (ed.), 1989, *The dictionary of human geography*, Blackwell, Oxford.

LARKIN R. et PETERS G., 1983, *Dictionary of concepts in human geography*, Greenwood, Londres.

PIAGET J., 1981, *Épistémologie des sciences de l'homme*, Gallimard, Paris.

SMALL J. et WITHERICK M., 1989, *A modern dictionary of geography*, Arnold, Londres.

7. Conseils de lectures

Cet ouvrage se présente comme le complément indispensable de manuels de géographie humaine ; nous indiquons donc ici deux manuels utiles à tout géographe en formation ou en activité.

BAILLY A. et BEGUIN H., 1998, *Introduction à la géographie humaine*, Colin, Paris, 7e éd. revue et augmentée.

Ce manuel présente l'histoire de l'évolution de la pensée géographique et ses principales démarches. La partie théorique est complétée par une série de chapitres appliqués, qui renvoient aux champs d'études de la discipline, la ville, la

8. Nos remerciements vont à R. Scariati, de l'Université de Genève, pour la relecture des épreuves et la pagination des index.

campagne, l'environnement et les pratiques spatiales en général.

BAILLY A., FERRAS R., PUMAIN D. (dir.), 1995, *Encyclopédie de géographie*, Économica, Paris, 2e éd.

C'est à la fois l'histoire des idées et les grands débats de la géographie qui sont présentés dans cet imposant volume de 58 chapitres. La géographie y est replacée dans le champ des sciences pour en illustrer sa pertinence théorique et appliquée.

I

Épistémologie et histoire de la géographie humaine

1

La géographie humaine. Introduction

Antoine S. Bailly*

* Professeur à l'Université de Genève.

1. La géographie humaine, ses objectifs

Dans le livre préliminaire de sa *Géographie Universelle*, C. Malte-Brun[1] s'interrogeait sur les rapports entre la géographie et les autres sciences. « La géographie n'est-elle pas la sœur et l'émule de l'histoire ? Si l'une règne sur tous les siècles, l'autre n'embrassera-t-elle pas tous les lieux ?... Et cette description du globe n'est-elle pas intimement liée à l'étude de l'homme, à celle des mœurs et des institutions ?... » Vision déjà moderne de la géographie que partage et développe E. Reclus[2] dans sa *Nouvelle Géographie Universelle* en nous invitant à étudier cette « Terre Bienfaisante » « qui nous porte tous et sur laquelle il serait si bon de vivre en frères ! ». « Les peuples changent par l'agriculture, l'industrie, les voies commerciales... et ils ne cessent de se modifier eux-mêmes par les migrations et les croisements ».

Dépeindre à la fois le support spatial et le milieu changeant est également l'objectif de la dernière *Géographie Universelle* sous la direction de R. Brunet[3] ; « Quand le monde change, il est besoin de repères nouveaux » et « La géographie comme science change autant que la géographie comme état du Monde ». La géographie est devenue « une connaissance ordonnée et raisonnée ; elle n'est plus poussière de lieux et de toponymes, ni cosmogonie mythique »[4].

2. Que cherche à comprendre la géographie humaine ?

P. Vidal de la Blache[5] dans ses *Principes de géographie humaine*, manuel de base de l'École française de géographie, pose comme objectif pour la géographie humaine : « Comment l'espèce humaine est-elle répartie sur la surface terrestre ? » Dans cette

1. Malte-Brun C., *Géographie Universelle*, 8 volumes, Buisson, Paris, 1810-1829.
2. Reclus E., *Nouvelle géographie universelle*, 20 volumes, Hachette, Paris, 1876-1894.
3. Brunet R., *Géographie Universelle*, 10 volumes, Belin, publiés de 1990 à 1996, Paris.
4. Ferras R., 1989 ; *Les géographies universelles et le monde de leur temps*, GIP Reclus, Montpellier.
5. Vidal de la Blache P., 1922, *Principes de géographie humaine*, Colin, Paris.

conception de la géographie, Vidal de la Blache s'inspire des travaux de F. Ratzel[6], eux-mêmes inspirés par la pensée des naturalistes du XIXe siècle. Elle donne à la *géographie humaine*[7] comme objet, l'étude des rapports homme-milieu, par l'analyse des relations entre l'environnement écologique et leur exploitation par les divers groupes économiques, politiques, culturels et sociaux. De cette quête des relations homme-milieu naîtra la *géographie régionale*[8], que l'École de géographie française[9] cultivera pendant longtemps sous forme de monographies détaillées.

La problématique évolutionniste et empirique de cette première géographie humaine se verra rapidement enrichie par de nouveaux travaux[10] consacrés aux logiques de rapports entre l'organisation des implantations humaines et l'environnement par le biais des échanges. La géographie acquiert alors le souci de l'homme, qualifié par M. Le Lannou d'« homme habitant ». J.-B. Racine[11] nous rappelle que : « Toutes ces études contribuent évidemment à redonner à l'homme la première place dans l'interprétation des structures et des processus spatiaux. Il est celui qui incite, qui planifie, qui exécute et qui réalise des objectifs ».

Que cherche donc à comprendre la géographie humaine ? Les rapports milieu-distribution spatiale ? À l'évidence, cet objectif est insuffisant[12]. Ou bien l'organisation spatiale des collectivités humaines, en considérant « l'espace géographique comme le résultat physique anthropomorphique d'une création sociale continue » (Isnard *et al.*, 1981) ? Ce serait aussi oublier les aspects psychologiques et les rapports sociaux[13] dans lesquels les individus inscrivent leurs pratiques de l'espace. La *géographie humaine*[14] constitue une vision globale et « elle se doit d'analyser en chaque lieu, en chaque moment, le jeu des forces qui oppose l'ordre à la genèse d'autres formes d'ordre, de saisir tous les éléments de révolutions en puissance, non point seulement sur le plan culturel, social et politique…, mais aussi sur le plan technologique avec toutes ses implications »[15].

3. Six questions géographiques

Nombre de géographes contemporains définissent la géographie humaine par trois questions « *qui* », « *quoi* », « *où* »[16]. La première interrogation concerne les groupes qui occupent l'espace avec leurs valeurs, leurs genres de vie et leur vécu. La deuxième a trait aux productions économiques, sociales et culturelles de ces groupes grâce aux ressources, aux organisations, aux technologies et aux échanges. Quant à la troisième, la plus spécifique en géographie, elle aborde le problème des localisations, de la structuration des distributions spatiales et du sens des lieux. Cette dernière question nous renvoie aux pratiques spatiales, à la connaissance que l'homme a de son lieu de vie et à l'utilisation qu'il en fait. Ces trois questions doivent

6. Ratzel F., 1891, *Anthropogeographie*, Engelhorn, Stuttgart. Voir aussi la traduction d'un autre ouvrage F. Ratzel, 1988, *Géographie politique*, Anthropos, Paris.
7. *Géographie humaine.*
8. *Géographie régionale.*
9. Pinchemel P., Robic M.-C., Tissier J.-L., 1984, *Deux siècles de géographie française. Choix de textes*, BN, CTHS, Paris.
10. Lefort I., 1992, *La lettre et l'esprit*, Éd. du CNRS, Paris.
11. Isnard H., Racine J.-B., Reymond H., 1981, *Problématiques de la géographie*, PUF, Paris.
12. Meynier A., 1975, *Histoire de la pensée géographique en France, 1872-1869*, CTHS, Paris.
13. À ce sujet voir Claval P., 1980, *Les mythes fondateurs des sciences sociales*, PUF, Paris.
14. *Géographie humaine.*
15. George P., 1981, Préface, *in* : Isnard *et al.*, *Problématiques de la géographie*, PUF, Paris. Voir aussi Pinchemel P. et G., 1988, *La face de la terre*, A. Colin, Paris.
16. Bailly A.S. et Béguin H., 1998 (7e éd.), *Introduction à la géographie humaine*, Masson, Paris.

être complétées, pour que la géographie humaine soit vraiment globale, par le « *pourquoi* », le « *comment* » et le « *jusqu'où* », mettant ainsi en lumière les objectifs des individus et des groupes, les processus dans l'établissement des relations de pouvoirs dans l'espace, et les limites, seuils et discontinuités des pratiques humaines.

Par ces questions, la géographie humaine se place délibérément dans le courant des sciences sociales, même si elle intègre des préoccupations environnementales, car toute étude géographique pose avant tout des questions privilégiant l'homme, ses représentations et ses pratiques. L. Priéto[17] explicite clairement la différence entre sciences naturelles et sociales, applicable à la géographie : « Face à une réalité première et naturelle constituée par la réalité matérielle existe une autre réalité, seconde et historique, constituée par les connaissances elles-mêmes ». Ainsi, tout sujet de géographie est-il médiatisé par les questions des chercheurs et les représentations des hommes.

Chaque étude géographique est une représentation du monde et des pratiques humaines au sens de représentation mentale, qui prend son sens dans le cadre d'une idéologie et d'une problématique[18]. La façon dont les géographes ont abordé leur discipline au cours de l'histoire correspond à des valorisations évolutives, liées elles-mêmes à des problématiques et à des concepts évolutifs. Il nous faut donc insister sur le fait que la géographie est à la fois idéologie et image, du fait des *processus cognitifs*[19] et de la subjectivité de nos représentations. Il en résulte cinq constats :

– la géographie consiste en une représentation d'objets, de pratiques et de processus spatiaux grâce à des concepts évolutifs ;

– de ce fait, elle est une transposition, donc une image de ces objets, de ces pratiques et de ces processus ;

– cette transposition, construction mentale, consiste en l'oubli cohérent de certains caractères, jugés non pertinents, pour en privilégier d'autres ;

– la connaissance géographique débute donc par la subjectivité qui seule permet la sélection de certains éléments et l'oubli d'autres, afin de pouvoir décrire, modéliser, interpréter et expliquer les pratiques spatiales des hommes.

4. Les limites de la vérité

La question fondamentale qui se pose alors est celle des *limites de la vérité géographique*[20]. C'est la relation géographe-géographie qui se révèle alors dans toute sa complexité, expliquant l'évolution logique de la discipline, de ses idéologies et de ses concepts[21]. La géographie, comme toutes les sciences, résulte d'une construction humaine, et c'est à ce niveau que le jugement — bien évidemment subjectif — du géographe intervient et que la mesure permet la confrontation des représentations.

17. Prieto L., 1975, *Pertinence et pratiques ; essai de sémiologie*, Éd. de Minuit, Paris.
18. *La géographie représentation du monde.*
19. Bailly A.S., 1989, L'imaginaire spatial, *Espaces-Temps*, 40-41, p. 53-58.
20. Bailly A.S., Ferras R., 1996, *Éléments d'épistémologie de la géographie*, A. Colin, Paris.
21. Dory D., Douzant-Rosenfeld D. et Knafou R., 1993, *Matériaux pour une sociologie de la géographie*, L'Harmattan, Paris.

Rappelons que K. Popper[22] précisait que les propositions trouvaient leur validité grâce à leur soumission à des tests intersubjectifs. Ainsi, quelle que soit la démarche géographique (inductive, déductive, dialectique, globale), sa validité doit être vérifiée par des étapes d'explication rigoureuses qui peuvent se résumer en :

– présentation de la problématique et des hypothèses ;
– choix de concepts pour rendre compte d'une réalité géographique ;
– confrontation de ces concepts avec d'autres concepts pertinents pour expliquer la cohérence de la construction ;
– élaboration des propositions géographiques à tester face à d'autres propositions.

Grâce à ce travail, l'*image construite*[23] prend toute sa pertinence, une pertinence évolutive, comme le corpus de concepts qui la constitue. Du champ du réel spatial, la géographie construit un champ d'images spatiales, en fonction de représentations explicitées. Elle recense, décrit, cartographie, modélise. Cet ensemble cohérent permet alors d'ouvrir la porte à l'explication géographique.

5. Cinq principes géographiques

Résulte de cette réflexion cinq grands principes qui permettent d'encadrer la géographie humaine :

– *Le principe existentiel*[24] : les géographes s'intéressent aux hommes en société, mais font aussi partie de sociétés dont ils reflètent les idéologies. D'où la nécessité de l'explicitation des idéologies et des concepts avec lesquels ils explorent la connaissance.

– *Le principe de représentation*[25] : l'espace en soi n'est pas l'objet d'étude, puisque le réel objectif n'existe que grâce à nos construits. La connaissance géographique repose sur la représentation de phénomènes à partir de concepts ; la géographie ne peut donc pas être la science des paysages, mais plutôt de signes qu'elle interprète (tout comme la carte est un système et non un territoire).

– *Le principe imaginaire*[26] : toute proposition géographique est une image, c'est-à-dire un modèle simplifié, du monde ou d'une portion du monde (régional ou thématique).

– *Le principe de création*[27] : la représentation constitue une création d'un schéma pertinent, mais partial, d'un processus ou d'un espace, qui nous renvoie à nos idéologies et à la manière de les structurer.

– *Le principe de rétroaction*[28] : les représentations se nourrissent des pratiques et inversement. Ainsi, une société qui crée son milieu de vie ne le fait pas seulement à travers ses rapports de production, mais grâce aux représentations (idéologies, valeurs) propres à cette société.

22. Popper K., 1973, *La logique de la découverte scientifique*, Payot, Lausanne.
23. André Y. *et al.*, 1990, *Modèles graphiques et représentations spatiales*, Anthropos, Paris. CHAM'S, 1994, *Géographie régionale et représentations*, Anthropos, Paris. Une série d'ouvrages, issus d'universités d'été et publiés chez Anthropos par Y. André et le groupe CHAM'S dressent une synthèse de l'utilisation des représentations en géographie.
24. *Principe existentiel.*
25. *Principe de représentation.*
26. *Principe imaginaire.*
27. *Principe de création.*
28. *Principe de rétroaction.*

Toute géographie est donc fondée sur des représentations au sens « création sociale ou individuelle d'un schéma pertinent du réel »[29] qui permet d'aborder, non pas l'espace en soi, mais le sens de l'espace. De ce fait, à la définition de la géographie « science de l'espace », nous préférons « *étude de l'organisation de l'espace et des pratiques spatiales qui en résultent* ». La géographie est une connaissance[30] (représentation élaborée par les géographes) de la connaissance (des façons dont les sociétés et les personnes transcrivent en images leurs expériences du milieu). Cette géographie, consciente de sa subjectivité, analyse à la fois les discours et les pratiques spatiales, pour en dégager, à travers la structure des représentations, cohérences et répétitions ; non seulement celles des hommes qui raisonnent, mais aussi celles de ceux qui éprouvent des sentiments et s'attachent à leurs lieux de vie. C'est à ce niveau que les concepts de « lieu » et de « territoire »[31] prennent leur sens et que la géographie s'ouvre aux approches historiques, culturelles et humanistes, traitées dans cet ouvrage, au même titre que les approches économiques.

6. Conseils de lectures

Les ouvrages sur l'histoire de la pensée géographique sont plus nombreux que ceux sur son épistémologie. Mais plusieurs d'entre eux combinent les deux approches :

BAILLY A.S. et FERRAS R., 1996, *Éléments d'épistémologie de la géographie*, Colin, Paris.

Cet ouvrage présente les grands courants de la pensée géographique, leurs publications et leurs apports à la connaissance. Il replace la géographie dans l'évolution du champ des sciences.

PINCHEMEL P., ROBIC M.-C., TISSIER J.-L., 1984, *Deux siècles de géographie françaises* ; choix des textes, CTHS, Paris.

Le Comité des Travaux Historiques et Scientifiques et l'équipe « Épistémologie de la géographie » présentent un recueil de textes expressifs de la pensée géographique. Le livre est organisé en trois parties : avant 1890, 1890-1926, 1927-1960.

7. Sujet : la géographie : une science engagée ?

Un tel sujet pose immédiatement la question de l'objectivité de la connaissance. Peut-on, comme le souhaitait Descartes, être exhaustif pour étudier un monde où tout serait explicable, ou doit-on, comme le propose L. Prieto, considérer la connaissance dans les sciences sociales comme une représentation de la réalité ? P. George, dans la préface de l'ouvrage *Deux siècles de géographie française* (1984), écrit : « La géographie se veut tour à tour olympienne ou engagée, mais elle n'est jamais neutre, elle n'est jamais indépendante du contexte politique, économique,

29. Guérin J.-P., *in :* André Y. *et al.*, 1989, *Représenter l'espace*, Anthropos, Paris.
30. Voir le chapitre de C. Raffestin et B. Levy, Épistémologie de la géographie humaine.
31. Voir le chapitre de A. Dauphiné, Espace terrestre et espace géographique.

social, culturel… Chaque page, chaque œuvre doit être relue en considération du moment où elle a été écrite et des événements qui ont entouré sa conception ».

Toute connaissance géographique prend son sens dans le cadre des idéologies des sociétés. Ce qui est recensé, cartographié résulte d'une construction humaine, tout comme ce qui est modélisé. Il est donc indispensable, dans la démarche géographique, de bien expliciter les problématiques utilisées et les concepts privilégiés. Faire de la géographie renvoie ainsi à un « savoir géographier la Terre ».

Ce besoin de réflexion sur le statut de la géographie est d'autant plus important que se renforce la demande pour une géographie appliquée ; une géographie susceptible de donner des réponses à des problèmes contemporains à partir de modèles et de méthodes de plus en plus performants. Mais n'oublions pas que derrière le choix de la méthodes, derrière le choix de variables et la conception même du modèle se cachent des chercheurs qui font partie des sociétés. La validité des propositions doit donc, comme le propose K. Popper, être soumise à des tests intersubjectifs intégrant une explicitation du choix de la problématique et de la démarche. Poser la question de la géographie en tant que science engagée, nous oblige ainsi à réfléchir à nos représentations, aux mécanismes de la connaissance et au sens de l'espace. Une société ne peut se concevoir sans espace, pas plus qu'un espace sans société.

2

Épistémologie de la géographie humaine*

Claude Raffestin et Bertrand Lévy*****

* Révision du chapitre de Raffestin C. et Turco A. de la troisième édition.

** Professeur à l'Université de Genève.

*** Maître d'enseignement et de recherche à l'Université de Genève.

Selon J. Piaget[1], l'*épistémologie*[2] est « l'étude de la constitution des connaissances valables, le terme de « constitution » recouvrant à la fois les conditions d'accession et les conditions proprement constitutives ». Dans cette définition interviennent plusieurs critères : la validité, la pluralité des connaissances, le caractère processuel des connaissances et le rapport du sujet et de l'objet dans la structuration des connaissances.

1. Des interrogations épistémologiques

Il est, sans doute, provocateur de se référer à J. Piaget pour introduire l'épistémologie de la géographie puisque cet auteur n'a réservé aucune place à la discipline géographique dans ses travaux d'épistémologie ! Est-ce oubli, lacune ou ostracisme délibéré ? Seul J. Piaget lui-même aurait pu répondre à cette question. En fait, il a implicitement donné la réponse par sa tentative de classification cyclique[3] des sciences qui exclut les sciences pluridisciplinaires. Autrement dit, pour J. Piaget, il n'y a pas d'épistémologie de la géographie mais une épistémologie de chacune des sciences que mobilise la connaissance géographique. Cependant, toute classification des sciences de Bacon à J. Piaget, en passant par Ampère, Spencer, Comte et Cournot n'est jamais qu'un système conventionnel, finalement trop fragile, nous semble-t-il, pour condamner la géographie à un déni épistémologique.

J. Piaget, influencé par l'esprit encyclopédique du XVIIIe siècle, s'est laissé enfermer dans la conception kantienne de la géographie qui confine à une description de l'espace et qui n'a guère favorisé une explicitation épistémologique car la géographie est longtemps restée figée, ne suscitant pas un changement de paradigme qui aurait remis en question concepts, méthodes et modèles. En effet, il convient de s'entendre car il

1. Piaget J., 1967, *Logique et connaissance scientifique*, Gallimard, Paris.
2. *Épistémologie.*
3. Voir Piaget J., 1967, *op. cit.*, p. 1187 *sq.*

n'y a « absence » d'épistémologie géographique que dans le sens où l'*activité autoréférentielle*[4] de la discipline considérait comme non pertinente la réflexion explicite sur les conditions de production et sur les procédures de vérification et de légitimation du savoir géographique. Bien évidemment, cela ne signifie pas que la géographie, dans le passé, a été privée d'une problématique épistémologique puisqu'elle avait des objectifs de connaissance, des modalités d'acquisition et d'organisation des données observées, des procédures de contrôle des résultats acquis et tous les éléments nécessaires et suffisants pour stimuler des interrogations sur la nature, la forme, le contenu et la stabilité de son statut. Cette question est évoquée par A. Bailly et R. Ferras[5] dans leur ouvrage récent.

Pourtant on est en droit de s'étonner que cette explicitation n'ait pas eu lieu plus tôt dans la mesure où la géographie a été très liée à la philosophie à partir de la « révolution kantienne ». E. Kant n'a pas craint de consacrer une partie de son œuvre à la géographie mais, à le lire, on est autorisé à se demander si la pluridisciplinarité, que dénonce J. Piaget à propos de la discipline géographique, ne plonge pas ses racines dans les exposés du philosophe du Königsberg[6]. Davantage même, E. Kant ne serait-il pas, paradoxalement, le grand inhibiteur de la réflexion épistémologique en géographie, en raison même du découpage qu'il a adopté ? La question demeure ouverte.

Néanmoins, il fallait la poser car les interrogations épistémologiques ont tardé à venir ou plus exactement si elles sont présentes dans quelques grands livres[7], elles sont masquées par des préoccupations, exprimées dans des discours normatifs, relatives à l'identité objectale de la géographie. Comment cela s'est-il passé puisque, malgré tout, la géographie a longtemps tenu une place honorable dans les sciences de l'homme, comme l'ont démontré P. Claval et H. Capel[8], participant même aux grands mouvements culturels de l'Occident et proposant des projets parcourus par de fortes et originales tensions éthico-scientifiques.

Sans doute, faut-il revenir à E. Kant dont les idées, à travers le positivisme de Comte et la pensée de Cournot, ont transité par Levasseur, qui a emprunté la dichotomie nature/culture, pour parvenir, en termes néokantiens, jusqu'à P. Vidal de la Blache.

Celui-ci, peu préoccupé par les interrogations épistémologiques, a entraîné la géographie classique sur la voie éclectique. Les conséquences les plus directes et les plus graves ont été une série de contradictions et l'impossibilité d'assigner un objet précis et rigoureux à la géographie.

2. La révolution qualitative contemporaine

Pour E. Dardel, géographe-historien qui possédait une remarquable culture philosophique, la géographie s'apparentait à une

4. *Activité autoréférentielle :* par laquelle une discipline s'interprète elle-même ; une communauté scientifique définit son identité et son domaine de recherche d'une manière autonome sans recours à une norme abstraite mais à travers les pratiques de ses membres.
5. *Cf.* Bailly A. et Ferras R., 1997, La géographie à la recherche de son statut, *Éléments d'épistémologie de la géographie*, A. Colin, Paris, p. 33-35.
6. Kant E., 1923, *Logik, Physische Geographie*, Pedagogik, Berlin und Leipzig, Band IX.
7. Febvre L., 1922, *La terre et l'évolution humaine*, La Renaissance du livre, Paris. Hartshorne R., 1959, *Perspective on the nature of geography*, Rand MacNally, Chicago.
8. Claval P., *Les mythes fondateurs des sciences sociales*, PUF, Paris. Capel H., *Filosofia y cienca en la Geografia contemporanea*, Barcanova, Barcelone.

« science-limite, comme la psychologie et l'anthropologie, une science dont l'objet reste, dans une certaine mesure, inaccessible, parce que le réel dont elle s'occupe ne peut être entièrement objectivé[9] ». La géographie humaine, avec le renouveau culturel et humaniste qui la caractérise depuis deux décennies, pose différemment la question de sa scientificité par rapport aux années 1970, quand son caractère instrumental nouveau ou son héritage classique manquait de bases théoriques et de rigueur conceptuelle. Depuis lors, la géographie, en s'intéressant aux deux autres versants de la connaissance que sont l'éthique et l'esthétique, s'est plutôt muée en *Wissenschaft*, connaissance au sens allemand des relations de l'homme à l'espace et au monde plutôt qu'en science positive, dont elle a toujours eu du mal à respecter les *critères néokantiens*[10].

Cette ouverture de la discipline qui se traduit par un enrichissement thématique inégalé ne doit pas masquer certaines faiblesses méthodologiques. Dès l'instant où la géographie pénètre le monde du symbolique, celui de la littérature, des croyances, des comportements par exemple, elle devient une *science de l'interprétation du monde*[11], voire un commentaire. Elle revendique toujours un caractère de synthèse, de synthèse partielle et formant un tout pour l'esprit. Cette conception de la science est éloignée de celle dérivée des sciences naturelles et qui avait marqué le courant quantitativiste, accusé de réductionnisme. W. Bunge appelait cette dernière une science « parcimonieuse » ou minimale fondée sur des lois géométriques et qui sous-estimait les facteurs humains et historiques. Pour éviter cet écueil de la fragmentation dû à la logique analytique pure, la géographie humaine contemporaine doit veiller à l'unité de la discipline et ne plus dichotomiser des catégories telles que technique et culture, savoir-faire et savoir, pratique et théorie.

Avant de définir sa *méthodologie*[12], la géographie doit impérativement se constituer une *problématique*[13]. La problématique, c'est la façon d'envisager les problèmes, de poser les questions pertinentes, selon une vision du monde et un système de références clairement explicité, à l'aide d'une méthodologie dirigée vers une intentionnalité. La géographie non problématisée conduit soit à un discours sans structure ni intention claire, donc à pouvoir organisationnel faible, soit à un discours répétitif et acritique, qui a marqué une partie de la géographie descriptive. Une problématique rigoureuse est d'autant plus exigée que le monde des symboles, contrairement à celui des concepts, revêt des significations équivoques.

Le passage de l'ère du quantitatif à l'ère du qualitatif a été à la fois influencé par l'esprit du temps, sa préoccupation de qualité de vie notamment, que par les progrès freinés de la géographie purement quantitative et modélisatrice. Les approches structuraliste et sémiotique se sont comme cristallisées avec le temps ; les structuralistes se font d'ailleurs fort

9. Dardel E., 1952, *L'Homme et la Terre*, PUF, Paris, p. 124.
10. *Critères néokantiens de la science* : l'explicitation totale des procédures d'analyse ; la preuve de la validité des résultats par la non-falsification ; la généralisation possible des résultats indépendamment des conditions d'espace, de temps et de société ; la prédiction des résultats.
11. *Science de l'interprétation du monde.*
12. *Méthodologie* : façon d'organiser son langage en un système cohérent et doté d'une intentionnalité, à l'articulation de la théorie et de l'acquisition des résultats.
13. *La problématique.*

rares aujourd'hui... C'est l'évolution de la société occidentale, sa démographie et son économie stagnantes, qui ont guidé ce passage progressif du quantitatif vers le qualitatif, époque qui redonne vigueur à des notions historiques de la géographie comme celles de paysage et de patrimoine naturel ou culturel, ou à une notion empruntée à la philosophie morale et à la sociologie comme celle de relation à l'altérité qui touche les questions très contemporaines traitant de multiculturalisme, d'identité[14] et d'*hospitalité*[15]. La géographie des représentations participe aussi de ce mouvement interprétatif.

La préoccupation paysagère s'impose concomitamment en géographie humaine, en littérature, philosophie et en histoire de l'art. Là aussi, il y a un retour vers le figuratif, après les excès d'abstraction analytique qui ont conduit à une certaine sécheresse du discours et à une conception minimaliste de la discipline. Les textes de référence sur le paysage dont une bonne partie proviennent de l'allemand, de l'italien et du japonais sont en voie d'être traduits en français : le dernier en date est celui de J. Ritter[16] accompagnant la fameuse *Promenade* en vers de F. Schiller à travers un paysage qui passe de l'ordre divin à l'ordre naturel, puis de l'ordre campagnard à l'ordre urbain. Les ouvrages récents sur le paysage de F. Beguin, A. Berque et A. Roger[17] montrent à quel point la géographie qualitative fortifie sa réflexion théorique et commence à infuser ses idées là où elles ont toute leur raison d'être : l'aménagement du territoire et le remodelage de paysages accompli selon des critères esthétiques et éthiques. Cette géographie paysagère, à la fois théorique et pratique, utilise des concepts tels que le point de vue, la succession de plans, la vision circulaire, la perception des couleurs et des odeurs, le dégagement d'un horizon conçu dans un sens géographique et existentiel, physique et métaphysique. Cette tendance plus culturaliste que naturaliste augure d'une discipline capable d'insuffler des idées sensées dans la pratique, la connaissance et l'action sur l'espace.

Elle est le signe d'un véritable changement de paradigme en géographie, d'un enrichissement et non d'un simple retour en arrière à l'âge classique, car elle ouvre ou elle s'appuie sur des champs interdisciplinaires nouveaux ; les croisements entre *géographie et littérature*[18], géographie et poétique, géographie et peinture ou géographie et musique, procurent à l'interprétation des paysages un recul et une profondeur de champ qui faisait défaut à la géographie classique. A. de Humboldt, dans le *Cosmos*, était d'ailleurs un précurseur dans ce domaine. La question du langage géographique, après les réflexions fondamentales de G. Olsson dans les années 1980, fait aussi l'objet de recherches récentes[19]. Auparavant, il s'agit de voir comment la géographie humaine s'est constituée, dans la construction de son savoir comme dans ses contradictions.

14. Morley D. et Robins K., 1995, *Spaces of Identity*. Global media, electronic landscapes and cultural boundaries, Routledge, Londres.
15. *Cf.* Raffestin C., Réinventer l'hospitalité, *Communications*, 65, 1997, p. 165-176.
16. Ritter J., 1997, *Paysage*. Fonction de l'esthétique dans la société moderne, Éd. de l'Imprimeur, Besançon, trad. de l'allemand.
17. Beguin F., 1995, *Le paysage*, Flammarion/Dominos, Paris.
Berque A., 1995, *Les raisons du paysage*, Hazan, Paris.
Roger A., 1997, *Court traité du paysage*, Gallimard, Paris.
18. *Géographie et littérature :*
Brosseau M., 1996, *Des romans-géographes*. L'Harmattan, Paris.
Lévy B., 1997, Géographie humaniste, géographie culturelle et littérature. Position épistémologique et méthodologique, *Géographie et Cultures*, 21, p. 27-44.
Voir aussi la nouvelle revue *Geografia e Letteratura* de l'Université de Feltre (Italie) animée par F. Lando, M. de Fanis et F. Vallerani.
Barnes T.J., Duncan J.S. (eds.), 1992, *Writing Worlds*. Discourse, text and metaphor in the reprensentation of landscape, Routledge, Londres.
19. Staszak J.-F. (éd.), 1997, *Les discours du géographe*, L'Harmattan, Série « Histoire et épistémologie de la géographie », Paris.

3. Courant français et courant allemand

La pensée vidalienne s'est nourrie de divers courants, dont celui de C. Ritter, et elle a surtout illustré l'induction qui a débouché davantage sur une conception idiographique que sur une conception nomothétique de la géographie. Dans cette perspective, la reconstruction historique d'un siècle d'existence de la géographie révélerait, vraisemblablement, une excessive « normalisation » des pratiques de recherche, avec la conséquence que le paradigme dominant (celui de la *géographie « régionale »*[20]) a fini par évacuer tout discours critique et par là même toute possibilité d'élaborer une géographie générale. Constatation plus grave encore qu'on ne le soupçonne si dans cette reconstruction historique on décidait d'attirer l'attention, non pas sur la sociologie de la recherche, à la manière de E. Kuhn, mais bien sur les programmes de recherche à la manière de I. Lakatos[21], on découvrirait peut-être une série de dérapages ou de glissements — régressifs — de problèmes tels qu'il n'est plus possible de faire aucune distinction entre savoir scientifique — d'où la nécessité de déployer ce métadiscours spécifique qu'est l'épistémologie — et expérience commune. Toutefois, en aucun cas on ne pourra soutenir que le manque d'une épistémologie géographique est associé au caractère préthéorique de la géographie elle-même. Cette thèse serait immédiatement contredite par les apports d'un F. Ratzel[22] et d'un W. Christaller, pour ne citer que des exemples macroscopiques. Ces auteurs ont largement contribué à montrer qu'il n'y avait pas de connaissance sans *théorie*[23] et que ce qui est désigné comme préthéorique est simplement la condition dans laquelle la théorie sélectionne, ordonne, associe les faits et leur confère une signification de manière implicite. On pensera, sans doute, qu'une théorie implicite[24] est difficilement intelligible ou qu'elle produit une connaissance dangereusement éloignée de ce que K. Popper[25] appelle « connaissance objective ». Mais on conviendra pourtant que parler de caractère « préthéorique » ou de « manque de théorie » à propos de la géographie, c'est porter un jugement rapide et sommaire qui ne tient pas compte des apports réels depuis un siècle.

C'est assez dire que le courant français s'est opposé au courant allemand qui contenait en germe les conditions d'une *vision nomothétique*[26] et déductive qui a débouché sur l'élaboration de théories (théorie des *lieux centraux*[27], par exemple).

4. Géographie humaine et géographie physique

L'ouverture, puis l'épanouissement, du débat épistémologique, à la suite de la *révolution méthodologique quantitative*[28] des années 50, a relancé le vieux problème de la définition de la géographie et, à travers lui, celui de la distinction entre *géographie physique* et *géographie humaine*[29]. Le seul consensus que l'on peut espérer de

20. La *géographie régionale* est présentée par H. Nonn dans le chapitre Régions, nations.
21. Lakatos I., 1976, La falsificazione e le metodologia dei programme di ricerca scientifici, *in Critica e crescita della conoscenza*, Feltrinelli, Milano.
22. Ratzel F., 1882, *Anthropogeographie oder Grundzüge der Anwendung des Erdkunde auf die Geschichte*, Verlag von J. Engelhorn, Stuttgart.
23. *Théorie :* système scientifique qui structure un domaine de la connaissance.
24. Raffestin C., Problématique et explication en géographie humaine, *in : Géopoint 76*, Groupe Dupont, Avignon.
25. Popper K., 1972, *Objective Knowledge. An evolutionary approach*, Clarendon Press, Oxford.
26. *Conception nomothétique :* destinée à produire des lois scientifiques ou, plus amplement, des formes et des procédures de généralisation conceptuelle.
27. La théorie des *lieux centraux* est développée par J.-B. Racine et M. Cosinschi dans le chapitre Géographie urbaine.
28. *Révolution méthodologique quantitative :* apparition utilisation et vulgarisation des méthodes quantitatives empruntées à la statistique et aux mathématiques.
29. *Géographie physique et géographie humaine.*

la part des géographes réside dans la constatation qu'il s'agit pour eux d'observer des faits, de déceler des régularités, de montrer des enchaînements et de dégager des relations entre divers ordres de phénomènes. Mais il s'agit d'un bien piètre consensus dans l'exacte mesure où il ne fait aucune place à une délimitation, pourtant nécessaire, entre *l'ordre naturel* et *l'ordre social*[30] des choses. Ce refus de la délimitation apparaît chez P. George[31] qui définit la géographie comme « une science de synthèse au carrefour des méthodes de sciences diverses ». Il ajoute : « Par sa nature, la géographie est donc nécessairement méthodologiquement hétérogène… » Cependant, toute science est, aujourd'hui, méthodologiquement hétérogène et cela n'implique pas qu'elles sont toutes à la recherche de leur unité et de leur objet. La confusion entre *objet et méthode*[32] est notoire en géographie dans l'exacte mesure où les méthodes ont servi à définir l'objet. Or, les premières méthodes employées en géographie sont venues tout droit des mathématiques et des sciences naturelles. La remarque d'un président de la Royal Geographical Society, Strachey, en 1888, faisant écho à l'affirmation de H. MacKinder[33] selon laquelle la base de la géographie était l'environnement physique, est, à cet égard, éclairante : « Its methods, though first developed by the study of mathematics and of the physical forces of nature, are applicable to all the objects of our senses and the subjects of our thought ». Et pour H. MacKinder « the other element is, of course, man in society this was relegated to a footnote in which he observed that the analysis of this will be shorter than that of the environment ».

Dans ces conditions, la délimitation entre géographie physique et géographie humaine est pertinente. À ce sujet, L. Prieto[34] écrit : « Les sciences de l'homme sont précisément, à notre avis, les connaissances (scientifiques) dont l'objet relève, non pas de la *réalité matérielle*[35], mais de la réalité historique que constituent les connaissances de la réalité matérielle ». Dans cette perspective, il est loisible d'affirmer que l'objet de la géographie physique relève de la réalité naturelle qu'est la réalité matérielle, tandis que l'objet de la géographie humaine relève de la réalité historique que constituent les connaissances de la réalité matérielle. Une lecture attentive de F. Ratzel aurait montré qu'il était très proche de cette conception, sans en voir, peut-être, toutes les implications. Mais de deux choses l'une : ou la leçon ratzélienne n'a pas été entendue ou elle n'a pas été retenue pour des raisons d'incompréhension[36] qui pourraient s'expliquer par la non-formulation explicite de l'action de l'homme sur la nature.

En d'autres termes, la géographie humaine est la connaissance de la pratique et de la connaissance que les hommes ont de la réalité matérielle qu'est l'espace. Dans cette perspective l'objet de la géographie n'est pas l'espace mais les relations que les hommes nouent avec l'espace. L'objet de la géographie n'est donc pas un « donné » mais un « produit ».

30. Par *Ordre naturel* et *ordre social*, nous n'entendons pas autre chose qu'une combinaison de phénomènes ne prenant pas ou prenant en compte l'homme en tant qu'il appartient à une collectivité.
31. George P., 1970, *Les méthodes de la géographie*, PUF, Paris.
32. *Objet et méthode.*
33. Cité par Gregory D., 1978, *Ideology, science and human geography*, Hutchinson and Co, Londres.
34. Prieto L.-J., 1975, *Pertinence et pratique.* Essai de sémiologie, Les Éd. de Minuit, Paris.
35. *Réalité matérielle et réalité historique.*
36. F. Ratzel n'écrit-il pas : « Reinbegrifflich gefasst, ist des Mensch Gegenstand der Erdkunde, insoweiter von den räumlichen Verhältnissen des Erde abhängt oder beeinflusst wird. » « Purement conceptuellement, l'homme est l'objet de la géographie en tant qu'il dépend ou qu'il est influencé par les conditions spatiales de la terre ».

Par conséquent, si l'objet du géographe est un « système de relations à l'espace », ce système doit être construit. En effet, si les relations sont déchiffrables, elles ne sont pas, au sens strict du terme, visibles. En revanche, elles sont visualisables mais pour les rendre telles, il faut élaborer un appareil conceptuel. On touche, ici, un point important pour l'épistémologie de la géographie : la « chose » géographique immédiatement visible, un paysage, par exemple, peut être décrit au moyen d'une langue naturelle ou d'un code artistique. C'est la description du romancier qui peut être parfaitement pertinente, admirable, voire géniale, mais qui n'est pas scientifique dans la mesure où elle est le produit d'une conscience et d'une expérience individuelles. La description scientifique nécessite la construction d'un appareil conceptuel qui permet de passer de la « chose » donnée à l'objet géographique à l'aide de concepts aussi univoques que possibles. À cet égard, on peut prendre l'exemple de la cartographie qui est tout à fait illustrant : le passage de l'espace réel à la carte se réalise par la mobilisation d'un appareil conceptuel graphique qui n'est rien d'autre qu'une construction. Si pour des raisons pratiques évidentes on ne modifie guère l'appareil conceptuel de la carte topographique, on pourrait en changer et réaliser, par conséquent, d'autres constructions cartographiques. C'est ce qui se passe dans la cartographie thématique qui recourt à des constructions de plus en plus différenciées.

Un exemple de construction d'un objet scientifique en géographie est fourni par A. Turco qui, avec son « Homo geographicus » a montré un exemple d'appareil conceptuel susceptible de rendre compte des actes de territorialisation[37].

De là une oscillation entre une géographie « science de l'espace » (Raumwissenschaft) et une géographie « science de la société » (Gesellschaftwissenschaft) bien montrée par U. Eisel[38] qui a pris pour axe de sa reconstruction historico-épistémologique l'axe idiographique[39] — anti-idiographique. Cependant pour parvenir à la géographie « science de la société » (et non pas sociologie), il a fallu qu'une des grandes questions, qui a préoccupé la pensée occidentale, surtout depuis le XVIIIe siècle, et que C. Glacken[40] a fort bien formulé, devienne obsédante dans la pensée géographique : « In his long tenure of the earth, in what manner has man changed it from its hypothetical pristine conditions ? » « Cette question, simple seulement en apparence, constitue un renversement de problématique, donc la recherche d'un nouveau statut d'intelligibilité, en ce sens qu'elle met l'accent sur le caractère historique des connaissances de la réalité matérielle. On peut prétendre qu'il s'agit d'une interrogation fondatrice qui a suscité, ces dernières années, en géographie un nouveau paradigme celui de la territorialité[41] dont l'objet est relationnel. Paradigme auquel ont contribué, à leur manière, des non-géographes. Nous pensons, en particulier, à G. Bachelard[42] qui a analysé, à grande échelle,

37. Turco A., 1988, *Verso una teoria geografica della complessità*, Unicopoli, Milan.
38. Eisel U., 1980, Die Entwicklung der Anthropogeographie von einer Raumwissenschaft zur Gesellschaftwissenschaf, *Urbs et Regio 17*, Kassel.
39. *Conception idiographique :* destinée à produire des descriptions et des explications de phénomènes uniques et, par là même non répétables.
40. Glacken C., 1967, *Traces on the Rhodian Shore*, University of Berkeley Press, Berkeley.
41. La *territorialité* est développée par C. Raffestin et A. Barampana dans le chapitre Espace et Pouvoir.
42. Bachelard G., 1957, *La poétique de l'espace*, PUF, Paris.

une véritable territorialité de l'habitat qui se dévoile comme système de relations à la maison, aux coins, etc.

5. Le recours au référentiel épistémologique

L'activité scientifique peut être étudiée sous des angles multiples. P. Bourdieu, pour sa part, y voit un jeu de spécialistes dont l'enjeu est d'accroître le contrôle symbolique sur la réalité. Tout un courant de pensée en fait un aspect du social, un ensemble de stratégies intellectuelles connotées par le contexte économique et historico-culturel. Pour J. Habermas c'est une pratique privée de connotation spécifique en tant qu'elle est soumise aux règles générales de l'action communicationnelle. À cette conception semblent s'inspirer des géographes comme G. Olsson[43] et D. Gregory en tant qu'ils placent au centre de leurs préoccupations les « prisons linguistiques » ou les substrats *idéologiques*[44] dont procède inévitablement la recherche. G. Olsson est très marqué par les aphorismes de Wittgenstein dont il a très bien compris que la philosophie était une philosophie du concept et que « la limite de l'empirie est la formation du concept »[45]. Mais ces auteurs n'épuisent pas, tant s'en faut, l'objectif épistémologique.

L'*épistémologie*[46] s'intéresse au « *statut scientifique* d'un corps d'énoncés », elle en individualise « l'analyse des procédures rationnelles à travers lesquelles s'organise une théorie et l'analyse des modes dans lesquels elle définit son propre contrôle sur l'expérience ». Cela ne signifie pas que nous voulions nier l'importance des autres approches mais disons, une fois encore, avec A. Gargani que la corrélation d'une hypothèse scientifique avec des schémas de type socioculturel n'épuise pas la signification de telles hypothèses. Évidemment, une théorie scientifique est influencée par les codes culturels de la société à laquelle elle appartient. Mais, il n'en demeure pas moins vrai qu'à travers un emploi défini et contrôlé des schémas conceptuels et linguistiques de cette société, la science établit des connexions contrôlables, expérimentalement, entre les faits…

Ainsi, si nous nous déplaçons du terrain philosophique au terrain plus concret de la pratique de la recherche, nous voyons que l'*épistémologie*[47] se présente au géographe comme un référentiel capable, au moins potentiellement, de lui indiquer si son travail répond effectivement aux canons d'une quelconque légitimité scientifique reconnue d'une part et dans quelle mesure ses résultats se distancent de l'expérience ordinaire et du sens commun d'autre part.

Ce serait une erreur de penser que le référentiel épistémologique puisse se ramener à une « norme » ou à un « ensemble de normes » de conduite scientifique claires et définitives. Bien au contraire, il offre des zones d'ombre qui prêtent à discussion.

43. Olsson G., 1975, *Birds in Eggs*, Michigan Geographical Publication, n° 15, Chicago.

44. Rossi-Landi F., 1978, *Ideologia*, ISEDI, Milano, relève onze significations du mot *idéologie* dont « fausse conscience », « vision du monde », « système de comportement », etc.

45. Bouveresse J., 1976, *Le mythe de l'intériorité*, Éd. de Minuit, Paris.

46. *Épistémologie et statut scientifique.*

47. *Épistémologie en tant que référentiel.*

Un bon cadre épistémologique est celui qui offre tout à la fois des points d'ancrage sûrs et des points controversés.

Le chercheur est confronté avec quatre éléments épistémologiques fondamentaux[48] : la métaphysique, la problématique, la théorie et l'*empirie*[49]. Son travail est largement conditionné par le fonctionnement de ces quatre éléments et par les rapports qu'il établit entre eux. Examiner ces éléments dans l'ordre de la séquence proposée c'est se situer dans une perspective analytique de type *hypothético-déductif*[50] qui est parmi les plus solidement fondées, ce qui, pourtant, n'empêche pas les interrogations et les dilemmes.

La *métaphysique*[51] est, avant tout, un terme conventionnel qui désigne une très vaste région de la connaissance : de la connaissance innée ou « subjective » à la foi religieuse, des modalités affectives et éthiques qui orientent le comportement et forment les attitudes aux idéologies politiques et aux croyances superstitieuses. En quelque sorte, la métaphysique joue le rôle de réservoir d'impressions, de convictions et de croyances alimentant le processus de la connaissance scientifique à partir duquel se forme le second élément épistémologique : la problématique.

Notons, à cet égard, que les grandes questions scientifiques ont souvent pour origine des mythes comme l'a fort justement remarqué H. Blumenberg[52] : « ... ce que la science répète, le mythe l'avait déjà suggéré... ».

La problématique joue un rôle véritablement stratégique dans l'activité scientifique et pour la comprendre il faut partir de l'idée que la vérité, finalement ce qui est visé par l'entreprise scientifique, est tout entière contenue dans le monde qui nous entoure et en nous-mêmes. La vérité, toutefois ne se laisse pas « cueillir » dans son entièreté, et sa complexité la rend inatteignable. En d'autres termes, d'une idée absolue et globale de vérité, nous devons passer à une idée relative et partielle de vérité. Cela équivaut à « questionner » la réalité sur des points circonscrits et selon des modalités bien spécifiques, c'est-à-dire à instituer une problématique qui apparaît, dès lors, comme un « instrument qui sert à rendre intelligible »... quelque chose dans la réalité. Cette opération, évidence qui n'est pas à démontrer, n'est pas neutre en ce sens qu'elle est déjà un choix fondé métaphysiquement sur un jugement auquel est conféré une pertinence cognitive et/ou sur des inclinations personnelles... donc subjectives. Mais la subjectivité, premier pas qui coûte, n'interdit pas la cohérence ultérieure de la démarche[53]. Qu'il le veuille ou non, le chercheur institue ou accepte toujours une problématique que ce soit sur le mode implicite ou sur le mode explicite. Dire cela, c'est admettre l'hypothèse que tout exposé scientifique ou non est orienté par quelque chose dont il ne peut pas se débarrasser et qu'on peut trouver dans la structure même du langage préformé qu'il emploie ou auquel il se réfère. Nous ne voulons pas dire qu'une problématique est un sous-

48. Turco A., 1982, Geografia : cronache del postquantitativismo, *in : Bolletino della Società Geografica Italiana*, n° 1-3, p. 15-56.
49. *Empirie :* qui relève de l'expérience ou de l'observation.
50. *Hypothético-déductif :* analyse procédant à partir de modèles fondés sur des hypothèses.
51. *Métaphysique.*
52. Blumenberg H., 1979, *Arbeit am Mythos*, Suhrkamp, Francfort-sur-le-Main.
53. Raffestin C. et Tricot C., 1983, Le véritable objet de la science ?, *in Les critères de vérité dans la recherche scientifique*, Maloine, Paris.

produit du langage[54] mais que celui-ci en fournit une si le chercheur a omis d'en expliciter une.

Si nous ne savons pas clairement ce que nous voulons (problématique implicite), nous ne pourrons jamais nous prononcer sur l'adéquation de la réponse à une question… informulée et nos interprétations seront confuses et équivoques. Cela constitue, justement, le nœud de l'indécidabilité relativement aux solutions offertes par le monde de l'expérience.

Nous sommes, par là même, amenés au troisième élément épistémologique : la théorie[55]. En première approximation, nous pouvons dire que, si une problématique est une question à propos d'un phénomène de l'univers empirique, une théorie est une réponse qui rend compte du comment et du pourquoi ce phénomène se manifeste de telle manière et pas de telle autre. D'une manière plus approfondie, nous pouvons dire, avec K. Popper, qu'une théorie est un ensemble argumenté d'énoncés capables d'expliquer déductivement un donné de l'expérience ou de l'observation[56]. Le contenu logique d'une théorie est constitué par la chaîne des implications produites à partir de propositions. Mais ce qui qualifie scientifiquement une théorie est son contenu informatif, soit l'ensemble des conditions empiriques d'incompatibilité, c'est-à-dire ce qui ne doit pas survenir pour que la théorie demeure valable. Plus simplement, la théorie peut aussi être entendue au sens du programme d'observation.

Le rapport entre *théorie et empirie*[57], le quatrième élément épistémologique, est clair. Il est, en somme, le moyen d'instruire la validité d'une théorie dans sa confrontation avec les faits. Une théorie sera considérée comme vraie jusqu'à quand, et seulement jusqu'à quand, une de ses assertions ne sera pas contredite (ou falsifiée) par l'expérience. Une théorie s'élabore à partir d'un processus de conceptualisation[58] et par là même n'est pas comparable directement avec l'empirie. Elle l'est, en revanche, par le truchement d'un médiateur technique pertinent, la méthodologie[59], dont l'adéquation n'est pas évidente comme le montrent par exemple les travaux de S. Gale[60].

D'ailleurs, comment éliminer ou au moins tenir sous contrôle les pièges de la subjectivité ou de « l'effet œdipe »[61] dans la connexion théorie-empirie ? Comment démasquer dans une science humaine telle que la géographie les stratégies inhibitrices produites pour neutraliser les « agressions » de l'empirie, c'est-à-dire les stratégies pour faire survivre la théorie malgré ses insuffisances ?

Enfin, on peut se demander si les théories dites « normatives », celles que la tradition disciplinaire nous enseigne de J. von Thünen à T. Hägerstrand et d'autres en passant par W. Christaller, ne sont pas de froids exercices géométriques et mathématiques ou n'ont pas aussi, comme

54. Le langage est pris, ici, dans le sens d'un ensemble d'énoncés préexistants dans la discipline considérée. Voir à ce sujet le chapitre La diffusion.
55. *La théorie.*
56. Popper K., 1978, *La logique de la découverte scientifique*, Payot, Paris.
57. *Théorie* et *empirie.*
58. Raffestin C., 1978, Les construits en géographie humaine : notions et concepts, *in : Géopoint 78*, Groupe Dupont, Avignon.
59. *Méthodologie.*
60. Dans Gale S. and Olsson G. (eds.), 1979, *Philosophy in geography*, Reidel, Dordrecht.
61. Racine J.-B., Cunha A., 1984, Dalle teorie ai metodi : soggetivismo dell'obiettività scientifica e efetto Edipo nella definizione operativa delle regioni spaziali, *in :* A. Turco (ed.) *Regione e regionalizzazione*, F. Angeli, Milano.

semble l'indiquer P. Haggett[62], un rôle non négligeable dans la production de la connaissance géographique ?

L'épistémologie, pour le chercheur, et particulièrement pour le géographe, doit être un moyen de se préserver tout à la fois contre un esprit critique hyperbolique et contre un dogmatisme confinant au conservatisme. C'est la préservation de la liberté de la science à laquelle tient tant P. Feyerabend[63].

6. Conseils de lectures

BAILLY A., FERRAS R., 1997, *Éléments d'épistémologie de la géographie*, A. Colin, Paris.

Livre qui parcourt l'évolution des géographies, anciennes et modernes, des différentes écoles, française, allemande et américaine, avec une préséance donnée à la première. Le livre intègre le vocabulaire de la géographie physique mais la dominante reste humaine. Très utile passage en revue des « outils indispensables » : collections éditoriales, revues géographiques des XIXe et XXe siècles ; nombreux renvois bibliographiques.

BEGUIN F., *Le paysage*, 1995, Dominos/Flammarion, Paris.

Livre de poche qui condense à merveille la question complexe du paysage, en se basant sur le paysage des géographes, des artistes et des architectes. Non content d'insister sur la dimension esthétique du paysage, l'ouvrage établit le lien indispensable avec l'aménagement du territoire, en insistant sur les transformations des paysages modernes, ruraux et urbains.

GLACKEN C.J., 1967, *Traces on the Rhodian Shore*, University of California Press, Berkeley.

Somme érudite sur les liens entre la nature et la culture dans la pensée occidentale, de l'Antiquité à la fin du XVIIIe siècle. Le livre examine les valeurs environnementales, le déterminisme, le climat, les mœurs, la religion et le style de gouvernement des différentes sociétés européennes en accordant une grande place à l'espace sacré, à la théologie et la téléologie.

7. Sujet : langages et paysage

Le paysage est d'abord une construction humaine, du double point de vue de sa face visible et concrète ainsi que de sa représentation. C'est en effet l'homme qui prête sa cohérence à un paysage, en le délimitant, en le « cadrant » dans une image ou en le racontant dans un récit. Contrairement aux notions d'espace ou de nature, un paysage est limité et toujours saisi dans ses trois dimensions. Un paysage possède un ciel, un volume, alors qu'un espace peut être réduit à deux dimensions.

En géographie classique, il est question de paysages ayant une existence « en-soi », comme les paysages zonaux (paysages

62. Haggett P., 1973, *L'analyse spatiale en géographie humaine*, A. Colin, Paris.
63. Feyerabend P., 1978, *Science in a free society*, NLB, Londres.

de désert, marin, de forêt humide…) ou les paysages régionaux (paysages de Champagne, d'Alsace…), correspondant le plus souvent à des compartiments naturels séparés par tel type de relief ou de sol. Le paysage de la géographie classique exprime une gradation en terme d'humanisation, des paysages « naturels », laissés en l'état, aux paysages ruraux puis urbains étroitement façonnés par la main de l'homme et ses agents techniques.

Les acquis des disciplines connexes à la géographie, comme l'architecture ou l'histoire de l'art, ont permis de considérer d'autres échelles paysagères (le paysage de l'architecte, c'est par exemple le jardin paysager vu à partir de la maison), ainsi que de préciser la nature d'autres systèmes symboliques de représentation. Par système de représentation, nous entendons la forme, le contenu et les références des langages, verbaux ou picturaux, par exemple ; le langage verbal représente des paysages ou des éléments de paysage dans la littérature et dans la paralittérature, et le langage iconique (des images), qui prend son essor paysager à partir du XVIe siècle dans la culture occidentale, donne à voir des paysages figurés de manière plus ou moins réaliste. D'autres systèmes de représentation iconique se sont développés par la suite : la photographie de paysages, notamment celle de haute montagne, dès la seconde moitié du XIXe siècle, la bande dessinée que l'on peut faire remonter à Töpffer, et le cinéma, puis la télévision. Chacun de ces systèmes de représentation possède son propre code, sa propre conceptualisation, et son originalité, mais la littérature nous semble particulièrement riche en matière interprétative, car son langage est conceptualisé dans la même langue, celle des mots, que celle usitée par l'interprète. Les paysages picturaux sont plus directement suggestifs à l'œil, mais il est plus difficile de les « faire parler », car leur code de représentation est essentiellement non verbal. Dans ce cas, il est nécessaire d'opérer une transposition entre le langage iconique et le langage verbal pour que naisse un commentaire sur l'image. Le langage le plus implicite et le plus ardu à interpréter en regard du contenu paysager est le paysage musical, car le code musical, qui exprime entre autres la relation d'une société à son paysage et à son territoire — le code romantique est lié aux sentiments de la nature par exemple — marque l'ultime limite en matière d'abstraction langagière des recherches sur le paysage.

3

Histoire de la géographie

Paul Claval*

* Professeur à l'Université de Paris-Sorbonne.

La géographie est une science ancienne, car elle date d'Hérodote et connaît un vif développement en Grèce[1], dans le monde arabe médiéval et à l'époque moderne, au moment où les navigateurs et explorateurs occidentaux font avancer l'inventaire de la planète et où la cartographie devient une science exacte[2] ; c'est aussi une discipline jeune, car entre la géographie d'hier et celle d'aujourd'hui sont intervenues des transformations majeures[3].

1. Les conceptions de l'histoire de la géographie

L'histoire de la géographie a d'abord cherché à retracer les étapes de la découverte du monde et la généalogie des idées mobilisées par la discipline. On se représentait le progrès comme un mouvement continu où notions et méthodes s'ajoutaient en construisant un grand édifice logique. Le problème était de dater l'apparition des différents thèmes.

Cette manière de concevoir l'évolution de la pensée savante met en évidence ses acquis majeurs. Elle a l'inconvénient d'éclairer le passé à travers les conceptions qui dominent aujourd'hui ; elle ignore les tâtonnements, les erreurs, les remords. Ce qui compte, c'est de préciser le moment où les vrais principes ont été découverts : tout se déroule ensuite comme si les chercheurs se contentaient d'en tirer les conséquences.

D'autres manières d'envisager le mouvement de la pensée scientifique se sont imposées depuis trois-quarts de siècle. Pour certains, la démarche scientifique s'est construite par étapes : dès l'entre-deux-guerres, P. Dehem, G. Bachelard ou A. Koyré mettent en scène une raison qui ne conquiert le monde que par des mouvements de rupture. La révolution galiléenne le montre : il faut refuser les interprétations du sens commun,

1. Aujac G., 1975, *La géographie dans le monde antique*, PUF, Paris. Jacob C., 1991, *Géographie et ethnographie dans la Grèce ancienne*, A. Colin, Paris.
2. Broc N., 1980, *La géographie de la Renaissance*, Imprimerie nationale, Paris. Broc N., 1975, *La géographie des Philosophes*, Ophrys, Paris.
3. Claval P., 1995, *L'histoire de la géographie*, Que sais-je ?, PUF, Paris.

élaborer une conception nouvelle des forces, et accepter de se plier au langage mathématique, pour passer de la physique aristotélicienne à la physique moderne. En 1962, T. Kuhn systématise cette analyse : pour lui, les phases de science normale, où tous emploient les mêmes démarches ou *paradigmes*[4], sont séparées par des révolutions scientifiques au cours desquelles de nouveaux modèles d'explication, de nouveaux paradigmes, sont mis au point[5]. En retraçant l'histoire des différentes conceptions qui structurent le monde, ou *épistémés*, M. Foucault[6] souligne lui aussi le jeu des discontinuités.

Les approches contextuelles refusent de séparer le mouvement de la pensée de celui la société où il se déroule : elles insistent sur la demande sociale et montrent comment les chercheurs essaient d'y répondre[7]. Elles reconstituent le mouvement réel de la pensée, les erreurs, les fausses pistes, et montrent que le succès va souvent à ceux qui savent répondre aux inquiétudes ou aux problèmes que leur époque cherche à résoudre.

Est-on vraiment certain que la science se développe selon les lignes de la raison ? Certains en doutent. Des conceptions anarchisantes du mouvement scientifique se développent. Elles soulignent le rôle des controverses et l'importance du milieu professionnel qu'il faut convaincre, et pour lesquels les arguments sont bâtis[8].

La *perspective ethnogéographique*[9] embrasse d'un même regard toutes les connaissances géographiques élaborées au sein d'une société, les vernaculaires comme les scientifiques. Toutes ont une utilité. L'effort de systématisation auquel répond la réflexion scientifique est en partie motivé par les transformations des structures de la société : la formulation d'un savoir objectif facile à enseigner devient indispensable lorsque l'on passe de sociétés bâties sur des liens personnels acquis au cours d'un long apprentissage à des modes d'organisation bureaucratique où les personnels changent souvent d'affectation, et doivent rapidement apprendre ce qui concerne leur nouvel environnement[10].

Les recherches sur l'histoire de la géographie se sont surtout développées en France depuis le début des années 1960.

L'exposé qui suit souligne l'existence de coupures majeures (le progrès n'est pas continu), et les met en rapport avec les besoins de la société (approche contextuelle) et les modifications des structures socioculturelles (approche ethnogéographique). Les discontinuités qui marquent l'évolution de la géographie résultent cependant davantage de l'adjonction de nouveaux points de vue que de révolutions scientifiques[11] : la discipline est faite de traditions dont l'histoire est inégalement longue.

4. *Paradigme :* ensemble de procédures qui caractérisent la démarche scientifique au cours d'une phase de son développement.
5. Harvey D., 1969, *Explanation in geography*, Arnold, Londres.
6. Foucault M., 1969, *L'archéologie du savoir*, Gallimard, Paris.
7. Berdoulay V., 1981, *La formation de l'école française de géographie*, Bibliothèque nationale, Paris.
8. Latour B., Woolgar S., 1988, *La vie de laboratoire. La production des faits scientifiques*, La Découverte, Paris (éd. originale, 1979).
9. *Perspective ethnogéographique :* analyse de tous les savoirs géographiques d'une société. Staszak J.-F., 1995, *La géographie d'avant la géographie. Le climat chez Aristote et Hippocrate*, L'Harmattan, Paris.
10. Claval P., *Histoire de la géographie, op.cit.*
11. Livingstone D., 1994, *The geographical tradition*, Blackwell, Oxford. Claval P., *Histoire de la géographie, op. cit.*

2. La multiplicité des traditions : cartographie et description régionale

La géographie reçoit de l'Antiquité deux de ses traditions : la cartographie et la description régionale. D'Eratosthène[12] à Ptolémée[13], les Grecs apprennent à situer les points à la surface de la Terre par la mesure de leurs coordonnées. Il faut cependant attendre le XVIIIe siècle pour que la mesure des longitudes devienne facile. L'outil de base de la géographie est dès lors constitué. Il continue à se perfectionner grâce aux progrès de la géodésie, à la photographie aérienne puis aux images satellitaires : la géographie bénéficie de ces nouvelles techniques, mais sans que cela la révolutionne. À partir du XIXe siècle, la cartographie thématique apprend à représenter les données démographiques et statistiques et devient un des instruments de base de la recherche en géographie humaine et économique[14].

Le cartographe ne se contente pas de transcrire mécaniquement les configurations terrestres : il combine les signes et donne du réel une vision qui n'est jamais purement technique. Il reconstruit le monde[15].

La description régionale, illustrée dans l'Antiquité par Strabon[16], ne progresse que lentement faute d'observations précises. À la fin du XVIIe et au début du XVIIIe siècle, l'utilisation de statistiques menace de la transformer en inventaire aride. La révolution naturaliste du XVIIIe siècle lui fournit les données dont elle manquait : elle part de l'observation directe du paysage et montre comment il varie d'une portion de l'espace à l'autre. J.-J. Rousseau affirme la primauté de l'expérience de terrain.

Les recherches montrent la variété des types de région : *naturelle*[17] (fin XVIIIe), *historique* (milieu XIXe), *à base économique ou urbaine* (fin XIXe, début XXe). Vers 1900, l'analyse régionale est au centre de la plupart des démarches géographiques.

3. La multiplicité des traditions : la philosophie, les sciences naturelles et la naissance de la tradition explicative

Une mutation décisive dans l'histoire moderne de la discipline prend place en Allemagne à la fin du XVIIIe et au début du XIXe siècle. Sur le plan scientifique, rien ne prédispose ce pays à innover de la sorte : les sciences physiques et les sciences naturelles n'y possèdent aucune avance sur ce qu'elles sont en France ou en Grande-Bretagne ; A. de Humboldt[18], qui transpose en Amérique latine les grands voyages d'exploration à la manière de Cook et de Bougainville, passe 25 ans à Paris faute de trouver en Allemagne un foyer de vie scientifique qui réponde à ses attentes. Qu'est-ce qui provoque alors l'émer-

12. *Eratosthène, v. 275-194 av. J.-C.*
13. *Ptolémée, v. 100-v. 180.*
14. Palsky G., 1996, *Des chiffres et des cartes. La cartographique quantitative au XIXe siècle*, CTHS, Paris.
15. Jacob C., 1992, *L'empire des cartes*, Michel, Paris. Gould P., Bailly A. (dir.), 1995, *Le pouvoir des cartes. Brian Harley et la cartographie*, Anthropos, Paris.
16. *Strabon, 63 av. J.-C., entre 21 et 25 après J.-C.*
17. *Région naturelle et région historique :* concepts développés par H. Nonn dans le chapitre Régions, nations.
18. *Humboldt von A., 1769-1859.* Dans la tradition rationaliste du XVIIIe siècle, de formation scientifique, Humboldt a publié de nombreux ouvrages dont 6 volumes *d'Examen critique de l'histoire et de la géographie du nouveau continent et des progrès de l'astronomie nautique aux XVe et XVIe siècles* (1814-1834).

gence d'un mode d'enquête scientifique qui ne se développera que deux générations plus tard dans les autres pays d'Europe occidentale ? Un type de *conception philosophique*[19] qui met en avant l'historicité des sociétés et des cultures et souligne ce qu'elles doivent aux milieux où elles se sont façonnées : c'est plus à J. Herder[20] qu'à E. Kant[21] que la nouvelle discipline doit son inspiration, comme le montre l'œuvre de C. Ritter[22]. À l'étranger, peu en comprennent l'intérêt, sauf quelques historiens, comme J. Michelet[23], qui a médité J.-G. Herder. Il faut attendre la génération de L. Agassiz, d'A. Guyot, de F. von Richthofen, d'E. Reclus et de P. Vidal de la Blache pour que la leçon porte ses fruits en Allemagne et ailleurs.

4. La tradition explicative : de la philosophie à l'approche naturaliste

La géographie qui se développe rapidement entre 1870 et la Première Guerre mondiale doit une partie de son inspiration aux grands pionniers allemands ; elle n'en diffère pas moins considérablement par ses visées et par les justifications philosophiques et scientifiques qu'elle se donne : elle n'est plus conçue comme une philosophie naturelle. Les géographes se veulent scientifiques et prennent modèle sur les *sciences de la nature*[24] : leur discipline n'est plus conçue comme une interprétation téléologique du destin des peuples et de l'humanité. On ne croit plus que Dieu et la Nature — Dieu à travers la Nature — guident le cheminement des peuples sur la voie du progrès. Le temps est à l'interprétation positive des faits.

F. Ratzel[25] croit trouver le principe d'explication qui manque dans l'évolutionnisme darwinien. C. Ritter s'interrogeait sur l'influence de l'environnement sur le comportement et l'histoire des hommes, mais il n'avait guère de moyen de l'apprécier vraiment. L'idée de sélection par le milieu semble fournir le principe qui faisait défaut : les hommes ne sont-ils pas triés par le cadre où se déroule leur existence ? L'environnement n'est-il pas le grand responsable de ce qu'ils sont et de ce qu'ils peuvent faire ? Voilà le point de départ des partis pris *déterministes*[26] ou *environnementalistes* (il s'agit d'un anglicisme, mais souvent utilisé en français).

Darwin lui-même avait mis en garde contre l'utilisation trop brutale du principe de sélection dans le cas des sociétés humaines : dès l'instant où la culture apparaît, l'adaptation cesse d'être primordialement biologique ; elle est tout autant, ou davantage, culturelle. Cela introduit une indétermination dans les influences que la nature exerce sur l'homme, ce qui interdit les généralisations hâtives. Tous les bons auteurs en tombent d'accord, F. Ratzel le premier, qui tire parti d'autres aspects de la pensée darwinienne, le jeu des migrations et de la diffusion des techniques par exemple. Les géographes français

19. La géographie conçue comme *une philosophie de la nature.*
20. *Herder J., 1744-1803.*
21. *Kant E., 1724-1804.*
22. *Ritter C., 1779-1859.* La pensée de Ritter pèse dans l'histoire de la géographie puisqu'il appartient à l'école de philosophie historique de l'Allemagne du début du XIXe siècle. Voir Ritter C., 1974, *Introduction à la géographie générale comparée,* Les Belles Lettres, Paris, traduction.
23. *Michelet J., 1798-1974. Guyot A., 1897-1884. Reclus E., 1830-1905. Vidal de la Blache P., 1845-1918.* Historien de formation, Vidal de la Blache a développé une géographie très concrète, qui consistait à décrire, définir, puis expliquer. Parmi de multiples œuvres, citons le *Tableau de la géographie de la France* (T. 1 de Lavisse, *Histoire de France,* 1903) et *Principes de géographie humaine,* A. Colin, Paris, 1922.
24. *La géographie comme science naturelle.* La différence entre géographie physique et humaine est développée par C. Raffestin et B. Levy dans le chapitre Épistémologie de la géographie humaine.
25. *Ratzel F., 1944-1904.* Influencé par les naturalistes, Ratzel a écrit de nombreuses œuvres qui n'ont pas été traduites en français. Pour comprendre l'originalité de son œuvre, il faut se référer à Vidal de la Blache P., 1898, La géographie politique d'après les écrits de F. Ratzel, *Annales de Géographie,* Vol. 7.
26. *Déterminisme ou environnementalisme.* Voir également sur ce concept le chapitre de B. Debarbieux :

(suite page suivante)

sont également marqués par l'évolutionnisme, mais c'est du courant néolamarckien plus que du darwinisme qu'ils s'inspirent. C'est ce qui conduit P. Vidal de la Blache à refuser l'environnementalisme et à lui substituer le *possibilisme*[27] : la nature impose des contraintes, mais c'est l'homme qui choisit. Cette façon de concevoir les rapports des hommes et du milieu constitue sans doute un progrès, mais place la géographie dans une position singulière : elle en fait une discipline à part ; l'établissement de lois générales auquel aspirent toutes les sciences lui est interdit.

Il se trouve que l'époque est celle du *scientisme*[28] et que la géographie se veut scientifique. Quel parti choisir, quel modèle retenir en pareille situation ? Celui des sciences naturelles est le plus séduisant : une partie de la géographie ne s'occupe-t-elle pas de la nature et ne ressemble-t-elle pas à la géologie ou à la botanique ? N'est-elle pas, comme le sont ces disciplines, plus tournée vers la systématique, la classification des faits observés, la construction de typologies, que vers l'établissement de lois universelles ?

Le géographe classique est en un sens l'héritier des grands pionniers allemands, puisqu'il se penche comme eux sur les interrelations de l'homme et de l'environnement, mais il le fait à une autre échelle. Pour avoir l'air sérieux, pour mériter vraiment l'estime de ses collègues naturalistes, il lui faut accepter leurs disciplines d'enquête, faire de la recherche de terrain, partir des évidences sensibles et du paysage. Le temps n'est plus aux grandes fresques qui retracent l'histoire d'un milieu et du peuple qu'il a façonné depuis l'origine des temps. Il est aux monographies prudentes, à l'échelle de réalités très circonscrites. Toutes les écoles ont en commun ces traits. Elles diffèrent cependant par la définition qu'elles donnent de la discipline.

5. La géographie classique et le temps des écoles nationales

Quel objet donner à la géographie si on refuse d'en faire une discipline de l'organisation de l'espace par les hommes ? Les réponses diffèrent. Deux traditions se mêlent, celle de l'analyse régionale et celle de l'environnementalisme. Pour certains, le géographe s'attache primordialement à l'étude *des interactions des hommes et du milieu*[29] ; pour d'autres, il s'interroge sur *la différenciation régionale*[30] de l'écorce terrestre. Un dernier groupe tente de concilier les deux démarches et se présente comme *spécialiste du paysage*[31].

Pour tous, le propos est d'abord de mettre en évidence des structures, de les classer, de les ordonner en typologies. L'étape suivante consiste à les expliquer — mais là, l'accord cesse : certains considèrent cette partie de la démarche comme facultative ; l'explication que beaucoup recherchent est *d'ordre*

(Suite de la note 26) sur « Les problématiques de l'image et de la représentation en géographie ».

27. *Possibilisme :* la nature propose, l'homme dispose.

28. *Scientisme :* la démarche des sciences exactes comme seule voie de connaissance.

29. *La géographie comme étude des relations hommes/milieu.*

30. *La géographie comme étude de la division régionale.*

31. *La géographie comme science du paysage.*

génétique[32], alors que d'autres adoptent plutôt un point de vue *fonctionnaliste*[33].

Il est difficile à une discipline qui hésite sur son objet et sur ses méthodes d'évoluer de manière unitaire. Plusieurs configurations de traits sont possibles : les combinaisons retenues n'ont pas été les mêmes selon les pays, si bien que la première moitié de notre siècle apparaît comme dominée par des écoles nationales. Tous les pays ne parviennent cependant pas à formuler de solutions originales, ou n'essaient pas : le nombre des solutions est limité.

L'École de géographie allemande[34] met l'accent sur deux des conceptions possibles du domaine, l'étude de la différenciation régionale de l'écorce terrestre et l'étude du paysage (le terme allemand de *Landschaft* se rapporte également au paysage et à la région où on l'observe). Elle privilégie les interprétations historisantes. Elle s'attache de préférence à des réalités de petites dimensions et les monographies qu'elle produit sont locales plus que régionales.

L'École française[35] a en commun avec l'École allemande de s'intéresser aux faits de différenciation régionale et de croire beaucoup aux interprétations génétiques — ceux qui la pratiquent sont des historiens de formation. Elle en diffère par la place plus limitée qu'elle accorde au paysage, et par l'intérêt qu'elle manifeste à l'égard des rapports de l'homme et du milieu. En conséquence, elle interroge volontiers au départ les cartes de densité : le trait est constant depuis E. Levasseur[36], le premier initiateur de la discipline en France. E. Reclus y a moins systématiquement recours : il demeure fidèle aux enseignements de son maître, C. Ritter ; sa carrière s'inscrit en marge de l'Université ; son engagement révolutionnaire — c'est une figure marquante de l'anarchisme — guide aussi ses choix. C'est P. Vidal de la Blache qui comprend le mieux le parti que l'on peut tirer des études de densité. Il reprend à A. Guyot l'idée de *genre de vie*, qui lui permet de cerner à la fois les fondements écologiques et les fondements sociaux des faits de répartition. Son grand mérite est enfin de faire la synthèse de multiples courants de recherche relatifs aux réalités régionales.

L'école française est riche en aperçus sociaux — leur familiarité avec l'histoire a appris aux géographes français à être moins dogmatiques que beaucoup de leurs collègues étrangers.

Les États-Unis ont la particularité d'avoir vu s'épanouir deux écoles. La première, celle du *Middle West*[37], s'attache à la différenciation spatiale de l'écorce terrestre, mais renouvelle la démarche par la rigueur méthodologique avec laquelle elle l'aborde — cartographie systématique de l'utilisation des sols, relevés de terrain, enquêtes minutieuses. Elle se différencie aussi des écoles européennes par la plart plus large qu'elle fait aux explications fonctionnelles, ce qui l'ouvre à des raisonnements de type économique.

32. *Explication génétique : à travers l'origine des phénomènes.*
33. *Explication fonctionnaliste : par les contraintes du fonctionnement.*
34. *L'École allemande.* Voir à ce sujet le chapitre 3 de Claval P., 1984, *La géographie humaine et économique contemporaine*, PUF, Paris.
35. *L'École française.* Voir à ce sujet le chapitre 3 de *Géographie humaine et économique contemporaine (op. cit.).*
36. Levasseur E., 1828-1911. Nardy J.-P., 1968, Levasseur géographe, *in* : Claval P. et Nardy J.-P., *Pour le cinquantenaire de la mort de Vidal de la Blache*, Les Belles Lettres, Paris.
37. *L'École du Middle West.* Hartshorne R., 1939, *The nature of geography : a critical survey of current thought in the light of the past*, Association of American Geographers, Lancaster.

C. Sauer, qui crée à *Berkeley*[38] un groupe de recherche, partage avec l'École du Middle West, où il a été formé, le goût des enquêtes minutieuses et de la cartographie de détail, mais l'objet qu'il se donne, c'est le paysage. Cela s'explique par l'influence qu'a eue sur lui la géographie allemande. Il interprète le terrain en anthropologue au moins autant qu'en historien. Grâce à lui, la géographie culturelle américaine accumule de beaux résultats.

Les autres pays se partagent entre plusieurs influences. L'Angleterre, qui a développé une tradition originale d'exploration et s'est ouverte grâce à Mackinder, aux alentours de 1900, à l'analyse politique, se moule sur la géographie régionale française. Les Néerlandais tirent l'exemple français dans un autre sens, puisqu'ils s'orientent vers l'idée que la géographie humaine est une science sociale. La géographie française est également suivie en Espagne, au Portugal, en Amérique latine ; elle se combine avec l'influence allemande en Italie et en Roumanie, cependant que les conceptions allemandes sont dominantes en Europe orientale, au Moyen-Orient (Turquie, Iran) et au Japon.

Les pays scandinaves et, entre les deux guerres mondiales, les pays baltes, sont ouverts à toutes les influences, ce qui explique la singulière fécondité de la discipline dans ces pays et la place qu'ils ont tenue dans les développements ultérieurs[39].

À la fin des années 1930, l'inspiration classique commence à tarir. On se sent désarmé pour traiter des villes ou des régions industrielles lorsqu'on ne dispose que de l'arsenal de concepts définis au début du siècle. Au moment où le besoin d'intervenir sur l'organisation de l'espace se précise et où les jeunes rêvent de se montrer utiles en contribuant à aménager rationnellement les pays où ils vivent, les principes à évoquer ne sont clairs pour personne. C'est ce qui assure, après une décennie d'hésitations après guerre, le triomphe rapide de la nouvelle géographie.

6. Une mutation dans la tradition explicative : la géographie comme science sociale

La géographie classique n'arrive plus à satisfaire les esprits ambitieux qui rêvent d'une discipline plus applicable en même temps que plus complètement explicative. Un mouvement de réinterprétation se dessine. Avec lui se précisent les contours d'une nouvelle *géographie plus franchement sociale*[40] que celle qui l'a précédée.

Il faut prendre un peu de recul pour que se dégage vraiment la signification et la portée de la *nouvelle géographie*[41] : sa mise en place ne s'est pas faite d'un coup. Elle s'étale sur près de 30 ans, des années 1950 aux années 1980. On a cru plusieurs fois le mouvement près de s'arrêter, mais il est reparti dans d'autres directions.

38. *Sauer C. 1889-1975. L'École de Berkeley.* Voir Leighly J. (éd.), 1963, *Land and life. A selection of writings of Carl Ortwin Sauer*, University of California Press, Berkeley.
39. Hägerstrand T., 1952, The propagation of innovation waves, *Lund Studies in geography*, Série B, n° 4.
40. *La géographie comme science sociale.*
41. Claval P., 1977, *La nouvelle géographie*, PUF, Que sais-je ?, Paris.

Durant les années 1950, plusieurs transformations s'esquissent, mais personne ne pense que le corpus de la géographie classique soit sérieusement menacé. La prise de position la plus significative est celle de E. Ullman[42] : il définit la géographie comme une science des *interactions sociales*[43], cesse de privilégier les liaisons verticales, homme-milieu, et attire l'attention sur les solidarités horizontales que les hommes tissent entre eux. Il fait de la discipline une science sociale et ouvre la voie aux réflexions théoriques.

F. Schaefer[44], un exilé allemand, publie à peu près au même moment un article où il dénonce « l'exceptionnalisme » épistémologique des géographes, c'est-à-dire leur habitude de définir leur discipline comme échappant aux règles normales de la démarche scientifique (celles, en fait du *positivisme logique*[45] que l'École de Vienne a défini dans les années 1920 et 1930) sous prétexte que son but est de décrire le particulier (accent *idiographique)* au lieu de mettre en évidence le général (ce qui est le caractère commun, *nomothétique*[46], à quoi se reconnaissent les champs de connaissance réellement évolués). L'article ne suscite pas de prises de conscience immédiate, en dehors des protestations passionnées de R. Hartshorne (1939, *op. cit.)*, le théoricien américain de la géographie classique.

En définitive, les transformations les plus significatives pour l'aggiornamento de la géographie portent sur *l'économie spatiale*[47], qui devient à la mode. Elle a été enrichie par l'apport des théories macroéconomiques modernes. W. Isard[48] la présente sous une forme engageante à tous ceux qui s'intéressent à l'espace : c'est à travers le groupe de *science régionale*[49] qu'il crée en 1955 que beaucoup d'idées chères aux économistes sont connues et appréciées des géographes.

Dans le même temps, les sciences sociales découvrent une série de démarches nouvelles fondées sur l'emploi des mathématiques modernes et de la statistique, et que la recherche opérationnelle avait fait éclore à la fin de la Deuxième Guerre mondiale : on s'appuie sur ces techniques pour confirmer ou infirmer les hypothèses théoriques : les sciences sociales semblent se ranger dans le champ des démarches nomothétiques que recommande le positivisme logique.

L'Université de Seattle voit ces diverses orientations fusionner entre 1956 et 1960 autour d'E. Ullman et de jeunes collègues tournés vers la théorie économique et les méthodes quantitatives, comme W. Garrison, R. Morrill ou B.J. Berry[50]. En quelques années, le paradigme d'une géographie qui analyse les effets de la distance sur l'ordre spatial s'impose.

Des précurseurs avaient été récupérés : le premier et le plus génial de tous était W. Christaller[51], un Allemand que les hasards de la vie politique tenaient écarté du monde universitaire, et dont les recherches n'avaient pas été comprises, lors de leur publication, en 1933. En imaginant la *théorie des lieux*

42. *Ullman E., 1912-1975.*
43. La géographie comme étude de l'effet de la distance sur les *interactions sociales* - et donc comme *science sociale.* Boyce R.E., 1980, *Edward Ullman. Geography as spatial interaction,* University of Washington Press, Seattle.
44. *Schaefer F., 1904-1953.* Schaefer F. 1953, Exceptionnalism in geography, *Annals of the Association of American Geographers,* vol. 43, p. 226-249.
45. *Positisme logique* : reformulation du positivisme qui tient compte des critiques adressées au scientisme.
46. *Idiographique, Nomothétique* : conceptions définies par C. Raffestin et B. Levy dans le chapitre Épistémologie de la géographie.
47. *L'économie spatiale* est présentée par H. Beguin dans le chapitre 11 La géographie économique.
48. Isard W, 1956, *Location and space economy,* MIT Press, Cambridge.
49. *Science régionale.* Les travaux contemporains de science régionale dans le monde francophone sont surtout publiés par la *Revue d'Économie Régionale et Urbaine.* Pour les articles en anglais, voir les *Papers and Proceedings of the Regional Science Association.*
50. *Berry B.J., 1934.* Voir par exemple : Berry B.,1971, *Géographie des marchés et du commerce de détail,* A. Colin, Paris (édition en anglais, 1967).
51. *Christaller W., 1903-1969.*

centraux[52] et en essayant de la vérifier dans le cadre de l'Allemagne du Sud, il préfigurait la nouvelle géographie : les emprunts à la théorie économique spatiale d'une part, et le souci de vérification empirique de l'autre.

En Suède, T. Hägerstrand[53] avait suivi un cheminement différent. Ses travaux sur les séquences de *diffusion*[54] des innovations avaient cependant mis en relief, comme ceux de W. Christaller, le poids de l'éloignement sur les relations humaines, et la méthode de Monte Carlo, qu'il avait utilisée pour prouver la validité de sa théorie, était une grande nouveauté pour l'ensemble de la recherche sociale. Grâce à lui et à des Britanniques comme P. Haggett ou R. Chorley[55], la nouvelle manière de concevoir la géographie balaie tout le monde anglo-saxon et atteint la Scandinavie en moins de 5 ans, entre 1958 et 1962.

Deux auteurs soulignent ses points forts, W. Bunge[56] en attirant l'attention sur son contenu théorique et I. Burton[57] en montrant ce qu'elle doit aux méthodes quantitatives. Quelques années plus tard, P. Gould lui trouve un nom bientôt universellement adopté, celui de nouvelle géographie[58]. D. Harvey[59] se fait l'épistémologue du mouvement en le plaçant dans la mouvance du positivisme logique. Dans le même temps — fin des années 1960 —, la contagion gagne l'Europe continentale, la Pologne, l'URSS, l'Amérique latine et le Japon. En France, un mouvement parallèle s'était esquissé depuis le début des années 1960[60] ; 1968 l'accélère. Pour beaucoup, la transformation est achevée, les pionniers n'ont qu'à se reposer sur leurs lauriers et poursuivre ce qu'ils ont imaginé depuis une dizaine d'années.

Mais voilà que des voix discordantes surgissent. Sous l'influence du *behaviourisme*[61], les chercheurs cessent d'accepter l'image caricaturale de l'homme dont se contentent les économistes : ils essaient de le comprendre à travers l'analyse directe de ses comportements, s'interrogent sur les limites de sa capacité d'observation, les imperfections de ses perceptions et la facilité avec laquelle il se contente de résultats suboptimaux.

Certains s'insurgent contre l'étroitesse des hypothèses retenues durant les années 60 : l'univers dans lequel vivent les hommes ne peut s'expliquer en totalité par les valeurs marchandes et la logique du marché : prestige et pouvoir pèsent autant dans la vie humaine ! La géographie élargit ses références. Après les modèles économiques, voici qu'elle fait appel à des modèles sociaux[62] qu'elle emprunte tantôt aux sociologues, tantôt aux politologues. Là aussi, l'effort a pour but de souligner les effets de la distance dans la vie sociale, mais ce qui compte, ce sont les chenaux par lesquels les *communications*[63] s'effectuent, et pas seulement les voies où prennent place les transports. L'éloignement a des effets différents selon que les partenaires se font confiance ou non : que nous voilà loin du positivisme logique, en plein domaine des idéologies !

52. *Théorie des lieux centraux.* Voir sur ce thème le chapitre de J.-B. Racine et M. Cosinschi Géographie urbaine.
53. *Hägerstrand T., 1916.*
54. Diffusion : la théorie de la diffusion est présentée par C. Raffestin dans un chapitre spécial de cet ouvrage.
55. Haggett, 1933- Chorley R. 1927. Voir par exemple Haggett P., 1973, *L'analyse spatiale en géographie,* A. Colin, Paris. Éd. originale en anglais, 1965.
56. Bunge W., 1962, *Theoretical Geography,* Gleerup, Lund.
57. Burton I., 1963, Quantitative revolution and theoretical geography, *Canadian Geographer,* vol. 7, p. 151-162.
58. Gould P., 1968, The new geography : where the action is, *Harper's Magazine.*
59. Harvey D., 1969, *Explanation in Geography,* Arnold, Londres.
60. Claval P., 1963, *Géographie générale des marchés,* Les Belles Lettres, Paris.
61. *Behaviourisme :* étude des faits sociaux à travers les comportements beaucoup plus qu'à travers les mécanismes de régulation collective. Ce concept est également défini par B. Debarbieux dans le chapitre Les problématiques de l'image et de la représentation en géographie.
62. Claval P. 1973, *Principes de géographie sociale,* Litec, Paris.
63. *Théorie de la communication.*

Dans le même temps, d'autres critiques des orientations qui privilégient durant les années 60 portent sur leurs implications politiques : la nouvelle géographie se voulait objective, mais avait tendance à justifier le maintien des situations existantes, même si elles étaient iniques. À une époque où le développement cesse d'être prioritaire pour la plupart des géographes, beaucoup commencent à s'interroger sur les inégalités spatiales et cherchent à comprendre pourquoi elles sont nées et comment les éliminer[64]. C'est une pente normale à un moment où l'aménagement accepte de plus en plus largement la consultation de tous : il n'est pas de consensus possible si les mesures proposées lèsent le plus grand nombre.

La critique radicale émane d'abord de libéraux, mais elle trouve son support essentiel chez les marxistes[65]. Les schémas théoriques qu'ils proposent sont généralement dépourvus de dimension spatiale[66], mais leur charge émotive est telle que beaucoup se rallient à leur point de vue : ils obtiennent leurs plus beaux succès dans les études urbaines et dans celles qui ont trait aux pays sous-développés.

Au début des années 50, les géographes concevaient leur discipline comme une science naturelle, et étaient incapables de rendre compte de la dimension sociale des répartitions qu'elle observait. Elle n'avait à sa disposition qu'un type de modèles, les *modèles écologiques*[67] — et sous une forme encore peu maniable, puisque c'est au travail pionnier de R. Lindeman en 1942[68] et à son exploitation par E. Odum[69] en 1957, que l'on doit le point de vue énergétique, si puissamment simplificateur. Pour rendre compte de la différenciation régionale de la terre et de la multiplicité des paysages, il faut aussi savoir expliquer les faits d'organisation, l'architecture sociale — c'est à cela que répondent les modèles économiques des années 1960, puis à un niveau de complexité plus élevé, et pour des sociétés plus diverses, les *modèles sociaux et politiques*[70] des années 70.

7. De l'explication à la compréhension : approches humanistes et ethnogéographiques

La diversité de la terre repose enfin, dans une large mesure, sur la plasticité humaine et la multiplicité des valeurs et des principes que les gens reconnaissent : la dernière étape de la difficile transformation de la géographie, c'est celle qui fait explorer la logique des *modèles de l'homme*[71]. Ceux-ci cherchent à rendre compte de ce que les hommes pensent du monde alentour, de la manière dont ils le vivent et de la manière dont ils le rêvent, l'acceptent, le refusent ou essaient de le modeler à l'image de leurs aspirations. Ils prennent en compte le poids des religions et des idéologies, et celui des options philosophiques et des conceptions ontologiques de l'univers et de la société. Le monde dans lequel vivent les hommes est fait des objets visibles

64. Voir le chapitre de R. de Koninck, Géographie critique. Harvey, D., 1972, *Social justice and the city,* Arnold, Londres.
65. Harvey D., 1982, *The limits to capital,* Blackwell, Oxford.
66. Claval P., 1977, Le marxisme et l'espace, *L'Espace géographique,* vol. 6, p. 145-164.
67. Les *modèles écologiques* sont présentés par J.-B. Racine et M. Cosinschi dans le chapitre « Géographie urbaine ».
68. Lindeman R.L., 1942, The trophic dynamic aspect of ecology, *Ecology,* vol. 23, p. 399-418.
69. Odum E.P., 1959, *Fundamentals of ecology,* Saunders, Philadelphie.
70. *Modèles sociaux :* interprétations théoriques des aspects spatiaux des interactions humaines.
71. *Modèles de l'homme :* interprétations théoriques de la diversité de l'image que les hommes se font d'eux-mêmes et de leurs rapports à la nature et à la société.

qui les entourent et des idées ou des représentations qui les accompagnent. Ce qui passe pour le plus vrai dans l'univers, ce n'est pas toujours le cadre de la vie sociale, mais les hommes eux-mêmes, ou l'ordre qu'ils rêvent pour la société. Et le réel finit par ressembler peu ou prou à ce qui n'a d'abord été qu'une image projetée parce que le milieu était jugé insupportable !

Les géographes sont donc amenés de plusieurs manières à s'interroger sur le sens que les gens donnent à ce qui constitue leur environnement physique et social : de là la montée *d'approches phénoménologiques*[72] qui rapprochent leur discipline des humanités, et de courants idéalistes, *humanistes*[73] qui commencent à se manifester vers 1972 ou 1973 ; de là aussi l'intérêt renouvelé pour ce qui rend chaque lieu différent et pour ce qui fait que certains apparaissent plus authentiques que d'autres ; de là enfin la redécouverte de domaines fort négligés depuis une génération, comme la géographie historique, la géographie culturelle ou même, dans une certaine mesure, la géographie régionale.

Le positivisme logique est trop étroit pour rendre compte de tous les aspects de la réalité sociale. À l'instar de ce qui se passe dans les autres sciences sociales[74], une place doit être faite aux démarches herméneutiques, au sens, à la compréhension. Par conséquent, le champ de la curiosité géographique s'élargit à la littérature, à la biographie, aux expériences personnelles les plus diverses. La géographie n'a pas fini d'étonner ceux-là mêmes qui la pratiquent.

Dans l'optique qui est en train de s'imposer, la place de la géographie au sein des sciences sociales se trouve confortée. On avait tendance à explorer l'économique, le social et le politique comme s'ils se développaient dans des espaces sans dimensions. L'éloignement et la dispersion étaient alors introduits comme des déterminations supplémentaires et en quelque sorte accessoires. Si la géographie a aujourd'hui une charge critique, c'est bien parce qu'elle a prouvé qu'éliminer l'espace, c'était à la fois ignorer les pesanteurs matérielles, les difficultés de communication et le poids de rêve et de la pensée de l'ailleurs que l'homme traîne toujours avec lui, comme remède à ses angoisses et à ses limitations.

Lorsqu'elle s'interroge sur l'expérience que les hommes ont de l'espace, la discipline est amenée à étudier la manière dont ils conçoivent l'orientation, comprennent les milieux où ils vivent, et savent s'organiser pour les mettre en valeur et triompher de l'obstacle de la distance. Toute société élabore des connaissances géographiques. Sont-elles nécessairement inférieures à celles que nous cherchons à construire scientifiquement ? C'est la question que se posent ceux qui se passionnent pour l'ethnogéographie, dont le succès s'affirme depuis le début des années 90[75].

72. *Les approches phénoménologiques*. Annoncées par Dardel dès 1952, elles s'épanouissent outre-Atlantique à partir de 1970.

73. Tuan Yi-Fu, 1976, Humanistic geography, *Annals A.A.G.*, vol. 66, p. 266-276. Buttimer A., et Seamon D., (eds.), 1980, *The human experience of space and place*, Croom Helm, Londres. Voir à ce sujet le chapitre de A. Bailly et R. Scariati, L'humanisme en géographie.

74. Claval P., 1980, *Les mythes fondateurs des sciences sociales*, PUF, Paris.

75. Staszak J.-F., 1995, *La géographie d'avant la géographie, op.cit.*

8. Des ébranlements venus d'ailleurs : postmodernisme, postimpérialisme, écologisme

Depuis le milieu des années 80, la géographie est ébranlée, dans les pays anglo-saxons en particulier, par toute une série de remises en cause. Elles ne sont plus motivées par l'incapacité de la géographie à aborder des domaines brûlants. Elles traduisent l'inquiétude des sociétés occidentales.

Les architectes critiquent, à partir du milieu des années 60, le courant international d'architecture moderne qui s'était imposé entre les deux guerres mondiales. Ils militent dès lors pour une architecture postmoderne. L'idée se répand dans d'autres milieux que la modernité repose sur des présupposés mal explicités, mais qui pèsent très lourd sur les sociétés qui s'en réclament. C'est toute la pensée occidentale qui est remise en cause. Le débat sur la postmodernité[76] fait rage en géographie entre 1986 et 1990. La géographie n'a-t-elle pas contribué à enfermer les sociétés industrialisées dans des systèmes de contrôle très répressifs ? C'est la conclusion qui se dégage de ces débats.

Certains soulignent l'aide que la géographie a apportée au développement de l'impérialisme. Ne convient-il pas d'examiner de manière critique l'outil qu'elle a fourni aux colonisateurs et plus encore, la façon dont elle a justifié l'impérialisme ? Autour de D. Gregory[77], beaucoup de jeunes chercheurs essaient de faire sortir la discipline des ornières où elle s'était de la sorte laissé enfermer.

Ce n'est pas seulement l'Occident qui est en procès. Dans la mesure où la plupart des sociétés ont surexploité et ruiné les milieux où elles sont installées, c'est à une critique de tous les modes de mise en valeur que la géographie étudie que l'écologisme invite à procéder[78].

La géographie traverse donc une phase d'inquiétude qui traduit plus la difficulté que le monde actuel éprouve à justifier son action, qu'un effort pour trouver de nouveaux fondements à la discipline ou améliorer ses méthodes.

9. Conseils de lectures

L'ouvrage de base dans ce domaine est le « Que sais-je » de P. Claval, 1975, *Histoire de la géographie*, Paris, PUF, qui dresse un panorama de l'évolution de la géographie, de l'héritage antique à la géographie dans le monde postmoderne. Reflet des grands débats intellectuels qui animent le monde, ce petit livre montre comment la géographie a su répondre à une demande sociale changeante.

Il peut être complété par I. Lefort, 1992, *La lettre et l'esprit*, Paris, CNRS, qui traite de façon détaillée de la géographie savante en France de 1870 à 1970, discours géographique à

76. Harvey D., 1989, *The condition of postmodernity*, Blackwell, Oxford. Soja, E., 1989, *Postmodern geographies*, Verso, New York et Londres.

77. Gregory D., 1994, *Geographical imaginations*, Blackwell, Oxford.

78. Berque A., 1996, *Être humains sur la terre*, Gallimard, Paris.

travers l'histoire de la géographie : orientation kantienne, discours environnementaliste, déterministe et possibiliste.

Le petit livre de R. Ferras, 1994, *99 réponses sur la géographie*, Montpellier, CRDP Languedoc-Roussillon, complète ces ouvrages par une série de questions concises sur l'histoire et le sens de la géographie.

10. Sujet : plusieurs manières de faire de la géographie

« Il y a plusieurs manières de faire de la géographie. Plusieurs façons de voir le Monde, de le décrire, de l'expliquer. L'histoire de la géographie, la pluralité actuelle des approches au sein de la discipline en attestent.

« On peut analyser l'histoire de la géographie en termes de réussites et d'erreurs, c'est-à-dire de progrès et de retours en arrière, car, dans cette perspective, c'est souvent à l'aune du présent qu'on présente le passé. On peut exposer les différents courants actuels en les évaluant, en dénonçant et en prenant parti. Il est difficile — et il n'est sans doute pas toujours utile — de procéder autrement, car le géographe doit bien se situer, faire des choix. Cette approche relève d'une logique militante ; elle permet d'expliquer une pratique donnée, pas vraiment d'expliquer qu'il en existe d'autres [...].

« [...] ce type d'analyse est rarement efficace : son caractère partisan ne lui permet guère de convaincre que les adeptes de la démarche qu'elle cherche à légitimer. Ensuite — et surtout —, parce que l'intérêt du géographe pour l'histoire et l'épistémologie de la discipline dépasse ces enjeux de justification. [...] La manière dont on voit et dit le Monde est en soi une question géographique. L'épistémologie d'une science humaine donnée n'est pas à l'extérieur de celle-ci, elle en constitue une composante essentielle [...]. Un historien ne peut faire l'économie d'un examen des conceptions et représentations historiques qui prévalent dans l'époque qu'il analyse. De même, le géographe doit dresser le tableau des idées en matière de milieu, d'espace, d'aménagement... des groupes qu'il étudie[79] ».

79. Staszak J.-F., 1997, *Les discours du géographe*, L'Harmattan, Paris, p. 7.

4

Espace terrestre et espace géographique

André Dauphiné*

* Professeur à l'Université de Nice

L'espace géographique est au centre d'un débat relatif au projet de notre discipline. G. Bachelard[1] a montré que toutes les sciences partagent des objets communs ; la géographie n'échappe pas à cette règle. L'écologue, le sociologue et l'économiste s'interrogent sur la ville ou la campagne ; la région elle-même n'est pas un objet propre au géographe. Mais toute science n'existe qu'en définissant un projet, en étudiant un objet à partir de principes et de questions précises, dont le choix dépend de pratiques et de cadres théoriques. Aujourd'hui, l'espace géographique semble être le projet privilégié de la géographie ; il est construit à partir d'un objet, réel et concret, l'espace terrestre que questionnent aussi d'autres scientifiques. S'interroger et proposer une définition de l'espace géographique[2], nous imposent de réfléchir à la construction abstraite d'un concept, devant permettre de décrire, comprendre, expliquer et agir sur un objet concret, l'espace terrestre.

1. Un concept récent

Si les géographes analysent depuis l'Antiquité l'espace terrestre, la généralisation des mots espace géographique est récente. Dans l'ouvrage d'A. Meynier[3], ce terme n'est pas utilisé une seule fois dans le premier chapitre consacré au « temps de l'éclosion » ; son apparition à la fin de l'ouvrage est liée à la géographie appliquée. Une fréquentation assidue des manuels, notamment ceux de M. Derruau[4], donne des résultats similaires. A. Bailly et H. Beguin[5] ont relevé l'absence de définition de ce concept dans le dictionnaire établi par P. George, même si cet auteur définit la géographie comme étant la science de l'espace géographique.

Ce terme est donc devenu en quelques années un porte-drapeau de notre discipline. Outre l'Espace Géographique, de

1. Bachelard G., 1938, *La formation de l'esprit scientifique*, Vrin, Paris.
2. Brunet A., 1997, *Champs et contrechamp. Raisons de géographes*, Belin, Paris.
3. Meynier A., 1969, *Histoire de la pensée géographique en France*, PUF, Paris.
4. Derruau M., 1961, *Précis de géographie humaine*, Colin, Paris.
5. Bailly A. et Beguin H., 1998, *Introduction à la géographie humaine*, Masson, Paris.

nombreux bulletins plus modestes, Analyse de l'Espace à Paris, l'Analyse Spatiale Quantitative et Appliquée à Nice, Espace Temps... concurrencent les revues régionales. De très nombreux ouvrages intègrent dans leur titre le mot *espace*[6], et consacrent quelques pages à une proposition de définition de ce concept. N'a-t-on pas prétendu créer une nouvelle science, la spatiologie, en divisant simplement toute donnée statistique par la superficie de la surface sur laquelle elle était relevée ? Non utilisé, il y a vingt ans, l'*espace géographique*[7] est aujourd'hui le concept-roi de notre science.

La diffusion très rapide de ce concept n'est pas totalement gratuite, car le géographe a toujours eu une vision spatiale des faits ; mais il l'exprimait avec des concepts différents. Une analyse textuelle de l'ouvrage d'A. Meynier révèle l'emploi de cet autre vocabulaire. Les concepts de *lieu*[8], de surface terrestre, et de région, reviennent très souvent. En outre, P. Vidal de la Blache[9] donne une définition spatiale de la géographie : elle « est la science des lieux et non des hommes ».

Pourquoi les géographes français découvrent-ils dans les années 1960 l'espace géographique ? Il est difficile de répondre précisément à cette question ; mais, outre le fait qu'ils étudient l'espace terrestre depuis l'Antiquité, trois causes semblent intervenir. D'une part, les contradictions spatiales se multiplient, notamment au niveau de l'interface urbain rural ; *la planification*[10] spatiale se développe et elle crée un nouveau vocabulaire où l'espace joue un rôle central. D'autre part, la prise en compte de la dimension spatiale dans les *sciences économiques*[11] et sociales est un fait récent, datant de l'après première guerre. Certes, un lecteur attentif peut relever dans telle ou telle œuvre une ébauche d'intérêt pour l'espace, le rôle de l'espace est presque absent dans les travaux des économistes ou réduit au seul critère de la distance ; le débat, d'ordre idéologique, à propos de l'œuvre de K. Marx, en témoigne, et M. Santos[12] affirme dans la revue marxiste *Espace-Temps* : « La pensée marxiste, avec des variantes dans l'énoncé de la classification, ne fait pratiquement jamais référence à l'espace. » Enfin, l'introduction en France, par « l'école canadienne » (A. Bailly, J.-B. Racine, H. Reymond) de la nouvelle géographie anglo-saxonne, favorise cette éclosion et cette reconnaissance de l'espace géographique : *points, lignes organisées en réseaux, trames et champs*[13] surtout gravitaires, sont des éléments privilégiés et centrent les débats sur l'espace. Dès ses origines, la *nouvelle géographie*[14] fait redécouvrir les travaux des économistes spatiaux, W. Christaller et A. Lösch. Ces trois causes, l'amplification des contradictions spatiales, le développement de l'économie spatiale et l'apport nord-américain favorisent la diffusion très rapide du concept d'espace géographique.

Dans une première phase, cet apport d'un concept neuf ne modifie pas la démarche du géographe, comme en témoigne l'ouvrage de J. Beaujeau-Garnier[15]. Le premier chapitre qui

6. *Espace :* portion du plan délimitée au moins par une ligne. En géographie, étendue limitée de surface terrestre.
7. *Espace géographique :* espace formel construit par le géographe à partir de certains caractères de l'espace terrestre. Auriac F. et Brunet R. (éd.), 1986, *Espaces, jeux et enjeux*, Fayard, Paris.
8. *Lieu :* partie localisée de l'espace terrestre. Voir également la définition de A. Bailly et R. Scariati dans le chapitre L'humanisme en géographie.
9. Vidal de la Blache P., 1913, Des caractères distinctifs de la géographie, *Les Annales de Géographie*, XXII, p. 289-299.
10. *La planification* est développée par A. Bailly dans le chapitre La géographie appliquée.
11. *Les sciences économiques* sont présentées par H. Beguin dans le chapitre La géographie économique.
12. Santos M., 1981, *Espace-temps*, 18/19/20, p. 103.
13. *La morphologie de l'espace terrestre* est une combinaison de points, de lignes et de surfaces. Une surface ordonnée par un principe devient un champ.
14. *L'évolution de la nouvelle géographie* est présenté par P. Claval dans le chapitre Histoire de la géographie.
15. Beaujeu-Garnier J., 1971, *La géographie, méthodes et perspectives*, Masson, Paris.

répond à l'interrogation « Qu'est-ce que la géographie ? » y est entièrement consacré aux relations sociétés humaines-environnement, et l'espace géographique n'apparaît qu'au chapitre trois. Si de nouvelles réflexions se font jour à la fin de ce chapitre, l'espace géographique est d'abord concret, synthétique… ; l'auteur intègre donc un concept neuf dans un cadre classique.

Après ces travaux pionniers, une prise de conscience s'amorce et l'espace géographique est alors assimilé à un concept, une *formalisation abstraite*[16] de l'espace terrestre. Définir l'espace géographique revient à s'interroger sur un processus d'abstraction, de formalisation ; mais, auparavant, il faut essayer de préciser quelques caractères de l'objet d'origine qu'est l'espace terrestre.

2. Un objet : l'espace terrestre

L'espace géographique est un concept élaboré par les géographes pour formaliser scientifiquement les caractéristiques de l'espace terrestre. Cet espace terrestre, réel et concret, est donné, produit, vécu et perçu.

L'espace terrestre est donné, car il possède une double dimension physique et écologique. La présence d'un fleuve ou d'une montagne a de nombreuses conséquences sur l'organisation de l'espace, notamment sur la distribution des villes. Le modèle d'espace géographique proposé par R. Brunet[17] pour comprendre l'espace terrestre du Massif central français, montre bien le rôle essentiel, sinon déterminant, de la présence d'un massif montagneux : « On a seulement besoin, à l'échelle de l'ensemble, de la notion de massif et des centres d'action extérieurs, l'une impliquant les autres. » À une autre échelle, la surface terrestre des déserts est aussi dépendante des contraintes climatiques que l'action humaine parvient mal à surmonter. Jamais l'action humaine n'est totalement libre ; l'homme crée un espace terrestre en composant avec la physique de la « nature », même si celle-ci est déjà profondément humanisée.

Mais cette reconnaissance du caractère physique de l'espace terrestre n'implique nullement la nécessité de développer au sein même de la géographie, une géographie physique indépendante de l'action humaine[18]. La présence d'un talus est une contrainte qui ne saurait être niée ; mais qu'il s'agisse d'un escarpement de faille ou d'un escarpement de ligne de faille ne présente pas un grand intérêt pour comprendre et expliquer son aménagement par une communauté humaine. Une nouvelle « géographie physique », pensée en termes de limites, de contraintes et de paroxysmes devrait être construite.

L'espace terrestre est aussi un espace produit[19] ; il résulte toujours de l'action des sociétés humaines. L'espace terrestre est

16. Voir à ce sujet de la *formalisation abstraite* le chapitre de R. Ferras et C. Hussy, Les concepts de la cartographie.
17. Brunet R., 1972, Organisation de l'espace et cartographie de modèles : les villes du Massif central, *l'Espace Géographique*, 1, p. 43-48.
18. Guigot M., 1991, *Gestion de l'environnement et étude d'impact*, Masson, Paris.
19. *Espace produit* : concept développé par R. de Koninck dans le chapitre La géographie critique.

donc un produit social, global et complexe. En effet, toutes les dimensions de l'homme sont impliquées dans la construction d'un espace terrestre, l'économique, le social, mais aussi le culturel, le politique et l'idéologique comme l'attestent les essais de P. Claval[20] et C. Raffestin[21] sur les rapports du pouvoir et de la géographie. Suivant l'échelle retenue et le type de société, telle ou telle dimension prend de l'importance. La primauté de l'économique dans les États occidentaux ne doit pas occulter les autres aspects de la production de l'espace terrestre. Le rôle de l'*idéologie*[22], notamment par le biais de la religion, a été très tôt souligné, comme en témoignent les études sur les plans des villes romaines. Cette idéologie, créatrice d'espaces terrestres, ne doit pas être confondue avec l'idéologie des géographes qui intervient lors du processus de formalisation d'un espace géographique. La culture est aussi très importante[23]. La vision des volumes au Moyen Âge était obtenue par la répétition des scènes. À la Renaissance, s'impose une nouvelle vision construite suivant la perspective euclidienne ; les techniques de l'espace cubique, de la Veduta, et du clair-obscur s'imposent dans la peinture[24]. Puis, les impressionnistes trouvent une autre vision des volumes, fondée sur la répartition des taches de couleur ; les jaunes conviennent au premier plan, tandis que les bleus permettent de faire surgir une distance, une profondeur et des arrière-plans. Or ces considérations interviennent quand l'homme imprégné par cette culture visuelle agit sur l'espace terrestre. L'implantation des grandes lignes électriques qui marque tout l'espace périurbain est décidée suivant des critères économiques, et une approche purement euclidienne de la lecture des volumes.

Mais reconnaître que l'espace terrestre est un produit social n'implique pas l'obligation de partir du social. H. Reymond[25] insiste sur : « Le fait que l'espace soit un produit social, ce qui n'est pas nié, ne nous dit donc rien sur lui : au maximum comment une société l'emprisonne, l'utilise sans le connaître. » Pour comprendre la formation de l'espace, l'auteur définit une obligation, l'espacement ; deux constructions ne pouvant pas occuper le même lieu, il faut obligatoirement les espacer et transformer ainsi le *paysage*[26]. La disposition de la nouvelle construction apparaît comme un acte de liberté. Cet acte de production consiste donc à transformer l'étendue, hétérogène, anisotropique, discontinue et finie, en espace homogène, isotrope, continu et infini. Ce passage de l'espace à l'étendue se fait suivant trois tendances, à la continuité, à l'*isotropie*[27] et à l'*homogénéisation*[28] qui seraient d'ordre anthropomorphique.

La pensée d'H. Reymond repose sur des définitions très spécifiques de l'espace et de l'étendue tirées du mathématicien H. Poincaré. « L'espace est un milieu idéal caractérisé par l'extériorité de ses pentes et qui contient par conséquent toutes les étendues finies » tandis que « l'étendue est le caractère des choses dont les parties sont situées dans l'espace et extérieures

20. Claval P., 1978, *Espace et pouvoir*, PUF, Paris.
21. Raffestin C., 1980, *Pour une géographie du Pouvoir*, Litec, Paris.
22. *Idéologie* : concept développé par P. Claval dans le chapitre La géographie sociale et culturelle.
23. Grataloup C., 1996, *Lieux d'histoire. Essai de géohistoire systématique*, GIP/Reclus, Montpellier.
24. Francastel P., 1965, *Peinture et Société*, Gallimard, Paris.
25. Reymond H., 1981. *Une problématique théorique de la géographie*, dans *Problématique de la géographie*, PUF, Paris.
26. *Le paysage* est la partie visible de l'espace terrestre. Dans un sens restreint, il peut désigner les seules composantes physiques de l'espace terrestre. Au contraire, au sens large, il peut intégrer des relations invisibles, notamment celles liant la perception des individus à l'espace terrestre.
27. *Isotrope :* espace dont les propriétés sont identiques dans toutes les directions.
28. *Homogène :* toutes les parties de la surface terrestre considérée ont la même valeur ; l'écart-type est nul, l'entropie relative égale à 1.

les unes aux autres ». Ne partageant pas entièrement la terminologie d'H. Reymond, il est possible de penser que le processus de développement, comme en biologie, crée la variété, l'*hétérogénéité*[29] des cellules spatiales et donc l'*anisotropie*[30] et les discontinuités des espaces terrestres. Quelles que soient les premières conclusions de ce débat, il est au cœur de la géographie, car il focalise notre discipline sur les processus de production de l'espace terrestre par l'homme.

Cet espace terrestre, donné et produit, est aussi *vécu et perçu*[31]. Cette troisième dimension apparaissait parfois dans les œuvres des anciens géographes par le biais d'un style imagé. Mais la prise en compte objective de cette troisième « dimension » est récente. Outre les travaux des psychologues, de A. Moles[32] et de E. Hall[33], sur la perception des micro-espaces, c'est A. Fremont[34] qui distingue des régions fluides, enracinées ou éclatées suivant les liens d'attachement vécus entre les habitants et un environnement. À l'échelle urbaine, A.S. Bailly[35] a proposé des réflexions méthodologiques et des études de cas, notamment pour Belfort.

Mais, outre le fait que l'espace terrestre a de multiples composantes, chacun de ses éléments résulte de processus agissant à des niveaux d'échelle différente. Cette notion *d'échelle*[36] est complexe car ce terme s'applique à deux « réalités » différentes. D'une part, toute portion de l'espace terrestre peut être observée et étudiée avec une vision plus ou moins réductrice. La ville de Lyon, simple point dans un réseau urbain européen, devient un ensemble de surfaces et de lignes au niveau du seul espace lyonnais. Après les travaux pionniers de J. Tricart[37] en géomorphologie, R. Brunet puis J.-P. Ferrier[38] ont repéré les différents niveaux de compréhension auxquels peut s'attacher le géographe. Par rapport à d'autres sciences, deux traits originaux semblent spécifiques à la géographie. D'abord, les niveaux *méso*[39] ne sont pas absents ; et ils ont même été privilégiés dans le passé ; les études de « pays » et de régions ont été les plus nombreuses dans la géographie française classique. En outre, chaque niveau, *micro*[40], meso et macro, est souvent décomposé en plusieurs strates ; ainsi au niveau macro, l'analyse de l'espace terrestre peut se faire dans le cadre national, d'un ensemble supranational ou mondial.

Les travaux de P. Claval[41] illustrent bien cette nécessité de combiner les échelles pour favoriser notre compréhension de l'espace terrestre ou zonal.

D'autre part, la notion d'échelle correspond à une seconde réalité. Toute valeur en un point donné, que ce point soit un site climatique ou un état national, est fonction de processus agissant à différents niveaux. La localisation d'une entreprise industrielle résulte d'une combinaison de facteurs : matières premières, capitaux, réseau de transport, main-d'œuvre... qui agissent à des niveaux différents, local, régional ou international. Aujourd'hui la compréhension d'une partie de l'espace

29. *Hétérogène :* non homogène.
30. *Anisotrope :* caractéristique d'un espace organisé par un ou plusieurs axes. N'est donc pas synonyme d'hétérogène.
31. Les concepts *d'espace vécu et perçu* sont développés par B. Debarbieux dans le chapitre Les problématiques de l'image et des représentations en géographie.
32. Moles A. et Rohmer E., 1972, *Psychologie de l'Espace*, Casterman, Paris.
33. Hall E., 1977, *La dimension cachée*, Le Seuil, Paris.
34. Fremont A., 1976, *La région, espace vécu*, PUF, Paris.
35. Bailly A., 1977, *La perception de l'espace urbain*, CRU, Paris.
36. *Échelle* : ensemble ordonné de grandeurs ; l'échelle spatiale est un ensemble ordonné de grandeurs spatiales.
37. Tricart J., 1958, *Géomorphologie des montagnes*, SEDES, Paris.
38. Ferrier J.-P., 1973, L'espace, l'aménagement et la géographie, *L'Espace Géographique*, 2, p. 143-156.
39. *Méso :* correspond aux espaces d'échelle médiane, du canton à la nation.
40. *Micro :* qualifie un espace de grande échelle, le quartier, la maison, la station climatique...
41. Claval P., 1968, *Régions, nations, grands espaces*, Genin, Paris.

terrestre passe donc obligatoirement par l'examen de niveaux différents et imbriqués. La théorie formelle de *systèmes hiérarchiques*[42] proposés par M. Mesarovic[43] est un outil que tout géographe devrait utiliser.

C'est donc cet espace terrestre donné, produit et perçu que le géographe veut comprendre et expliquer, à des niveaux différents, en créant des concepts opératoires, notamment celui d'espace géographique.

3. Un concept : l'espace géographique

Comme les autres scientifiques, le géographe construit un modèle de l'espace terrestre, objet réel qu'il veut décrire, expliquer et transformer. Les *espaces économique*[44], *sociologique*[45] et géographique sont trois abstractions différentes de la surface terrestre.

Tout processus d'abstraction s'inscrit dans une problématique ; trois peuvent guider le chercheur élaborant un espace géographique : les problématiques empirique, théorique et axiomatique. En outre, toute abstraction est construite dans un langage ; les langages usuel, graphique et *cartographique*[46], et *mathématique* sont les plus utilisés par le géographe.

3.1. Les espaces géographiques empiriques

La *démarche empirique*[47] est souvent encore défendue avec vigueur. Elle consiste à créer un espace géographique en retenant des caractères de la surface terrestre ; le plus grand nombre possible pour en faire la synthèse.

Le choix des paramètres retenus n'est jamais gratuit. Il est guidé par l'état de la société dans laquelle est immergé le géographe, comme le montrent les rapports entre l'ancienne géographie tropicale et la colonisation, et la géographie tropicale des années 1980 fondée sur une nouvelle vision des liens nord-sud. Les espaces géographiques résultants, présentés par ces deux écoles, sont très différents. Les traditions et les modes universitaires influencent aussi ces choix. Les paramètres relevant de la géomorphologie, étaient plus souvent pris en compte que les autres composantes physiques, notamment les composantes hydrauliques et pédologiques, y compris pour construire un espace géographique rural. La disponibilité des sources est une troisième contrainte que l'empiriste n'a pas toujours su surmonter ; les recensements démographiques, nombreux et détaillés, ont façonné la création des espaces géographiques ; et la géographie humaine fut souvent une géographie de la seule *population*[48]. Cette contrainte des sources est si grande que de nombreux géographes font preuve de nouveauté en mobilisant rapidement des sources plus récentes. Enfin la primauté accordée au concret, au réel par les empiristes, impose souvent le choix des critères visibles, statistiques, au détriment des flux

42. *Système hiérarchique :* système dont les composantes sont reliées par des relations dissymétriques, donc non égalitaires.
43. Mesarovic M.D., Macko D. et Takahara Y., 1980, *Théorie des systèmes hiérarchiques à niveaux multiples*, Économica, Paris.
44. *Espace économique :* espace abstrait construit par l'économiste à partir de caractères de l'espace terrestre.
45. *Espace sociologique :* espace construit par le sociologue à partir de caractères de l'espace terrestre.
46. Voir les chapitres de R. Ferras, C. Hussy et H. Beguin Les concepts de la cartographie et l'Analyse quantitative.
47. *Démarche empirique.*
48. L'analyse de *la population* est développée par D. Noin dans le chapitre La géographie de la population.

invisibles. La géographie empiriste est trop souvent une représentation très simplifiée d'une partie de l'espace terrestre : le paysage.

L'espace géographique ainsi construit est donc propre à chaque géographe. Prétendant être concret et synthétique, il est surtout descriptif ; cet espace géographique est rarement explicatif car il prend mal en compte les *flux*[49] la dynamique créatrice des espaces terrestres. Dépendant fortement de l'idéologie de son concepteur, il ne répond que très mal à la règle de vérificabilité par une tierce personne ; il y a autant d'espaces géographiques empiriques que de géographes.

La construction d'un espace géographique empirique privilégie deux langages, la cartographie et le langage usuel. Ce dernier, impératif, offre un avantage ; il est facilement compris par « l'honnête homme » du XXe siècle. Mais il est très imprécis, et il est donc la cause de fausses querelles scientifiques car tout mot a une connotation qui varie dans le temps ; ainsi en est-il du concept de *région*[50], employé avec des sens très différents, relevant de l'implicite des auteurs, et nécessitant des adjectifs complémentaires pour le qualifier : région naturelle, historique...

Le *langage cartographique*[51] classique, outil pédagogique remarquable, n'est pas sans défaut. La représentation de la dynamique, forces et flux, s'avère difficile ; mais surtout la carte est un modèle statique de l'espace géographique, et la cinématique[52] représentant les forces et les flux dans le temps est alors l'objet d'un réductionnisme très important. En outre, l'œil perçoit mal plus de sept ou huit relations. Il y a donc une contradiction pour le géographe empiriste entre la volonté d'élaborer un espace géographique synthétique et un outil aussi simplificateur. La création d'un espace géographique régional nécessitait l'établissement d'un volumineux atlas ; ce qui nie bien la possibilité de faire une synthèse avec un tel langage.

3.2. Les espaces géographiques théoriques

Le géographe peut aussi construire un espace à partir d'une théorie. Le géographe, qui n'a pas souvent construit ses propres théories, procède donc à des transferts à partir d'autres disciplines.

Les théories issues de l'économie sont les plus anciennes et les plus célèbres. À l'échelle régionale, la théorie des auréoles de cultures autour d'un marché urbain proposée par J. von Thünen[53] et corrigée par R. Sinclair[54] a été l'objet de nombreuses applications géographiques, y compris dans les pays en voie de développement. Les théories des places centrales de W. Christaller[55] et A. Lösch[56] ont imprégné la géographie des années 1960, et servent encore à construire des espaces géographiques. Parfois, ce transfert s'accompagne d'un changement d'échelle ; J.R. Peet[57] applique le modèle de von Thünen à

49. *Flux :* quantité de matière, d'énergie ou d'information qui se déplace.

50. Le concept de *région* est développé par H. Nonn dans le chapitre Régions nations.

51. Le *langage cartographique* est présenté par R. Ferras et C. Hussy dans le chapitre Les concepts de la cartographie.

52. *Cinématique :* étude des mouvements dans le temps.

53. Thünen J. von, 1826-1843, *Die isolierte stadt in Beziehung auf Landwirstchaft und Nationalökonomie,* Perthes, Hambourg.

54. Sinclair R., 1967, *Annals of the Association of American Geographers.* 57, p. 72-88.

55. Christaller W., 1966, *Central places in Southern Germany,* traduction anglaise de C. Baskin, Prentice Hall, New York.

56. Lösch A., 1954, *The Economics of location,* traduction anglaise de W. Woglom, Yale University Press, Yale.

57. Peet J.R., 1969, The spatial expansion of commercial agriculture in the nineteenth century : a von Thunen interpretation, *Economic Geography,* 45, p. 283-302.

l'échelle du globe, et inversement B.J. Berry[58] applique des lois théoriques du modèle d'A. Lösch, à l'échelle de la ville.

Ces transferts théoriques, qui offrent un cadre déductif pour construire un espace géographique, présentent trois limites. D'une part, cet emprunt porte aussi sur les fondements idéologiques cachés dans les *axiomes*[59].

Ainsi, la volonté de maximiser le profit et une parfaite information des producteurs et des consommateurs servent de socle à toutes ces théories. Les travaux de behaviouristes montrent à quel point ces deux axiomes peuvent être erronés, notamment dans le monde agricole. C'est ignorer profondément les rapports de l'agriculteur avec la terre que d'admettre ces postulats.

D'autre part, ces modèles théoriques ne rendent partiellement compte que de la production de l'espace ; ils sont muets sur les deux autres dimensions de l'espace terrestre. Ni la *composante écologique*[60], ni la perception ne sont intégrées dans ces cadres théoriques. L'espace géographique construit avec des théories économiques est donc incomplet ; ce n'est pas très grave car toute construction d'un espace géographique implique des choix ; mais il faut en être conscient.

Enfin, ces *théories d'économie spatiale*[61] sont déjà très anciennes. Elles sont moins adaptées au monde moderne ; ainsi, le rôle de la distance, encore perceptible, est moins tyrannique à l'ère des avions gros porteurs. Mais surtout, ces théories sont de type statique ou dynamique, rarement cinématique ; elles ne prennent pas en compte directement la dimension temporelle, et ignorent ainsi les processus de diffusion créateurs d'espace.

La science économique propose aussi au géographe des théories en cours d'élaboration, incomplètes mais prometteuses. La construction d'un espace géographique devant expliquer un espace terrestre industriel, est difficile à établir avec la seule théorie de A. Weber. Les schémas théoriques de P. Aydalot[62] accordant un rôle essentiel à la division internationale du travail, ou de J. Perrin[63] sur le développement de différentes filières d'élaboration du produit, permettent de faire progresser une *méso-économie spatiale*[64] et donnent aux géographes de nouveaux outils de formalisation. L'élaboration d'espaces géographiques, rendant compte du phénomène industriel, devrait en être facilitée.

Les sciences physiques sont une seconde source d'inspiration. L'exemple le plus célèbre est celui du modèle gravitaire de Newton. Le transfert de ce modèle s'est vite révélé insuffisant ; deux autres modèles de potentiel ont été proposés en particulier par W. Reilly[65]. Puis A. Wilson[66] présenta de nouvelles formalisations appliquées à la géographie. D'autres théories physiques ont été l'objet d'un transfert. Par exemple le second principe de la thermodynamique, l'*entropie*[67] qui a donné lieu à de nombreuses applications. Les théories de la *diffusion* renouvelées

58. Berry B.J., 1971, *Géographie des marchés et du commerce de détail.* Colin, Paris.
59. *Axiome*, concept défini par C. Raffestin et B. Lévy dans le chapitre Épistémologie de la géographie humaine.
60. *Composante écologique* : ensemble de caractères physiques et biologiques de l'espace terrestre.
61. Les *théories de l'économie spatiale* sont développées par H. Beguin dans le chapitre La géographie économique. Voir aussi Benko G., 1990, *La dynamique spatiale de l'économie contemporaine*, R.E., Paris. Ponsard C., 1988, *Analyse économique spatiale*, PUF, Paris.
62. Aydalot P., 1976, *Dynamique spatiale et développement inégal*, Économica, Paris.
63. Perrin J.-C., 1976, L'analyse économique spatialisée : une nouvelle approche, *Cahiers d'Économie Politique*, 2 et 3, Aix-en-Provence.
64. *Méso-économie spatiale* : économie des espaces d'échelle médiane : ville, région.
65. Reilly W., *The Law of retail gravitation*, Pilsbury, New York.
66. Wilson A.G., 1974, *Urban and regional models in geography and planning*, Wiley, New York.
67. *Entropie :* concept défini par H. Beguin dans le chapitre Analyse quantitative.

par les travaux de T. Hägerstrand[68] guident aussi le géographe dans la construction d'un espace géographique.

L'élaboration d'un espace géographique à partir d'un principe ou d'une théorie physique présente aussi des contraintes. La qualité des axiomes n'est pas totalement transposable ; ainsi, dans la théorie gravitaire, les forces d'attraction entre les masses sont continues et elles augmentent ou diminuent régulièrement dans un espace isotrope. Or, l'espace terrestre est anisotrope, discontinu ; créer un espace géographique pour en rendre compte, fondé sur la continuité et l'isotropie est contradictoire. Cependant, des solutions existent, et elles sont utilisées lors du choix des paramètres du modèle.

Une seconde contrainte est issue du vocabulaire employé lors du transfert. En physique statistique, à un ensemble de molécules d'air concentrées dans une partie d'une pièce correspondent un ordre et une faible entropie. La diffusion de ces molécules dans toute la pièce, leur homogénéisation, accroît l'entropie et apparaît comme créatrice de désordre. Le transfert pur et simple de ce vocabulaire dans les sciences sociales conduit à admettre que l'homogénéisation, l'égalitarisme est source de désordre et de mort du système social ou spatial[69].

Par rapport aux transferts à partir des sciences économiques, la construction d'un espace géographique grâce à une théorie physique offre un avantage. Les théories économiques ne rendent compte que d'une seule dimension de l'espace terrestre, sa production. Un espace géographique, fondé sur une théorie physique, par exemple le modèle allométrique, pourra aussi expliquer les caractères innés et perçus de l'espace terrestre. L'emploi d'une théorie physique, plus synthétique, accroît le pouvoir généralisateur du modèle créé ; mais ce gain en expansion s'accompagne d'une perte en compréhension « immédiate » de l'espace terrestre.

Une troisième forme de transfert concerne les *théories formelles*[70]. Quatre théories formelles, plus ou moins interdépendantes, sont utilisables : les théories des systèmes, des structures dissipatives, des bifurcations, et des catastrophes. Ces théories sont des contenants que le géographe doit remplir. La construction d'espaces géographiques dans ce cadre théorique est rendue difficile par l'utilisation d'outils mathématiques relativement complexes, mal appréhendés par la communauté des chercheurs francophones. La *théorie des catastrophes*[71] qui permet de comprendre et d'expliquer les ruptures fonctionnelles et spatiales d'un phénomène utilise la topologie différentielle tandis que le langage Dynamo est l'outil de formalisation de la dynamique des systèmes. Quel que soit l'emprunt théorique, la démarche théorique utilise plus généralement le langage mathématique ; certes, il n'y a pas une relation parfaite entre les mathématiques et la construction d'un espace géographique théorique comme le montrent de nombreux travaux pionniers de la *géographie quantitative*[72] privilégiant l'outil statistique qui

68. Hägerstrand T., 1952, The propagation of innovation Waves, *Lund Studies in Geography*, Série B, 4.
69. Coffey W., 1981, *Geography, towards a general spatial systems approach*, Methuen, Londres.
70. *Théorie formelle* : ensemble de concepts reliés entre eux pouvant s'appliquer à des champs très différents de la connaissance.
71. Woodcock A. et Davis M., 1980, *Catastrophe theory*, Penguin Books, Londres.
72. Développé par H. Beguin dans le chapitre Analyse quantitative.

est bien adapté à une démarche inductive et empiriste. Cependant, la formalisation par le langage mathématique s'avère très performante, car il est possible d'employer le pouvoir déductif des mathématiques[73] pour construire un espace géographique.

Cet espace géographique théorique est explicatif. La démarche de formalisation théorique offre un autre intérêt ; elle guide le géographe dans le choix des données à retenir. Enfin, elle rend explicite ce qui n'est qu'implicite dans la géographie classique. L'espace géographique construit à partir d'une théorie demeure certes incomplet et réductionniste, mais toute science gagne en compréhension ce qu'elle sacrifie en extension. L'inconvénient majeur de la formalisation théorique réside dans les modalités de transfert ; outre les erreurs dues à des négligences du *raisonnement analogique*[74], un transfert théorique s'accompagne d'une perte partielle du pouvoir explicatif. Un espace géographique construit suivant la théorie gravitaire explique comment est structuré l'espace terrestre correspondant ; mais la question pourquoi reste partiellement sans réponse[75].

3.3. Les espaces géographiques axiomatiques du futur

L'élaboration d'espaces géographiques théoriques n'est pas encore totalement acceptée ; mais déjà quelques chercheurs impatients proposent d'adopter une démarche axiomatique et de suivre les traces des sciences mathématiques et physiques. Les travaux de G. Nicolas[76] et de H. Beguin[77] sont des incitations à cette formalisation.

G. Nicolas propose trois axiomes. Le premier, *chorologique*[78], indique que peut être géographique tout objet qui différencie l'espace terrestre ; les axiomes de situation et chronologique complètent ce canevas d'origine. Il déduit alors quatre règles essentielles : aucun objet n'appartient en propre au géographe ; l'objet géographique est conceptuel, aucune méthode ou technique n'appartient à une science et « les axiomes de la géographie ne sont pas propres à la géographie. Mais ce n'est qu'en géographie qu'on les emploie simultanément ». Deux conséquences concernent l'espace du géographe. D'une part, la géographie n'est pas une super science de l'espace. D'autre part, il ne faut pas limiter la géographie à un seul type d'espace.

H. Beguin propose de construire un espace géomathématique à partir d'un ensemble de lieux, d'une mesure des distances, des *surfaces*[79] et d'un ensemble d'*attributs*[80] simples et composés. « Cette définition peut être utilisée comme point de départ pour l'étude de l'espace en géographie. » Par une démarche proprement déductive, l'auteur s'interroge alors sur certaines représentations et paramétrisations utilisées en analyse spatiale, notamment sur les concepts de densité et de plus courte distance.

73. Dauphiné A., 1987, *Modèles de simulation en géographie*, Économica, Paris.
74. *Raisonnement analogique :* raisonnement fondé sur les ressemblances entre les choses.
75. Dauphiné A., 1976, Paradigmes physiques et analyse spatiale, *Revue d'Analyse Spatiale Quantitative et Appliquée*, Nice, 1, p. 1-32.
76. Nicolas G., 1980, Passer outre et se retrouver, *Géopoint 80*, Groupe Dupont, Avignon, Genève, Lausanne, p. 47-63.
77. Beguin H., 1979, An Axiomatic approach to geographical Space, *Geographical Analysis*, 4, p. 325-341.
78. *Chorologique :* étude des emplacements et des lieux.
79. *Surface :* ensemble de points d'un espace.
80. *Attribut :* concept défini par H. Beguin dans le chapitre Analyse quantitative.

Ces deux démarches ont en commun l'utilisation des mathématiques comme langage de formalisation et une volonté de généralisation ; ainsi, la définition de l'espace géographique proposée par H. Beguin peut être directement transposée en économie ou en écologie, les seules variations étant sans doute introduites au niveau des attributs ; et G. Nicolas reconnaît la non-spécificité des axiomes utilisés en géographie.

Mais deux différences apparaissent. G. Nicolas transforme en axiomes des principes déjà présents dans la géographie classique, comme les mathématiciens ont axiomatisé leur discipline à partir des travaux antérieurs. H. Beguin semble faire table rase du passé et adopte une démarche purement mathématique ; il donne des définitions pour en déduire des théorèmes. En outre, si G. Nicolas présente une application concrète dans sa thèse[81] la démarche d'H. Beguin est purement épistémologique.

En l'absence de nombreux travaux d'applications, il est difficile de percevoir les avantages et les inconvénients de la construction d'espaces géographiques axiomatiques. C. Tricot[82] a montré comment l'axiomatisation ne peut venir qu'après la modélisation, la formalisation d'un espace géographique théorique. Accentuant ses critiques, il affirme qu'« un développement déductif mené jusqu'à son extrême insupportable ne sert généralement à rien : on s'est trop éloigné de la nature et il est donc plus urgent de s'intéresser à la mathématisation et à la modélisation, en un mot, construire un espace géographique théorique plutôt que d'axiomatiser ». Le débat reste donc ouvert.

La construction d'un espace géographique est toujours un acte d'abstraction effectué par le géographe qui veut comprendre, expliquer et agir sur l'espace terrestre. La formalisation à partir de caractéristiques reconnues de l'espace terrestre, par induction, donne des espaces géographiques empiriques. Le principe de vérificabilité scientifique s'applique mal à ces espaces où la subjectivité du chercheur reste dominante. Les espaces géographiques théoriques, construits par déduction, semblent encore aujourd'hui très réducteurs. Mais ces modèles permettent de mieux comprendre les grandes forces qui contribuent au façonnement de l'espace terrestre. Quant aux espaces géographiques fondés sur la seule axiomatique, ils ne sont pas encore en nombres suffisants pour être l'objet d'une critique constructive.

4. Conseils de lectures

L'espace est au centre de tous les ouvrages de géographie ; de ce fait, de très nombreux livres pourraient servir de référence. Parmi ceux-ci, A. Bailly et H. Beguin, 1998, *Introduction à la géographie humaine* (A. Colin, Paris) qui consacre sa première partie à la définition de l'espace (chapitre 4). Une encyclopédie d'analyse spatiale, J.-P. Auray *et al.*, 1994, *Encyclopédie*

81. Nicolas G., 1978, *Le héros de l'espace, essai sur l'axiomatisation de la théorie géographique*, thèse d'État, Lausanne.
82. Tricot C., 1980, L'axiomatique en mathématique, *Géopoint 80*, Groupe Dupont, Avignon, Genève, Lausanne, p. 22-30.

d'économie spatiale (Économica, Paris) est entièrement consacrée à l'espace. De brefs chapitres précisent les grands concepts de l'économie spatiale et les comportements des agents économiques de l'espace. Dans D. Retaillé, 1997, *Le monde des géographes* (Presses de Sciences Po, Paris), l'auteur présente les grandes idéologies géographiques et les objets qu'elles produisent : le lieu, le paysage, le territoire, l'État, le continent. La lecture complémentaire de ces trois ouvrages permet ainsi l'approfondissement de ce concept classique qu'est l'espace géographique.

5. Sujet : le territoire, l'appropriation de l'espace

Ce type de sujet doit commencer par une définition du concept de territoire, par exemple selon M. Le Berre : « Portion de surface terrestre appropriée par un groupe social pour assurer sa reproduction et la satisfaction de ses besoins vitaux » (Le Berre, 1992, p. 622). Le processus d'appropriation est donc consubstantiel au territoire : ce processus, marqué par des conflits, permet d'expliquer comment le territoire est produit, géré, ménagé, et défendu dans l'intérêt du groupe dominant. L'écologie humaine, depuis l'École de Chicago, a bien montré ces processus d'invasion, de succession et de domination.

On peut considérer, comme P. Villeneuve, le territoire comme « l'espace marqué par le groupe » (Villeneuve, 1992, p. 909) et avec A. Moles (1992) comprendre la territorialité en fonction des trois référentiels fondamentaux : celui d'identité qui fait prendre conscience qu'Ici est différent d'Ailleurs, celui d'appropriation qui montre comment un groupe domine la relation à l'espace, et celui d'enracinement, mode d'inclusion dans un espace donné. De ces trois référentiels dérive celui de communauté, espace de contrôle social d'un groupe.

L'appropriation du territoire permet dominations et ségrégations. De ce fait, les phénomènes de marginalisation et d'exclusion en dérivent, tout comme ceux de majorité et de dominance. L'analyse de l'appropriation des territoires est ainsi au centre de toute réflexion géographique : parler de territorialité, c'est s'ouvrir aux mécanismes d'appropriation pour en préciser les conséquences.

Les citations de ce sujet proviennent de Bailly A., Ferras R. et Pumain D., 1992, *Encyclopédie de la géographie*, Économica, Paris.

5

Espace et pouvoir*

Claude Raffestin et Angelo Barampama*****

* Texte de Claude Raffestin et Angelo Turco, revu et corrigé par Angelo Barampama.

** Professeur à l'Université de Genève.

*** Chargé de cours à l'Université de Genève.

La rencontre de ces deux notions — espace et pouvoir — est relativement récente dans la géographie contemporaine si l'on considère les choses d'un point de vue explicite. Mais, implicitement, depuis l'émergence de l'État moderne, la question du rapport entre espace et pouvoir a été posée de J. Bodin[1] et G. Botero[2] à F. Ratzel[3] en passant par S. Vauban[4], C. Montesquieu[5] et A. Turgot[6] pour ne citer que des auteurs qui ont touché ce problème à travers l'État et le *territoire*[7]. Cependant, l'État n'est pas, tant s'en faut, le seul dépositaire ou la seule source du pouvoir et c'est, sans doute, ce que beaucoup d'auteurs, ces vingt dernières années, ont mis en évidence simultanément, ou presque, dans plusieurs disciplines.

1. Les rapports espace et pouvoir

La difficulté d'analyser le rapport entre *espace*[8] et *pouvoir*[9] réside dans l'incapacité où nous sommes de donner une définition univoque à chacune de ces deux notions. L'espace et le pouvoir sont polysémiques et il est presque impossible d'en donner une définition en dehors d'un contexte qui en fonde la pertinence. De fait, il y a toujours une théorie et/ou un corpus d'hypothèses sur le comportement collectif ou sur la logique de l'action qui sous-tendent les relations entre espace et pouvoir et qui conditionnent leurs formes dans l'analyse géographique.

Cela signifie, que nous le voulions ou non, que nous sommes tributaires de fondements qui orientent nos problématiques que ce soit en matière d'espace ou de pouvoir. Par ailleurs, il est utile de noter que le rapport entre espace et pouvoir, après avoir été l'apanage de la *géographie politique*[10] essentiellement, traverse aujourd'hui de part en part la géographie humaine, comme d'autres sciences de l'homme.

1. Bodin J., 1993, *Les six livres de la République*, Paris, Librairie générale française.
2. Botero G., 1599, *Raison et gouvernement d'Estat, en dix livres*, Paris, G. Chaudière (traduit par G. Chappuys).
3. Ratzel F., *Géographie politique* (traduit en français par P. Rusch, sous la direction de C. Hussy), Paris, Éd. Régionales Européennes SA — diffusion Économica, 1988 — Version originale : *Politische Geographie*, Munich et Leipzig, 1897.
4. Vauban S. Le Prestre (de), 1933, *Projet d'une dixme royale*, Paris, Alcan, 1992, *Le triomphe de la méthode* : *le Traité de l'attaque des places*, Paris, Gallimard.
5. Montesquieu C.-L. de Secondat (de), 1979, *Œuvres complètes*, Paris, Gallimard, t. 1 & 2.
6. Turgot A.R.J., 1979, *Œuvres*, Paris, Guillaumin.
7. *Territoire :* produit à partir de l'espace par les réseaux, circuits et flux projetés par les groupes sociaux.
8. *Espace :* support de la vie et de l'activité. Obstacle à la vie de relations. Base de l'activité symbolique. Le concept *d'espace* est par ailleurs développé par A. Dauphiné dans le chapitre « Espace terrestre et espace géographique ».
9. *Pouvoir :* rapport symétrique ou dissymétrique qui s'instaure entre deux acteurs en relation.
10. *Géographie politique :* étude de l'interaction entre les aires géographiques et les processus politiques.

Il suffit pour le démontrer de jeter un regard panoramique sur les études empiriques des chercheurs venus d'horizons très différents et qui se consacrent à la société industrielle. Le nœud central de leur problématique est celui de la « transformation », véritable casse-tête qui n'obéit à aucune rationalité uniformisante mais s'actualise plutôt dans une fragmentation de processus socio-économiques révélateurs du pouvoir et qui, du point de vue territorial, se manifeste à travers une sorte de « lenticularisation » selon l'expression de G. De Rita[11]. Qu'il s'agisse de la crise du *welfare state*[12], de l'explosion de la *marginalité*[13], de l'exclusion — de plus en plus généralisée au Nord comme au Sud et entre le Nord et le Sud[14], de la désaffection croissante pour la politique ou des tendances destructrices du corps social ou qu'il s'agisse de la dégradation environnementale ou de la dysfonction des mécanismes sociaux régulateurs, l'espace et le pouvoir sont sollicités à travers des oppositions du type équilibre-déséquilibre, stabilité-instabilité, agrégation-dispersion, haut-bas, centralisation-décentralisation.

2. L'évolution des théories

En matière de fondement du pouvoir[15], les théories évoluent entre la nécessité naturelle, légitimée par la souveraineté divine ou par des origines magiques, et la capacité, fondée sur divers types de souveraineté ou sur des compétences spécifiques[16]. Mais dans tous les cas, on retrouve l'idée essentielle d'une « force » orientée tantôt vers le maintien d'un état de choses, tantôt vers le changement.

Le pouvoir lui-même peut être conçu sous trois formes : comme valeur à acquérir, c'est le *pouvoir attribut*[17], comme sphère problématique confinée au « politique » et au comportement de l'homo politicus[18] (selon une tradition qui s'enracine dans les œuvres de M. Weber) et comme processus relationnel[19]. En tant qu'attribut le pouvoir s'acquiert, se conserve et se perd à travers les acteurs et pour le décrire, il est nécessaire d'introduire les notions *d'influence, d'autorité et de pouvoir*[20] proprement dit comme le fait R.A. Dahl dans ses travaux. C'est surtout l'école américaine qui défend la thèse du pouvoir-attribut. La faiblesse de la thèse réside dans l'idée qu'un acteur « détient » le pouvoir ; or rien n'est moins sûr. La vision du pouvoir comme sphère problématique du politique est très largement illustrée par la géographie politique classique allemande, anglaise, américaine, italienne et française ; elle a une tendance dangereuse à valoriser l'identité « État = pouvoir » et/ou « État = politique ».

La conception relationnelle du pouvoir ouvre une voie nouvelle d'interprétation. Elle fait disparaître l'idée, très discutable, que le pouvoir est *un jeu à somme nulle*[21] et elle permet l'émergence d'une autre idée, celle du pouvoir conçu comme flux, c'est-à-dire comme processus de communication inhérent

11. De Rita G., 1979, « La marginalità lenticolare », *in :* Bianchi A., Granato F., Zingarelli D. (a cura), *Marginalità e lotte de marginali*, Angeli, Milan.
12. *Welfare state :* état de bien-être et d'abondance.
13. *Marginalité :* déviance par rapport aux normes d'une société.
14. Bailly A. *et al.*, 1997, *Terres d'exclusion. Terres d'espérances*, Paris, Économica. Ruffin J.-C., 1991, *L'empire et les nouveaux barbares*, Paris, Jean-Claude Lattès.
15. De Jouvenel B., 1972, *Du pouvoir*, Hachette, Paris.
16. Lapierre J.-W., 1968, *Essai sur le fondement du pouvoir politique*, Paris.
17. *Pouvoir-attribut.*
18. Lasswell H.D, Kaplan A., 1950, *Power and society*, Yale University Press, New Haven.
19. Foucault M., 1976, *Histoire de la sexualité. La volonté de savoir*, Gallimard, Paris.
20. *Influence, autorité et pouvoir :*
1. Le pouvoir ne s'acquiert pas : il s'exerce à partir de points innombrables.
2. Les relations de pouvoir ne sont pas en position d'extériorité à l'égard d'autres types de rapports (économiques, sociaux, etc.) mais elles leur sont immanentes.
3. Le pouvoir vient d'en bas ; il n'y a pas une opposition binaire et globale entre dominateurs et dominés.
4. Les relations de pouvoir sont à la fois intentionnelles et non subjectives.
5. Là où il y a pouvoir, il y a résistance et pourtant, ou plutôt par là même celle-ci n'est jamais en position d'extériorité par rapport au pouvoir.
21. *Jeu à somme nulle :* ce que l'un perd, l'autre le gagne.

à toute relation. Cette conception permet, sans dommage, de faire l'impasse sur les fondements du pouvoir et de se focaliser sur son fonctionnement. Si, comme M. Crozier et E. Friedberg[22] l'affirment, « le pouvoir... réside dans la marge de liberté dont dispose chacun des partenaires engagés dans une relation de pouvoir... », alors « le pouvoir d'un acteur est fonction de l'ampleur de la zone d'incertitude que l'imprévisibilité de son propre comportement lui permet de contrôler face à ses partenaires », si bien que « la stratégie de chacun des partenaires ou adversaires s'orientera tout naturellement vers la manipulation de la prévisibilité de son propre comportement et de celui d'autrui ».

M. Crozier et E. Friedberg opérationnalisent, en quelque sorte, la conception foucaldienne du pouvoir à laquelle on a, un peu trop vite, reproché ses faiblesses quant à la quantification et à la modélisation (mais la critique n'est recevable qu'à un niveau très rudimentaire face à la conception du pouvoir-attribut).

N. Luhmann[23] est encore plus radical lorsque, dans le cadre de sa théorie de la *complexité*[24], il avance le présupposé que « les systèmes sociaux se constituent uniquement à travers la communication et que de multiples processus sélectifs se déterminent réciproquement dans un sens préventif ou réactif ». Cela implique qu'un comportement n'est pas lié, une fois pour toutes, à des sanctions mais seulement provisoirement à travers un processus de transmission de prestations sélectives, de manière à supprimer l'incertitude dans le choix des partenaires. Le pouvoir a, précisément, cette fonction en tant que code[25] de symboles généralisés. Moyen de communication, donc, le pouvoir est une « institution » supplémentaire par rapport au *langage*[26] qui a une fonction de motivation. En d'autres termes, l'exercice du pouvoir, car il s'agit bien d'exercice et non d'acquisition, est une communication couronnée de succès si chaque fois que le critère sélectif adopté par un des partenaires sert en même temps de structure de motivation à l'autre. Les *symboles*[27] assument alors une fonction de médiation.

3. Une géopolitique renouvelée

À quelles conceptions et à quelles problématiques les géographes, qui ont explicitement illustré le rapport espace et pouvoir, se sont-ils rattachés ? Dans les années 70, alors que se multiplient les travaux, la revue *Hérodote*[28], dont le numéro 1 date de 1976, a, par ses questions à M. Foucault, semblé s'orienter vers la conception relationnelle. En fait, au fil des années, on a surtout découvert une *géopolitique*[29] renouvelée, qui se nourrit de nombreux courants des sciences de l'homme. Les trois conceptions du pouvoir, au gré des auteurs, se disputent les articles *d'Hérodote*[30].

C. Bataillon[31] et ses collègues ont essayé « de montrer comment le géographe peut légitimement parler du pouvoir

22. Crozier M., Friedberg E., 1977, *L'acteur et le système,* Seuil, Paris.
23. Luhmann N., 1975, *Macht,* Enke Verlag, Stuttgart.
24. *Complexité :* surabondance du possible, déterminée comme différence entre potentialité et actualité de l'agir.
25. *Code :* structure sémiotique dont les signifiants et les signifiés sont conventionnels, c'est-à-dire admis par contrat, imposés par l'usage ou définis par une loi (Hussy Ch., *La carte : un modèle, un langage*, Genève, Université de Genève, 1990).
26. Raffestin C., 1976, Peut-on parler de codes dans les sciences humaines et particulièrement en géographie ?, *L'Espace Géographique,* n ° 3, p. 183-188.
27. *Symbole :* signe qui met en relation plus ou moins stable deux unités de même niveau (deux signifiants ou deux signifiés).
28. *Hérodote :* revue de géographie française (Maspero) qui se consacre surtout aux questions de pouvoir et de sous-développement.
29. *Géopolitique :* géographie politique appliquée. Très utilisée par les stratèges.
30. Santibanez R., 1977, Contrôle de l'espace et contrôle social dans l'État militaire chilien, *Hérodote,* n° 5.
31. Bataillon C., 1977, *État, pouvoir et espace dans le Tiers-Monde,* PUF, Paris.

des États dans les pays sous-développés ». Ils ont suivi une conception classique État = pouvoir avec une forte armature *marxiste*[32]. Ainsi l'explication de l'influence des modes de production sur la structuration spatiale comme au Siam. Ce sont les changements de mode de production, sous l'influence de l'État et des organisations politiques, qui modèlent l'espace.

Dans cette même perspective, le travail de J. Sanchez[33] a proposé des schémas intéressants qui tentent, en partie, d'intégrer le pouvoir comme processus relationnel. Les modes de production fondamentaux sont modélisés pour indiquer leur rôle dans la structuration territoriale.

La première grande synthèse historico-géographique sur le sujet est due à P. Claval[34]. Mais la perspective théorique de ce dernier est éclectique et si l'auteur accorde une place remarquable au pouvoir, processus relationnel, il utilise également les apports de R. Dahl par le recours qu'il fait aux notions d'autorité et d'influence. L'espace est parfaitement explicité. Selon P. Claval, le pouvoir pur qui « se développe entre un chef capable d'imposer sa volonté par la contrainte et ceux qui lui sont soumis » nécessite une organisation particulière de l'espace. Celle-ci est étroitement surveillée et ressortit à la grande échelle pour être efficace. Mais d'une manière générale le pouvoir réside dans la « gamme des actions que l'on sait mener pour modifier le milieu, l'exploiter et en tirer ce qui est nécessaire à la vie ». C'est faire, à l'instar de Lapierre, du travail le fondement du pouvoir. Dès lors, la conception de P. Claval permet de rechercher des mécanismes et des modèles de pouvoir dans tous les domaines de la géographie : de la géographie rurale à la géographie urbaine en passant par la géographie économique et d'autres branches encore. Dans ces conditions, le pouvoir n'a plus une connotation politique classique, il est l'exercice d'une capacité d'innovation. Cet élargissement du champ du pouvoir nécessite de prendre en compte « la *géométrie du pouvoir* »[35] et « *l'architectures sociale* »[36].

La rencontre de l'espace et du pouvoir est donc *transcalaire*[37]. Elle intéresse tout autant les microrégions que les macrorégions, tout autant les communautés élémentaires que les sociétés nationales. Le déploiement du pouvoir dans l'espace se traduit par une séquence du type : intention, stratégie, application, modification et champ de pouvoir. Cette formulation a été plus précisément développée par S.B. Jones[38]dans sa *Unified Field Theory* présentée par l'auteur lui-même comme un modèle descriptif.

Le travail, comme fondement du pouvoir et comme processus relationnel essentiel, a été développé par C. Raffestin et M. Bresso[39] qui, à partir de cette notion de travail, envisagée davantage comme catégorie naturelle que comme catégorie économique, ont dégagé les deux éléments constitutifs du pouvoir ; *l'énergie*[40] et *l'information*[41]. Les sociétés structurent leur espace d'une manière différentielle parce qu'elles choisis-

32. Les *concepts marxistes* sont développés par R. de Koninck dans le chapitre Géographie critique.
33. Sanchez J.E., 1981, La *geografia y el espacio social del poder,* Los Libros de la Frontera, Barcelone.
34. Claval P., *1978, Espace et pouvoir,* PUF, Paris.
35. *Géométrie du pouvoir :* découpage de l'espace en aires de contrôle, de surveillance et/ou d'observation.
36. *Architecture sociale :* fondements politiques, économiques et idéologiques de l'organisation sociale.
37. *Transcalaire :* qui se perçoit et se vit sur plusieurs échelles à la fois.
38. Jones S.B., 1954, A unified field theory of political geography, *Annals of the Association of Political Geographers, 44,2.*
39. Raffestin C. et Bresso M., *1979, Travail, espace, pouvoir,* L'Âge d'Homme, Lausanne.
40. *Énergie :* potentiel qui permet le déplacement et/ou la modification de la matière.
41. *Information :* forme ou ordre qui est détecté dans la matière ou l'énergie.

sent des fonctions de pouvoir (combinaisons d'énergie et d'information) différentes. Une géographie humaine du pouvoir serait, en quelque sorte, une analyse spatio-temporelle de la réalisation, par les sociétés, de ces différentes fonctions.

Cela suppose, de toute évidence, une théorisation relationnelle qui doit faire une place à la sémiologie, susceptible de fournir un cadre de référence aux analyses du pouvoir conçu à travers des symboles.

Sur le mode empirique, A. Turco et G. Zanetto[42] ont exploré le pouvoir comme manipulation de la prévisibilité dans le cas de la perception de l'environnement.

Dans ces conditions, il semble difficile d'accepter ou d'accueillir l'idée de R. Sack[43] selon laquelle la territorialité[44] est un contrôle sur une aire. C'est faire l'économie du pouvoir par assimilation de la territorialité humaine à celle animale privée de symbolisation et donc de codification. Mais surtout, c'est oublier que la relation de pouvoir ne se déroule pas dans un temps unique et uniforme mais qu'elle est signifiée par des *temporalités spécifiques*[45] propres aux acteurs en cause, dont les « rythmes » et les « durées » constituent des éléments décisifs dans le modelage du territoire.

C. Raffestin[46], en se référant spécifiquement à la géographie du pouvoir, a tenté dans une perspective foucaldienne de refonder les notions de la géographie politique classique. Le cadre d'analyse proposé intègre les acteurs, l'énergie et l'information, les codes, les objectifs, les stratégies, les enveloppes spatio-temporelles et le canal relationnel ou de communication. On désigne par cette expression une nouvelle problématique qui dépasse l'État et ses articulations pour assumer les relations humaines, tous les types de relations conditionnés par la circulation du pouvoir. La perspective est radicale : la source du pouvoir n'est pas unique, au contraire, elle est fragmentée et ubiquiste. Les phénomènes de répartition qui traitent de population, de langue, de religion, d'activité économique ou d'expression culturelle ne s'épuisent pas en eux-mêmes mais renvoient toujours à des dissymétries que les acteurs déterminés cherchent à préserver, à augmenter, à restreindre, à annuler. La production territoriale elle-même peut être ainsi interprétée comme une projection du champ de pouvoir sur un espace donné. Il suffit d'un changement des codes politiques, par exemple la référence à des codes centralisateurs ou décentralisateurs, pour modifier les maillages, pour réorganiser les réseaux et les hiérarchies. M.-C. Maurel[47] a bien illustré ce phénomène pour l'URSS. Le territoire est donc tout à la fois une production idéologique et une appropriation étatique qui traduit un mode spécifique de gestion.

Tout phénomène d'organisation qui prend appui dans l'espace contribue par les notions de centre et de lieu à modeler des territoires par ses flux d'information qui conditionnent des

42. Turco A. et Zanetto G., 1982, *Environnement, perception, action : le cas de Venise, in :* Bailly A. (éd.), *Percevoir l'espace : vers une géographie de l'espace vécu,* Université de Genève, Département de Géographie.
43. Sack R.D., 1983, Human territoriality : a theory, *in : Annals of the Association of American Geographers,* n° 1.
44. *Territorialité :* ensemble de relations prenant naissance dans un système tridimensionel société-espace-temps en vue de la plus grande autonomie possible compatible avec les ressources du système (Raffestin C., 1980).
45. Les diverses *temporalités* sont présentées plus loin par A.-S. Bailly dans le chapitre Chronogéographie.
46. Raffestin C., 1980, *Pour une géographie du pouvoir,* Litec, Paris.
47. Maurel M.-C., 1982, *Territoire et stratégies soviétiques,* Économica, Paris.

maillages, des nodalités et des réseaux comme l'a bien montré Y. Stourdzé[48]. Cette connexion entre espace et pouvoir introduit à ce phénomène, bien décrit par P. Virilio[49], de l'insécurité du territoire : « En supprimant les frontières, la guerre totale abolit les franges protectrices des réalités nationales : ce qui se passait sur les fronts linéaires se passe à l'intérieur… ».

Dans la perspective du rôle militaire de la géographie, on notera les travaux de L. Peltier et G. Pearey[50], de Y. Lacoste[51] et de P. O'Sullivan et J. Miller Jr.[52]. Les notions de stratégie et de tactique sont mobilisées dans l'analyse géographique à différentes échelles : locale, régionale et mondiale. Le rôle de l'espace est pris en compte tout à la fois dans les opérations militaires classiques ou conventionnelles et dans les opérations de guérilla.

Depuis la première crise pétrolière, en 1973, on a pu assister à la redécouverte par les médias parlés et écrits des termes de géopolitique et de géostratégie. C'est pourquoi, depuis une quinzaine d'années et plus particulièrement depuis le début des années 90, on a vu fleurir certains ouvrages et naître des centres ou des instituts consacrés à l'analyse[53].

La réapparition de ce type de discours dans la géographie est une conséquence, sans doute, du *Zeitgeist* (littéralement : esprit du temps). Cependant, il serait dangereux de ne voir dans la rencontre de l'espace et du pouvoir qu'une occasion de renouer avec une tradition géopolitique. En effet, il serait facile de renverser la formule de Y. Lacoste, la géographie, ça sert, d'abord, à faire la guerre. Elle est un langage qui peut servir autant à la guerre qu'à la paix.

Ainsi qu'il déjà été souligné dans nos travaux antérieurs, la géographie politique peut être conçue comme une géographie de relations de pouvoir […], fondée sur les principes de symétrie et de dissymétrie dans les rapports entre organisations, entre les innombrables acteurs qui interviennent aux niveaux de l'espace et du pouvoir[54], et multidimensionnelle par essence. Une telle approche permet de saisir au mieux les situations ô combien complexes, générées par la rencontre de l'espace et du pouvoir à l'ère de la mondialisation (échange généralisé entre les différentes parties de la planète) et de la globalisation (mondialisation des échanges et interdépendances des économies), l'ère d'un monde de plus en plus perçu comme un « village planétaire », du fait du « rapprochement des hommes et des lieux dans la distance abolie et l'information généralisée »[55]. Cela d'autant plus que ce même espace est menacé de « basculement dans l'éclatement des différences », qui mettent en scène un monde non seulement uniformisé mais également traversé par d'innombrables conflits et des violences qui en font, si non des « chaos bornés », tout au moins des *Mondes rebelles*, avec leurs cortèges de drames, qui sont loin d'être l'apanage des seuls pays pauvres, ainsi que le montre l'ouvrage de J.-M. Balencié et A. de La Grange[56].

48. Stourdzé Y., 1973, *Organisation et antiorganisation,* Mame, Paris.
49. Virilio P., 1976, *L'insécurité du territoire,* Stock, Paris.
50. Peltier L.C. et Pearey G.E., 1966, *Military geography,* Van Nostrand, Princeton.
51. Lacoste Y., 1976, *La géographie, ça sert, d'abord, à faire la guerre,* Maspero, Paris.
52. O'Sullivan P., Miller Jr. J.W., 1983, *The geography of warfare,* Croom Helm, Londres.
53. Citons à titre d'exemples : Lacoste Y. *et al.*, 1991, *Questions de géopolitique,* Paris, Le Livre de poche ; Moreau Défarges P., 1994, *Introduction à la géopolitique,* Pais, Seuil ; Thual F., 1993, *Géopolitiques au quotidien,* Paris, Dunod ; Lorot P., 1995, *Histoire de la géopolitique,* Paris, Économica ; Raffestin C., Lopreno D., Pasteur Y., 1996, *Géopolitique et histoire,* Lausanne, Payot ; Thual F., 1996, *Méthodes de la géopolitique : apprendre à déchiffrer l'actualité,* Paris, Ellipse ; Lorot P., Thual F., 1997, *La géopolitique,* Paris, Montchrestien ; Ramonet I., 1997, *Géopolitique du chaos,* Paris, Galilée.
54. Voir en particulier C. Raffestin, 1980, *Pour une géographie du pouvoir.*
55. Dollfus O., 1997, *La mondialisation,* Paris, Presses de la Fondation Nationale des Sciences Politiques, 1995, *La nouvelle carte du monde,* Paris, PUF, collection Que sais-je.
56. Dollfus O., 1995, *La nouvelle carte du monde, op. cit.* ; Balencié J.-M., De La Grange A., 1996, *Mondes rebelles. Acteurs, conflits et violences politiques,* Paris, Éditions Michalon.

À ces tendances géopolitiques qu'un contexte politique, marqué par l'impérialisme et le totalitarisme, renouvelle, s'oppose la géographie radicale comme tentative de changement. Même si le marxisme, dans sa forme originelle, prône l'abolition de l'État et du pouvoir politique, il est évident qu'on peut alimenter une réflexion sur le pouvoir à partir de concepts marxiens comme l'a fait P. Taylor[57].

4. Conseils de lectures

RAFFESTIN C., *Pour une géographie du pouvoir*, 1980, Litec, Paris.

Dans la première partie, l'auteur propose une critique de la géographie classique suivie d'une réflexion sur la problématique relationnelle du pouvoir. Ce pouvoir, qui est consubstantiel de toutes les relations (humaines), qui n'est ni possédé, ni acquis, mais purement et simplement exercé, est étudié en relation avec les trois grands thèmes que sont la population, le territoire et les ressources qui constituent la charpente des trois autres parties. L'ouvrage permet de s'orienter dans le labyrinthe de la géographie et du pouvoir sans s'égarer.

BALENCIÉ J.-M., DE LA GRANGE A., 1996, *Mondes rebelles. Acteurs, conflits et violences*, Éditions Michalon, Paris, t. 1 & 2.

« Encyclopédie » des conflits internes et de la violence politique dans le monde contemporain, l'ouvrage est axé sur les acteurs de ces conflits, désormais au cœur des relations internationales. Outil de travail bien structuré et permettant d'accéder rapidement à l'information recherchée, il présente chaque conflit en deux volets : le « conflit » proprement dit — avec un historique et une grille de lecture (explications géographiques, humaines, socio-économiques, etc.) — et une partie « acteurs » qui fournit une fiche d'identité des mouvements étudiés. Un livre utile sur un sujet crucial puisqu'il n y a « pas de pouvoir, quelque allure qu'il ait pris par la suite, débonnaire ou sanguinaire, autoritaire ou démocratique, qui n'ait été accouché par la rébellion et souvent dans les cris de grands assassinats ».

DOLLFUS Olivier, 1997, *La mondialisation*, Presses Nationales des Sciences Politiques, Paris.

S'il y a un phénomène qui intéresse le rapport entre l'espace et le pouvoir, c'est bien celui de la mondialisation, qui provoque des distorsions et produit des différences à tous les niveaux tandis que, avec la globalisation, « son dernier avatar », le contrôle des réseaux l'emporte sur la gestion des territoires. Nombreux sont les aires et les niveaux d'action, les aires d'influences se multiplient, les acteurs et les États aussi. Conséquence : l'État est débordé, souvent dépassé ou/et contourné. Dans cet imbroglio de réseaux et d'aires qui se composent et se recomposent, la carte du monde « devient un kaléidoscope où les points, les carreaux, les taches de la pauvreté et de l'exclusion, avec leurs lieux de cantonnement,

57. Taylor P.J., 1982 : A materialist tramework for political geography, *in : Transactions, Institute of British Geography*, vol. 7, n° 1, Londres, p. 15-34.

s'imbriquent à tous les niveaux dans les aires des réseaux mondialisés où s'accumulent et se dissipent les richesses ».

Le livre s'ouvre et se termine par une question fondamentale qui est sous-jacente au couple espace-pouvoir : « Assiste-t-on à un dérèglement du "système-monde" par la multiplication des rétroactions positives qui, à terme, conduisent à une "catastrophe" (au sens systémique du terme, c'est-à-dire au passage d'un système à un autre) préalable à une recomposition ? La question reste… posée dans son ampleur ».

5. Sujet : le pouvoir et la nouvelle carte du monde à l'aube du XXIe siècle

À la fin des années 80, l'ancienne Union soviétique et ses Républiques satellites de l'Europe centrale et orientale sont entrées dans un processus de « décomposition », qui a donné naissance, au début des années 1990, à une multitude d'États dont un bon nombre correspondent à des recompositions « ethniques » (dans le sens premier du terme grec « ethnos », signifiant « peuple »).

S'ajoutent à cela les crises et les conflits africains, dans lesquels les façades « ethniques » (dans le sens plutôt péjoratif du terme) sont souvent mises, à tort ou à raison, en exergue au détriment des aspects beaucoup plus profonds et plus déterminants. S'y ajoutent également les revendications d'autonomie des peuples qu'on enregistre sur les autres continents (Amérique, Asie, et Europe occidentale).

Ainsi que le note J.-C. Ruffin[58], la disparition de l'URSS et la liquidation de la guerre froide n'ont pas apporté l'apaisement général auquel on aurait pu s'attendre, mais les foyers de crise et même de guerre ouverte se sont spectaculairement multipliés. Il convient dès lors de connaître les déterminants historiques et géographiques des révoltes qui, un peu partout dans le monde, ont pris des formes militaires, saisi des peuples entiers, parfois renversé des régimes qu'on croyait invulnérables et qui, localement, rendent compte de l'émergence des mouvements armés. Il convient également de comprendre le fonctionnement politique des États que prennent pour cible ces mouvements armés ; analyser les raisons qui poussent tel groupe particulier à se situer en dehors du cadre politique légal et à pratiquer la lutte armée, reconstituer l'identité et le parcours personnel et intellectuel des hommes qui conduisent ces mouvements de rébellion ou les ont inspirés.

Car, de tous ces conflits et ces crises qui éclatent ça et là est née une « nouvelle carte du monde » comportant des zones d'ombres, des régions entières où l'autorité légitime des États — là où elle existe — ne s'exerce plus, où sa violence institutionnalisée s'efface devant celles des groupes, des mafias, des gangs »[59] qu'on ne peut plus ignorer, au point que l'on peut dire

58. Ruffin J.-C., « Le temps du monde rebelle », *in :* Balencié J.-M., De La Grange A., 1996, *op. cit.*, p. II-IV.
59. Dollfus O., 1995, *op. cit.*, p. 81.

que le XXIe siècle, ou tout au moins son début, sera probablement « ethnique » — c'est-à-dire celui des peuples, en dépit de la tendance à l'uniformisation qui pourrait découler de la mondialisation et la globalisation.

Traiter ce nouvel état des choses du point de vue de la géographie politique et des diverses conceptions du pouvoir qui s'en réclament permet de mieux rendre compte de cette nouvelle donne mondiale.

II

Les grands thèmes de la géographie humaine

6
Régions, nations

Henri Nonn*

* Professeur émérite à l'Université de Strasbourg I, avec le concours initial de L.M. Coyaud, J.-P. Martin et R. Schwab.

La géographie est « la seule discipline pour laquelle la "région" soit une notion centrale » écrivait E. Juillard[1] en 1967. Non que la dimension spatiale soit exclue d'autres sciences ou disciplines ! Mais cela souligne l'importance de la délimitation, de la caractérisation et de la classification de « régions », « formes d'organisation spatiale », « sous-ensembles » territoriaux, « structures » ou simplement « subdivisions » de nations ou d'aires de plus vaste étendue[2].

Si, chez les géographes, les observations à un niveau régional paraissent avoir été — ou devoir être — privilégiées, c'est que cette échelle permet de cerner de manière synthétique les rapports hommes-milieux ou bien d'identifier des entités d'organisations territoriales des sociétés, à mi-chemin entre le niveau local et les espaces nationaux, voire plus amples[3]. Pourtant, malgré l'ancienneté de l'intérêt porté et la solide tradition acquise par la *géographie régionale*[4], subsistent un flou conceptuel et dimensionnel, des débats et des interrogations sur le concept de région, bien plus que sur celui de nation aux structures et finalités mieux affirmées.

1. La région, notion primatiale ancienne

La vitalité de « l'École française » justifie qu'on se permette d'insister d'abord sur l'émergence de la dimension régionale dans la géographie des siècles passés, même si elle n'a pas été d'emblée dégagée par les premiers érudits géographes. Initialement, les formes de découpage spatial ont été les divisions administratives acceptées en tant que telles à des fins d'inventaire, de cartographie, de description, de recension des caractères physiques, politiques, ethnographiques ou de productions économiques. À la suite de la Révolution, la

1. Claval P. et Juillard E., 1967, *Région et régionalisation dans la géographie française*. Dalloz, Paris, p. 8.
2. Claval P., 1968, *Régions, nations, grands espaces*, Génin, 837 p. et 1993, *Initiation à la géographie régionale*, Nathan, 288 p. ; art. région, *in* : 1993, *Les mots de la géographie*.
3. Le vocable est couramment utilisé par des géographes et des non-géographes pour désigner des ensembles pouvant être plus grands que des pays entiers, ou divers territoires identifiés en leur sein, ou encore en position transfrontalière.
4. *Géographie régionale* : au sens large, identification d'espaces caractérisés dans leur ensemble (le plus souvent à une échelle infranationale, mais non locale, parfois à l'échelle infracontinentale). La définition scientifique s'applique à l'identification des composantes et formes d'organisation d'espaces à ces échelles ainsi qu'à leurs dynamiques plus ou moins spécifiques.

géographie fondée sur les divisions départementales[5] prévalut longtemps, contribuant à inculquer aux Français la nouvelle structure administrative du pays ; y contribuèrent des sociétés locales comme les services préfectoraux (« annuaires », « descriptions », « statistiques », « cartes »...). Démarche retrouvée dans bien des travaux géographiques d'autres nations, prenant pour cadres les espaces administratifs.

Dès le XVIIIe siècle cependant, existent des présentations de « *pays* »[6], correspondant à des appellations populaires, ainsi que les premières études sur des espaces naturels [s'y rattachent les *bassins fluviaux*[7] de M. Buache (1752) et les *régions naturelles*[8] dont l'examen était promu par la Société de Géographie de Paris à partir de 1822)]. De tels travaux restaient néanmoins essentiellement descriptifs.

Une première innovation transparaît dans la « Nouvelle géographie universelle » d'E. Reclus[9] où sont mis en avant les idées « d'individualité géographique », les concepts de *pôles*[10] — influence de la physique — et d'*organismes*[11] (emprunts à la physiologie) dans la présentation de contrées spécifiées au sein d'espaces nationaux. Par ailleurs, voici que la géographie, appuyée sur les grands développements des sciences naturelles, sur de puissants courants de pensée tels que l'évolutionnisme de C. Darwin, rencontre l'*écologie*[12] de E. Haeckel. En découle l'intérêt pour l'étude des relations étroites entre les hommes et leur milieu d'existence, au risque d'aller jusqu'à un *environnementalisme déterministe* (F. Ratzel), et pour celui des *genres de vie*[13], en particulier dans les « régions » à contraintes physiques fortes. L'importance accordée à ce qui est classement, typologie, dans les sciences de la terre, oriente aussi la discipline vers une géographie générale à forte connotation physiographique. S'est développée également une géographie politique où la nation, le peuple, la race, deviennent des notions centrales. Ainsi, la géographie en arrive à se situer à la jonction des sciences naturelles et des sciences sociales, comme science des relations localisées, « de synthèse des rapports multiples qu'entretiennent, depuis des millénaires, les groupes humains dans leur cadre naturel »[14] ; mais elle insiste davantage sur les classifications que sur l'idée de région en tant qu'unité spatiale propre.

C'est alors que P. Vidal de la Blache[15] propose une géographie régionale fondée sur des bases naturalistes. Celles-ci y apportent un premier canevas d'individualisation de « régions naturelles », elles-mêmes diversifiées en unités plus réduites (parfois issues du rôle de l'histoire ou du rayonnement d'une grande ville organisatrice), unités qui se nuancent en pays, et dont l'originalité s'exprime par une certaine physionomie, dans un style particulier d'organisation spatiale née du mariage de la nature des sociétés, avec leur histoire, bref de ce que l'on appellera plus tard un *paysage*[16] (E. Juillard, 1967, *op. cit.*, p. 12). À ce stade, les choix restent établis sur des critères non encore systématiques, et les

5. *Cf.* Coyaud L.-M., 1981, Notes sur la géographie historique de l'espace départemental. *Actes du Colloque de Poitiers.* Trav. du Centre de Géographie humaine et sociale, Université de Poitiers, 6, p. 341-372.
6. *Pays :* aires restreintes, souvent physiquement homogènes, parfois issues de limites féodales, ou d'influence urbaine. *Cf.* Gallois L., 1908, *Régions naturelles et noms de pays. Étude sur la région parisienne*, Paris.
7. *Bassin fluvial :* « ensemble de toutes les pentes des eaux qui se réunissent dans un fleuve ou une rivière » (Buache, 1752) ou ensemble hydrographique.
8. *Région naturelle :* unité, grande ou petite, définie sur des critères d'ordre physique.
9. Reclus E. (1875-1894), *Nouvelle géographie universelle*, Hachette, Paris, 19 volumes.
10. *Pôle :* point central attractif, point de convergence.
11. *Organisme* : terme défini par M. Cosinschi et J.-B. Racine dans le chapitre Géographie urbaine.
12. *Écologie* : étude des conditions du milieu et de ses rapports avec les organismes vivants.
13. *Genre de vie* : ensemble des modalités matérielles et sociales d'existence de groupes humains où domine une activité vitale, où la prégnance d'un milieu géographique.
14. Pinchemel Ph., 1957, Géographie et déterminisme. *Bull. Soc. Belge Géogr.*, p. 221-225.
15. Vidal de la Blache P., 1889 : Les divisions fondamentales du sol français. *Le Bulletin littéraire*, t. II et *id.*, 1903, *Tableau de la Géographie de la France* : t. I de l'*Histoire de la France* de E. Lavisse, Paris.
16. *Paysage* : le concept est analysé par A. Dauphiné dans le chapitre Espace terrestre et espace géographique.

démarches sont soit monographiques, soit orientées vers la désignation des spécificités.

Trois « échelles », un souci de dégager des traits de comparaison ou de rapprochement, l'idée d'ensembles territoriaux d'appartenance (domaines) et la recherche de solidarités, constituent les bases d'une démarche neuve, où demeurent privilégiés les éléments les plus fixes et les plus permanents. Observons toutefois que P. Vidal de la Blache[17] a aussi lancé, quelques années plus tard, l'idée de régions conçues comme des aires organisées par certaines grandes villes de province, lieux de concentration économique et de bons moyens de communications.

À ces deux conceptions vidaliennes s'ajoutait, au début du XXe siècle, celle de la région établie sur des bases historiques (telles que les provinces) — ex. : les plaines picardes, de A. Demangeon[18] ou de la Flandre, par R. Blanchard[19] — car les géographes français étaient des historiens de formation qui soulignaient la stabilité de nombre de délimitations historiques anciennes. J. Bruhnes a pu ainsi proposer la confrontation de *régions géographiques*[20] et de *régions historiques*[21] (1910 et 1931). En revanche, la dimension économique n'était guère au cœur des préoccupations de la discipline, si ce n'est chez un précurseur tel que E. Levasseur[22]. Les références géopolitiques en sont, en général, également exclues, à la différence des racines socioculturelles, ce qui explique que, contrairement aux historiens, les géographes se tiennent en dehors des débats politiques de l'entre-deux-guerres sur le régionalisme. Malgré les voies tracées pour une réflexion fondamentale, pour beaucoup, l'étude régionale consista longtemps à décrire et expliquer la mosaïque des paysages, reconstitués minutieusement dans leur genèse et leurs évolutions, dans des cadres admis intuitivement ou en fonction de traits privilégiés : « Ils ont fini par ne plus se soucier de la valeur du cadre et par ne plus voir dans la région qu'une échelle particulièrement commode pour analyser la réalité géographique... » (Claval, 1968[23]). Et c'est sur des bases rarement discutées que furent présentées les unités « régionales » des nations et ensembles dans la « Géographie Universelle » lancée en France dans l'entre-deux-guerres, si l'on excepte quelques-uns de ces ouvrages dont les auteurs ont su mieux établir scientifiquement leur régionalisation et leur analyse des régions : H. Baulig[24], A. Demangeon[25]... Au total, à des prémices riches ont succédé des prolongements enlisants...

Dans le même temps, la géographie allemande suivait des chemins assez voisins. L'objet de la géographie y était *die Landschaft*[26] ou *die Kulturlandschaft*[27]. D'où une primauté accordée à la définition d'unités homogènes, à leur classification selon les modalités d'articulation entre facteurs physiques et facteurs humains, et à des régions *idiographiques*[28]. Dans les pays anglo-saxons, après avoir puisé aux sources françaises et

17. Vidal de la Blache P., 1910, Régions françaises. *Revue de Paris*, p. 821-842.
18. Demangeon A., 1905, *La Picardie et les régions voisines*, Paris.
19. Blanchard R., 1906, *La Flandre*, Lille.
20. Les *régions géographiques* sont caractérisées par leur homogénéité naturelle.
21. Les *régions historiques* sont des régions hétérogènes que les vouloirs humains ont façonnées ; selon Bruhnes J., 1910, *La Géographie humaine*, Paris, 3 volumes.
22. Levasseur E., 1872, *L'étude et l'enseignement de la géographie*, Delagrave, Paris, 126 p.
23. Claval P., 1968, *op. cit.*, p. 292.
24. Baulig H., 1936, *L'Amérique septentrionale*, t. XIII de la *Géographie Universelle* (2 volumes), Colin, Paris.
25. Demangeon A., 1946, *La France économique et humaine, ibid.*, 2 volumes.
26. *Landschaft :* à la fois « paysage » et « région » ou « contrée ».
27. *Kulturlandschaft :* paysages humanisés. Meynen E. et Schmithusen J., 1953, *Handbuch der naturraumlischen Gliederung Deutschlands*. Remagen. Bobek H. et Schmithusen J., 1949, Die Landschaft im logischen System der Geographie. *Erdkunde*, p. 112-120.
28. *Idiographique :* conception définie par C. Raffestin et B. Lévy dans le chapitre Épistémologie de la géographie humaine.

allemandes[29], l'orientation des études régionales a davantage été marquée par les démarches d'économistes. La théorie des lieux centraux, l'économie régionale, nous reviendront à travers eux. Ailleurs régnait une géographie régionale où l'on discutait peu ou pas la notion de région. Les études théoriques sont rares si l'on excepte W. Christaller[30] et sa notion de *Zentralität* ; cet auteur, plus proche alors des économistes que des géographes, étant surtout redécouvert après la Seconde Guerre mondiale. Alors que s'affirme soit un fondement naturaliste, soit une dominante culturelle (R. Dion[31], P. Deffontaines[32]), apparaît un travail original où P. George[33] montre le rôle régional des villes dans les plaines du Bas-Rhône ; plus orientée vers les différences d'intensité, de mise en valeur et d'interventions des techniques se développe, d'autre part, une géographie régionale nord américaine.

Durant toute cette période, les constructions spatiales d'échelle nationale ou des grands espaces (historiques ou économiques) furent peu analysées par les géographes. Exceptions pourtant : l'angle politique illustré par A. Siegfried[34] ou les questions frontalières abordées par J. Ancel[35]. Plus substantiels en ces domaines furent les travaux d'historiens et d'économistes.

2. Les transformations des études régionales après 1945

Tandis qu'en France se maintenait le goût pour les *monographies régionales*[36] sans préoccupations affirmées pour une problématique de la notion de région, que s'y prolongeait une certaine préférence pour l'étude des campagnes et des paysages ruraux riches de leurs permanences et de leurs profonds rapports entre l'homme et le sol, les villes et l'industrie exerçaient dans les pays développés une prégnance sans cesse accusée sur la vie socio-économique. En outre, les milieux économiques et politiques avaient besoin de travaux aidant à la régionalisation des équipements et au développement équilibré du territoire[37]. L'heure vint donc, en géographie, de prendre en considération ce nouveau contexte. Des approches nouvelles ont été mises en œuvre ; les préoccupations se sont désormais tournées vers les transformations de l'organisation des sociétés et des flux spatialisés, vers les régions en mutation, et plus généralement vers la définition des cadres de vie.

Parmi les nouvelles orientations, le positionnement de la région dans la famille des *espaces polarisés*[38] a pris beaucoup d'importance. W. Christaller avait déjà mis en avant une théorie de la centralité urbaine, appuyée sur la logique des marchés de biens et de services destinés aux habitants « consommateurs ». Les travaux des Anglo-Saxons[39] et des Scandinaves renforcèrent l'optique de recherches de théorisation et de généralisation dans l'analyse spatiale, qu'il s'agisse d'étudier la distribution, la déci-

29. Hartshorne R., 1939, The nature of Geography, a critical survey of currents thought int he light of the past. *Annals Assoc. of Amer. Geographers,* 171 et suiv.
30. Christaller W., 1933, *Die Zentralen Orten Sud Deutschlands.* Iéna. Fischer, trad. angl., Central places in Southern Germany, Prentice Hall, 1966, 230 p.
31. Dion R., 1934, *Le Val de Loire, étude de géographie régionale,* Tours.
32. Deffontaines P., 1932, *Les hommes et leurs travaux dans les pays de la Moyenne Garonne.* Lille.
33. George P., 1935, *La région du Bas-Rhône, étude de géographie régionale,* Baillière, Paris.
34. Siegfried A., 1913, *Tableau politique de la France de l'Ouest.*
35. Ancel J., 1936, 1939, 1945, *Manuel géographique de politique européenne,* 2 tomes en 3 volumes, Paris.
36. *Monographies régionales,* études s'efforçant de couvrir l'ensemble des aspects géographiques (et de leurs rapports, dans les meilleures) d'une région dont le cadre est choisi par chaque auteur.
37. Ces questions sont présentées par A. Bailly dans le chapitre La géographie appliquée.
38. *Espace polarisé :* espace conçu comme un champ de forces, construit en fonction d'un pôle ou centre dynamique organisateur des structures spatiales.
39. V. notamment Berry J.B.L., 1967, *Geography of market centers and retail distribution.* Prentice Hall, New York.

sion, ou l'information ; en émergèrent notamment les concepts de *pôles*, de *réseaux*, et de *hiérarchie*[40]. Ceux-ci furent, en France, formalisés par des économistes tels que A. Piatier, F. Perroux, J. Boudeville[41]. Bien des géographes considérèrent alors la région comme une échelle intermédiaire dans une hiérarchisation des espaces fondée sur la combinaison des facteurs de marché et d'accessibilité liés aux niveaux de services. Les économies d'agglomération et les externalités de nodalité privilégiant les villes, et singulièrement les métropoles[42], la région géographique fut alors définie, en économie avancée, comme « la zone de rayonnement et de structuration spatiale engendrée par la métropole régionale » selon P. George[43] qui amena des chercheurs engagés par lui dans la géographie urbaine à établir une problématique régionale fondée sur l'examen des flux d'organisation, des zones d'influence, et des relations entre villes voisines formant réseaux. Les aménageurs, les acteurs économiques, les administrations, ont pu trouver là les bases d'une répartition raisonnée et volontaire des équipements et services, et d'une amélioration des rapports de ceux-ci aux utilisateurs. La révélation de ces *régions fonctionnelles*[44] ne bannissait pas forcément la définition d'aires identifiées par des caractères d'homogénéité de situation, de problèmes ou de contraintes justiciables de politiques spécifiques d'intervention. Aussi le mérite de bien des *atlas régionaux*[45] réalisés dans cette période a été de fournir à la fois la représentation de ces deux types d'espaces et de montrer leur articulations.

Cependant les bases méthodologiques et les approfondissements conceptuels restaient fragiles. Les enquêtes comme les comparaisons et les classements hiérarchiques demeuraient trop variables d'une étude à l'autre pour se dégager d'un caractère idiographique encore dominant[46]. Le caractère opératoire y a été plus clairement défini — avec un objectif plus circonscrit à la finalité de la hiérarchisation des niveaux de services à la population résidante — et plus systématisé en RFA. L'aboutissement en a été une sorte de géographie nationale des réseaux hiérarchisés de lieux centraux (*Zentralitätgefuge*), cartographiée sous la coordination de G. Kluczka[47] et qui servit de support à la définition de *régions d'aménagement*[48] distinctes des Länder ou de leurs subdivisions. Autres limitations : ces régions n'embrassent que les fréquentations de marchés ou de services des « hommes économiques » plus « consommateurs » qu'habitants. En outre, elles correspondent à une organisation spatiale saisie à certain(s) moment(s) : et là on peut penser que, dans les années 1955-1970, leurs structures hiérarchiques allaient être modifiées (concentrations économiques, modèles de sociétés plus englobants, marchés élargis ou distendus, qui expriment les recompositions de réseaux industriels, tertiaires, voire agricoles, ainsi qu'interurbains ; mobilité accrue des ménages : diffusion, diversification et accroissement des équipements...). D'aucuns ont vu là des photographies fixant les réseaux urbains

40. Concepts définis par M. Consinschi et J.-B. Racine, dans le chapitre géographie urbaine, et par H. Beguin dans celui de la Géographie économique.
41. *Cahiers de l'Institut de Science Écon. Appliquée*. Série « Économie régionale ».
42. Duncan O., 1960, *Metropolis and region*, J. Hopkins Univ. Press., Baltimore.
43. George P., 1959, *Questions de géographie de la population*, Institut National d'Études Démographiques, Paris, p. 34.
44. *Région fonctionnelle* : espace défini par l'inscription spatiale de flux de tous ordres révélant les structures et les modalités de fonctionnement des activités humaines et économiques.
45. Voir à ce sujet le chapitre de C. Hussy et R. Ferras, Les concepts de la cartographie.
46. Par ex. la collection *La France des villes* (6 volumes) dirigée par J. Beaujeu-Garnier, 1977-1980, La Documentation Française. Paris.
47. *Zentrale Örte und Zentralörtliche Bereiche, mittlerer und höherer Stufe*, 1968, Institut für Landeskunde, Bad Godesberg.
48. *Régions d'aménagement* en RFA, il s'agit d'unités au sein desquelles est organisée ou guidée la répartition hiérarchisée des services et équipements destinés aux populations.

au moment où ceux-ci vont s'altérer ; et si la déconcentration administrative amorcée peut tendre à renforcer les « régions » comme « espaces de gestion » articulant à leur niveau des solidarités territoriales, sociales et relationnelles, cela ne conforte pas, il s'en faut, le rôle des « élites » locales. On « découvre » en fait en France les métropoles au moment même où une part de leur rôle d'impulsion leur échappe. Enfin, il faut s'interroger sur le degré d'établissement des réseaux urbains régionaux dans les pays sous-développés. Centralités, réseaux et flux polarisés sont-ils par ailleurs des expressions d'organisation spatiale spécialement significatives des régions ? B. Berry et son école ont utilisé ces concepts et ces indications aussi bien aux échelles intra-urbaines qu'à ceux des grands espaces métropolisés. En outre, les « espaces non métropolisés » (Kayser, 1964)[49] ou à réseaux urbains incomplets sont-ils à négliger ?

Quoi qu'il en soit, cette nouvelle approche des espaces régionaux, distincte de la démarche d'identification des régions en tant qu'« aires d'extension d'un paysage géographique »[50], appuyée sur des concepts généraux, utile à l'action, a donné un vigoureux élan tant aux études régionales que nationales.

3. La région, concept dynamique : les interrogations actuelles

Les limitations ci-dessus évoquées ont amené à de nouvelles démarches. Certaines ont tendu à développer des positionnements théoriques réinterrogeant le concept, ou tout au moins à proposer de nouvelles orientations méthodologiques, des outils aussi. D'autres réflexions ont montré la nécessité de conforter différents angles d'examen jusqu'alors par trop négligés dans l'analyse régionale.

Sur le plan des *méthodes*, peuvent être soulignés deux aspects liés à deux *démarches*. L'intérêt de *l'approche comparative* ressort, par exemple, des travaux conduits à Strasbourg autour de E. Juillard sur l'Europe occidentale[51] : on y a identifié des « domaines » ou des « modèles » d'organisation des trames géographiques, et distingué des traits explicatifs et évolutifs (phases) de leur transformation. En découle la caractérisation de « familles » de régions : type « rhénan » (ou axial), type « parisien » (hypercentré), et type « périphérique » (moindrement structuré, à distance des axes et des centres), ainsi que des « gabarits » régionaux au sein des ensembles ainsi repérés. Plus récemment, R. Brunet a lui aussi fait valoir l'apport de la comparaison dans la « chorématique » qu'il propose (voir ci-dessous).

Le développement des *outils* et des *techniques mathématiques et informatiques* fournit d'autres éléments méthodologiques : les analyses factorielles, aidant à maîtriser et combiner les nombreuses variables de la statistique et des enquêtes ; la

49. Kayser B., 1964, La région comme objet d'étude de la géographie, *in : La géographie active*, PUF, Paris, p. 303-357 ; et l'espace non métropolisé du territoire urbain français, *in : Rev. geogr. Pyr. et Sud Ouest*, 4, 1969.

50. Sorre M., 1961, *Rencontres de la géographie et de la sociologie*. M. Rivière, Paris, 214 p. et *id.*, 1961, *L'homme sur la terre. Traité de géographie humaine*, Hachette, Paris.

51. Équipe de Recherche Associée au CNRS n° 214 (1976), *Espaces et régions en Europe occidentale*, Coll. des ATP du CNRS, n° 10, 114 p.

classification automatique ; la modélisation ; la simulation... Les graphes, les bases et algorithmes utilisés par la théorie des ensembles flous[52], les adaptations permettant d'incorporer l'information qualitative... autant d'apports à l'analyse spatiale. Si celle-ci peut être mobilisée pour les études régionales ou de régionalisation, il est toutefois à noter que la géographie quantitative ne voit pas dans la « région » une échelle intermédiaire particulière et à privilégier ; sa pertinence « d'objet » étant plutôt mise au second plan (voire contestée) par rapport aux priorités données à la morphologie spatiale, aux bases formelles d'organisation de l'espace, aux modèles — gravitaires ou autres —, aux topologies de réseaux...

L'ouverture interdisciplinaire, ou le réinvestissement rajeuni de champs géographiques précédemment signalés enrichit, parallèlement, l'analyse régionale. Certes, les systèmes urbains demeurent des trames essentielles, et sont encore l'objet d'investigations éclairantes[53] Mais sont tout autant considérées les *trames industrielles,* ou plus largement, *économiques,* à partir des apports de la « science régionale », de « l'économie régionale », des recherches sur les « systèmes industriels localisés » (districts, milieux innovateurs)[54]. Sont également mieux pris en compte des *réseaux de transports* (trames, performances et qualités) et les conditions de liaisons et d'accessibilité, les *trames institutionnelles* et leur prégnance selon les systèmes politiques... Quoique ne négligeant pas les traits les plus permanents et intrinsèques des *héritages historiques* (réinvestis notamment à propos des paysages, des identités, ou de la géohistoire — des ruptures et des crises aussi), la démarche intègre davantage de *sociologie des organisations, d'analyse de la diffusion, de géographie sociale et de la vie,* comme les *processus dynamiques* qui placent l'analyse régionale dans une optique mieux à même d'intégrer les mutations contemporaines des sociétés sur leurs territoires.

Les positionnements théoriques récents relancent, au fond, les débats sur la « région ». Avec, aussitôt, un aspect « formel » de terminologie, car le terme, parce que trop vague et trop polémique, trop peu corrélé à des théories justificatrices de sa validité, est désormais souvent remplacé dans bien des écrits contemporains. Certains l'utilisent encore, mais en considérant que c'est un « concept intellectuel... flexible » (comme il y en a beaucoup d'autres en géographie) à préciser, voire à rendre « opérationnel »[55]. Au cœur des questionnements, la théorie générale des systèmes, où la région est alors un « système spatial ouvert », avec des structures qui reflètent l'état d'un système, avec des régulations, des « énergies » endogènes et exogènes : hommes, ressources, capitaux, technologies, informations...[56], des leviers (acteurs, moyens, stratégies...), des jeux de champs de forces. Le « système-région » d'A. Dauphiné se révèle lorsque les principes d'unité l'emportent sur ceux de diversité et d'écartèlement, adossés à la contiguïté et la

52. *Cf.* H. Beguin, chap. Analyse quantitative ; et Y. Guermond, chap. Informatique et géographie ; Rolland May C. (1984). *Les espaces géographiques flous* ; (1986) la théorie des sous-ensembles flous et leur intérêt en géographie, *L'Espace géographique*, n° 4, p. 42-50.

53. Pumain D., Saint-Julien Th., 1978, *Les dimensions du changement urbain.* Paris, CNRS. Damette F, 1995, *La France en villes* Paris, DATAR. Documentation française ; Équipe Paris 1993. *Le poids économique des villes dans le système urbain européen, in :* Sallez et *al., Les villes lieux d'Europe*, Éd. de l'Aube, Paris, p. 19-65.

54. Aydalot Ph., 1985, *Économie régionale et urbaine* ; Économica, Paris. Colletis G., Courlet C., Pecqueur B., 1990, *Les systèmes industriels localisés en Europe.* IREPD, Grenoble ; Benko G., Lipietz A., 1992, *Les régions qui gagnent*, PUF, Paris.

55. Dauphiné A., 1979, *Espace, région et système.* Économica, Paris, 167 p.

56. Brunet R., 1972, Pour une théorie de la géographie régionale, *in : La pensée géographique contemporaine.* Mélanges offerts à R. Meynier, Presses de l'Univ. de Bretagne, Rennes, p. 649-662 ; et 1990, 2e-3e parties du t. 1 de la *Géographie Universelle, Mondes Nouveaux*, Reclus Belin, Paris, p. 104-204.

connexité d'éléments composants — homogènes ou hétérogènes —, décrits par des variables quantitatives et qualitatives ; il entretient des relations d'entrées et sorties avec un « environnement » interagissant avec lui, tandis qu'en son sein, existent d'autres systèmes sur son « espace », qui peuvent également influencer son organisation. Son émergence et son affirmation comme ses modalités de délimitation dépendent de ces différentes relations, ainsi que ses degrés d'autonomisation ou de dépendance. Lui seraient spécifiques : — l'interdépendance des sous-systèmes spatiaux qu'il recèle, d'où l'importance à accorder aux niveaux et modalités de couplages, interactions et rétroactions sans lesquels la région n'apparaît pas ; — des caractéristiques « d'invariants » réagissant (flexibilité) à des pas de temps différents, en convergence ou en divergence, de manière irréversible ou non (mémoire), continue ou discontinue (tensions, ruptures). Sur ces bases, sont alors distinguées des régions homogènes, polarisées, ou anisotropes. La « région-système », telle que considérée par R. Brunet, fait partie des catégories d'espaces géographiques particuliers, ayant une structure et une organisation incluses dans des systèmes de niveaux supérieurs, ou étant participantes de plusieurs d'entre eux, ou encore écartelées entre eux. Elle est dotée d'énergies (voir ci-dessus) qui rendent compte des degrés d'émergence, d'organisation et d'intégration. Les liens entre niveaux (dans les deux sens) amènent à accorder moins d'importance que par le passé aux idées d'emboîtement ou de hiérarchie de commandement ; à davantage considérer les contenus que les délimitations — on y retrouve le « flou », les notions de « cœur » et de « marges » — sans négliger les discontinuités ou les seuils pour autant ; à approfondir les rapports entre traits et forces endogènes et exogènes (systèmes voisins, englobants, champs, stratégies...). En terme d'échelles — ou niveaux (préférés par R. Brunet[56]), le mot « région » fut appliqué par lui dès les premières articulations de structures et de relations pour partie autonomes (le « quartier rural » : en 1969)[57] ; dans la Géographie Universelle Reclus, il devient le « géon » ou la « contrée »[58]. En outre, il convient de distinguer la « région-maille » (calée sur la finalité de « régir le territoire ») et la « région-système », intégratrice des lieux, acceptant multi-appartenance, recouvrements, vides éventuels en lisières, dans laquelle la solidarisation tient au système. Quoique maille et système ne soient pas de même nature, ils ne s'excluent pas (« la maille peut faire système, ou le système être emmailloté ») malgré leur logique distincte, car chacun participe du jeu des champs multiples d'influences et de déterminations (courants, intensités et gradients, interférences et résonances).

Ces positions théoriques contribuent à revisiter les formalisations, conceptualisations, démarches ou critiques développées depuis vingt ans. Tels les rapports « centre-périphérie »[59] ; les notions de polarisation, d'armature urbaine commandée par une

57. Brunet R., 1969, Le quartier rural, structure régionale, *Rev. Geogr. Pyrénées et Sud-Ouest*, p. 81-100.
58. Brunet R., 1990, *Géographie Universelle*, *op. cit.*, t. 1.
59. Concepts analysés par R. de Koninck, chapitre Géographie critique.

métropole (dont la zone d'influence ou d'attraction constituait le cadre régional selon E. Juillard[60] « dans lequel s'effectuent la plupart des actes d'une population : travail, consommation, rapports sociaux, culturels... »). B. Kayser, s'appuyant sur le cas français où les capitales régionales, points de transit et de relais d'ordres, n'ont qu'une force polarisante et un rôle organisateur réels atténués, soulignait déjà combien les stratégies particulières à chacun des agents de la vie économique et sociale n'impliquent pas forcément une articulation régionale, ni une transcription semblable dans l'espace[61]. Sans nier des marquages régionaux, cela conduit à impliquer davantage le jeu de champs plus forts, les uns plus vastes (l'espace national, les espaces économiques...), les autres plus restreints en termes de cohésion sociale territorialisée (aires d'emploi, de recours aux services courants, de loisirs hors vacances, de vie relationnelle habituelle) comme d'ancrages locaux économiques (main d'œuvre, sous-traitance, services après-vente, chalandise, voire transfert technologique au plus près des entreprises, ou développement local...).

La notion « d'espace de vie » dans la géographie sociale[62], telle qu'elle s'affirme maintenant, s'attache moins au « dernier niveau où se structurent et se coordonnent les différentes forces intervenant au plan économique et social avant le niveau national » (Juillard, 1962) qu'à celui des rapports étroits des hommes et des groupes de comportement aux lieux, des territoires du vécu, des représentations, de l'enracinement culturel... Sans occulter pour autant des dimensions économiques (réinsertion de part de salaires distribués, dépenses de consommation, d'habitat, de loisirs, activités de services...) ni celles de la gestion des territoires ou de la géographie politique et institutionnelle. On peut y apprécier la réduction des caractères « mécanistes » du « fonctionnel » ou des « systèmes », et le souci de reconsidérer la relation région-vie quotidienne ou courante[63].

L'investissement des géographes dans la thématique de *l'aménagement et du développement* n'est pas non plus à négliger. Elle conduit à « creuser » quelques approches : les économies d'échelle, les équipements structurants, les modalités et les enjeux de répartition, l'équité, la subsidiarité, les cloisonnements, les dessertes et les accessibilités, la diffusion, les effets induits des organisations administratives ou économiques, etc. dont les marquages sont forts à l'échelle dite intermédiaire de la région, qu'elle soit maille (gestion) ou système. Avec en outre la nécessité de suivre de près les dimensions des « pouvoirs » organisés à ce niveau (géographie politique, sociale, économique). Avec d'indispensables va-et-vient entre niveaux supérieurs et inférieurs d'organisation (nation, grands espaces d'une part, « pays » ou sous-régions, voire bassins de vie d'autre part).

60. Julliard E., 1962, La région, essai de définition. *Annales de Géographie*, 71, p. 484-499 ; *id.*, 1974, La « région », contributions à une géographie générale des espaces régionaux, Ophris, Paris.

61. Kayser B., 1974, Espaces périphériques ou systèmes spatiaux et structures régionales. *Espaces et sociétés*, 12. (Collab. avec A. Boudon et R. Perrin).

62. Schwab R.,1983, Sociétés et microespaces : l'exemple de l'Alsace, *in : Colloque de Lyon, Géographie sociale* p. 419-430 ; Frémont A., Chevalier J., Hérin R., Renard J., 1984, *Géographie sociale.* Paris, Masson 387 p. ; Frémont A., 1976, *La région, espace vécu,* PUF, Paris.

63. Bailly A.-S., Ferrier J.-P.,1986, Savoir lire le territoire : plaidoyer pour une géographie régionale attentive à la vie quotidienne, *L'espace géographique*, 4, p. 259-264 ; Coyaud L.-M., Martin J.-P., Nonn H., 1985, La région se lit — se vit — à plusieurs niveaux, *Rech. Géogr. à Strasbourg*, 25-26, p. 11-18 ; Nonn H.,1975, Concerning the notion of « sub region », the french case. *Geoforum*, 6, p. 125-136.

Bref, le débat sur la région, son sens et son essence, demeure très ouvert[64]. Mais que l'on travaille sur les *niveaux*, du global au local (ou vice versa), sur *les structures ou les champs de force*, les rapprochements s'opèrent autour des approfondissements nécessaires relatifs aux *processus, aux dynamiques* à l'œuvre dans le temps et l'espace : permanences, spécificités, mutations (rythmes, intensités, extensions...) comme autour d'une aussi nécessaire *interdisciplinarité* d'approche. Ainsi s'établissent alors les « familles » et les « stades » d'organisation régionale, les identifications d'agencements, de solidarités, d'intégrations ou d'écartèlements qui marquent la vitalité des régions et des sociétés qui y vivent.

Au total, au moins dans les pays développés, la région n'a plus l'aspect « noble » d'autrefois, quand l'autonomie décisionnelle d'une grande ville ou d'une bourgeoisie active enracinée pouvait être affirmée et générait organisations et impulsions[65], ou quand on magnifiait des traits idiographiques, nourris de géographie naturelle et d'histoire, de belles « permanences » dans l'ordre des choses et des gens. Tant l'affermissement des dimensions nationales que l'ouverture des champs économiques, géopolitiques ou sociétaux ont réduit la région à un « statut » « d'entité mouvante » en constante réadaptation (en elle-même comme par rapport à ses « environnements »), qu'il s'agisse de sa définition ou de son organisation. À moins qu'on ne l'ait jugée « disqualifiée » comme entité, comme aspect scientifique ou opératoire, sinon dans la géographie administrative. Ainsi, en France, la commission « analyse régionale » du Comité National de Géographie a cessé d'être reconnue dans les années 1980. Seuls les « territoires vivants » (pays, contrées, espaces de vie) seraient alors encore validés. Pourtant, il n'est pas exclu que les régions soient elles aussi « vivantes » grâce à une certaine persistance de champs de forces noués à leur niveau, s'ancrant sur des systèmes spatiaux et sur des modèles géoculturels et sociaux identifiables et pertinents. Elles représentent alors une certaine communauté de dynamisme et de rapports actifs (même si ces moteurs sont d'énergies variées, fluctuantes, influencées) d'ordres divers, sur la base de laquelle elles se classent en familles, domaines ou modèles dont les définitions visent à dégager des caractères nomothétiques[66] mais dont on ne saurait écarter tout caractère idiographique. Car, comme l'écrit J.-L. Piveteau[67] : « La spécificité des lieux... doit être à la fois lissée et reconnue pour elle-même ». L'étude régionale exige, en tous lieux de la planète, selon sa formule, deux « angles d'approche orthogonaux, et plus encore leur intégration » ; elle implique la prise en considération du « produit du nomothétique par l'idiographique ».

64. *Espace-temps*, 1979, n° 10-11, Région, enquête sur un concept au-dessus de tout soupçon ; *L'Espace géographique*, 1986, n° 4. 126 p. (art. de Auriac F., Bailly A.-S., Brunet R., Dollfus O., Ferrier J.-P., Piveteau J.-L., Robic M.-C.) ; Kayser B. *et al.*,1990, *Géographie, entre espace et développement* (3e partie, « l'insaisissable région »), Pr. Univ. du Mirail, Toulouse (voir art. de Kayser B., Marconis R., Nonn H., Ferras R., Volle J.-P., Reynaud A.).

65. *Cf.* les régions lyonnaise et du Nord, l'Alsace... ou encore la région milanaise (*cf.* Dalmasso E., 1971, *Milan, capitale économique de l'Italie,* Ophrys, Paris.).

66. *Cf.* C. Raffestin et B. Lévy, chapitre Épistémologie de la géographie.

67. Piveteau J.-L., 1983, La région entre le regard nomothétique et le regard idiographique. *Espaces et sociétés,* 1995 ; *Temps du territoire,* Genève, Zoé.

4. Nations

Pour appréhender cette notion, il faut dépasser les approches proprement géographiques, tant y sont fortes les dimensions du *Politique* et du *Droit*, sans parler de *l'Histoire*. On admettra, en effet, que la vocation du politique est de promouvoir un *ordre collectif* propre (plus ou moins original), « *l'intérêt général* » par rapport aux intérêts particuliers, *l'équité* par différents moyens de régulation, ainsi que de transcender des contraintes et des rugosités, territoriales ou autres.

Si l'on se réfère au droit, l'accent est mis sur la *souveraineté* exercée sur un territoire délimité (frontières) à défendre (armée), à protéger (protection civile), à « contrôler » au regard de flux externes (immigrations, capitaux, etc.), à animer et à gérer : développement, aménagement, conditions de vie, administration des personnes, des territoires, voire des activités ; grâce aux services publics. Son exercice est donc multiforme et largement unificateur, par ex. par la monnaie, l'enseignement, la fiscalité, la pratique démocratique…, en interne ; mais aussi souligné dans les relations internationales : traités, ententes, accords, tensions ou conflits, volets spécifiques tels que défense, droit de la mer, commerce extérieur, etc. Enfin, le droit public interne et des institutions est bien sûr directement concerné.

L'histoire est indispensable dans l'examen de la *genèse* des nations :

– identification de leurs bases : ethniques, culturelles ou pluriculturelles, économiques ou économico-politiques (colonisation, décolonisation) ;

– constitution du pouvoir et de l'autorité fondamentale (civile, religieuse) ;

– volontarisme de coexistence… ; dans le suivi des *évolutions* d'affermissement ou de pertes de forces, ou de celles des relations internationales.

Ainsi souligne-t-on volontiers que « la nation est toujours une création politique, un « ensemble territorial volontaire » (sur les objectifs de promouvoir son destin, de créer des solidarités, d'exercer une maîtrise sur l'économie), et en rapport avec des caractères sociétaux ou de civilisations fondamentaux[68]. Qu'elle émane de « populations qu'unissent une histoire et une culture communes, vivant sur un même territoire »[69] ; qu'elle se forge à travers la constitution et les évolutions des institutions.

L'économie tient aussi une place importante dans l'approche des « nations ». Soit que, comme P. Claval, on insiste sur l'organisation de ses moyens et de ses ressources (monnaie, douanes et protection du marché, développement des ressources productives et énergétiques, irradiation par les infrastructures de transports…) et sur leurs implications dans des relations aux faits et actes de domination ou de contrôle sur des espaces extérieurs. Soit que cette dimension soit examinée en termes de logiques économiques, de flux, de circuits, mis en rapport avec les autres contenus de la « nation », pris largement en compte par la Géographie.

68. Claval P.,1968, *Régions, nations, grands espaces*, Génin, Paris.

69. Théry H., 1992, *Nation, in : Les mots de la géographie*, Reclus, La Documentation française, p. 314.

Les démarches géographiques s'y révèlent en fait multiples. Il y a celles de la *géopolitique*. Quoiqu'il s'agisse là d'un « concept-valise » trop flexible et épistémologiquement indéterminé[70], les nations y sont surtout envisagées comme intervenantes dans les rapports internationaux : ceux des accords, unions ou traités, ceux qui résultent des rapports de force et d'idéologies, ceux qui se nouent autour des Droits de l'Homme ou du droit des peuples « à disposer d'eux-mêmes... » *La géographie politique*, définie par R. Kleinschmager (1993) s'attache plutôt à l'organisation interne des États, de leurs territoires, aux modes de représentation des citoyens, aux partages établis entre pouvoir central et instances décentralisées ou déconcentrées dans différents champs d'actions, aux modes d'application des lois, et, en écho, aux signaux des électeurs, des populations ou des acteurs économiques dirigés vers l'État, ainsi qu'aux explications et interprétations des votes de représentation (géographie électorale) [71]. *La géohistoire*, elle, rend compte des modalités d'établissement des nations, des assises culturelles ou autres de celles-ci, des formes de coexistence volontaire en son sein (ex : Union Sud Africaine, Canada, Inde...), des cheminements dialectiques entre « nation » et « État », des bases de constitution et de modifications de l'identité nationale (références identitaires, valeurs, contrat social, rôle de l'enseignement...)

D'autres aspects géographiques liés au concept de nation sont souvent approfondis. Un des premiers abordés est la *géographie des frontières*, jalonnée par divers travaux depuis J. Ancel [72] jusqu'à d'autres plus récents de M. Foucher, ou de R. Ratti[73]. M. Foucher a développé les différences de concepts et de traductions géographiques entre « frontier » et « boundary », c'est-à-dire entre front ou aire dynamique de part et d'autre d'une limite, et ligne frontière démarquant deux nations. Il a aussi montré les liens entre géopolitique, idéologie et conceptions de « frontières naturelles » (*op. cit.*). R. Ratti, lui, en une approche plus connotée d'économie, en fait un concept « duel », à la fois doté de *fonctions* de séparation entre des systèmes politico-institutionnels différents, autour des aspects légaux, de contrôle et de pouvoir, mais aussi rôle de contact et d'intermédiation entre sociétés et collectivités différentes telles qu'on les observerait dans les régions transfrontalières, et doté *d'effets*, selon que la *barrière* économique, le rôle de *filtre* plus ou moins perméable, ou celui de zone de *contact*, voire d'intégration économique, se replient ou ouvrent les horizons et les relations. Ces interprétations des faits frontaliers et de leurs dynamiques sont alors nécessairement multidisciplinaires et systémiques (l'institutionnel, le géopolitique, le socioterritorial et le socioculturel étant en interdépendance avec l'économique) (*op. cit.*).

Autre champ important, et très vaste : ceux *des rapports « État-nation »* : deux notions qu'il faut éviter de confondre, malgré de fortes imbrications, et qui renvoient à la *légitimité* (du pouvoir, et de l'espace-légitime)[74]. Le *pouvoir* que détient l'État

70. Kleinschmager R., 1993, *Éléments de géographie politique*, Presses Univ. Srasbourg.

71. Goguel F.,1970, *Géographie des élections françaises sous la IIIe et la IVe République*, Pr. Fond. Nat. Sc ; Pol. ; Goguel A., 1981 et 1983, *Chroniques électorales*, Pr. Fond. Nat. Sc. Pol. ; Lacoste Y., 1986, *Géopolitique des régions françaises*. Fayard ; Kleinschmager R.,1987, *Géopolitique de l'Alsace*, Éd. BF.

72. Ancel J., 1938, *Géographie des frontières*, Gallimard, Paris ; Guichonnet P. et Raffestin C., 1974, *Géographie des frontières*, PUF, Paris ; Foucher M., 1991, *Fronts et frontières*, Fayard, et 1986, *L'invention des frontières*, Fond. pour les études de Défense nationale, Paris.

73. Ratti R., 1996, Problématique de la frontière et du développement des régions frontières ; et autres auteurs (M. Bottin, C. Courlet, G. Garofoli...), *in : Sciences de la Société*, n° 37, Pr. Univ. du Mirail, Toulouse.

74. Lévy J., 1994, *L'espace légitime*, Pr. Fond. Nat. Sc. Pol. ; Claval P., 1978, *Espace et pouvoir*, PUF.

est en général légitimé, reconnu, qu'elles qu'en soient les bases d'autorité et d'émanation initiales (civiles, religieuses, communauté dominante, vote démocratique, ou processus révolutionnaires voire totalitaires) ; mais ces assises évoluent, se transforment, ou se relaient les unes les autres et ces mutations peuvent modifier alors les contenus et les structures de la nation. D'autre part, il est des cas où il y a eu « des États avant qu'ils ne deviennent nations, même si celles-ci ont fini par y être constituées », et où « les États n'ont de nations que l'apparence et l'apparat » écrit H. Théry se référant à des situations latino-américaines et africaines.

L'État forme et homogénéise la nation par les *multiples champs* de son action. *Sous l'angle économique,* il crée une « assiette » qui lui est propre (espace contrôlé et défendu, monnaie, fiscalité, douanes) ; il mène une politique économique ayant une logique et des moyens. Reste à voir si ses logiques « d'intérêt national » épousent, infléchissent ou se démarquent des logiques économiques des acteurs (mercantilisme, protectionnisme, colonisation... dans les temps modernes ou contemporains, mondialisation — internationalisation aujourd'hui) ; quel modèle de développement est choisi (libéralisme, économie sociale de marché, par ex.) ; quels leviers sont utilisés (planification directive ou incitative, place des établissements publics, aides directes ou indirectes (*cf.* infrastructures), commerce extérieur via les relations internationales, recours à l'investissement étranger, etc.) ; quelle politique territoriale est associée : redistribution des activités ou de l'emploi, des ressources ; place du développement local ; innervation spatiale (transports, services d'appui...) ; s'il met en œuvre une politique d'économie des services publics. Et la liste n'est pas close.

Au *plan social et territorial,* il incombe à l'État d'assurer une politique de *régulation,* de gestion et d'équité : traitement des grands problèmes sociaux (chômage, marginalisation, fléaux sociaux) ; apport des services fondamentaux : éducation-formation, santé, justice, sécurité, culture, transports collectifs... ; intégration sociale ; amélioration des cadres et des qualités de vie ; *garanties* de représentation démocratique, d'épanouissement de la citoyenneté. Autant de « ciments » consolidant les valeurs nationales, les appartenances à une nation. Avec la bonne gestion, la *valorisation* et la *sauvegarde* des patrimoines naturels, historiques et culturels, on a là le cadrage d'évaluation de la *fonction de cohésion,* emportant le « consensus de reconnaissance de structure territoriale fondamentalement continue » (Lévy, 1994) qui fonde le « pays-nation ».

Le couple État-nation doit donc réunir « les principes de mailles et de systèmes spatiaux par le poids des éléments de cohésion » (Brunet[75]). Et ainsi contribuer, avec la taille, l'histoire, la place dans les grands champs de forces, à préciser les rôles très différents des nations dans les organisations des métasystèmes comme dans les rapports de domination (R. Brunet,

75. Brunet R. et Dollfus O., 1990, *Mondes nouveaux,* t. 1 de la *Géographie Universelle,* Reclus, Belin, Paris.

O. Dollfus, *ibid.*). La généralisation de l'État-territoire s'établit, par étapes, à l'ensemble du monde, mais parfois après constitution des formations sociales (O. Dollfus). Ainsi se distinguent *deux fonctions de l'État* (Lévy, 1994) dans l'expression nationale : celle de l'indépendance, qui renvoie à la géopolitique, et celle de la légitimité à la fois sociétale (réduction des tensions venant d'autres dimensions de la société, résorption des dissensus au profit du consensus, représentation démocratique, en termes de finalité) et spatiale (équité, contrôle, articulations entre sous-systèmes, gages d'adhésion des populations à une unité nationale. Au regard de cette dernière, il y a lieu d'analyser comment sont traitées les résurgences d'attachements locaux, de contre-cultures, de minorités, ou de luttes d'influences… (Claval, 1968, 1978).

Les rapports *nation-territoire(s)* conduisent par ailleurs à englober dans cette question d'autres volets d'analyses géographiques, en rapport avec les modalités d'établissement, d'évolution et de fonctionnement des maillages, des réseaux, des pôles d'impulsion qui structurent le territoire, et le relient à ceux de « l'environnement » (grands ensembles, voire monde). D'où l'intérêt pour les *systèmes de communications* : par exemple, en France, les effets de « l'étoile de Legrand » du XIXe siècle, encore prégnante, et retrouvée dans le dessin des TGV actuels ; — auxquels ajouter les NTIC et les autres réseaux immatériels[76]. D'où aussi l'intérêt pour une *géographie administrative renouvelée*, tant par rapport à son histoire que par rapport à son fonctionnement (niveaux, structurations, rapports entre élus, techniciens ou administrateurs, et citoyens) et plus globalement ouverte sur les logiques d'organisation des territoires politiques — centralisée ou fédérale, par exemple, chacune avec des nuances et des principes d'action variés — comme le montrent divers travaux comparatifs portant notamment sur *l'aménagement et le développement du territoire*[77]. Pour de multiples facettes *des rapports de pouvoirs*[78] enfin, dans la dialectique entre « centre et périphérie » selon les sphères de pouvoir considérés, entre les types de flux et leurs sens (ponction, drainage, redistribution, irrigation, diffusion) et leurs hiérarchies, leurs interférences et interdépendances. Où l'on peut réinterroger également ce que représente la nation dans les nouvelles relations du local et du global[79], dans la montée des villes-états[80], dans les revendications de « gouvernance locale »[81], comme ce qui change les rapports de pouvoir entre État et société civile (partenariats nouveaux).

Les grandes questions surnageant de ces multiples interrogations renvoient aux civilisations et aux niveaux de développement. La nation est-elle une forme propre aux civilisations supérieures comme le souligne P. Claval (1968) ? Cet auteur a insisté sur leur émergence liée aux sociétés modernes et établi une typologie qui tient compte des stades de développement : des « actives » émanant des sociétés occidentales dynamiques, voire conquérantes ; des « passives », subissant

76. Dupuy G.,1985, *Systèmes, réseaux et territoires.* Pr. Éc. Nat. Ponts et chaussées, Paris. Bakis H. *et al.*, 1990, Communications et territoires, La Documentation française/IDATE ; de *Sciences de la Société,* 1995 (territoires, sociétés et communication), n° 35.

77. Outre Kleinschmager R. (1993), *cf.* Marcou G., Kistenmacher H., Clev H.-G., 1994, *L'aménagement du territoire en France et en Allemagne,* La Documentation française/DATAR.

78. Voir C. Raffestin et B. Lévy, chapitre Espace et pouvoir ; Raffestin C., 1981, *Pour une géographie du pouvoir,* Litec.

79. Savy M., Veltz P., 1995, *Économie globale et réinvention du local,* Éd. de l'Aube/DATAR 189 p. Pecqueur B. *et al.*, 1996, *Dynamiques territoriales et mutations économiques,* L'Harmattan 246 p. Veltz P.,1996, *Mondialisation, villes et territoires.* PUF, 262 p.

80. Bagnasco A., *in :* conf. organisée par la revue Sciences Humaines (1994) sur la « fin de la spécificité française ».

81. *Sciences de la Société,* n° 30, 1993 et 31, 1994, La ville en questions ; Biarez S., 1993, Ville, Région, État, le dialogue en Europe, *in :* Nemery J.-C., Wachter S. *et al.*, 1993, *Entre l'Europe et la décentralisation,* Éd. Aube.

des tutelles et un dualisme de systèmes économiques (locaux et internationaux) ; et d'autres en cours de renforcement progressif d'institutions nationales. L'universalisation des progrès et les modernisations des sociétés s'accompagnent-elles d'une affirmation généralisée des nations ? ou en sens inverse d'une fragilisation, aidant à l'émergence d'ensembles supranationaux ? (Union européenne par ex.). Ne glisse-t-on pas d'une assise fortement connotée par l'économique à des assises plus socio-territoriales ? Avec des modifications autour du sens du « politique » [*cf.* débats développés dans les revues *Hérodote*[82], *Espace géographique, Pouvoirs, Revue Française de Sciences Politiques*...].

5. Nation, régionalisation, régions : des rapports étroits (pays d'économie avancée et pays en développement)

Les développements qui précèdent ont quelque peu gommé les faits que le mot « région » vient du verbe « regere », c'est-à-dire diriger, gouverner, administrer ; et que considérer la région comme des groupes humains organisés, établis sur des territoires définis, s'applique aussi bien aux *nations*[83]. Or, la région apparaît d'une essence distincte de la nation. Celle-ci est une construction volontaire fondée sur des bases complexes d'unification, d'intégration. Chaque nation fait référence à une individualisation économique, concrétisée par la monnaie, les frontières, la maîtrise des bases de développement..., et à une adhésion consentie à l'État et à des institutions. De développement assez récent, le concept de nation s'est renforcé avec l'essor industriel du XIXe siècle et début du XXe siècle[84], puis la planification et l'aménagement du territoire, quelles que soient les idéologies dominantes et les systèmes d'échange et de production (libéralisme, socialisme), quels que soient les fondements de son assise : fédéralisme ou centralisme.

Cela posé, il est clair que les actions nationales s'inscrivent spatialement : législations et réglementations, aides, équipements majeurs, plans, etc. nécessitent la définition de cadres d'intervention. Il est clair aussi que les espaces nationaux ne sont pas indifférenciés et qu'en leur sein existent des formes de cohérence et d'interrelations à l'échelle infranationale. D'où des sens différents donnés au terme de *régionalisation*[85]. Régionaliser, ce peut être présenter un découpage montrant soit des degrés d'intensité de phénomènes significatifs dans des espaces contigus, soit des éléments d'opposition par spécificité. Dans les deux cas, la géographie aide alors à spatialiser des formes d'interventions de l'État-nation (sectorielles ou globales). Son rôle n'a pas été négligeable dans les politiques relatives à la rénovation rurale, à l'urbanisation, au tourisme, etc. Pour l'action, c'est mettre sur pied les unités permettant de

82. *Hérodote*, revue de Géographie et de Géopolitique (Éd. La Découverte, Paris).
83. *Nation :* « société matériellement intégrée, à pouvoir central permanent, à frontières déterminées, à relative unité morale, mentale et culturelle des habitants qui adhèrent consciemment à l'État et à ses lois ». Mauss M. (1953/1954), *L'année sociologique*, p. 20.
84. Claval P. 1968, *Régions, nations, grands espaces*, Génin, Paris, Chap. II, p. 522-600. *Id.*, 1978, *Espace et pouvoir*, PUF, 257 p.
85. Dumolard P., 1975, Région et régionalisation : une approche systémique, *L'Espace Géographique*, 4, 4, p. 93-111.

bien administrer les populations ou les espaces à une échelle moins émiettée qu'au niveau local, en localisant, au mieux des besoins et de la rentabilité, des équipements, services, infrastructures et superstructures. Bien entendu, ce processus vaut surtout pour les nations « centralisées », qui ont dû à cette fin créer des régions d'administration et de gestion, qui de nos jours partagent avec l'État les actions d'équipement, de développement et d'aménagement. Les nations à structures fédérales, ou largement provinciales, ont surtout pour tâche de coordonner, réguler et harmoniser les initiatives plus amples de leurs « États », Länder, cantons, ou provinces. En géographie, la régionalisation consiste soit à dégager les différentes unités spatiales de niveau infranational fondées sur des critères de cohérence, soit à procéder à toute opération de partition, dont l'échelle de finesse peut aller très loin, à toute individualisation d'espaces : il n'y a plus alors de relation privilégiée avec une certaine échelle *taxonomique*[86] ; ni de rapports avec l'analyse régionale telle qu'elle a été considérée à la section 3.

Dans la relation nation-région, l'État comme les habitants portent une attention particulière aux *disparités régionales*[87]. La perception des disparités peut émaner soit des régions — et pas nécessairement de manière négative, comme l'indiquent des affirmations de personnalité ou de « droit à la différence » —, soit des instances nationales. Les indicateurs en sont le plus souvent démographiques (émigration), économiques (demandes relatives à l'emploi), ou sociaux (écarts dans les niveaux de vie, la formation, la « qualité de la vie ») ; ils se répercutent sur « l'image » des régions, ce qui a aussi ses effets. On peut y admettre des bases variées et une typologie complexe : centre-périphérie, « vieilles » régions et régions « neuves », « cultures dominantes » et « cultures minoritaires », structures économiques dynamiques ou fragiles... En tout cas, de tels constats induisent des thérapeutiques visant à réduire ces disparités selon des motivations, et avec des formes qui varient selon les structures, les moyens et les rapports de forces des États et des régions.

La question de *l'identité régionale*[88] rejoint partiellement ces préoccupations, comme celle posée ci-dessus à propos du nomothétique et de l'idiographique ; mais on ne saurait l'envisager sous le seul angle de la géographie : « L'identité régionale est l'image spécifique (assortie de normes, de modèles, de représentations, de valeurs, etc.) que les acteurs d'une région se sont forgée d'eux-mêmes... mais autant déterminée de l'extérieur qu'élaborée internement » (Bassand, 1981)[89]. Principe culturel (la culture spécifiant une collectivité) face aux formes de développement de la nation, elle constitue un réactif aux processus d'intégration économique nationale générateurs de disparités : nombre de mouvements régionalistes culturels sont liés à un « maldéveloppement » (Bassand, *op. cit.*, p. 14) et s'en prennent aux pouvoirs politiques,

86. *Taxonomique :* de classification (ici sur la base des dimensions des structures spatiales).

87. *Disparités régionales :* « formes pathologiques de la différenciation (de l'espace) révélées par des inégales émergences de problèmes, par des écarts à la norme nationale ou entre sous-ensembles territoriaux au sein de la nation, par des déséquilibres ». Boyer J.-C., 1982, note diffusée à l'occasion d'une réunion de la Commission « Analyse régionale » du Comité National Français de Géographie.

88. *Identité régionale :* le concept d'identité est très proche de ceux de conscience et d'image, de spécificité. Appliqué à la région, il vise à exprimer des repères de conscience collective.

89. Bassand M., 1981, L'identité régionale, un concept carrefour *in : L'identité régionale*, Programme national de recherche « Problèmes régionaux » du Fonds National Suisse, Georgi, Saint-Saphorin.

économiques, technocratiques nationaux. Le caractère inter-agissant de la culture, du socio-économique et du politique rend complexe alors le règlement des problèmes.

Cette incursion au-delà de la géographie y ramène cependant assez vite, par le biais de la *territorialité*[90] exprimant l'enracinement, ou de l'attachement au cadre de vie ou d'action des populations (sentiment d'appartenance), mais aussi sans doute de la force relative — pour les acteurs et les groupes sociaux — du cadre de fonctionnement économique, administratif ou relationnel régional par rapport à l'espace national. Terrain fragile pour la géographie régionale, à un moment paradoxal où les États, qui s'efforcent de gommer les différences, où les firmes, qui interégionalisent et internationalisent leurs réseaux, parlent pourtant toujours des régions comme des relais essentiels, et mobilisent les acteurs régionaux et locaux.

Comment caractériser les spécificités des travaux géographiques sur les régions et les nations dans les pays en développement ? Par la manière dont ils soulignent des traits particuliers inhérents à leurs espaces, leurs sociétés et leurs économies. L'identification des régions y repose souvent sur la prise en compte de manière privilégiée des *espaces homogènes*[91], soit établis sur la base des milieux physiques à forte prégnance, ou encore mal dominés par des sociétés insuffisamment armées pour en atténuer les contraintes (les relations hommes-milieux sont alors fondamentales), soit dégagés en fonction des caractères sociodémographiques, voire ethnographiques. De telles études s'étendent bien entendu aux techniques de mise en valeur des milieux et à l'organisation de la vie sociale. Des illustrations en sont fournies par les sociétés « enracinées », très souvent paysannes (mais pas uniquement), stables (mais non figées) d'Afrique, de Madagascar, d'Inde ou de Thaïlande ou des montagnes andines... D'autres analyses, dans l'axe des « régions fonctionnelles », partent des villes, pour en voir les aspects « structurants » (productions agricoles, ravitaillement urbain, circuits commerciaux) sur les campagnes proches, et « polarisants » (migrations, commandements), compte tenu du contexte spécifique fréquent des fonctions urbaines de contrôle... Des identifications de réseaux urbains régionaux y sont aussi conduites ; mais alors c'est souvent pour en montrer les irrégularités, voire les faiblesses, lorsque les forces des niveaux national et local l'emportent et que les nodalités régionales sont peu nombreuses ou court-circuitées partiellement (*espaces maillés*[92] de G. Sautter[93]), lorsque les marchés régionaux ou les « cohérences » régionales (économiques ou sociales) sont atomisés. La croissance urbaine n'y résulte qu'assez rarement d'ailleurs d'une initiative autonome, appuyée sur un arrière-pays qu'une métropole contribuerait à animer ; elle se nourrit bien plutôt d'une relation avec les organisations supérieures, nationales ou internationales. D'où la fragilité des structures

90. *Territorialité :* concept analysé par C. Raffestin et A. Barampama dans le chapitre Espace et pouvoir.

91. *Espaces homogènes* (ou uniformes) : aires d'extension d'un paysage géographique issu d'une combinaison de traits physiques et humains ; Juillard E., La région, essai de définition. *Annales de Géographie*, 71, p. 488.

92. *Espace maillé :* région qui doit sa cohésion économique à un réseau de marchés disposés avec une certaine régularité, mais non encore nettement hiérarchisés.

93. G. Sautter, La région traditionnelle en Afrique tropicale, p. 65-107, *in :* Centre National de la Recherche Scientifique, 1968, *Régionalisation et développement :* Colloque de Strasbourg.

régionales dans les contrées sous-développées en cours de réorganisation rapide.

La nation, souvent là de création très récente, et fréquemment d'essence politique exogène, aux bases ethniques et culturelles maintes fois hétérogènes, marquées par le dualisme des circuits économiques (locaux et internationaux), s'affirme par la mise en place d'institutions (planification, aménagement-développement).

La régionalisation de l'espace national y est une étape indispensable, qu'il s'agisse du repérage des principales discontinuités, des structures spatiales isoschèmes, ou de la caractérisation du système urbain national, de l'évaluation des degrés de participation des sous-ensembles spatiaux au fonctionnement de l'espace national (selon la force des traditions, la marginalisation par les distances, la part d'intégration au marché national ou aux échanges internationaux, etc.). Mais la géographie n'a guère encore, dans les pays en développement, « intégré » l'économie politique…

6. Conclusion

Jusqu'aux années 1980, la géographie a moins approfondi le concept de nation, peut-être parce que c'est une réalité d'abord politique, juridique et économique, et qu'elle est moins clairement que la région issue des trames spatiales, et plus que celle-ci liée aux questions de pouvoir. Elle a par contre fait une place de choix à l'analyse régionale et à la régionalisation. Mais avec des retards[94], des « rendez-vous manqués » ; elle n'a pas saisi très vite les mutions du monde, ni les trames de fonctionnalité dans leur dynamisme. Les monographies régionales s'attardaient sur le fond rural, sur les rapports entre villes et campagnes voisines, sans avoir vu le poids des capitales régionales lors de leur maximum d'efficience. Et lorsqu'on a découvert l'action polarisatrice de celles-ci et l'importance des réseaux urbains qu'elles « commandent », ce fut au moment où les pouvoirs économiques infranationaux se réduisaient, les pouvoirs locaux s'affaiblissaient du fait du renforcement des organisations plus larges des États, des champs économiques et des sociétés. Certes, en concordance avec les besoins d'améliorer la gestion sociale et les cadres de vie, l'analyse régionale et la régionalisation rencontrèrent les préoccupations nationales. Enregistrant alors une certaine « banalisation » du fonctionnement régional, c'est en se plaçant sous l'angle des dynamiques de réseaux, des processus d'intégration sociospatiale, des définitions d'espaces de vie, des problèmes de la territorialité et de l'identité régionale qu'elle a retrouvé des concepts régénérants, même s'ils n'ont qu'un caractère opératoire relatif, et s'ils ne recouvrent pas la totalité de la problématique qu'il y avait lieu de développer pour mieux « poser » scientifiquement la région.

94. En France notamment, mais aussi aux États-Unis où la géographie, sans conduire à la monographie à la française, cerne insuffisamment le rôle des villes, jusqu'aux travaux de Vance J.E. Jr, 1964, *Geography and urban evolution in the San Francisco Bay Area*. Berkeley, Univ. of California ; ou de Berry B.J.L. et Garrison W.L., 1958, The functional bases of the central place hierarchy, *Economic Geography*, 34, p. 145-154.

Parallèlement, l'arsenal méthodologique s'est progressivement étoffé. En combinant les notions d'invariance des combinaisons d'éléments, de gradients (ruptures brutales ou transitions) et de seuils ou discontinuités[95] (ici changements de natures de combinaisons), d'inclusion, de connexité et de contiguïté[96], en associant les concepts de polarisation ou de hiérarchie à ceux d'interdépendance et de cohésion ou de solidarité, l'analyse régionale a pu sauvegarder une spécificité de recherche — même si les outils, voire les concepts, ne lui sont pas propres. Elle peut se régénérer en investissant sur l'étude des dynamiques : stades et processus d'évolution, manière de vivre les espaces que les hommes habitent et façonnent[97]. Quant à la relation entre région et nation, la géographie contemporaine est en train d'en refaire une approche, qui passe par la géographie politique ou la géopolitique dont le renouveau est spectaculaire : on y examine notamment les modalités d'usage de l'espace géographique dans la décision politique ; où l'on retrouve des rapports à la géographie sociale[98] renforcés, au détriment du primat antérieurement accepté des milieux, puis de l'économique et du fonctionnel...

7. Conseils de lectures

JUILLARD E., 1974, *La « région » : contributions à une géographie générale des espaces régionaux*, Ophrys, Paris. (diff. Presses Universitaires de Strasbourg).

Ouvrage de référence, rassemblant les positions de l'auteur sur le concept de région, mises au point entre 1962 et 1972 et publiées dans divers ouvrages, revues ou actes de colloques. Une première partie s'articule autour de la problématique et de réflexions sur le concept. Des indications méthodologiques sont proposées en deuxième partie, selon plusieurs entrées : histoire, sociétés, fonctionnalité, régionalisation. Enfin sont abordées un certain nombre d'applications effectuées en aménagement et développement.

KAYSER B. *et al.*, 1990, *Géographie entre espace et développement*, Presses Univ. du Mirail, Toulouse.

Deux parties de l'ouvrage traitent des « structures de l'espace » et de « l'insaisissable région » (p. 39-180). Les contenus permettent de relever les évolutions d'approches problématiques et méthodologiques, entre 1964 et 1986, de divers géographes ayant surtout travaillé sur les pays européens et sur le cas français : espaces non métropolisés (B. Kayser, J.-P. Lévy), relations villes-campagnes (B. Kayser), place du social dans le positionnement systémique (B. Kayser, G. Jalabert), études diachroniques du concept de région (B. Kayser, H. Nonn, R. Ferras et J.-P. Volle, A. Reynaud). Les régions dans le « Tiers Monde » sont toutefois aussi abordées par les systèmes sociospatiaux (B. Kayser) et les réseaux urbains (M. Rochefort).

95. Brunet R., 1968, *Les phénomènes de discontinuité en géographie*, Mémoires et Documents du CNRS, Paris.
96. Dumolard P., 1980, Le concept de région, ambiguïtés, paradoxes ou contradictions ? *in : Travaux de l'Institut de Géographie de Reims* 41-42, p. 21-32 ; *id.*, 1980, *L'espace différencié*, Économica, Paris.
97. Claval P., 1987, La région, concept géographique, économique et culturel, *Rev. Internationale des Sciences Sociales*, 112 (Science régionale), p. 179-192.
98. Bailly A.-S., 1986, La région : de la territorialité vécue aux mythes collectifs, *Mélanges offerts à J. Lajugie*, Université de Bordeaux, Bordeaux.

Trois ouvrages, publiés sous l'égide de la DATAR entre 1993 et 1995 (éd. de l'Aube), rendent compte de travaux utiles pour éclairer les relations : État, nation, aménagement et développement.

En 1993, NEMERY J.-C., WACHTER S. *et al.* : *Entre l'Europe et la décentralisation*, montrent comment l'émergence de l'Europe « bouscule » les schémas sur lesquels s'est construite la France (institutions, territoires), comment se spécifient leurs transformations en regard d'autres partenaires européens, et comment se repositionnent les fonctions des États. Ce qu'aborde aussi le volume des mêmes auteurs en 1994 (*Gouverner les territoires*) en en examinant les fondements législatifs, les formulations institutionnelles, les réformes de moyens (finances, équipements, politiques publiques). En 1995, J.-L. GUIGOU (*Une ambition pour le territoire*) donne sa vision personnelle des changements des organisations économiques et spatiales, des modèles de développement, des maillages territoriaux, des effets de réseaux sur les hiérarchies, comme des apports précieux de la prospective.

8. Sujet : les organisations régionales (Europe) vues dans la perspective de l'aménagement et du développement.

8.1. Problématique et démarche

Considérer les « niveaux intermédiaires », infranationaux, d'organisations spatiales, socio-économiques et administratives, dépassant ceux des territoires locaux et des cellules de vie. Ce qui se distingue d'une approche de régionalisation du territoire national appuyée sur des données ou indicateurs de distributions, d'évolutions spatialisées, « sectorielles » (démographie, emploi, population active...) ou de contenus complexes (densités, chômage, PIB/hab...). Il faut y souligner les principes majeurs d'unité, de solidarité et de dynamisme, en interactions, et suffisamment forts pour valider de tels niveaux « faisant systèmes » par rapport aux organisations plus petites qui leur sont liées (en termes de structuration et « d'énergies »), et plus amples constituant leur « environnement ». Étudier les éléments et facteurs de dynamismes « endogènes » et « exogènes » dans leurs interrelations. Et faire ressortir ce que la connaissance de ces niveaux intermédiaires apporte aux démarches d'aménagement et de développement.

8.2. Les combinaisons de trames structurantes

– Autour de prégnances de quelques traits physiques

Reliefs individualisant des entités (ex. Tyrol, Jura...), cloisonnant (ex. Vosges entre Lorraine et Alsace), facilitant des convergences (bassin de Londres) ; couloirs ou axes (Mittelland suisse, sillon rhodanien, plaine padane) ; dispositions majeures *d'aires* fertiles (ex. Börde) ou non (landes), de gisements miniers, etc. ayant servi ou servant de bases à des exploitations spécifiques et différenciées. Ou *éléments d'envergure moindre,* dont ont dérivé une diversité de relations hommes-milieux (notamment rurales), transcrites dans bien des anciens « pays », mais que les sociétés modernes « intègrent » et recomposent. Celles-ci, en jouant des complémentarités proposées ou des techniques, ont appris à « faire avec », voire à « valoriser » ces trames physiques.

– Les dispositifs urbains régionaux

Avec le temps, des ossatures fondées sur des « réseaux urbains » régionaux se sont constituées. Configurations variées à signaler, en fonction des « histoires » (politiques, économiques...), des facteurs inégaux de hiérarchisations (administration, concentration économique : industrie, commerce, finances, services), des nodalités des réseaux de transports, des armatures et niveaux d'équipements publics et privés..., dans leurs relations aux hommes et aux espaces participant de « leurs zones d'influence ». Analyse renvoyant à la fois aux polarisations fonctionnelles (décliner les fonctions ou rôle des niveaux urbains liés), aux maillages spatiaux (gestion), aux systèmes sociétaux (locaux, régionaux, nationaux), aux articulations du relationnel et du décisionnel...

– L'économie dans les régions

Les trames les plus anciennes (préindustrielles) n'ayant dégagé que des trames locales qui s'estompent, s'attacher aux articulations plus amples ou plus récentes. Celles constituées (bases endogènes) par les bourgeoisies urbaines ou régionales, loin d'être partout présentes (régions milanaise, lyonnaise, nordiste...) s'insérant dans des structurations aujourd'hui impulsées aux niveaux nationaux et internationaux (grande industrie, finance, technologie, marchés), que trouve-t-on à l'échelle régionale ? Des calages d'activités secondaires et tertiaires sur les systèmes urbains ; des ancrages fréquents de fonctionnement des entreprises (relais, sous-traitance, recours aux services et à la formation...) — ne créant pas pour autant des « économies régionales » ou des « tissus régionaux » homogènes ; des émergences toutefois, ici ou là, de « systèmes industriels localisés » ou « innovateurs (les régions qui gagnent).

NB. La trame des transports a été générée à la fois par les réseaux urbains et par la mise en valeur des économies en région (rôle des villes, des CCI, des élus). Mais leur développement a rapidement relevé du rôle des États, à divers titres. D'où des « réseaux » ne prenant qu'incomplètement en compte les connexités ou désenclavements attendus « de la base ».

– La gestion des habitants et des territoires

À considérer : les dispositifs mis en œuvre par les « États-nations », en fonction de leurs caractéristiques (centralisés, fédéraux, « intermédiaires ») ; la nature et les capacités d'initiative des niveaux « régionaux » ; les champs couverts (sectoriels) et les degrés d'articulations entre eux ; les différences d'approche des thèmes globalisants de l'aménagement et du développement ; les degrés de fixité et d'amodiation institutionnelle des mailles et des articulations entre niveaux.

8.3. Les dynamiques contemporaines « réinterrogent » les niveaux régionaux

– Les grandes transformations opérantes :

la mobilité des hommes : métropolarisation — « désertification » des marges ; horizons multipliés, élargis, dans la vie relationnelle... ; *des capitaux* : amplification des « énergies exogènes » (investissements, décision) ; *des marchandises* : ouverture des marchés, forte croissance des échanges, des trafics, des besoins logistiques ; *des activités* : délocalisations, reconfiguration des modes de fonctionnement et des stratégies, d'entreprises, interdépendances accrues interbranches, intersectorielles (secondaire/tertiaire) ; *de l'information* (NTIC, technologie, réseaux immatériels).

D'où, pour les niveaux régionaux, l'amplification de leurs dépendances, la diminution de prégnance des marchés de proximité, des rapports de contiguïté ; des recentrages sur la réduction des dysfonctionnements territoriaux ; l'incitation aux initiatives endogènes ; l'ancrage des dessertes internes sur les grands réseaux de communications ; la mobilisation des ressources humaines (« matière grise », compétences...) et patrimoniales ; l'insertion dans des réseaux de diverses natures...

– Autour des questions de gestion (faire des comparaisons) :

canevas administratifs remis en cause (dépassés, inadéquats, cloisonnant, trop peu coordonnés) ; chevauchements ou degrés de lisibilité des compétences et des moyens ; les objectifs nationaux face aux stratégies et aux gouvernances urbaines et régionales. Les interrogations sur les modes de traitement gestionnaire du social, des politiques publiques, de l'ingénierie territoriale. Les échelons régionaux devenus de plus en plus partenaires des États (de l'Union européenne aussi).

– Systèmes régionaux et aménagement-développement :

d'un côté, des tendances, en interne, à l'accentuation des « mosaïques territoriales » (sous-ensembles fragilisés, dynamiques...) et des inégalités dans la capacité de monter des initiatives, des partenariats ou des projets.

D'un autre côté, accroissement des emprises des grands ensembles (économiques, politiques) et des grands réseaux. Les systèmes régionaux, dès lors, trouvent leurs pertinences majeures dans la combinaison spatialisée des grands champs de forces ; dans l'efficacité, plus ou moins reconnue, de modulations à apporter aux politiques nationales (ou au-delà) d'aménagement ou de développement, dès lors que l'on veut bien tenir compte du « terrain » (pragmatisme et efficacité) ; dans l'intermédiation que leurs systèmes jouent au regard des sous-systèmes inclus et des « systèmes » supérieurs aux logiques spatiales variables, qu'il faut bien coordonner quelque part… !

7

La géographie sociale et culturelle

Paul Claval*

* Professeur à l'Université de Paris-Sorbonne.

1. L'origine et l'évolution de la géographie sociale et de la géographie culturelle

Le terme de géographie sociale est aussi vieux, ou presque, que celui de géographie humaine : il apparaît dans les années 1870, est utilisé sous la plume des élèves de Le Play, puis est repris par C. Vallaux. Dans un premier temps, l'expression n'a pas de signification précise et fait double emploi avec celle de *géographie humaine*[1] : c'est en ce sens qu'elle est utilisée en Grande-Bretagne jusque dans les années 1940.

L'objet en est défini dans certains pays entre les deux guerres mondiales, aux Pays-Bas en particulier : la géographie qui s'y développe doit beaucoup à P. Vidal de la Blache, mais elle en arrive bien vite à s'intéresser davantage au *genre de vie*[2] en lui-même qu'aux relations qu'il souligne entre les hommes et le milieu. À peu près en même temps, en France, les meilleurs auteurs commencent à s'attacher à la composition sociale des régions qu'ils décrivent. Après la guerre, ce mouvement prend de l'ampleur et s'organise autour de P. George[3], puis reçoit une impulsion originale en Allemagne et en Autriche grâce aux travaux remarquables de W. Hartke et de H. Bobek[4]. Dans le courant des années 60, la curiosité gagne les pays anglo-saxons où l'on s'attache, à la manière de l'école d'écologie sociale de Chicago, à dresser le tableau des ségrégations au sein des grandes aires métropolitaines. Il faut attendre les années 70 pour voir la réflexion s'épanouir dans ce domaine[5]. Les travaux se multiplient dans les années 80. C'est ainsi qu'un groupe dynamique de jeunes géographes se structure en France autour d'A. Frémont[6].

La notion de géographie culturelle a une histoire aussi longue et complexe. Au départ, les géographes allemands et américains emploient le terme de *culture*[7] pour désigner ce qui,

1. *Géographie sociale et géographie humaine.*
2. *Genre de vie.*
3. George P., 1945, *Géographie sociale du monde*, PUF, Paris.
4. Voir Buttimer A., 1969, Social space in interdisciplinary perspective, *Geographical Review*, 59, p. 417-426.
5. Claval P., 1973, *Principes de géographie sociale*, Litec, Paris.
6. Frémont A. *et al.*, 1984, *Géographie sociale*, Masson, Paris.
7. *Culture* : désigne dans le paysage ce qui n'est pas naturel. Une deuxième définition sera donnée à la section 4 de ce chapitre résultant des travaux de la géographie culturelle actuelle.

dans un paysage, n'est pas naturel. Petit à petit, les moyens d'éclairer ces traits changent. En Allemagne, on est fasciné par la coexistence, dans une même ville ou dans un même morceau de campagne, de traits d'âges différents, si bien que l'analyse culturelle apparaît proche de l'histoire : elle permet de retracer des épisodes dont la documentation écrite ne fait pas mention et de préciser l'apport des différents groupes qui ont successivement contribué à modeler l'espace.

Aux États-Unis, la *géographie culturelle*[8] est axée aussi sur l'analyse des paysages, mais à la suite de C. Sauer[9], elle puise surtout son inspiration du côté de l'anthropologie : elle est moins proche de l'histoire qu'en Allemagne, mais ne l'ignore pas. Ce qui fait son originalité, c'est le soin qu'elle apporte à mettre en évidence ce qui, dans les aspects apparemment les plus naturels du paysage, la composition du couvert végétal par exemple, est dû à l'influence humaine. La culture est saisie ici dans ses manifestations les plus matérielles : même si Sauer sait qu'elle comporte des aspects sociaux ou affectifs, il fait semblant de les ignorer.

Les thèmes culturels abordés traditionnellement comportent d'autres dimensions : à la suite des travaux de E. Hahn[10], les recherches sur l'origine des plantes cultivées et des animaux domestiqués connaissent un succès considérable. L'apport le plus original est cependant celui de P. Gourou[11] : en faisant entrer les systèmes et techniques d'organisation sociale dans le champ de l'analyse culturelle, il quitte le domaine des traits matériels pour envisager celui des outillages mentaux. Le rapport entre géographie culturelle et géographie sociale commence à être clairement perçu.

Paradoxalement, le thème culturel connaît une éclipse des années 50 aux années 70. Le progrès technique fait disparaître les savoir-faire locaux, la mondialisation accélère la diffusion des modes. Seuls les tropicalistes ou les spécialistes d'aires fortement typées, monde islamique ou Extrême-Orient, consacrent encore leurs efforts à définir la spécificité des cultures qu'ils rencontrent : c'est le cas de J. Delvert et X. de Planhol[12] en France.

Depuis le début des années 80, le regain d'intérêt est partout évident. Il est dû au rejet de l'uniformisation croissante des lieux et des hommes qu'entraîne la mondialisation. Des signes nombreux témoignent de ces réactions : montée des régionalismes, de certains nationalismes, des *fondamentalismes*[13], souci croissant que manifestent les individus et les groupes de conserver ou fortifier leurs *identités*[14], volonté de préserver ce qui reste des environnements et des monuments passés, affirmation de forts sentiments de territorialité[15]. Le renouveau de la géographie culturelle se marque à l'attention accordée aux faits de représentation (A.-S. Bailly[16]), aux lieux et à la manière de les nommer (Debarbieux, 1988[17]), aux systèmes et codes sémiotiques (C. Raffestin[18]) ou aux paysages (Roger, 1995[19], Berque,

8. *Géographie culturelle aux États-Unis.*
9. Sauer C., 1963, *Land and life,* U. of California Press, Berkeley.
10. Voir Kramer F., 1967, Hahn and the end of the « Three stages of man », *Geographical Review,* 57, p. 73-89.
11. Gourou P., 1973, *Pour une géographie humaine,* Flammarion, Paris.
12. Planhol X. de, 1957, *Le monde islamique,* PUF, Paris.
13. *Fondamentalisme :* tendance de certains adeptes d'une religion à revenir à ce qu'ils considèrent comme fondamental, originel.
14. *Identité :* caractère permanent et fondamental de quelqu'un, ou d'un groupe.
15. *Territorialité :* sentiment d'appartenir à un espace auquel on s'identifie symboliquement.
16. Voir le chapitre de B. Debarbieux, Les Problématiques de l'image et de la représentation en géographie.
17. Debarbieux B., 1988, *Territoires de haute montagne : recherche sur les processus de territorialisation et d'appropriation sociale de l'espace,* Institut de Géographie alpine, Grenoble.
18. Voir le chapitre de C. Raffestin et B. Levy, L'Épistémologie de la géographie humaine.
19. Sur le paysage, une bonne synthèse dans : Roger A. (dir.), 1995, *La théorie du paysage en France (1874-1994),* Champ Vallon, Seyssel.

1982, Pitte, 1991). Les approches culturelles tiennent une place qu'elles n'ont jamais connue. Dans les pays anglo-saxons, on parle d'une *New Cultural Geography* animée par J. Duncan et D. Cosgrove depuis la fin des années 80. Un mouvement parallèle se développe en France dès le début de cette même décennie. Il est animé par A. Berque[20], J. Bonnemaison[21], P. Claval[22], J.-R. Pitte[23], J.-R. Trochet[24]. La publication de nouvelles revues souligne ce renouveau, *Géographie et cultures* en France depuis 1992, *Ecumene* en Grande-Bretagne depuis 1994.

2. L'analyse géographique des formes de la vie sociale

L'ambition de toute *géographie sociale*[25], c'est de décrire et d'expliquer les aspects de la vie en société qui contribuent à la différenciation du monde et à l'organisation de l'espace.

Une des premières causes de la différenciation géographique des faits sociaux est liée au langage : les relations sont d'autant plus faciles entre les hommes qu'ils parlent la même langue. La délimitation des aires linguistiques fait partie depuis toujours de ce que les géographes notent en introduisant leurs analyses sociales, mais ils n'ont approfondi leur quête en ce domaine que depuis peu : ils commencent, par exemple, à explorer les situations où coexistent plusieurs langues et où les mêmes personnes passent de l'une à l'autre selon les circonstances ou selon les contextes[26].

La deuxième dimension de l'analyse sociale, c'est celle qui repère les *organisations*[27] et les institutions caractéristiques de chaque groupe : quelle est la part de la famille dans l'ensemble de la vie collective ? Les associations sont-elles nombreuses, vivantes ? Le pays a-t-il des structures féodales ? Est-il hiérarchisé en ordres ou en castes ? Quelle est en somme l'*architecture sociale*[28] des relations codifiées dans le groupe examiné ?

La troisième étape dans la description de l'univers social qu'entreprend le géographe le conduit à noter tout ce qui introduit des différences entre les hommes sans être lié à des institutions précises. Les gens ont-ils les mêmes distractions ? Pratiquent-ils les mêmes sports ? Partagent-ils les mêmes croyances religieuses, les mêmes idéologies politiques ? Ont-ils des revenus similaires ? Les dépensent-ils de manière semblable ? La liste des catégories qu'on peut dresser de la sorte s'allonge à l'infini ; une bonne partie des recherches empiriques menées depuis une génération a pour objet de dresser des cartes de tous ces clivages sociaux.

Dans une quatrième étape, le géographe s'attache à la distribution des organisations ou des groupes que l'observation lui a révélés. Sont-ils intimement mêlés et répartis uniformément dans l'espace étudié ? Certaines catégories se regroupent-elles en certains lieux ? Sont-elles les seules à y être présentes ? La

20. Berque A., 1982, *Vivre l'espace au Japon*, PUF, Paris.
21. Bonnemaison J., 1986, *Les fondements d'une identité. Territoire, histoire et société dans l'archipel du Vanuatu*, ORSTOM, Paris, 2 vol.
22. Claval P., 1995, *Géographie culturelle*, Nathan, Paris.
23. Pitte J.-R., 1991, *Gastronomie française. Histoire et géographie d'une passion*, Fayard, Paris.
24. Trochet J.-R., 1997, *Géographie historique de la France*, Que sais-je ?, PUF, Paris.
25. *Géographie sociale :* géographie qui décrit et explique les aspects de la vie sociétale qui contribuent à la différenciation du monde.
26. Laponce J., 1984, *Langue et territoire*, Presses de l'Université Laval, Québec. Breton R., 1974, *Géographie des langues*, Que sais-je ? PUF, Paris.
27. *Organisation :* groupement social qui se propose des buts déterminés.
28. *Architecture sociale :* ensemble des réseaux de relations codifiées et des organisations qui en ont la charge ; l'architecture sociale montre comment l'*espace social* est structuré, et souligne les fondements politiques, économiques et idéologiques du fonctionnement des groupes.

géographie sociale diffère évidemment selon que dominent la mixité ou les formes de ségrégation.

Quelles catégories employer pour présenter et interpréter ces observations ? Les géographes avaient remarqué, au début du siècle, que les activités et les emplois du temps des membres d'un groupe d'agriculteurs ou d'éleveurs se ressemblaient beaucoup : c'est ce qu'ils traduisaient en parlant de genres de vie. Cet outil descriptif ne convient plus pour les sociétés complexes du monde actuel.

Pour traiter de ces situations, les géographes ont puisé chez les anthropologues[29] et les sociologues[30] quelques instruments utiles : chacun, dans l'existence, joue des *rôles*[31] qui lui ont été appris au cours de l'enfance ou avec lesquels il s'est familiarisé plus tard. Il exécute les partitions qui lui sont confiées avec d'autant plus d'ardeur qu'elles sont accompagnées de gratifications : elles sont rémunérées en argent ou en nature ; elles permettent à certains de jouir du pouvoir ou de l'autorité, mais garantissent aux autres que l'exercice de ceux-ci sera contenu dans des limites connues d'avance. Les rôles assurent à chacun une place reconnue dans la société, un statut, et confèrent à certains du prestige. Dans les sociétés peu différenciées, les rôles se combinent tous de la même façon : ils constituent des genres de vie. Ailleurs, ils entrent dans des systèmes si complexes qu'il est vain de vouloir en établir des typologies.

Les rôles sont complémentaires les uns des autres : celui du père répond à celui des enfants, celui d'ouvrier à ceux de contremaître ou de patron. Il est ainsi possible de découper la vie de tout individu en tranches dont chacune est consacrée à l'interprétation d'un même morceau. Les individus jouent des rôles familiaux le soir et le matin, chez eux, des rôles professionnels à l'usine ou au bureau, des rôles plus libres de sportifs ou de compagnons de plaisir aux moments de loisir.

L'analyse des rôles rejoint la description des institutions, puisque celles-ci reposent sur la division et la complémentarité des tâches, c'est-à-dire des partitions assignées à chacun, et sur le jeu d'attentes qui se combinent et d'actions qui se complètent. Des institutions, on passe alors aux groupes sociaux : ceux qui jouent les mêmes rôles appartiennent aux mêmes catégories. Dans certains cas, celui des *collectivités*[32], les gens qui sont objectivement dans la même situation parce qu'ils jouent un même rôle et partagent de ce fait les mêmes intérêts, n'ont pas le sentiment de former un tout. Dans d'autres situations, ils savent qu'ils ont les mêmes problèmes à résoudre, les mêmes difficultés à surmonter, mais aussi les mêmes joies et les mêmes récompenses à partager. Ils ont conscience de former une *classe*[33]. Très souvent, le fait d'être voisins suffit à créer des solidarités de ce type : la région, dès qu'elle est vécue comme un tout solidaire, est un des types fondamentaux de classe — un de ceux qui méritent le plus de retenir l'attention des géographes. En résumé, tous ceux qui exécutent les mêmes partitions font

29. Mercier P., 1966, *Histoire de l'anthropologie*, PUF, Paris.
30. George P., 1966, *Sociologie et géographie*, PUF, Paris.
31. *Rôle :* conduite sociale stéréotypée que les acteurs de la vie collective adoptent pour s'assurer d'un certain statut.
32. *Collectivité :* ensemble de personnes qu'un caractère commun permet de ranger dans une même catégorie.
33. *Classe :* collectivité dont les membres prennent conscience de ce qui les rend solidaires. Voir également le chapitre de R. de Koninck, La géographie critique.

partie des mêmes collectivités. Celles-ci se transforment en classes lorsque leurs membres communiquent assez aisément entre eux pour sentir ce qui les unit (une dimension spatiale est ainsi introduite dans l'analyse) et adhèrent à des valeurs suffisamment semblables pour qu'une fraternisation soit possible (ce qui renvoie aux *idéologies*[34] et à la culture).

3. La géographie sociale en quête de théorie

Les progrès de la géographie sociale ont longtemps été freinés par l'absence de préoccupations spatiales chez la plupart des sociologues : la morphologie sociale des élèves de E. Durkheim comme la sociographie néerlandaise sont plus descriptives que théoriques. *L'école de Chicago*[35] a proposé des schémas d'interprétation, mais qui reposent sur une analogie botanique quelque peu douteuse : ils comparent la succession des groupes dans un quartier à celle des formations végétales qui colonisent un terrain récemment exondé !

Aussi l'interprétation des faits sociaux repose-t-elle souvent sur une théorie de type économique : les groupes homogènes que constituent les collectivités sont alors considérés comme les produits de la *division du travail*[36]. Les *ségrégations*[37] s'expliquent par l'inégale répartition des revenus, qui ne permet pas à tous de s'installer dans les localisations les plus prisées. Les riches aménagent où bon leur semble. Les pauvres n'ont que des miettes — en matière spatiale, les zones mal desservies, humides, insalubres, sans vue.

Ce type d'interprétation rencontre d'évidentes limites : il ignore le fait que d'un pays à l'autre et d'une époque à la suivante, les schémas de ségrégation subissent des mutations profondes[38] : les classes aisées sont restées longtemps fidèles en Europe aux abords des centres villes, alors qu'elles les désertaient au profit des périphéries dès le milieu du XIXe siècle aux États-Unis et en Grande-Bretagne. Comment expliquer des comportements aussi dissemblables si le mécanisme est purement économique ? Autre reproche, tout aussi grave : aucune différence n'est faite entre collectivité et classe. Enfin, le modèle perd toute validité dans les sociétés où les clivages sont institutionnalisés, comme dans les sociétés d'ordres ou de castes. Comment se résoudre à n'y voir que de purs produits des forces économiques ?

Le *marxisme*[39] offre un arsenal apparemment plus satisfaisant : il souligne les faits de conscience collective et met l'accent sur la lutte des classes. Le partage des avantages globaux de l'activité sociale n'est jamais juste et équilibré et se modifie sans cesse au gré de la puissance de chacun. Pour l'expliquer, le marxisme substitue une interprétation qui souligne le poids d'acteurs collectifs inégaux à un mécanisme qui supposait des individus à peu près semblables. Les ségrégations dans l'espace urbain ou les inégalités régionales de

34. *Idéologie :* système d'idées, philosophie du monde et de la vie.
35. *École de Chicago :* voir le chapitre de M. Cosinschi et J.-B. Racine, Géographie urbaine.
36. *Division du travail :* répartition des tâches en fonction des aptitudes de chacun ou de l'existence d'économies d'échelle ou externes.
37. *Ségrégation :* exclusion de groupes de certaines parties d'un ensemble territorial. Ce concept en écologie humaine est défini par M. Cosinschi et J.-B. Racine dans le chapitre Géographie urbaine.
38. Claval P., 1982, *La logique des villes,* Litec, Paris.
39. Claval P., 1977, Le marxisme et l'espace, *L'Espace géographique,* vol. 6, n° 3, p. 145-164. Des commentaires de Van Beunigen sont publiés dans le n° 4, 1977, de la même revue.

revenus trouvent une explication plus réaliste que dans le modèle libéral, mais l'espace n'y intervient pour ainsi dire pas : l'éloignement n'est pas considéré comme un facteur décisif dans la vie sociale ; il n'entre en ligne de compte que de manière très indirecte, à travers l'analyse des *rentes*[40]. Comme pour les théories à base purement économique, le marxisme se trouve désarmé pour les sociétés non marchandes : le schéma qu'il propose du mode de production asiatique n'intègre aucune donnée réellement géographique.

Les théories économiques ne sont pourtant pas à répudier en totalité : dans les sociétés comme les nôtres, où la vie économique est libérée des contraintes collectives qui la circonscrivaient, la guidaient et limitaient son poids dans le monde préindustriel, le succès se mesure effectivement aux revenus et aux capitaux[41], et les catégories professionnelles comme les niveaux de richesse constituent des composantes essentielles de la réalité sociale. Elles ne l'épuisent cependant jamais : les hommes, dès qu'ils sont en groupe, luttent tout autant pour le prestige et le pouvoir que pour la fortune.

Pour rendre compte de la vie des groupes, il faut donc faire intervenir simultanément des mécanismes qui mettent en jeu le statut, la domination et la richesse ; la géographie appelle à la fois une théorie économique[42], une théorie politique et une théorie sociale, au sens strict du terme ; elle doit envisager comment les divers composantes de la vie collective ainsi distinguées se combinent : c'est l'objet, si l'on veut, de la *théorie sociale*[43] au sens large. Les mécanismes économiques, sociaux et politiques sont appréhendés dans leur dimension spatiale car toutes les relations sont affectées par l'éloignement : la *portée-limite*[44] ne traduit pas ici seulement les difficultés de transport, mais aussi celles de communication.

La théorie sociale que développent les géographes montre comment les sociétés se structurent à travers le jeu des institutions dont elles se dotent, et comment elles assurent ainsi leur fonctionnement. Chaque famille de relations instituées permet la régulation de certains rapports : liens familiaux, coopération entre pairs, échange de biens par l'intermédiaire d'un marché, subordination clientéliste, féodale ou de caste, hiérarchisaion des tâches pour l'accomplissement d'une mission, rapport du souverain aux sujets ou de l'État démocratique aux citoyens. Il arrive que tous les jeux de pouvoir s'effectuent à travers un type particulier de relations institutionnalisées (l'État par exemple), ou que tous les échanges économiques se dénouent par le marché, mais dans la plupart des cas, les rapports impliquent à la fois des transferts de richesse, des jeux de domination et l'assignation de statuts ou le gain de prestige. Comme aucun mécanisme ne permet généralement de cimenter une population nombreuse vivant sur une aire étendue, on a appris à combiner les institutions en structures complexes[45] : les grands États modernes reposent, par exemple, sur des systèmes

40. *Rente foncière :* revenu du facteur-terre. Ce concept est développé par H. Beguin dans le chapitre, La géographie économique.
41. Labasse J., 1966, *L'organisation de l'espace*, Hermann, Paris.
42. Rémy J., 1966, *La ville, phénomène économique*, Éd. Ouvrières, Bruxelles.
43. *Théorie sociale.*
44. *Portée-limite :* distance au-delà de laquelle une relation devient impossible.
45. Maquet J., 1970, *Pouvoir et société en Afrique*, Hachette, Paris.

d'autorité-pouvoir et des organisations bureaucratiques, et comptent sur les structures familiales pour la vie de tous les jours, et sur le marché pour la vie économique[46]. C'est cette articulation de relations institutionnalisées diverses qui définit l'architecture sociale des groupes, leur donne des structures stables et leur permet de fonctionner. D'un groupe à l'autre, les solutions retenues varient. Elles dépendent des codes de communication et d'organisation que les gens ont appris à maîtriser, et des convictions qu'ils partagent. Celles-ci permettent d'instituer un climat de confiance, réduisent le coût des contrôles réciproques et facilitent le fonctionnement de systèmes qui groupent des effectifs importants répartis sur de grandes superficies. L'analyse de la géographie sociale ne peut être isolée de celle des religions, métaphysiques ou idéologies que partagent les gens, de leur culture donc.

4. La réflexion théorique et la géographie culturelle actuelle

Que recouvre le terme de *culture*[47] ? L'ensemble de ce que nous avons acquis au cours de notre existence, soit qu'il nous ait été transmis par l'éducation ou l'imitation directe de nos aînés, soit que nous l'ayons bâti à partir de notre expérience ou de nos réflexions. La part reçue est prédominante, mais elle n'est pas exclusive, ce qui explique que le contenu des cultures change sans cesse : les conditionnements qui nous préparent à jouer les rôles que l'on attend de nous ne sont jamais parfaits.

La transmission de tous ces éléments dépend des facilités de communication : tant que l'oralité est totale, l'accumulation des savoirs s'effectue au sein d'espaces très réduits, car leur transmission, toujours difficile à assurer dans de telles circonstances, ne peut se faire que localement. Comme les pratiques de la vie matérielle impliquent l'imitation des gestes, c'est dans ce domaine que la mobilité est la plus faible, la diffusion la plus lente, et que la différenciation spatiale a tendance à être la plus forte ; elle est cependant limitée par les contraintes écologiques, qui tendent à faire triompher des solutions voisines sur de grandes *aires*[48], même si les communications sont lentes.

Dès que l'écriture est inventée, les conditions de transmission se modifient : ce qui est relatif aux techniques matérielles voyage toujours mal, car les gestes sont difficiles à décrire de manière claire. Il en va de même des procédés techniques tant que les bases scientifiques manquent. Les attitudes et les règles du jeu social sont en revanche faciles à transcrire et à transmettre au loin, de même que les articles de la foi religieuse et les réflexions théologiques[49]. Les civilisations intermédiaires offrent donc un singulier contraste entre la diversité parfois infinie des détails de leur organisation matérielle, l'homogénéité des espaces assez vastes déjà (ceux où l'on parle la même langue)

46. Claval P., 1978, *Espace et pouvoir,* PUF, Paris.
47. *Culture :* ensemble des formes acquises de comportement et de connaissance.
48. *Aire culturelle :* ensemble territorial homogène par un, plusieurs ou la totalité des traits de culture.
49. Claval P., 1980, *Les mythes fondateurs des sciences sociales,* PUF, Paris.

qui partagent les mêmes coutumes et institutions de la vie courante, et l'extension à des aires immenses des quelques principes philosophiques ou religieux qui guident l'existence : ainsi, au Moyen Âge, les aires culturelles se hiérarchisent de l'étroite zone où l'on utilise les mêmes instruments avec les mêmes gestes en parlant le même dialecte, jusqu'à la chrétienté prise dans son ensemble, en passant par les différentes « nations » qui n'ont pas encore de réalité politique, mais sont déjà bien vivantes.

La naissance des médias modernes[50] bouleverse les conditions de transmission des gestes, des connaissances et des valeurs. Le cinéma ou la télévision montrent des gens, font voir leurs gestes, leurs façons d'agir, leurs attitudes : tout le monde a tendance à les copier. On est entré dans l'ère des cultures de masse. Face à celles-ci, les savoirs savants circulent dans des réseaux bouleversés par l'ordinateur et les télécommunications, celui d'Internet par exemple. On a pu croire que la diversité culturelle du monde allait s'effacer[51]. C'est effectivement ce que l'on observe pour les outillages et les techniques de production et de consommation. Le monde devient terriblement morne et monotone. À l'heure où les blocs de logements sont les mêmes de Hong Kong, à Moscou et à Paris, de Haïfa à Rio de Janeiro, et où les garçons et les filles se moulent partout dans les mêmes jeans délavés, ceux qui y habitent ou qui les portent, réagissent en proclamant fort et haut leur droit à la différence, en affirmant les valeurs auxquelles ils sont attachés et en redonnant vie à des oppositions que l'on disait volontiers condamnées il y a une génération.

Les éléments qui se transmettent et se reconstruisent sans cesse portent sur trois ensembles de pratiques et de connaissances : les *techniques matérielles*[52] et les pratiques qui permettent de les mettre en œuvre ; les *techniques de la vie sociale*[53], selon l'expression de P. Gourou (1973, *op. cit.*) ; les *valeurs*[54] et préférences qui touchent à la nature du monde, du soi et de la société. La culture ne permet pas seulement de dire de quoi est fait le monde. Les hommes ont la capacité d'imaginer au-delà ou en deçà de ce qu'ils voient, des ailleurs[55] dont la nature est religieuse (liée à des esprits ou des divinités qui habitent les sources, les rochers ou les arbres, ou résultant d'une révélation qui nous parle d'un Dieu unique), métaphysique (la Raison y règne) ou idéologique[56] (on nous parle de situations de notre monde, mais qui ne peuvent s'observer car elles se situent dans le passé révolu de l'Âge d'or, dans le lointain contemporain de la Terre sans Mal ou dans le futur indéfini de l'Utopie). L'espace terrestre ne se différencie pas seulement par ses caractères naturels et les aménagements que les hommes y ont réalisés ; il oppose des zones profanes et des aires sacrées, parce que chargées de la puissance et du mystère des au-delàs qui y affleurent.

50. McLuhan M., 1968, *Pour comprendre les médias*, Mame-Seuil, Tours-Paris (éd. originale, 1964).
51. Marcuse H., 1968, *L'homme unidimensionnel*, Minuit, Paris (éd. originale, 1964).
52. *Techniques matérielles.*
53. *Techniques de la vie sociale :* comportements, attitudes et moyens de contrôle indispensables au fonctionnement des organisations.
54. *Valeurs :* concept défini par B. Debarbieux dans le chapitre Les problématiques de l'image et de la représentation en géographie.
55. Eliade M., 1965, *Le sacré et le profane*, Gallimard, Paris (éd. originale, 1957).
56. Claval P., 1980, *op.cit.*

Les hommes ont besoin de ces ailleurs pour juger le monde où ils sont plongés, distinguer le bien et le mal, construire leurs échelles de valeurs et orienter leurs actions. C'est autour des idées, des règles et des obligations qu'ils ont fait leurs qu'ils construisent leur personnalité et que leur identité se définit. La culture devient alors un ensemble structuré par quelques principes auxquels on est d'autant plus attaché qu'ils permettent de se reconnaître et de savoir à quel groupe on appartient — ce qui ne l'empêche pas d'être sans cesse repensée et recomposée en fonction des circonstances, et adaptée aux problèmes actuels.

Adhérer aux mêmes symboles, c'est se fondre dans une collectivité qui se veut unie même si la dispersion de ses membres les rend objectivement différents. C'est nier la distance. En sens inverse, des groupes géographiquement proches, ou mêlés, peuvent se situer très loin dans l'échelle des distances sociales si les représentations qu'ils se donnent d'eux-mêmes sont incompatibles. On sait, depuis J. Gottmann[57], le rôle que ces iconographies[58] jouent dans le domaine politique. Ce sont elles qui donnent aux territoires leur consistance : les groupes s'y reconnaissent parce qu'ils sont imprégnés des valeurs symboliques qui les unissent[59].

Sans être fermé, un système culturel présente donc une certaine cohésion, amenant ceux qui s'en réclament à *filtrer*[60] ce qu'ils acceptent. Dans une société paysanne, on substitue volontiers une plante à une autre si elle a à peu près les mêmes exigences et produit davantage, mais on hésite à adopter de nouvelles institutions, car elles impliquent parfois que l'on modifie les valeurs que l'on a intériorisées : cela constitue une menace pour la personnalité de chacun et pour l'identité de tous.

Les grandes villes du monde développé attirent des immigrants qui viennent souvent de pays lointains. Jusqu'il y a une génération, la plupart cherchaient à se fondre dans la société qui les accueillaient. La situation est aujourd'hui différente. Ceux qui arrivent sont souvent plus instruits. Ils gardent des contacts plus étroits avec leur milieu d'origine grâce à la rapidité et au bon marché des voyages, au téléphone, et de plus en plus, à la télévision par satellite. La civilisation occidentale ne les fascine plus. Les métropoles ont donc tendance à devenir multiculturelles[61]. À l'heure de la mondialisation, les diasporas qu'elles abritent sont souvent utiles pour nouer des liens avec des marchés potentiels. Les médias font connaître aux jeunes des modèles nord-américains, qu'ils acceptent : ils s'insurgent contre la ségrégation dont ils sont victimes même là où l'intégration est déjà forte. Les problèmes culturels des grandes villes constituent un des défis les plus graves de notre monde.

Des études comme celles d'A. Berque[62] permettent de mesurer l'abîme qui sépare des peuples également développés, les Japonais et les Occidentaux, dans leur conception du moi, de

57. Gottmann J., 1952, *Le territoire des États et leur géographie*, Colin, Paris.

58. *Iconographie* : image et symbole d'un territoire qui en assurent l'unité quelles que soient ses dimensions.

59. Piveteau J.-L. 1995, *Temps du territoire*, Zoë, Carouge-Genève.

60. *Filtrage culturel* : sélection par un groupe des traits que la diffusion lui révèle.

61. Taylor P., 1994, *Multiculturalisme. Différence et démocratie*, Aubier, Paris (éd. originale, 1992).

62. Berque A., 1982, *Vivre l'espace au Japon*, PUF, Paris.

la famille, de la société et de la nature. Elles font comprendre comment cela se traduit dans l'espace.

Les pays du Tiers Monde cessent, par ailleurs, d'accepter docilement le modèle occidental : c'est que, pour accéder à la *modernisation*[63], c'est-à-dire à l'intériorisation des systèmes de valeurs longtemps réservés à une élite, il faut un long travail sur soi-même, celui que l'Europe a effectué à travers la Réforme et la Contre-Réforme, le libéralisme, le nationalisme et le socialisme. Il n'est pas de transformation réelle possible tant que subsistent les clivages culturels qui rendent si aigus les dualismes ou les pluralismes sociaux. C'est parce que le Japon était parvenu durant le long repliement sur lui-même de l'ère Tokugawa à se donner une grande *homogénéité culturelle*[64] qu'il a si bien réussi sa transformation industrielle : il n'y a pas de mutation géographique sans mutation culturelle et sociale.

Les approches culturelles soulèvent deux problèmes de fond :

1. Le monde est d'une extraordinaire mosaïque de cultures. N'ont-elles rien en commun ? Sont-elles toutes égales en dignité ? N'y a-t-il pas contradiction à professer son attachement aux idéaux d'égalité, de justice sociale et de liberté individuelle, et à affirmer le droit à la différence ?

2. Les idées, les valeurs, les préceptes moraux guident-ils les comportements individuels, ou servent-ils simplement à donner un vernis au jeu des intérêts individuels ou collectifs pour les rendre acceptables ?

Est-il nécessaire de choisir l'un ou l'autre terme de ces alternatives ? Le but des approches culturelles n'est-il pas de refuser tout *a priori* systématique et de juger de chaque cas après enquête, sur pièce ?

5. Conseils de lectures

Deux ouvrages majeurs, en français, permettent d'approfondir la géographie sociale et culturelle : A. Frémont, J. Chevalier, R. Hérin et J. Renard, 1984, *Géographie sociale* (Paris, Masson) et P. Claval, 1995, *La géographie culturelle* (Nathan, Paris). Faits de conscience collective et sentiments d'identité y sont présentés pour nous faire comprendre les découpages sociaux et culturels de l'espace et le rôle des représentations et des cultures dans les pratiques humaines. Ces manuels peuvent être complétés par la revue *Géographie et cultures* et par des ouvrages sur des thèmes précis illustrant la variété des approches de la géographie culturelle ; par exemple J.-R. Pitte, 1991, *Gastronomie française. Histoire et géographie d'une passion* (Fayard, Paris) ou J.-B. Racine, 1993, *La ville entre Dieu et les hommes* (Anthropos, Paris).

63. *Modernisation :* transformation des mentalités sans laquelle le développement économique et social reste problématique.

64. *Homogénéité culturelle :* adoption par tous les membres d'une société des mêmes valeurs.

6. Sujet : culture et stratification sociale

« En Normandie, dans les vieilles régions herbagères du Cotentin, du Bessin, du Pays d'Auge et du Pays de Bray, de riches propriétaires et des exploitants, assurés de leur fortune depuis plusieurs siècles, donnent le ton de l'esprit régional. La hiérarchie entre les hommes y est considérée comme allant de soi, les nantis solidement en place, les autres bons à rien, à l'écart. Tout est "naturel" voire "éternel", l'herbe comme la sélection des bêtes, les bons herbages et les mauvais, la bonne chère et la mauvaise "goutte". Rien ne s'apprend dans les écoles qui ne soit à contrôler soigneusement au regard d'un bon sens qui lui ne peut s'apprendre. [...] Telle n'est pas exactement la culture qui prévaut à quelques kilomètres de ces régions herbagères, au sein de la même Normandie, dans le Bocage normand où des petits paysans plus proches les uns des autres, même lorsqu'ils deviennent des "gros", exaltent le travail plus que l'acquis, le repli plus que le paraître, la modestie à la place de la suffisance, le cochon et l'andouille au lieu des carrés de bœuf, les rudesses de la vie quotidienne plus que les sacres de la nature. À plus forte raison, les agriculteurs des plaines de grande culture, ceux-ci d'authentiques capitalistes agraires célèbrent-ils d'autres valeurs que celles de "l'herbe éternelle" : la technique, la mécanique, l'investissement, la rapidité, la mobilité ; et leurs lectures se situeraient plutôt dans les rayons des revues professionnelles que dans ceux du classicisme régionaliste. »

(Source : A. Frémont *et al.*, *Géographie sociale*, *op. cit.*, p. 216.)

8

La géographie de la population

Daniel Noin*

* Professeur à l'Université de Paris I.

La géographie de la population est la branche de la géographie spécialement consacrée à l'étude de la population.

Géographie de la population[1] est l'expression le plus souvent utilisée pour la désigner mais ce n'est pas la seule. *Démogéographie*[2] *et géographie démographique*[3] sont également en usage. On ne peut cependant considérer ce champ d'étude comme étant simplement situé à l'intersection de deux sciences sociales ; si la géographie de la population entretient des relations privilégiées avec la *démographie*[4], elle en a aussi avec l'économie, la sociologie, l'anthropologie et l'histoire. Elle n'est pas la seule à s'intéresser aux populations du monde, à leurs effectifs, à leurs structures, à leur renouvellement et à leur mobilité mais elle est seule à s'en préoccuper en faisant constamment référence à l'espace.

1. Une orientation peu à peu modifiée

L'intérêt des géographes pour les populations est ancien mais il a changé profondément au cours des siècles. L'orientation a longtemps été ethnographique ou anthropologique : de l'Antiquité à la fin des Temps modernes, ce sont les particularités physiques ou culturelles des groupes humains de la planète qui ont fait l'objet de la plupart des observations. Elle a ensuite été écologique : dans la première moitié du XXe siècle, ce sont les rapports de l'homme et du milieu qui ont préoccupé le plus. Elle est enfin devenue sociologique et démographique depuis 1950. C'est aussi à partir de cette date que la géographie de la population a véritablement commencé à devenir une branche d'étude particulière au sein de la géographie et qu'elle s'est développée. La première réflexion sur son contenu et ses limites[5] date de 1950 et le premier ouvrage français de géographie générale consacré uniquement à la population[6] paraît

1. *La géographie de la population* étudie les relations entre la population et l'espace.
2. *Démogéographie* est un terme équivalent.
3. *Géographie démographique :* partie de la démographie étudiant plus particulièrement les aspects démographiques.
4. *Démographie :* étude des populations traitant de leurs structures et de leur dynamique d'un point de vue essentiellement quantitatif.
5. George P., 1950, Géographie de la population et démographie, *Population,* 2, p. 291-300.
6. George P., 1951, *Introduction à l'étude géographique de la population du monde,* PUF, Paris.

l'année suivante. L'expression qui la désigne le plus souvent (géographie de la population) se répand dans les années 50, de même que son enseignement dans les universités européennes et américaines. Depuis lors, des manuels à l'usage des étudiants ont été régulièrement publiés dans les principales langues utilisées pour les publications scientifiques[7], ainsi que des centaines d'ouvrages et d'articles sur les sujets les plus variés. Et cette branche de la recherche géographique continue de se développer et de se diversifier ; fait significatif, deux revues scientifiques qui lui sont spécialement consacrées ont même vu le jour[8]. Un rameau de cette branche spécialement dédié aux migrations internationales s'est largement développé depuis les années 70 et a engendré à son tour des revues spécialisées[9].

Le contenu des travaux a lui-même changé peu à peu en l'espace d'une génération. L'étude de la distribution spatiale de la population, encore importante dans les années 50 et 60, a beaucoup régressé. L'analyse de la mobilité spatiale des populations, largement pratiquée depuis longtemps, retient l'attention de nombreux chercheurs et se développe de plus en plus. Quant à l'étude des structures et de la dynamique des groupes humains, elle a pris une place croissante dans les années 70 et 80.

Le champ d'étude de la géographie de la population est donc large. Ses limites ne sont pas tout à fait les mêmes dans les divers pays et, au sein de chaque pays, chez les divers auteurs[10]. Il comporte d'inévitables interférences avec d'autres branches de la géographie, spécialement la géographie culturelle et sociale, la géographie urbaine et la géographie de la santé[11].

2. Une étude restée longtemps tournée vers les aspects tangibles

Lorsqu'elle a vraiment commencé à apparaître puis à se développer, la géographie de la population s'est tournée vers ce qui était le plus directement saisissable : les habitants eux-mêmes, leurs établissements, leurs activités et leurs déplacements. Cette façon de voir reste, aujourd'hui encore, essentielle dans les préoccupations des chercheurs.

Les études sur la *distribution spatiale*[12] de la population ont ainsi intéressé plusieurs générations de géographes. Le vieux concept d'*écoumène*[13] n'est plus guère utilisé aujourd'hui pour décrire la répartition du peuplement dans l'ensemble du monde mais il garde son utilité pour en étudier les limites, en surface ou en altitude, dans certains pays. Le concept de *densité*[14] est également ancien ; en dépit de sa simplicité, il reste toujours utile comme approche descriptive de la présence humaine sur un espace quelconque bien que, depuis plus d'un demi-siècle, plusieurs *procédés cartographiques*[15] aient été mis au point pour visualiser, de diverses façons, la distribution spatiale des

7. Noin D., 1998, *Géographie de la population*, 5e éd., Masson, Paris ; Jones H., 1990, *A Population geography*, 2e éd., P. Chapman, Londres ; Noin D. et Thumerelle P.-J., 1995, *L'étude Géographique des Populations*, 2e éd., Paris.
8. *Espace, Populations, Sociétés*, revue publiée à Lille depuis 1983 ; *International Journal of Population Geography*, revue publiée en Angleterre à partir de 1995.
9. *Revue Européenne des Migrations Internationales*, revue publiée à Poitiers depuis 1985.
10. J. Clarke (ed.), 1984, *Geography and Population : Approaches and Applications*, Pergamon, Oxford. — Pacione M. (ed.), 1986, *Population Geography : Progress and Prospect*, Croom Helm, Londres.
11. Le contenu de ces diverses branches de la géographie est précisé dans les chapitres de P. Claval, *La géographie sociale et culturelle*, de M. Cosinschi et J.-B. Racine, *La géographie urbaine*.
12. *Distribution :* concept présenté par H. Beguin dans le chapitre Analyse quantitative.
13. *Ecoumène :* désigne la partie du monde ou d'un territoire habitée de façon permanente.
14. *Densité :* quotient du nombre des habitants par la superficie du territoire sur lesquels ils vivent. Une définition statistique est donnée par R. Ferras et C. Hussy dans le chapitre Analyse quantitative.
15. Ces *procédés cartographiques* sont présentés dans le chapitre de R. Ferras et C. Hussy sur Les concepts de la cartographie.

habitants (cartes par points, plages de valeur, isolignes ou surfaces proportionnelles).

Plus qu'à la répartition géographique de la population et à ses relations avec les activités économiques, les géographes s'intéressent aujourd'hui à l'évolution des distributions d'un recensement à l'autre pour en saisir les mécanismes, les causes et éventuellement les tendances. Ils étudient les changements en calculant les taux de variation et en analysant la part respective de l'*accroissement naturel*[16] et de la *balance migratoire*[17]. Sur ce sujet, de très nombreuses études ont été publiées depuis une vingtaine d'années, à diverses échelles et pour de nombreux milieux. Les phénomènes essentiels ont été bien analysés, en particulier le *dépeuplement*[18] qui affecte une partie des espaces ruraux dans les pays les plus développés et à l'inverse, la tendance à la concentration croissante des populations dans les zones urbaines ou à leur voisinage.

Les études sur la *mobilité géographique*[19] de la population ont été plus nombreuses encore ; de tous les thèmes traités par les démogéographes, c'est indéniablement celui qui a le plus souvent retenu l'attention ; à lui seul, il représente largement plus du tiers des travaux publiés en géographie de la population au cours des dix dernières années. Les formes habituelles et répétitives de la mobilité comme les déplacements quotidiens liés au travail ou ceux qui sont associés aux week-ends ou aux vacances ont fait l'objet d'analyses fines dans tous les pays développés en raison de leur importance. De très nombreuses recherches[20] ont aussi été consacrées aux *migrations*[21] proprement dites et à leurs multiples formes. D'abord aux *migrations intérieures*[22] allant des campagnes vers les villes comme *l'exode rural*[23] qui touche essentiellement les pays en développement de nos jours, ou s'effectuant entre les divers zones urbaines, aussi bien à l'âge de l'activité qu'à celui de la retraite. Ensuite aux *migrations internationales*[24] qui comprennent notamment les flux massifs de travailleurs qui se sont expatriés pour un temps plus ou moins long, essentiellement vers les pays postindustriels et les pays pétroliers. Le thème des migrations est infiniment varié et il suscite maintes interrogations ; il n'est pas près d'être épuisé d'autant que les formes prises par les mouvements ne cessent de changer du fait de l'évolution des économies et des sociétés du monde contemporain[25]. Les problématiques changent peu à peu. Le stade de la description est le plus souvent dépassé : ce qui intéresse de plus en plus les chercheurs, c'est le fonctionnement des *champs migratoires*[26] et les divers processus intervenant dans les flux observés, en particulier les changements qui affectent peu à peu la division nationale et internationale du travail.

16. *Accroissement naturel :* balance des naissances et des décès.
17. *Balance migratoire :* balance des entrées et des sorties par migration.
18. *Dépeuplement (ou dépopulation) :* diminution de la population.
19. *La mobilité géographique,* ou mobilité spatiale, inclut tous les mouvements de personnes à la surface du globe.
20. Parmi elles : Thumerelle P.-J., 1986, *Peuples en mouvement, la mobilité spatiale des populations,* SEDES, Paris.
21. *Migrations de population :* déplacements accompagnés d'un changement de résidence.
22. *Migrations intérieures* (ou internes) : déplacements effectués au sein d'un même territoire.
23. *Exode rural :* déplacement massif des campagnes vers les villes.
24. *Migrations internationales* (ou externes) : déplacements effectués entre deux territoires.
25. Dumont G.-F., 1995, *Les migrations internationales, les nouvelles logiques migratoires,* SEDES, Paris ; Simon G., 1995, *Géodynamique des migrations internationales dans le monde,* PUF, Paris.
26. *Champ migratoire :* ensemble des flux qui s'établissent entre lieux de départ et d'arrivée dans un courant migratoire. *Cf.* Béteille R., 1981, Une nouvelle approche des faits migratoires, *l'Espace Géographique,* 3, p. 187-197.

3. L'étude récente d'aspects plus abstraits

Depuis la Seconde Guerre mondiale, les démogéographes s'intéressent de façon croissante à des aspects plus abstraits qui, pour être non directement observables, n'en sont pas moins essentiels. Ce faisant, ils se sont peu à peu rapprochés des économistes et surtout des démographes tout en conservant leur références quasi constante à l'espace qui fait leur originalité dans le champ des sciences sociales. Ils utilisent d'ailleurs de très nombreux concepts empruntés aux sciences voisines.

En géographie de la population, l'étude des aspects économiques se limite essentiellement à celle de la *population active*[27]. Sa composition en *catégories d'activité économique*[28] et en *catégories socioprofessionnelles*[29] a fait l'objet de nombreuses analyses depuis une quinzaine d'années, menées le plus souvent grâce à des moyens très simples d'investigation tels que le *taux d'activité*[30] ou la part de telle branche d'activité ou de telle catégorie socioprofessionnelle dans la population active ou à l'évolution de ces taux au cours d'une période donnée. Paradoxalement, l'étude du travail lui-même est encore peu développée en dépit de son importance pour la compréhension des faits géographiques : ce thème constitue indéniablement un champ d'étude à explorer[31]. Plus curieusement encore, certains aspects importants de la réalité économique et sociale comme le *chômage*[32] ou le revenu, peu étudiés par les géographes, sont également d'utiles voies nouvelles à approfondir.

L'étude des aspects démographiques est à la fois plus avancée et plus diversifiée. Ce terrain de recherche où démographie et géographie interfèrent et où géographes adoptent résolument les techniques de l'*analyse démographique*[33] a été à coup sûr l'un des plus neufs et des plus fructueux des vingt dernières années. De nombreux travaux ont déjà été publiés sur ce sujet, à l'échelle des agglomérations, des régions, des nations ou d'ensembles géographiques plus vastes[34]. Ici, ce sont moins les structures qui retiennent l'attention que la dynamique. La composition d'une population par sexe, âge, état matrimonial ou nationalité est loin d'être sans intérêt mais isolée et statique, elle apprend relativement peu alors que l'étude de son évolution amène à entreprendre des analyses plus intéressantes et, en particulier, à la recherche bien plus fructueuse des processus du changement. Ce sont surtout les variations, dans l'espace et le temps, de la mortalité, de la fécondité et de l'accroissement naturel qui sont le plus souvent analysées. Certes, les données relatives à la structure sont toujours utiles à connaître, par exemple l'*âge médian*[35] (âge qui partage une population en deux groupes égaux, l'un plus jeune et l'autre plus âgé), la *pyramide des âges*[36] (histogramme visualisant la composition par sexe et âge), l'*indice de vieillesse*[37] (nombre de personnes âgées pour 100 jeunes) ; mais, le plus souvent, ce sont les analyses relatives aux changements qui intéressent en priorité les chercheurs, par exemple le recul de la mortalité, les changements de la fécon-

27. *Population active :* ensemble de personnes ayant ou cherchant un emploi.
28. *Catégories d'activité économique :* éléments d'une classification des actifs, distingués selon l'activité des établissements qui les emploient.
29. *Catégories socioprofessionnelles :* éléments d'une classification des actifs, distingués selon la profession exercée.
30. *Taux d'activité :* proportion des actifs au sein de la population.
31. George P., 1978, *Populations actives, introduction à une géographie du travail,* PUF, Paris.
32. *Chômage :* inactivité temporaire, de plus ou moins longue durée, touchant une partie de la population active.
33. *Analyse démographique :* analyse statistique adaptée à l'étude des populations. *Cf.* Woods R., 1979, *Population Analysis in Geography,* Longman, Londres.
34. Noin D. et Chauviré Y., 1998, *La population de la France,* 5e éd., Masson, Paris.
35. *Âge médian.*
36. *Pyramide des âges.*
37. *Indice de vieillesse.*

dité ou le phénomène de *vieillissement*[38] (augmentation de la proportion des personnes âgées dans la population ou augmentation de l'âge médian). Parmi les indicateurs démographiques utilisés, les classiques *taux bruts de natalité ou de mortalité*[39], trop grossiers, sont délaissés à chaque fois qu'il est possible, au profit de paramètres non influencés par la structure par âge tels que l'*indice conjoncturel de fécondité*[40], le *taux de mortalité infantile*[41] ou l'*espérance de vie à la naissance*[42] pour chacun des deux sexes ; eux seuls rendent possible l'analyse précise des variations dans le temps et l'espace. Les études géographiques détaillées des structures et changements démographiques faites depuis une vingtaine d'années ont indéniablement contribué à enrichir la problématique des études de population ; elles se sont révélées très utiles pour souligner certaines disparités qui étaient ignorées auparavant et pour préciser les facteurs déterminants des phénomènes observés.

L'étude de ces aspects démographiques a notamment donné lieu à la publication d'atlas de la population[43] offrant de nombreuses images nouvelles, complètement inconnues auparavant, soit pour de vastes ensembles géographiques, soit pour des pays particuliers.

Le glissement de l'intérêt vers des aspects plus abstraits qui sont saisis essentiellement au travers de données numériques a conduit les géographes à accorder une place sans cesse croissante aux procédures statistiques. L'étude des caractéristiques touchant à la structure ou à la dynamique des populations se prête particulièrement bien à une approche quantitative ; la taille élevée des matrices d'information a amené les chercheurs à utiliser divers types d'analyses multidimensionnelles pour traiter les données[44]. Il en est de même, mais moins fréquemment, pour l'étude de la mobilité géographique, soit pour les analyses, soit pour la recherche des variables causales. L'étude de la distribution spatiale de la population n'a pas échappé à cette évolution ; le *point moyen*[45] (ou centre de gravité d'une population) et le *potentiel de population*[46] (qui mesure l'interaction des habitants d'un territoire du seul fait de leur localisation) sont parfois utilisés aujourd'hui ; ils permettent d'appréhender certaines caractéristiques intéressantes et ils reçoivent diverses applications. Certaines démarches plus complexes sont parfois employées, comme les techniques de simulation mises en œuvre pour essayer de reconstituer la mise en place du peuplement dans le monde insulaire pacifique[47].

4. La lente émergence des approches théoriques

Jusqu'à une date relativement récente, la géographie de la population, comme l'ensemble de la géographie, est restée très empirique. En quasi-totalité, les recherches relevant de cette

38. *Vieillissement (démographique).*
39. *Taux* (brut) *de natalité :* nombre annuel de naissances pour 1 000 habitants (on calcule de même des taux de mortalité, de nuptialité et d'accroissement).
40. *Indice conjoncturel de fécondité :* nombre moyen d'enfants que mettrait au monde une cohorte de femmes ayant, à chaque âge, le comportement de fécondité observé à un moment donné.
41. *Taux de mortalité infantile :* nombre de décès d'enfants de moins d'un an pour 1 000 naissances vivantes.
42. *Espérance de vie* (à la naissance) : durée moyenne de vie du moment calculée à partir de la table de mortalité (âge moyen des décédés).
43. Noin D.,1996, *Atlas de la population mondiale,* Reclus/La Documentation française — Decroly J.-M. et Vanlaer J., 1991, *Atlas de la population européenne,* éd. de l'Univ. de Bruxelles.
44. Il en existe divers exemples dans les volumes 2, 3 et 12 de l'*Atlas de France* (dir. R. Brunet et F. Auriac), Reclus/La Documentation française.
45. *Point moyen.*
46. *Le potentiel de population.*
47. Levison M., Ward G. et Webb J., 1973, *The Settlement of Polynesia,* The University of Minnesota Press, Minneapolis.

branche de la discipline étaient des monographies où l'aspect descriptif l'emportait largement, où l'étude des facteurs explicatifs tenait assez peu de place et où l'accent était mis sur la spécificité des phénomènes observés. Très rares étaient les recherches comparatives. Quant à la référence aux modèles et aux théories, elle était absente car volontiers considérée comme inutile ou dangereuse. Il n'est pas certain que ces caractéristiques trouvent leur explication dans la relative jeunesse de la discipline ; il est en effet banal de constater que l'évolution a souvent été différente dans les autres sciences sociales et notamment en démographie où l'intérêt pour les théories a toujours été vif.

Des changements sont cependant en cours depuis une quinzaine d'années, particulièrement dans les pays de langue anglaise. De nouvelles démarches apparaissent. La recherche des causes et des mécanismes prend une place croissante. L'*analyse systémique*[48] apparaît. La réflexion épistémologique[49] se développe. Les modèles et les théories, le plus souvent issus de travaux effectués par des démographes, des sociologues ou des économistes, ne font plus peur et ils peuvent même être considérés comme utiles et fructueux ; certains travaux se présentent comme des études de cas destinées à confirmer ou infirmer telle explication générale antérieurement élaborée. Les diverses théories utilisées en géographie de la population ou susceptibles de l'être ont même fait l'objet d'un ouvrage[50].

Les efforts de modélisation et de théorisation s'exercent essentiellement dans trois directions dont l'une relève aussi de la géographie urbaine et les deux autres plus spécifiquement de la démographie :

– Une première direction vise l'étude de la distribution spatiale des lieux habités ; les travaux cherchent à rendre compte de certaines régularités dans la répartition des villages, l'espacement et la taille des villes, la croissance des systèmes urbains ou la configuration des densités dans les agglomérations ; c'est particulièrement le cas de la théorie des places centrales et de diverses théories concernant les villes[51].

– Une seconde direction concerne l'étude des changements démographiques dans le temps et l'espace où les travaux théoriques permettent d'interpréter ou d'expliquer les situations démographiques observées dans les diverses parties du monde et le sens de leur évolution ; ici, c'est surtout la théorie de la *transition démographique*[52] qui se révèle féconde même si ce n'est pas la seule car il en existe d'autres pour rendre compte des fluctuations démographiques récentes.

– Une troisième direction touche enfin l'étude de la mobilité géographique de la population pour laquelle divers travaux théoriques cherchent à décrire et expliquer les mouvements observés et éventuellement à les prévoir ; des modèles de migration, plus ou moins compliqués, cherchent en particulier à appréhender l'effet de divers facteurs[53] ; parmi ces derniers, le

48. L'*analyse systémique* est présentée par H. Beguin dans le chapitre Analyse quantitative.

49. « La démogéographie en question » (Actes Sémin. Europ. de Lille), 1984, *Esp., Popul. Soc., 3.*

50. Woods R., 1982, *Theoretical Population Geography,* Longman, Londres.

51. Les concepts de la géographie urbaine et la théorie des places centrales sont présentées par J.-B. Racine et M. Cosinschi dans le chapitre Géographie urbaine, ainsi que par H. Beguin dans celui sur la géographie économique.

52. *Transition démographique :* passage de la situation démographique ancienne à la situation démographique moderne. *Cf.* Noin D., 1983, *La transition démographique dans le monde,* PUF, Paris.

53. Courgeau D., 1988, *Méthodes de mesure de la mobilité spatiale,* INED, Paris ; et 1980, *Analyse quantitative des migrations humaines,* Masson, Paris.

rôle de la distance, important autrefois, a diminué tout en restant important ; les facteurs économiques sont évidemment essentiels. Quelques auteurs ont cherché à élaborer des modèles spatio-temporels très généraux, en particulier pour schématiser l'évolution de la mobilité géographique aux divers niveaux de développement des sociétés humaines[54].

5. L'intérêt croissant porté aux problèmes du monde contemporain

La géographie de la population a connu une autre évolution au cours des quinze dernières années : un intérêt croissant porté aux problèmes du monde contemporain. Ceux-ci n'étaient certes pas ignorés auparavant mais il est probable que le développement d'attitudes critiques les a fait mieux saisir. Ces nouvelles attitudes ont contribué à renouveler l'ensemble des thèmes de la démogéographie.

L'étude de la distribution spatiale de la population a cessé de devenir académique pour s'intéresser aux problèmes relatifs à l'aménagement de l'espace, en particulier à ceux qui sont soulevés par la diminution critique des densités, la *désertification*[55] des campagnes ou, plus généralement, la fourniture de services aux populations. Plusieurs colloques internationaux de géographie ont, au cours des dernières années, été consacrés à l'effet des politiques susceptibles de modifier la distribution de la population dans diverses parties du monde[56]. Le thème a également été renouvelé depuis quelques années par l'intérêt croissant porté aux relations complexes et à double sens qui existent entre population et environnement. Sur ce terrain où les démographes dialoguent avec les démographes et les écologues, certains travaux ont déjà été publiés[57] mais il reste beaucoup à faire. La dégradation inquiétante de l'environnement observée dans certaines parties du monde les rend particulièrement urgents.

La recherche sur les mouvements migratoires s'est également tournée vers les problèmes souvent aigus suscités par les déplacements de population, que ceux-ci aient des causes économiques comme c'est clairement le cas pour le plus gros des migrations internationales de travailleurs ou des causes politiques comme c'est le cas pour les flux de réfugiés. Les difficultés soulevées par la présence de populations différentes sur un même territoire ont donné lieu à bon nombre d'études, spécialement sur le phénomène de ségrégation, les relations entre *ethnies*[58] et les conflits raciaux. Sur ces questions, la géographie de la population a un champ de recherche qui recoupe bien évidemment celui de la géographie sociale.

L'étude géographique s'est orientée aussi vers les problèmes démographiques, en particulier vers ceux qu'engendrent l'*explosion démographique*[59] encore enregistrée dans certains des pays en développement ou, au contraire, la *dénatalité*[60] et le

54. Zelinsky W., 1971, The hypothesis of the mobility transition, *Geographical Review*, 4, 6, p. 219-249.
55. *Désertification :* au sens figuré, désigne une déprise humaine poussée. Béteille R., 1981, *La France du vide*, Litec, Paris.
56. Webb J., Naukkarinen A. et Kosiński L., 1981, *Policies of population redistribution.* Geogr. Soc. N. Finland, Oulu.
57. Potrykowska A. et Clarke J., 1995, Population and Environment in Industrialized Regions, *Geographia Polonica*, 64 ; Clarke J. et Noin D., 1997, *Population and Environment in Arid Regions*, Parthenon Publ., London.
58. *Ethnie :* groupe d'individus ayant les mêmes caractères culturels.
59. *Explosion démographique :* accroissement naturel très élevé au cours du processus de transition.
60. *Dénatalité :* diminution prononcée de la natalité ne permettant plus le renouvellement normal et régulier d'une population.

vieillissement dans la plupart des pays développés[61]. Elle s'intéresse aussi de plus en plus aux variations géographiques de la fécondité et de la mortalité, parfois dans une perspective pratique comme la mise en œuvre d'actions en faveur de la baisse de fécondité ou de l'amélioration des soins de santé. De ce fait, la démogéographie a aussi été amenée à s'intéresser aux politiques démographiques destinées à corriger certaines tendances défavorables[62].

Quant à l'*étude démo-économique*[63] des rapports entre population et ressources, entreprise depuis longtemps par les démographes et les économistes, elle a fait l'objet d'investigations de la part des géographes, ce qui ne peut surprendre compte tenu de sa dimension géographique. Sur ce grave sujet, diverses études ont déjà été publiées, portant sur des ensembles spatiaux assez étendus ou sur l'ensemble du monde[64] mais il reste beaucoup à faire à un niveau plus fin. Les concepts relatifs à ce champ de recherche — *surpeuplement*[65], *pression démographique*[66] et quelques autres — sont aujourd'hui dévalorisés par une utilisation abusive mais ils méritent d'être soigneusement réexaminés.

Cette nouvelle orientation qui met la géographie de la population, comme l'ensemble de la discipline, en phase avec les grandes interrogations du monde contemporain, semble se développer. En tout état de cause, elle doit être encouragée. Les géographes ont des réponses spécifiques à fournir à certains de ces problèmes et ils peuvent apporter utilement leur contribution, si modeste soit-elle, à leur solution.

61. Warnes A. (ed.), 1982, *Geographical Perspectives on the Elderly,* Wiley, New York.
62. Verrière J., 1978, *Les politiques de population,* PUF, Paris.
63. *Démographie économique :* partie de la démographie qui traite des rapports réciproques existant entre population et économie.
64. Klatzmann J., 1983, *Nourrir dix milliards d'hommes ?* PUF, Paris, 2e éd.
65. *Surpeuplement :* situation d'un territoire caractérisé par l'insuffisance des subsistances.
66. *Pression démographique :* état de tension plus ou moins sévère existant entre l'effectif d'une population et les ressources dont elle dispose.

6. Conseils de lectures

Atlas de France, 1995, volume 2 : *Population,* Reclus/La Documentation française, Montpellier/Paris.

Tous les thèmes habituels de la géographie de la population figurent dans l'ouvrage (distribution spatiale, structures démographiques, migrations). 144 cartes et graphiques accompagnés de brefs commentaires. Un document de référence sur la population française.

DECROLY J.-M. et VANLAER J., 1991, *Atlas de la population européenne,* éd. de l'Univ. de Bruxelles.

Atlas de la population couvrant tout le continent jusqu'à l'Oural permettant d'observer la diversité des populations et les changements des années 1960-1988. Les thèmes traités sont essentiellement démographiques. Les cartes sont accompagnées de commentaires.

NOIN D., 1996, *Atlas de la population mondiale,* Montpellier/Paris, Reclus/La Documentation française, 2e éd.

75 planisphères et 25 graphiques avec brefs commentaires en regard. Tous les thèmes de la géographie de la population sont abordés. Les différences entre les diverses parties du monde apparaissent très nettement.

SIMON G., 1995, *Géodynamique des migrations internationales dans le monde*, PUF, Paris.

Vaste panorama des migrations internationales récentes et en cours selon une problématique essentiellement géographique. L'organisation du système migratoire, avec sa polarisation sur les pays riches, est clairement analysée et illustrée de nombreux exemples. Les mécanismes, les acteurs et les évolutions sont étudiés.

THUMERELLE P.-J., 1996, *Les populations du monde*, Nathan, Paris.

Tableau clair et bien documenté. L'ouvrage fournit des aperçus généraux sur la dynamique démographique et le peuplement mais il est surtout consacré à décrire les caractères et les problèmes des populations dans les grandes régions du monde. De nombreux planisphères illustrent l'ouvrage.

7. Sujet : les migrations internationales à la fin du XXe siècle

Les migrations internationales ont pris une grande ampleur à la fin du XXe siècle. Les données statistiques sont très incertaines mais le nombre de personnes vivant dans un autre pays que le leur, au début des années 90, n'était sans doute pas inférieur à 130 millions.

7.1. Des migrations aux facettes multiples

Les migrations internationales concernent les déplacements d'un pays vers un autre, avec changement de résidence et de statut juridique.

Le tableau en est devenu complexe et grande est aujourd'hui la diversité des situations. Quatre critères permettent d'en faire un classement : la cause, le niveau de formation, la durée et la situation administrative.

La cause de départ fournit une première distinction. Les réfugiés concernent ceux qui ont été contraints de fuir leur pays ; il s'agit d'un phénomène assez important en raison de la multiplication des conflits régionaux (environ 20 millions de personnes au début des années 90). Les migrations de caractère économique sont beaucoup plus importantes (70 millions de personnes ?) ; il en existe des types variés ; la plupart concernent des salariés mais certaines touchent aussi les entrepreneurs (surtout les commerçants). Les migrations familiales intéressent de nombreuses personnes (30 millions ?) ; la situation la plus courante est celle de l'épouse et des enfants rejoignant un émigré. Les migrations d'étudiants ne sont pas négligeables (plus d'un million de jeunes des pays en développement finissent leurs études dans les pays développés).

Le degré de qualification a son importance. Celui-ci a tendance à s'élever. Les migrations de travailleurs non qualifiés ou faiblement qualifiés, très caractéristiques des années 50-70, sont encore importantes mais elles régressent. Par contre, les migrations de cadres et de personnes hautement qualifiées deviennent de plus en plus fréquentes.

La durée de la migration est aussi un critère important. Les migrations saisonnières sont en recul. Les mouvements de travailleurs temporaires durent quelques années le plus souvent. Les migrations de longue durée ou de durée indéterminée sont de loin les plus fréquentes. Les migrations sans esprit de retour, communes autrefois, tendent à disparaître.

La situation juridique des migrants est un critère dont l'importance s'est accrue avec la mise en place, un peu partout, de politiques visant à contrôler les flux migratoires. Les personnes en situation régulière sont de loin les plus nombreuses. Les travailleurs sont parfois sous contrat à durée déterminée. Les immigrants en situation irrégulière (les « sans papiers ») étaient peut-être 15 millions dans le monde au début des années 90 ; leur nombre tend à augmenter en raison des politiques restrictives mises en place.

7.2. Un nombre croissant de pays de départ et d'arrivée

Les pays d'émigration

L'Europe a cessé depuis longtemps d'être la principale zone de départ des migrants mais l'émigration n'a pas disparu pour autant puisque 10 millions d'Européens vivent hors du continent. De même, 7 millions de Japonais vivent hors de l'archipel.

Aujourd'hui, ce sont les pays du Sud qui fournissent, de loin, le plus gros des migrants économiques. On peut distinguer trois zones principales d'émigration et quelques foyers secondaires, tous caractérisés par une forte pression démographique et un faible niveau de vie :

– Les façades sud et est de l'Asie forment le principal foyer de départ (plus de 40 millions de personnes ?) : Inde, Pakistan, Indonésie et Thaïlande d'un côté, Chine et Philippines de l'autre.

– Le nord de l'Afrique et le Moyen-Orient constituent aussi une forte zone d'émigration (20 millions ?) : Maghreb, Turquie, Égypte, Yemen, Jordanie et Syrie.

– La partie centrale du continent américain est enfin une grande zone de départ (15 millions ?) : Mexique, Colombie et une grande partie des Caraïbes (Porto Rico, Cuba, Haïti, la Jamaïque, la Martinique et la Guadeloupe).

– Parmi les autres foyers figurent le reste de l'Amérique du Sud (Bolivie, Pérou, Argentine), l'Europe de l'Est (Pologne, Roumanie, Ukraine, Russie) et l'Afrique tropicale (Burkina Faso, Sénégal, Mali).

Outre l'émigration économique, les pays du Sud ont également été affectés par de nombreux mouvements de réfugiés tout au long des années 90.

Les pays d'immigration

Les chiffres concernant les pays d'arrivée sont moins incertains. On peut distinguer quatre grands foyers d'attraction dont le niveau de vie élevé attire les migrants :

– Il reste quelque pays traditionnels d'immigration : tout spécialement les États-Unis mais aussi le Canada, l'Australie et l'Afrique du Sud. L'Amérique du Nord constitue le premier foyer d'immigration du monde (au moins 22 millions de personnes).

– L'Europe occidentale forme le second foyer (près de 20 millions) : essentiellement l'Europe du Nord-Ouest (Allemagne, France, Royaume-Uni, Benelux, Suisse) mais aussi l'Europe du Sud désormais par suite du renversement des courants traditionnels (Espagne, Italie).

– Quelques pays pétroliers sont devenus de grands importateurs de main-d'œuvre : Arabie Saoudite, émirats du Golfe Persique, Libye mais aussi Venezuela, Nigeria et Gabon.

– Le Japon et les nouveaux pays industriels d'Asie tels que Hong Kong (avant sa rétrocession à la Chine), Singapour, Taiwan, la Corée du Sud et la Malaisie forment le quatrième ensemble.

– Les divers mouvements reflètent clairement les disparités qui caractérisent le monde à la fin du XXe siècle, notamment en matière de revenus.

7.3. Des conséquences très importantes

Les migrations internationales ont de multiples effets démographiques, économiques, sociologiques et politiques.

Avec les moyens de communication d'aujourd'hui, l'émigré garde aisément le contact avec le pays d'origine. Les migrations ont ainsi suscité des réseaux de relation très actifs, particulièrement dans le cas des diasporas pour lesquelles l'attachement au pays est très marqué. Les liens se traduisent en particulier par de puissants flux de personnes entre pays d'origine et pays d'accueil et par de gros mouvements d'argent. Au début des années 90, on estime à 70 milliards de dollars les transferts d'économie en direction des pays d'origine. Pour le foyers de départ du Sud, souvent pauvres, ces transferts représentent souvent une ressource majeure.

Dans les pays d'accueil, les migrants sont surtout concentrés dans les centres urbains qui offrent les meilleures possibilités d'emploi. Ils habitent le plus souvent les quartiers populaires dans la mesure où ils occupent en majorité les degrés inférieurs de la pyramide sociale. Leur situation dépend toutefois des réactions assez diverses de la société d'accueil à leur égard. En raison d'un contexte économique généralement défavorable dans les pays riches, leur situation s'est souvent détériorée au cours des années 90. La question de leur intégration est presque partout devenue une question éminemment politique.

9

Géographie urbaine

Micheline Cosinschi* et Jean-Bernard Racine**

* Maître d'Enseignement et de Recherche à l'Université de Lausanne.

** Professeur de l'Université de Lausanne.

La géographie urbaine s'occupe des dimensions spatiales du phénomène urbain (distribution, structure et processus) tel qu'il s'offre à l'observateur extérieur, tel aussi qu'il est vécu par les habitants de la terre. Traditionnellement occupé à « donner à voir » le territoire, son objet essentiel est *la ville* considérée comme un ensemble morphologique, physionomique, social et culturel différencié, fonctionnellement intégré dans un réseau hiérarchisé de complémentarité lui permettant d'organiser sa région et de l'intégrer dans l'économie globale. Le cas des villes des pays en voie de développement[1] est particulier : elles sont le plus souvent encore greffées sur un réseau externe de complémentarité plutôt qu'à « l'intérieur ». La ville est aujourd'hui partout sinon dans sa matérialité, du moins comme fait de société. Elle est à la fois territoire et unité de vie collective, milieu et enjeu, cadre physique et nœud de relations entre les êtres sociaux[2].

En proposant de distinguer la ville « comme » espace de la ville « dans » l'espace, les géographes en sont arrivés à considérer leur objet d'étude comme un « système à l'intérieur d'un système de villes »[3]. À l'évidence cependant, les visages de la ville, non plus simplement d'une ville à l'autre, selon sa taille ou ses fonctions, son histoire et le contexte économique, social et culturel dans lesquels elle a inscrit son développement, mais les visages de la ville au sein d'une seule et même ville, peuvent être extraordinairement variés, dissemblables et opposés, selon les individus concernés et les représentations sociales dans lesquelles ils inscrivent leurs pratiques, qui, constamment, en transforment l'image et les significations.

Dans la profusion d'études consacrées à l'urbain et aux urbains, quelle est la spécificité de la géographie ? Dès le début de son traité de géographie urbaine J. Beaujeu-Garnier[4] admettait le bien-fondé de cette opinion de B.J. Berry[5], principal

1. Santos M., 1975, *L'espace partagé,* Librairies Techniques, Paris.
2. Grafmeyer Y., 1994, *Sociologie urbaine,* Nathan Université, Paris.
3. Berry B.J., 1964, Cities as Systems within Systems of Cities, *Papers and Proceedings of the regional Science Association,* 13, p. 147-183.
4. Beaujeu-Garnier J., 1995, 4e édition mise à jour, *Géographie urbaine,* Colin, Paris.
5. Berry B.J. et Horton F.E., 1970, *Geographic Perspectives on Urban Systems,* Prentice-Hall, Englewoods-Cliffs.

animateur de la géographie urbaine américaine des années 60 : « les géographes, comme les autres scientifiques, se définissent moins par l'objet qu'ils étudient que par les concepts sur lesquels ils mettent l'accent ». On peut en conclure qu'une bonne présentation de la géographie urbaine doit s'appuyer sur une analyse de l'évolution de ses concepts et de leur progressive adoption (voire de leur abandon) par les spécialistes.

Ils l'ont fait, pour l'essentiel, dans le cadre ou en écho des connaissances et des pratiques de la géographie théorique et quantitative anglo-saxonne issue de la critique des paradigmes qui ont vu naître et se développer les premiers travaux des géographes consacrés aux villes. Il reste que la « voie de la tradition » est restée longtemps bien vivante en France, bien que vigoureusement contestée[6] et souvent relayée par des travaux d'inspiration totalement différente, intégrant, voire dépassant les préoccupations de l'analyse spatiale[7], paradigme qui met l'accent sur l'effet des processus d'interaction dans l'espace géographique. L'étude des mouvements conduisait ainsi à l'examen des réseaux et à leurs nœuds puis à l'étude de leur organisation hiérarchique et de l'espace qu'ils intègrent. Les ouvrages de S. Rimbert et A. Bailly[8], C. Chaline[9] et P. Claval[10], aux titres significatifs, en furent des témoignages importants avant que s'ouvre d'une part l'ère des études qui remettront « la qualité de la vie urbaine » et le sujet urbain, dans ses représentations comme dans ses pratiques quotidiennes, celles de l'expérience vécue, au centre des préoccupations, et d'autre part, les études explicitement systémiques de la « dynamique urbaine ».

1. La voie de la tradition : la vacance conceptuelle

Elle s'inscrit indiscutablement dans le *paradigme déterministe*[11] Comme l'écrit R. Blanchard dans la préface de son étude sur Grenoble, premier classique de géographie urbaine : « Le concept de base qui préside à cette étude est d'expliquer l'origine et le développement de la ville comme une fonction des conditions physiques de sa situation ». Et de confirmer dans sa conclusion : « Depuis ses origines jusqu'à ses extensions actuelles, Grenoble est une ville à la jonction de types de terrains, à la confluence de rivières. En dépit des changements humains, la nature garde ses droits, même sur un *organisme*[12] aussi complexe qu'une ville ».

C'est dans cette perspective, pour laquelle les faits de position donnent la clé pour étudier les villes, leurs produits et leurs points d'intérêt — non plus en tant que faits isolés mais comme un ensemble cohérent et général de distributions, conséquences logiques de la position physique —, que s'inscrivent pendant de longues années les études identifiées au type « site et situation ». Elles s'articulent autour du concept clé de *nodalité*[13], et font référence le plus généralement aux thèmes suivants : l'emplacement, à propos duquel on apprend à distinguer entre

6. Bailly A.-S. et Racine J.-B., 1981, Des géographies urbaines, *L'Espace Géographique*, 2, p. 143-152.
7. Haggett P., 1973, *L'analyse spatiale en géographie humaine*, A. Colin, Paris.
8. Rimbert S., 1973, *Les paysages urbains*, Colin, Paris. Bailly A., 1975, *L'organisation urbaine : modèles et théories*, CRU, Paris.
9. Chaline C., 1981, *La dynamique urbaine*, PUF, Paris.
10. Claval P., 1981, *La logique des villes*, Litec, Paris.
11. *Paradigme déterministe :* concept développé par P. Claval dans le chapitre Histoire de la géographie.
12. *Organisme :* ensemble organisé. Concept lié à la perspective organiciste qui met en parallèle l'organisation physiologique d'un corps vivant et celle qui permet le fonctionnement du corps social ; elle est reprise aujourd'hui par les fonctionnalistes.
13. *Nodalité :* situation carrefour dans un réseau de relations.

site[14] et *situation*[15], l'évolution, les fonctions, plus tardivement l'étude démographique et celle de la vie dans la ville, qui renvoie souvent à l'étude des quartiers. Ce n'est que beaucoup plus tard que l'on s'intéressera aux liens de la ville à la campagne et aux autres villes, et qu'apparaîtront dans les années 60, les concepts de *zone d'influence*[16], d'*armature urbaine*[17] et de *réseau urbain*[18]. Dans le même mouvement, ces études dépasseront progressivement le stade monographique pour s'engager dans des études thématiques. Approfondissement d'une part de l'étude des *fonctions urbaines*[19], qui permet tout à la fois de préciser les rapports spécifiques entre une activité donnée et sa projection dans l'espace urbain et de dégager l'ensemble des relations de régulation économiques et sociales qui leur sont liées ; préoccupations nouvelles pour l'action d'autre part, qui orientent la recherche sur les rythmes et les conditions de la croissance, sur l'inadéquation du contenant et du contenu et sur les problèmes (dans les centres villes en particulier) posés par l'organisation de nouveaux espaces urbains et leur intégration à un complexe vivant ; études enfin sur les grands ensembles, les banlieues, les villes nouvelles, la circulation et l'approvisionnement.

Ce qu'il y a d'extraordinaire cependant c'est qu'en France du moins, ces études n'aboutissent longtemps à aucune généralisation, ne sont guidées par aucune théorie, alors que lorsque qu'on y pense aujourd'hui, on sent bien que sous la diversité des observations locales on pouvait trouver des régularités et que celles-ci obéissaient peut-être à un certain nombre de règles ou même de lois. Qu'elle reste marquée par le paradigme déterministe ou qu'en écho du développement même la géographie régionale classique elle s'inscrive plus explicitement dans le *paradigme possibiliste*[20], la géographie urbaine reste alors fondamentalement descriptive, résolument inductive, et perdant même progressivement, avec l'essor du possibilisme, ses ambitions explicatives.

En dépit de l'approfondissement progressif des études et de l'apparition de problèmes neufs, les grands manuels français parus entre 1960 et 1980 démontrent que la voie royale de la géographie urbaine fut celle de l'empirisme et de l'*idiographisme*[21]. On confond le général avec le fait de retenir tous les aspects de la question. La géographie urbaine reste à l'image d'une géographie riche en faits et en observations, mais qui n'attache malheureusement guère de poids aux principes et aux concepts et qui ne se pose guère de problèmes de recherche. Le poids de l'implicite dans des problématiques, qui ne s'énoncent d'ailleurs jamais, condamne cette géographie à une activité répétitive ne mettant en évidence que des messages à forte probabilité.

Certains concepts clés sont restés figés dans leur connotation déterministe. Ainsi ceux de site et situation qui pourtant, dans la géographie anglo-saxonne, s'étaient enrichis : la « situation se

14. *Site :* c'est l'emplacement par rapport à la topographie de détail, un affleurement rocheux, un replat, l'île d'un fleuve, un élargissement de vallée.
15. *Situation :* c'est l'emplacement par rapport aux grands traits de la géographie, les contacts de régions, les carrefours, les confluents, les estuaires.
16. *Zone d'influence :* espace tributaire d'une ville défini par l'interaction entre le centre et sa périphérie.
17. *Armature urbaine :* ce qui sert de base et de soutien à l'organisation urbaine à travers les fonctions que remplit la ville. Beaujeu-Garnier J., 1980, *op. cit.*
18. *Réseau urbain :* la répartition spatiale des villes intégrées dans un maillage hiérarchisé ou complémentaire qui assure l'encadrement d'un espace national ou régional.
19. *Fonctions urbaines :* ensemble des activités sises dans la ville.
20. *Paradigme possibiliste :* concept développé par P. Claval dans le chapitre Histoire de la géographie.
21. *Idiographisme :* étude du particulier opposé au *nomothétisme* qui se veut l'étude du général.

réfère à la localisation relative d'un lieu », la référence à l'*espace relatif*[22] mettant l'accent sur les coûts de déplacement d'un lieu à l'autre, le « site se référant aux attributs non topographiques des lieux, de leur attractivité par exemple », aussi bien en termes d'emplois que d'*aménités*[23] et ouvrant de ce fait sur les problématiques de l'analyse spatiale et de l'*analyse behavioriste*[24].

D'autres concepts semblent bloquer ou enfermer la recherche sur les causalités, les mécanismes et les processus. On a certes commencé à parler de structure, mais à peine. Pour qui voulait aller au-delà des études urbaines fondées sur l'analyse des plans de ville, analyse dont l'importance avait été mise en évidence en France par P. Lavedan[25], pour s'intéresser à l'espace, construit ou non, compris entre le réseau des rues, on préférait le concept de *tissu urbain*[26], expression organique qui n'est heureuse que si on la garde dans les limites de l'analyse physionomique.

S'il y a de la « chair » dans l'organisme urbain, si « l'ossature du plan » conditionne le tissu urbain dans la mesure où c'est dans le cadre fixé par le plan urbain que s'inscrivent les nécessités des fonctions urbaines et que s'organisent la vie quotidienne[27], il y a aussi du « sang » dans cet organisme et des flux de toutes sortes, intra et interurbains. Sans eux, la vie serait impossible. Ils font, en définitive, qu'au-delà de l'architectonique, de l'objet d'art, du spectacle et du symbole, au-delà de cet ensemble physionomique et socioprofessionnel différencié, la ville apparaît à l'analyste comme un « gigantesque *système*[28] » destiné à « permettre la maximisation de la fonction de communication et d'échanges sociaux » (Claval, 1968)[29]. C'est en renonçant à partir d'une définition formelle de la cité, et en cherchant « un principe qui fasse comprendre à la fois l'unité du phénomène urbain, sa permanence à travers l'histoire et la multiplicité des formes et des civilisations citadines », que P. Claval a pu prétendre pouvoir éclairer d'un même mouvement « la localisation des centres, la formation des réseaux et la structuration interne de l'espace ». Il était entendu qu'on ne peut imaginer une explication des structures d'un paysage urbain sans référence simultanée à l'espace démographique, à l'espace économique et à l'espace social tels qu'ils se projettent d'ailleurs sur l'espace physique pour former une véritable trame aux cellules multiples.

Popularisée par les « néogéographes » francophones, ces orientations s'étaient imposées en fait un quart de siècle plus tôt outre-Atlantique, en donnant naissance à une géographie radicalement différente dans ses conceptions et ses méthodes mais dont les sources sont en fait bien plus anciennes encore.

22. *Espace relatif :* voir le chapitre développé par B. Debarbieux sur les Problématiques de l'image et de la représentation en géographie.
23. *Aménités :* agrément, attrait d'un lieu.
24. *Analyse behavioriste :* voir Bailly A.-S., 1977, *La perception de l'espace urbain.* CRU, Paris.
25. Lavedan P., 1936, *Géographie des villes,* Gallimard, Paris.
26. *Tissu urbain :* concept qui compare la masse construite de la ville à un organisme végétal ou animal, composé de tissus divers ayant chacun sa structure, mais entretenant entre eux des relations, pratiquant des échanges qui assurent la vie de l'ensemble. Voir aussi *Organisme.*
27. George P., 1961, *Précis de géographie urbaine,* PUF, Paris.
28. *Système :* concept défini par H. Beguin dans le chapitre Analyse quantitative.
29. Claval P., 1968, La théorie des villes, *Revue de Géographie de l'Est,* 8, p. 3-56.

2. Les problématiques fonctionnelles et écologiques : un premier renouveau

Dès 1924, M. Aurousseau[30] s'étonnait de ce que les études urbaines s'intéressent si peu aux faits de *distribution*[31] et qu'elles se concentrent sur des villes individuelles. Mais pour changer de cap, il fallait mobiliser d'autres concepts dans une autre problématique. À cet égard rappelle H. Carter[32], deux types de réactions sont à noter : le rejet de la perspective « site-situation » d'une part, l'intérêt pour les rapports entre croissance et société urbaine d'autre part. La première puisait dans les travaux de W. Christaller[33] l'occasion du passage de l'inductif au déductif dans l'interprétation des rapports entre villes. La seconde trouvait dans les travaux de l'École *de Chicago*[34] le guide qu'il lui fallait pour explorer les structures internes de la ville. Dans un cas comme dans l'autre, un problème majeur était enfin posé : pouvait-on découvrir dans l'ensemble des relations entre villes, comme aussi dans l'utilisation du sol urbain, même si elles semblent au premier abord anarchiques et des plus incohérentes, un ordre sous-jacent ? Pouvait-on retrouver, d'une manière générale, dans la cartographie de l'utilisation du sol urbain ou de la répartition des centres selon leur taille par exemple, un modèle, un type ou un ordre quelconque, d'une cité à l'autre, d'un pays à l'autre, ce qui impliquerait une similitude, de forme de croissance, de processus ?

Structuralistes[35] avant la lettre, certains géographes allèrent plus loin : pouvait-on représenter cette structure sous forme de modèles, prenant en considération non plus seulement les termes, mais les relations entre les termes ? C'est ce que tenteront les économistes spatiaux allemands, les sociologues et les géographes américains, dès le début des années 30. Mais ce n'est que plus de quarante ans plus tard que ce type de réflexion s'est popularisée chez les géographes francophones grâce à trois ouvrages pionniers[36].

2.1. La ville, lieu central dans un système de villes

Héritier des économistes spatiaux allemands, le géographe W. Christaller fut l'un des piliers du renouveau de la pensée. À la recherche d'une explication générale de la taille, du nombre et de la distribution des villes dans un espace donné, il réussissait, dès avant la Seconde Guerre mondiale, à expliquer la régularité frappante de la disposition des villes et leur organisation en réseaux hiérarchisés en analysant non pas l'histoire des villes, mais en s'interrogeant sur les rapports de commerce et de services entre villes et campagnes, et sur les mécanismes assurant leur régulation. « Il débouchait ainsi sur une théorie, la *Théorie des lieux centraux*[37] qui prouvait que le principe de l'ordre spatial n'est pas tout entier à chercher dans les influences réciproques de l'homme et du milieu. Les phénomènes économiques jouent un rôle essentiel »[38]. Le problème

30. Aurousseau M., 1924, Recent Contributions to Urban Geography, *Geographical Review,* 14.
31. *Distribution.*
32. Carter H., 1981, *The Study of Urban Geography,* 3e ed., Arnold, New York.
33. Christaller W., géographe économiste allemand dont les travaux portèrent sur la nature et la localisation des villes en tant que lieux centraux.
34. *École de Chicago :* école de sociologie urbaine de l'Université de Chicago dont les membres tels Park, Burgess ou McKenzie initièrent, vers les années 20, l'étude de la ville en s'inspirant des concepts de l'écologie humaine. *Cf.* Grafmeyer Y., Joseph, I., 1990, *L'école de Chicago,* Aubier, Paris.
35. *Structuralisme :* concept développé par R. de Konnick dans le chapitre Géographie critique.
36. Racine J.-B. et Reymond H., 1973, *L'analyse quantitative en géographie,* PUF, Paris. Bailly A.-S., 1975, *L'organisation urbaine, théories et modèles,* CRU, Paris. Merlin P., 1973, *Méthodes quantitatives et espace urbain,* Masson, Paris.
37. *Théorie des lieux centraux :* voir à ce sujet le chapitre Géographie économique et économie spatiale. Christaller W., 1933, *Die Zentralen Orte in Süddeutschanld,* G. Fisher, Iéna. Voir également Mérenne-Schoumaker B., 1996, *La localisation des services,* Nathan, Paris.
38. Claval P., 1977, *La nouvelle géographie* PUF, n° 1693, Paris.

n'est plus celui de la reconstitution historique des formes spatiales et de leur différenciation : c'est celui de leur explication logique. Le modèle théorique montre en effet qu'en zone homogène, la ville la plus grande, dispensatrice des biens de tous les niveaux, se situe au centre, entourée de centres moyens, eux-mêmes entourés de centres de niveaux inférieurs, selon une hiérarchie régulière de centres et d'aires emboîtés de services, le nombre de centres de même niveau étant d'autant plus élevé que ce niveau est bas. Ce faisant, W. Christaller rendait compte des *discontinuités*[39] et des relations de position que les pratiques sociales inscrivaient dans l'organisation de l'espace. Les activités économiques se concentrent en des *nœuds*[40] : c'est là que se réalisent les *économies d'échelles*[41] sans lesquelles la croissance du milieu urbain serait impossible. Dans la théorie des lieux centraux, les centres de niveau élevé dominent les centres de niveau moins élevé, dans la mesure où y sont concentrées un plus grand nombre et une plus grande variété d'activités tertiaires. Les consommateurs habitant l'arrière-pays se rendent dans ces centres pour une quantité de raisons, mais la domination est à l'évidence l'une des dimensions fondamentales de la théorie classique des lieux centraux, tout comme elle est au cœur aussi de la pensée d'origine écologique.

2.2. La ville, système écologique complexe

Un deuxième type de réaction au caractère trop étroit des études consacrées aux villes a dérivé de la découverte des travaux eux-mêmes rapidement fascinés par le spectacle de l'extraordinaire croissance d'une ville qu'ils apprirent vite à considérer comme un ensemble complexe et varié de forces sociales et économiques dont le jeu se traduisait dans la *ségrégation*[42] interne des utilisations du sol urbain.

Ils attirèrent ainsi l'attention des géographes sur la complexité des paysages intra-urbains, bien loin de la simplicité apparente de la croissance morphologique et du plan général. Attachés à l'étude du comportement humain en milieu urbain[43], les fondateurs de l'*écologie humaine*[44] à Chicago sont capables de penser la ville aussi bien de manière globale que dans le détail le plus minutieux, mais dans la perspective qui était la leur, à l'évidence sociodarwinienne. Le propos essentiel fut d'illustrer cette dimension majeure de la vie urbaine — et de tout milieu humain d'ailleurs —, à savoir la brutalité de la lutte pour l'existence[45]. Les concepts médiateurs furent empruntés à l'écologie végétale et animale qui semblaient parfaitement convenir à l'analyse des processus urbains dont ils observaient la manifestation et qui aboutissaient à la ségrégation de la ville en *zones naturelles*[46], résultant de processus de domination (D), d'invasion (I) et de succession (S). En mettant l'accent sur la dynamique de transformation des communautés urbaines, les écologistes humains font ressortir une séquence D-I-S des groupes communautaires passant des zones détériorées vers

39. *Discontinuités :* absence de continuité, « surface de discordance », la « hiérarchie des réseaux urbains présuppose que l'on peut pratiquer des coupures dans cette série continue ». Brunet R., 1968, *Les phénomènes de discontinuité en géographie*, CNRS, Paris.
40. *Nœuds :* points de jonction dans un réseau ; les nœuds sont des regroupements permanents ou quasi permanents d'activités sociales, économiques ou politiques.
41. *Économies d'échelles :* lorsque les dimensions de l'agglomération croissent, le coût des services matériels diminue jusqu'au moment où l'optimum est dépassé. Pour la ville, on parle plus volontiers d'*économie d'agglomération*. Voir Rémy J., 1966, *La ville, phénomène économique*, Éd. Ouvrières, Bruxelles.
42. *Ségrégation :* sous l'effet de la *compétition pour l'espace*, les individus ou collectivités sont à la recherche de *niches résidentielles et fonctionnelles* ; l'effet en sera la séparation des gens et de leurs activités.
43. Park R.E., 1916, The City, *The American Journal of Sociology*, 20, p. 577-612.
44. *Écologie humaine :* discipline qui traite des problèmes des êtres humains qui, en constant changement, s'adaptent à un environnement lui-même en transformation.
45. Hannerz U., 1983, *Explorer la ville*, Éd. de Minuit, Paris.
46. *Zone naturelle* : une « unité territoriale dont les caractéristiques distinctes, physique, économique et culturelle, sont le résultat de processus sociaux non planifiés ». Burgess E.W., 1964, Natural Areas, *in :* Gould J. et Kolb, W. (eds.), *Dictionary of the Social Sciences*, New York.

des zones résidentielles plus aisées au fur et à mesure de leur intégration et de leur promotion sociale. La zone de *domination*[47] par excellence dans la ville est son centre ; on « envahit » les territoires, forçant les anciens occupants à migrer jusqu'à ce qu'ils acquièrent le contrôle de cet espace. Cette séquence serait responsable du gradient positif entre le statut socio-économique et la distance au centre. Le processus déterminant étant la *compétition*[48], définie comme compétition pour l'espace. L'organisation économique, comme effet d'un processus compétitif, est ainsi « organisation écologique », une sous-structure naturelle et inévitable de la société. Les jeunes associés de R.E. Park utilisèrent ces principes généraux en cherchant à préciser les concepts de manière à les rendre opérationnels. E. Burgess[49] en particulier trouva dans le cas de Chicago un laboratoire social exceptionnellement riche. La compétition étant la force de régulation déterminante, la diversité des activités humaines devait se distribuer en fonction des valeurs foncières. De là le fameux modèle représentant le type idéal d'une ville se développant suivant une série de cercles concentriques. Après ceux de J. Von Thünen et de Weber[50], il s'agissait de l'un des tout premiers modèles de structure spatiale, le premier consacré aux structures intra-urbaines.

Cette première étude des villes à travers l'analyse des configurations spatiales de leur *structure écologique*[51] devait susciter un immense intérêt, émulatif en même temps que critique. À la généralisation des *zones concentriques*, proposées par le sociologue E. Burgess dans les années 20, s'ajoutèrent celle des *secteurs radiants*, élaborée par l'économiste H. Hoyt en 1939, qui complète la première sans s'y opposer, car elle ne rend compte que de l'utilisation résidentielle du sol, celle des *noyaux multiples*[52] enfin, suggérée à l'origine par R.D. Mckenzie[53] puis reprise et précisée en détail par les géographes C.D. Harris et E.L. Ullman dans leur célèbre article « The Nature of the Cities » de 1945 (*op. cit.*) dont le titre est significatif de la mutation de la recherche sur la ville. L'essentiel était posé.

Commentaires, vérifications et contre-propositions se sont multipliées, sans que l'on prenne garde au fait que les comparaisons étaient vaines vu qu'elles portaient sur des représentations d'aspects foncièrement différents de la réalité urbaine. C'est ce que devait démontrer l'utilisation généralisée des techniques d'*analyse factorielles*[54] qui permettent d'expérimenter la validité de l'ancienne hypothèse de R. Hurd[55], celle de l'additivité des trois types d'agencement spatiaux. L'intuition fondamentale qui a permis plus tard à B.J. Berry et ses élèves de régler le problème de fond, revient cependant aux écologistes humains E. Shevky et W. Bell[56] dans leur étude de Los Angeles et San Francisco. Ils analysent la *stratification sociale*[57] en milieu urbain et découvrent en particulier l'importance et l'originalité du phénomène ethnique dans la structure spatiale urbaine, la *ségrégation*[58] se traduisant en fait par des

47. *Domination.*
48. *Compétition.*
49. Burgess E.W., 1925, The Growth of the City : An Introduction to a Research Project, *in* Park, R.E. *et al.*, *op. cit.*, p. 47-62.
50. Voir le chapitre de H. Beguin sur la Géographie économique.
51. *Structure écologique :* le type de rapport qu'entretiennent les variables humaines avec le territoire occupé (généralement le contenu bâti).
52. *Zones concentriques, secteurs radiants* et *noyaux multiples :* trois modèles spatiaux de la structure intra-urbaine (voir Fig. 1).
53. McKenzie R.D., 1983, *The Metropolitan Community,* McGraw-Hill, New York. Harris C.D. et Ullman E.L., 1945, The Nature of Cities, *Annals of the American Academy of Political and Social Science,* CCXLII (November), p. 7-17.
54. *Analyse factorielle :* méthode présentée par H. Beguin dans le chapitre Analyse quantitative.
55. Hurd R.D., 1903, *Principles of city land values,* The record and guide, New York.
56. Shevky E. et Bell W., 1955, *Social Area Analysis. Theory, Illustrative Applications and Computational Procedures,* Stanford.
57. *Stratification sociale :* structure de classe.
58. *Indice de ségrégation :* met en évidence le degré d'assimilation des groupes nationaux et dépend de l'homogénéité de la communauté urbaine. Suit un schéma nucléaire (voir fig. 2).

modalités d'implantation des groupes ethniques qui ne se conforment ni au schéma concentrique indexé par un indice d'*urbanisation*[59] et de structure démographique, ni au schéma axial indexé par un *indice de statut socio-économique*[60] mais plutôt par un schéma nucléaire se superposant aux deux autres.

Modèle des zones concentriques

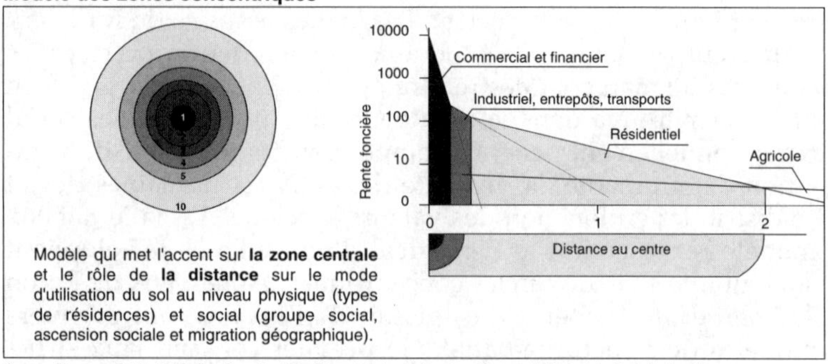

Source: Burgess E. W., 1925, The Growth of the City : An Introduction to a Research Project, in R. E. Park and E. W. Burgess (eds.), *The City*, 47, Chicago.

Modèle des secteurs

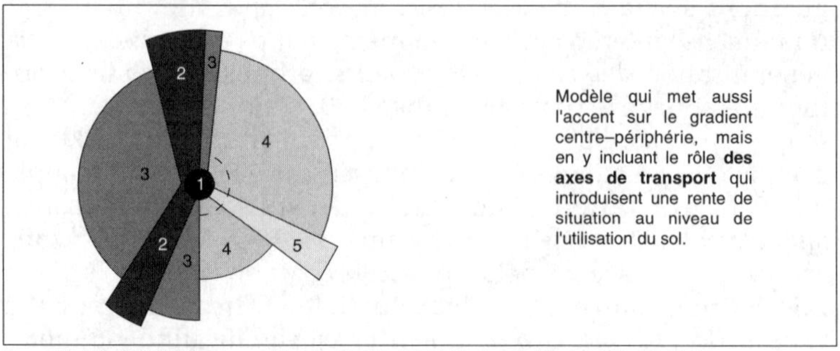

Source: Hoyt H., 1939, *The Structure and Growth of Residential Neighborhood in American Cities*, Washington.

Modèle des noyaux multiples

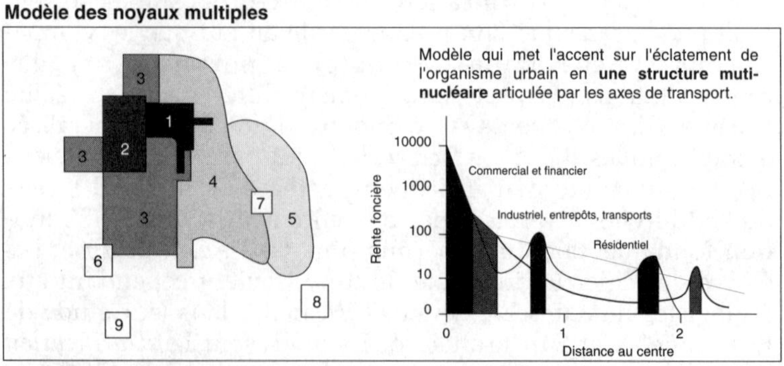

Source: Harris C. S. and Ulmann ,1945, The Nature of Cities, in *Ann. Am. Acad. Soc.* n°7, p. 242.

Fig. 1. — Trois modèles de structure urbaine.

59. *Indice d'urbanisation :* différenciation dans les structures familiales, démographiques (fertilité, âge, sexe, célibat) : *statut familial.* Suit un schéma concentrique (voir fig. 2).
60. *Indice de statut socio-économique :* met en évidence les corrélations entre les structures d'emplois, les niveaux d'éducation, les revenus de la population, l'habitat : *rang social.* Suit un schéma axial (voir fig. 2).

L'*écologie factorielle*[61], dont le propos est de combiner différentes mesures caractéristiques de la population, des caractéristiques économiques, de bien-être et d'habitat, prit alors le relais. Obtenues pour différentes sous-zones urbanisées, les secteurs de recensement le plus habituellement, ces données pouvaient en effet se regrouper en un certain nombre réduit de combinaisons clés procurant la base adéquate à partir de laquelle on pouvait différencier une zone d'une autre et chercher à tester l'ensemble des relations unissant ces structures de l'espace social à l'*espace construit*[62]. Dans le cours des années 70 les recherches s'enrichirent rapidement de dimensions nouvelles qui allaient inscrire cette écologie factorielle dans une dynamique tenant compte du rôle et du processus de prise de *décision*[63]. Mais très vite, force a été de reconnaître que chacune des trois dimensions classiques s'est considérablement transformée[64]. Le statut socio-économique se complexifie par l'apparition de nouvelles polarisations, tant dans le secondaire que dans le tertiaire, liées à l'intensification de la division du travail, aux changements technologiques et à la montée des professions qualifiées, à l'accroissement de la productivité dans certaines branches et à la perte d'emplois dans d'autres. Élitisation des centres et poches de pauvreté durables représentent de nouveaux domaines de recherche prioritaires. Le statut ethnique par l'intensification et la complexification des phénomène de déplacement des populations, volontaires ou subis. Quant au statut familial, il s'est différencié sur les dimensions du continuum de l'âge et à travers la progressive participation des femmes à la force de travail, la place des familles monoparentales et la monogamie séquentielle semblant jouer un rôle croissant dans la structuration de l'espace social, porte ouverte à la reconnaissance, entre autres, du caractère gendré (sexué) de nos cités. L'image des trois modèles éclate. Comme les « identités urbaines » auxquelles on a cru pouvoir les associer[65], sans grands efforts pour expliquer réellement l'existence et les transformations de ces mosaïques urbaines.

Ecologie factorielle des structures spatiales urbaines

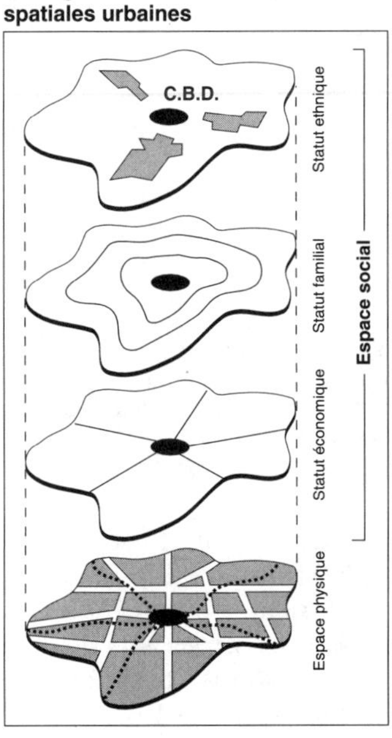

Source : Murdie R.A., 1969, Factorial ecology of metropolitan Toronto 1951-1961 : An essay on the social geography of the city, *Research Paper*, n° 116, Dept. of Geography, University of Chicago, p. 9.

Fig. 2. — Écologie factorielle des structures spatiales urbaines

61. *Écologie factorielle :* application de l'analyse factorielle à des variables décrivant la population urbaine sous ses aspects démographiques, socio-économiques et résidentiels (habitat) et générés normalement à l'échelle des secteurs de recensements d'une agglomération. Voir le concept d'analyse factorielle défini par H. Beguin dans le chapitre Analyse quantitative.

62. Yeates M., 1972, The Congruence between Housing Space, Social Space and Community Space, and some Experiments Concerning their Implications, *Environment and Planning,* 14, p. 395-414.

63. Bourne L.S., 1979, Urban Structure and Land Use Decisions, *Annals of the Assoc. of American Geographers,* 66,4, p. 521-547.

64. Davies W.K.D. and Murdie R.A., 1993, Measuring the Social Ecology of Cities, *in :* Bourne L.S. and Ley D.F. (eds.), *The Changing Social Geography of Canadian Cities,* McGill-Queen's University Press, Montréal, p. 52-75.

65. Racine J.-B., 1993, Entre Chaman et Méphisto : les villes ont-elles une âme ? Quelques réflexions sur la recherche et l'exploitation des « identités » urbaines, *in* : M. Bassand et J.-P. Leresche (éds), *Les faces cachées de l'urbain,* Lang, Berne, p. 43-60.66.

Mais le principe même de ces « représentations » issues de l'École de Chicago avait subi bien plus tôt la critique de ceux qui y découvraient l'expression d'un « organiscisme naturaliste » faisant se rencontrer, de manière originale certes, mais non critique et réductrice, le biotique et le culturel. Aux antipodes en fait, en dépit de la parenté des observations, de la méthode de F. Engels décrivant la situation de la classe ouvrière en Angleterre, avec en particulier la description de la ville de Manchester, description qui démontre, d'un même mouvement, que les individus et les ménages individuels dont on étudie la distribution sont en fait les acteurs d'une pièce mise en scène et produite par le capitalisme et ses lois. Le cas limite est évidemment celui du modèle de la ville de l'apartheid en Afrique du Sud.

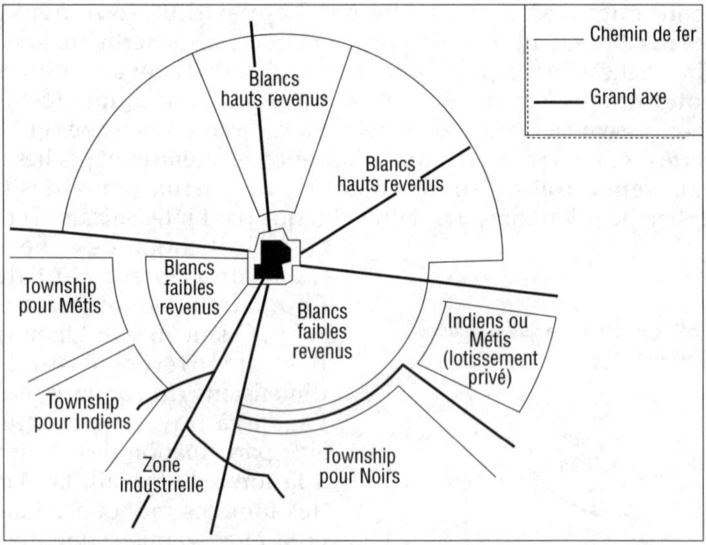

Fig. 3 Modèle de la ville de l'apartheid
Cloisonnement racial, social, spatial. Les Blancs occupent le centre. Aucun grand axe ne lie les quartiers d'habitation, pris entre centre d'affaires et zones résidentielles. Des espaces tampons, non lotis, séparent les quartiers raciaux. Jean-Pierre Raison, 1994, L'Afrique du Sud est de retour, *Les Afriques au sud du Sahara*, Géographie universelle, Belin-Reclus, Paris, p. 375.

Le travail du géographe D. Harvey du côté anglo-saxon, des sociologues M. Castells et H. Lefebvre[66] fut essentiel dans cette prise de conscience largement popularisée depuis même en dehors des cercles marxistes[67], mobilisant les processus de décision et les jeux de pouvoir pour mieux expliquer l'existence de trois autres types de généralisations, issues à l'origine de travaux de non-géographes, mais qui ont été pendant plus d'un quart de siècle au cœur de la plupart des analyses intra et extra-urbaines.

66. Harvey D., 1973, *Social Justice and the City*, Arnold, Londres. Lefebvre H., 1974, *La production de l'Espace*, Anthropos, Paris. Castells M., 1975, *La question urbaine*, Maspéro, Paris.
67. Ley D., 1983, *A Social Geography of the City*, Harper and Row, New York.

3. Les grandes généralisations empiriques

La première formulation permet d'évaluer l'état d'équilibre d'un système urbain à un moment donné. Elle s'appuie sur la constatation que dans un système urbain, il y a une liaison entre la taille d'une ville et son rang par rapport aux tailles des autres villes (Pumain, 1982)[68]. Plus précisément, si les villes sont rangées de la plus grande à la plus petite, la population P_r d'une ville est liée à son rang R par la *relation Rang-Taille*[69] suivante : $R^q . P_r = k$, où k et q sont des constantes. Dans l'ajustement logarithmique du modèle, la constante q s'avère souvent proche de – 1 évaluant ainsi la régularité de la hiérarchie urbaine. Une hiérarchie peu contrastée est traduite par une valeur absolue de q proche de zéro alors que q sera élevée si la hiérarchie est très marquée. La valeur de la constante k permet d'évaluer la taille théorique de la ville de rang 1, inférieure à la valeur observée dans les systèmes de villes à forte primatie, supérieure à la valeur observée dans les systèmes polycéphales. Ce qui revient à dire, par exemple, que la connaissance de la croissance de la 1re ville (P_1) entraînerait celle des autres, puisqu'elle serait à la base de l'*allométrie*[70] de tout le système urbain : comme les villes d'un système sont interdépendantes, la croissance plus rapide d'une ville, remontant ainsi le classement hiérarchique, ne peut se faire qu'aux dépens d'une ou plusieurs autres villes du système (Moriconi-Ebrard, 1993)[71].

Ce modèle d'une simplicité étonnante a la force de nous permettre d'élaborer des typologies de structures, fondant une sorte de géographie comparée des systèmes urbains nationaux.

On émet ainsi l'hypothèse qu'il y aurait convergence des systèmes urbains vers une distribution Rang-Taille régulière, en définitive liée à l'accroissement des niveaux de développement et d'urbanisation. Les systèmes urbains ayant un certain niveau de *primatie*[72] seraient plutôt le fait de pays neufs ou en voie de développement, de petits pays ou de pays dont l'économie reste dualiste, s'opposant aux systèmes urbains de pays plus anciens, déjà stabilisés, ou arrivés à maturité.

S'appliquant à l'échelle des *systèmes urbains*[73] nationaux, cette généralisation n'est pas sans intérêt pour exprimer parallèlement certaines formes les plus générales, aux échelles intra-urbaines, du phénomène de hiérarchisation spatiale et donc pour être utilisée comme outil de planification. Il reste qu'aujourd'hui, non seulement a-t-on pris conscience des limites techniques du modèle (Van Naelten, 1992)[74] — le fait que le rang ne soit rien d'autre qu'une simple transformation ordinale de la taille, par exemple, ce qui a pour conséquence qu'une forte proportion de la dépendance statistique est automatiquement construite dans le modèle par la corrélation entre la variable et ses valeurs transformées — mais encore de son caractère de fiction analytique d'autant moins pertinente qu'à l'heure de la globalisation de l'économie, il est de plus en plus

68. Pumain D., 1982, *La dynamique des villes,* Économica, Paris.
69. *Loi Rang-Taille :* relation empirique, de forme lognormale, entre les tailles des villes d'un système urbain et leurs rangs par rapport aux tailles des autres villes du système.

Loi Rang–Taille
Relations schématiques

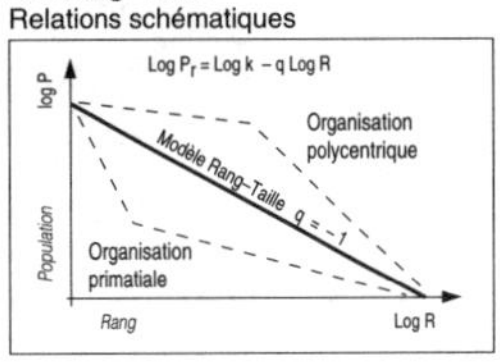

Fig. 4. — Modèle Rang-Taille

70. *Allométrie :* concept clé dans la théorie générale des systèmes et qui s'occupe de l'étude de la croissance relative des composants d'un système par rapport à l'ensemble du système ou toute partie représentative.
71. Moriconi-Ebrard F., 1993, *L'Urbanisation du Monde depuis 1950.*, Anthropos, Paris.
72. *Primatie :* cas déviant de la Loi Rang-Taille lorsqu'un système urbain est dominé par une ou quelques villes de grande taille.
73. *Système urbain :* c'est un ensemble de villes fonctionnellement interdépendantes qui doit être considéré comme un système social et non comme un système naturel.
74. VanNaelten M., 1992, The Finding of a Saturation model by Analysing a Statistical Illusion : The Remarcable Case of the « Rank-Size Rule » of Zipf, *Bull. de la Soc. belge d'Études Géogr.*, 2, p. 381-396.

difficile de considérer les villes comme des systèmes isolés au sein des structures nationales.

Deuxième type de généralisation empirique, la *règle du gradient des localisations commerciales*[75] qui lie la distribution des types de services aux résidants, les commerces en particulier, à une hiérarchie de lieux centraux intra-urbains. Les fonctions du niveau le plus élevé sont au centre-ville, là où les ventes sont proportionnelles au nombre des passants, le loyer maximal que chaque commerce accepte de payer semblant dépendre essentiellement de leur ordre dans la hiérarchie si bien que la zonation des activités à l'intérieur des villes comme d'ailleurs au sein des centres commerciaux reflète le niveau auquel ces fonctions s'ordonnent hiérarchiquement.

Règle du gradient des localisations commerciales

Relations schématiques

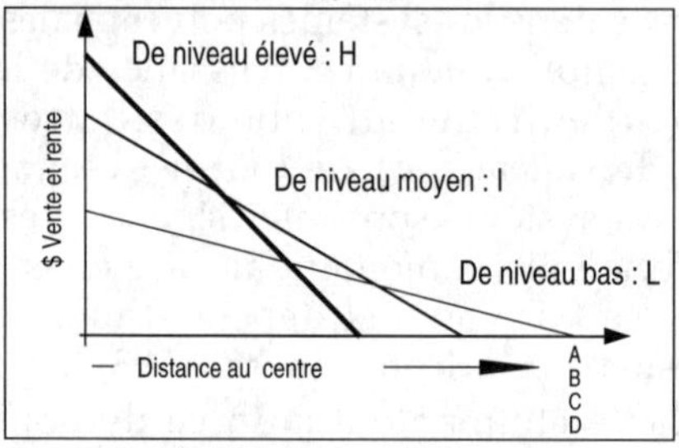

Source: Bailly A. S., 1975, *op. cit.*, pp. 46-48.

Fig. 5. — Règle du gradient des localisations commerciales

B.J. Berry a montré en Amérique qu'en plus de la hiérarchie des noyaux et centres commerciaux répartis dans la ville (métropolitain, régional, de quartier, de bloc, de coin de rue), la structure commerciale comprend des rubans commerciaux et une variété de zones spécialisées dans une fonction, l'unité commerciale cessant de plus en plus d'être la boutique isolée pour devenir le centre commercial planifié, qui lui aussi s'inscrit dans une hiérarchie. Celle-ci évolue sans cesse avec l'accroissement des populations métropolitaines, l'amélioration progressive des revenus, les transformations des méthodes de commerce et les changements techniques se traduisant par une succession de mutations qualitatives des services et des commerces, les fonctions changeant de nature à mesure que la taille de l'agglomération augmente (Bailly, 1975, p. 46-48, *op. cit.*). B.J. Berry a d'ailleurs montré que l'on pouvait relier cette structure commerciale à la structure économique des villes par la *loi de la spatialisation de l'offre aux consommateurs*[76]. Si la ville est divisée selon un schéma simultanément axial et concentrique, l'offre totale des services et commerces au sein de chacune des cellules écologiques sera fonction de la population totale de la cellule, de la densité, du statut familial et du rang social, le rôle du statut ethnique étant de moins en moins important.

75. *Règle du gradient des localisations commerciales :* dans un centre, l'activité du plus haut niveau est d'ordinaire celle qui a les besoins et les moyens de payer pour obtenir la localisation la plus centrale (ou la plus accessible).

76. *Loi de la spatialisation de l'offre aux consommateurs :* $R = sP^uD^vF^wS^z$ où
R : total de l'offre de service
P : population de la cellule écologique
D : densité de cette population
F : statut familial
S : rang social.

On sait par ailleurs, depuis les travaux de C. *Clark*[77], que dans leur immense majorité, les villes affichent une structure des densités intra-urbaines obéissant à une autre généralisation empirique, la *loi du gradient des densités intra-urbaines*[78] exprimée par la formule suivante : $d_x = d_o e^{-bx}$ dans laquelle d_x est la densité de la population résidante, x la distance au centre, b le gradient de densité et d la densité maximale au centre de la ville. Les recherches empiriques ultérieures ont largement établi la validité et la généralité de cette relation, dans les pays développés du moins et pour les villes qui ont une composition ethnique homogène.

Les économistes spatiaux semblent en avoir trouvé une explication satisfaisante en l'interprétant dans les termes de la théorie des marchés fonciers urbains et en faisant intervenir les échanges pratiqués par les individus à différents niveaux de revenus et à différentes distances du centre-ville. Des études ultérieures ont montré l'existence d'une autre généralisation possible : que le gradient de densité diminue avec le temps de manière exponentielle, ces deux généralisations conduisant à une troisième, appelée *loi de la croissance allométrique intra-urbaine*[79] et qui veut que le taux de croissance de la densité étant une fonction exponentielle positive de la distance au centre, le taux de croissance peut s'exprimer comme une fonction directe de la densité, ce qui n'a pas manqué de conduire à la notion, idéologiquement fort ambiguë, de *densité critique*[80].

Les travaux de B. Newling sur les densités urbaines, de son propre aveu, offrent l'exemple d'une chaîne de raisonnements procurant un lien direct entre le processus global d'urbanisation et l'apparition de conditions sociologiques pathologiques dans les différentes parties d'une cité quelconque. On est en droit cependant de se poser la question : ce modèle, mathématiquement sain, empiriquement vérifié, utile donc, mais issu comme tant d'autres en géographie urbaine des sciences physiques et biologiques, lorsqu'appliqué sans précaution à l'étude des résultats des pratiques sociales, ne risque-t-il pas d'avoir un effet social spécifique : naturaliser et universaliser les contradictions structurelles et les crises qui en découlent ?

De nombreux auteurs, à partir des années 70 surtout, ont critiqué la visée : une forme déguisée de *déterminisme fonctionnaliste*, qui s'exprime aujourd'hui en ces termes : « Le cadre de vie détermine le contenu de la vie » ou encore, comme chez maints architectes : « Les formes spatiales déterminent les rapports sociaux ». La critique, d'inspiration marxiste au départ, des effets idéologiques liés au fonctionnement néo-positiviste de l'analyse spatiale, allait générer une remise en question « radicale » et « critique » des pratiques de la géographie urbaine.

77. Clark C., 1951, Urban Population Densities, *Journal of the Royal Statistical Society*, 2, p. 490-496.

78. *Loi du gradient des densités intra-urbaines :* la relation densité-distance au centre d'une ville est de forme exponentielle négative.

79. *Loi de la croissance allométrique intra-urbaine :* le gradient des densités diminue avec le temps de manière exponentielle. Newling B., 1965, *Urban Growth and Spatial Structure : Mathematical Models and Empirical Evidence*, Cornell Univ.

80. *Densité critique :* seuil à partir duquel la croissance devient négative ; tout excès de densité se traduisant par des coûts sociaux.

4. La géographie urbaine entre le paradigme critique et les visions humanistes[81]

En se fondant sur l'affirmation, issue de Marx et de Lénine surtout, qui veut qu'à chaque stade de l'histoire se trouvent donnés un résultat matériel, une somme de forces productives, un rapport avec la nature et entre les individus créés historiquement, rapports découlant de la division du travail et passant nécessairement par le système de production caractérisant, en dernière instance, l'organisation des *formations sociales*[82], les géographes urbains marxistes, tout comme les sociologues de même obédience d'ailleurs, ont choisi d'étudier les villes à travers les formes d'organisation sociale et politique qu'elles traduisent[83] et singulièrement en tant qu'expression parmi d'autres des contradictions du système capitaliste.

Pour D. Harvey[84] par exemple, la société capitaliste crée un environnement construit à son image et ses impératifs structurels limitent étroitement les solutions possibles aux problèmes urbains. C'est ainsi qu'un géographe marxiste étudiant les villes s'écartera de la problématique foncièrement libérale qui a conduit un P. Claval à définir la fonction principale de l'espace urbain comme étant de permettre la maximisation de l'interaction entre les personnes et les groupes et donc de se présenter comme une organisation servant à assurer et à concilier clarté et proximité. Il préférera « s'élever au point de vue de la reproduction ». On dira alors que cet espace est d'abord un système organisé de valeurs d'usages, système produit et reproduit, c'est-à-dire transformé, système lui-même élément de différents processus sociaux responsables de la production d'un espace de production, d'un espace de circulation et d'un espace de reproduction de la force de travail.

Une des études phares à cet égard est celle conduite par D. Harvey et L. Chatterjee[85] sur la rente absolue et la structuration de l'espace par les institutions financières et gouvernementales dans la ville de Baltimore, étude qui démontre que les « choix individuels s'inscrivent dans un espace décisionnel et dans des conditions d'accès à l'information qui en limitent énormément la réalité tant et si bien qu'ils tendent surtout à se conformer à la structure sociogéographique existante et à la renforcer ». Dans une perspective à peine différente, le géographe R. Ferras[86] a également su discerner dans sa thèse sur Barcelone, le rôle des acteurs et autres unités actives et leur stratégie. Il n'a pas d'abord conçu sa Barcelone comme un paysage géographique, ni même comme un lieu d'affrontement de stratégies économiques, la grande entreprise étant l'élément essentiel de l'organisation de l'espace urbain, qui témoigne d'une urbanisation aberrante certes, mais qui est l'expression des rapports de force entre le prolétariat industriel et la bourgeoisie urbaine. L'objet de la géographie urbaine se précise à nouveau : l'étude des résultats

81. Racine, J.-B., 1996, Entre paradigme critique et visions humanistes *in :* Derycke, P.-H., Huriot, J.-M., Pumain, D. (éds), *Penser la Ville, Théories et modèles*, Anthropos, Paris, p. 201-258.
82. *Formation sociale :* on trouvera une définition des différents concepts de l'analyse marxiste dans le chapitre de R. de Koninck sur la Géographie critique.
83. Burgel, G., 1993, *La ville aujourd'hui.*, Hachette, Pluriel, Paris.
84. Harvey D., 1978, Labor, Capital and Class Struggle Around the Built Environment in Advanced Capitalist Countries, *in :* Cox K.R. (ed.) *Urbanization and Conflict in Market Societies.* Maruofa Press, Chicago.
85. Harvey D. et Chatterjee L., 1974, Absolute Rent and the Structuring of Space by Governemental and Financial Institutions, *Antipode, A Radical Journal of Geography*, 6, 1, p. 22-36.
86. Ferras R., 1977, *Barcelone, croissance d'une métropole,* Anthropos, Paris.

spatiaux des processus sociaux. Les processus de décision s'y inscrivent. Peut-on cependant les approcher, en rendre compte indépendamment d'une théorie des rapports sociaux ?

Dans son célèbre article sur la structure interne des villes, B.J. Berry[87] donnait l'interprétation suivante des *mosaïques urbaines*[88] liées aux structures écologiques mises en évidence par l'ensemble des chercheurs se rattachant au mouvement dit de l'écologie factorielle : « Tout se passe comme si, dans les limites de la technologie et des ressources dont ils disposent, les gens choisissent de minimiser les possibilités de conflit de classe, de génération, de religion, d'origine nationale, en vivant loin de ceux qui sont différents ». Pour comprendre et donc simuler le développement urbain, il faudrait et il suffirait de s'attacher à l'analyse des flux au sein des villes, qu'ils soient internes ou qu'ils proviennent de l'extérieur. Or c'est bien ce type de « non-explication », reposant sur le postulat explicite que ce sont les préférences et les choix des individus ou des ménages qui permettent d'expliquer les configurations résidentielles et la structure sociale des villes, qu'ont successivement dénoncé les chercheurs se rattachant au *paradigme critique*[89].

Ils s'interrogent : que penser des « êtres mathématiques » ayant permis d'identifier les « dimensions latentes » de la différenciation des quartiers des villes ? Dans quel sens une région écologique peut-elle être dite « réelle » ? Quels sont les rapports entre les formes urbaines dégagées par la pensée écologique et le monde de l'expérience urbaine, les rebondissements et l'immanence de la vie quotidienne ? Au sein des structures liées à la forme sociospatiale, les citadins se préoccupent de construire leur propre réalité, leur propre ville (Ley, 1983)[90]. C'est ainsi que les études qui se multiplient depuis la seconde moitié des années 70, qu'elles se rattachent à la *géographie des représentations*[91] ou qu'elles se réclament plus particulièrement du mouvement néo-humaniste lié à la phénoménologie husserlienne (Ley, 1977)[92] rappelleront plutôt que si l'espace urbain est un produit social, et si la société est tout entière dans l'œuvre de mise en forme de l'espace, conformément à la finalité qu'elle se propose (Isnard, 1978)[93], force est de constater aussi qu'il n'est guère possible d'expliquer l'inscription spatiale des sociétés en ne tenant compte que de ce que l'on nomme les infrastructures, forces productrices et rapports sociaux.

D'ailleurs la représentation qu'on s'en est faite a souvent été réductrice. Les évolutions hautement différenciées selon les villes s'inscrivent dans un système d'interdépendances externes et internes complexes. Qu'elle renvoie à l'évolution de la situation du marché et des échanges mondiaux, du marché mondial ou du marché national, à des problèmes économiques ou politiques internes, l'évolution des structures de tout système urbain est forte de composantes externes[94]. Celles-ci se répercutent évidemment sur la structure interne des villes, considérées chaque fois, pour les plus grandes du

87. Berry B.J., Internal Structure of the City, *in :* Bourne L.S., 1971, *Internal Structure of the City,* Oxford University Press, Londres, p. 97-103.

88. *Mosaïques urbaines :* la différenciation résidentielle de la ville en vient à ressembler à une « mosaïque de mondes sociaux » où chaque élément reflète le caractère et la fonction de ses habitants. Wirth L., 1938, Urbanism as Way of Life, *American Journal of Sociology,* 44, p. 1-24.

89. *Paradigme critique :* « Nouvelle géographie de l'avenir » découlant de la critique de la géographie théorique et quantitative et qui est le fait d'hommes qui se réclament soit de la philosophie marxiste, soit de la phénoménologie, voire d'un humanisme existentialiste ou même, explicitement, de l'idéalisme. Isnard H., Racine J.-B. et Reymond H., 1981, *Problématiques de la géographie,* Paris, PUF.

90. Ley D., 1983, *A Social Geography of the City,* Harper-Row, New York.

91. *Géographie des représentations.*

92. Ley D., 1977, Social Geography and the Taken-for-Granted World, *Transactions, Institute of British Geographers,* n° 2, p. 498-512.

93. Isnard H., 1978, *L'espace géographique,* PUF, Paris.

94. Simmons J.W., 1989, The External Relationships of Urban Systems : A Commentary, Bourne L.S. *et al., The Changing Geography of Urban Systems,* IGU Commission on Urban Sytems in Transition, p. 103-118.

moins, comme une reproduction du pays en miniature. Dans ces systèmes urbains, ce qui paraît le plus actuel c'est bien l'apparition, dans les termes de la géographie économique au moins, d'une géographie des espaces de bureaux, de la haute technologie, du rôle économique de la culture comme créatrice d'une image de marque (Racine, 1990)[95], voire dans ceux de la géographie sociale[96], d'une *géographie des « genres »*[97] ou des rapports spécifiques qu'entretiennent à l'espace les hommes et les femmes, et d'une analyse des mutations sociales du centre urbain liées au phénomène de « *gentrification* »[98], ou, ici, d'élitisation. La réhabilitation des vieux quartiers par les *yuppies*[99], nouveaux jeunes professionnels urbains, et autres *dinks*[100], « double income, no kids », introduit de nouvelles polarisations, toujours difficiles à assumer. La gentrification a, en effet, ses corrolaires obligés dont l'exclusion à terme des plus faibles et des marginaux de tous types. Le rôle du contrôle institutionnel et politique reçoit également, depuis quelques années, une attention croissante, éclairant le caractère « turbulent » des systèmes urbains et les incertitudes marquant leur évolution en termes de croissance et de changement.

Une géographie des institutions, une géographie des espaces d'activité, une géographie des acteurs, une géographie du changement, à tous les niveaux. Toutes contribuent à une nouvelle connaissance générale, produisant une nouvelle image du pays urbain, tandis que parallèlement, la géographie de la *qualité de la vie* et du *bien-être* social[101], une géographie des préoccupations du public aussi, à partir d'enquêtes directes auprès des populations, nourrissent une nouvelle conception de l'objet de la géographie. Celle-ci est d'inspiration plus phénoménologique, orientée sur les significations que prend la vie urbaine pour les habitants, dans le cadre d'une problématique relationnelle, ouverte aux préoccupations de la *territorialité*[102], médiatrice des rapports que les hommes entretiennent entre eux et avec l'altérité environnementale et sociale.

La géographie urbaine d'aujourd'hui prend en compte l'univers égocentré qui n'est pas uniquement celui de cet homme producteur-consommateur, cet « actif » que l'on transporte ou qui se transporte quotidiennement dans un nomadisme effréné, et qu'il faut bien payer et loger pour qu'il puisse reproduire sa force de travail. La géographie urbaine découvre que cet univers égocentré est aussi celui de l'enfant, du vieillard, du chômeur, de toutes les situations où l'être, pour ainsi dire, adhère à lui-même et à l'espace sans médiation et sans réflexion. Cette géographie tend alors à devenir une géographie générale de l'expérience urbaine, celle de tous les hommes, de toutes les femmes (Coutras, 1996)[103], de tous les enfants qui s'y rassemblent, qui s'y agrègent autant qu'ils s'y ségrègent (Brunet, 1986)[104], une géographie de l'*espace vécu*[105].

Nul doute que le recentrage de la géographie urbaine sur les acteurs et les « sujets » soit nécessaire et enrichissant. Il serait

95. Racine J.-B., 1990, Villes, entreprises, images et culture, *HEGOA*, Institut de Recherche sur les Sociétés et l'Aménagement, Université de Pau et des Pays de l'Adour, n° spécial, *Autour de l'œuvre de Michel Chadefaud*, p. 89-98.
96. Voir à ce sujet le chapitre de P. Claval, La géographie sociale et culturelle.
97. *Géographie des genres :* les rapports entre sexes sont compris dans leur nature sociale plutôt que simplement biologique.
98. *Gentrification* ou *élitisation :* processus de renouveau social fondé sur le retour des classes riches et moyennes des banlieues vers les centre-villes. Voir Ley D., 1986, Alternative Explanation for Inner City Gentrification : A Canadian Assesment, *Annals of the Assoc. of Am. Geogr.*, n° 76, p. 521-535 ; Ley D., 1988, Social Upgrading in Six Canadian Inner Cities, *Le Géographe Canadien*, vol. 32, n° 1, p. 31-45.
99. *Yuppies.*
100. *Dinks.*
101. *Qualité de la vie* et *bien-être social :* thèmes développés par B. Debarbieux dans le chapitre sur la représentation en géographie.
102. *Territorialité* : thème est abordé par C. Raffestin et A. Barampana dans le chapitre Espace et pouvoir.
103. Coutras J., 1996, *Crise urbaine et espaces sexués*, A. Colin, Paris. Séguin A.-M. et Villeneuve P., 1987, Du rapport hommes-femmes au centre de la Haute-Ville de Québec, *Cahiers de Géographie du Québec, Espaces et femmes*, vol. 31, n° 63, p. 189-204.
104. Brunet R., 1986, L'espace, règles du jeu, *in :* Auriac F. et Brunet R. (éds), *Espace, jeux et enjeux*, Fayard, Paris.
105. *Espace vécu.*

dangereux cependant s'il contribuait à surdéterminer le rôle de l'usager et occultant celui du décideur/aménageur. Plus généralement encore, nous maintiendrons ici que les faits géographiques que nous étudions ne constituent pas des occurrences indépendantes et autodéterminées. Ce sont bien au contraire des événements sociaux, inscrits, enracinés, dans la société et dérivant leur logique et leur signification historique des configurations générales de la société dans sa globalité, ce qui revient à dire que l'on ne peut étudier ces structures géographiques comme objets d'étude théoriques (même le territoire de notre vie quotidienne), indépendamment d'une théorie plus large de la société (Dear et Scott, 1981)[106].

Rien n'interdit pourtant de concevoir la géographie urbaine dans le cadre d'une écologie allant au-delà d'une analyse des causes et des conséquences des répartitions et des stratifications territoriales (École de Chicago), pour tenter de percevoir, d'un même mouvement, les différents types de mécanismes relationnels liant les acteurs à l'intérieur d'une production urbaine ayant pour objectif l'appropriation du territoire au triple sens de l'identité spatiale, de l'exclusivité et du compartimentage de l'interaction humaine dans l'espace. Il reste que pour l'essentiel l'espace s'ordonne bien en reproduisant les projets et les rapports de groupes économiques et sociaux qui en animent la structure. En définitive c'est le concept de *dominance* qui sert de lien théorique entre une vision de l'espace urbain dérivée d'une théorie d'inspiration économique, comme la théorie des lieux centraux, et une autre vision, d'inspiration directement écologique. Même si les notions de *dominance métropolitaine*[107] personnelle et écologique diffèrent logiquement, les principes de domination et de subordination sont communs. Au fur et à mesure que les unités sociales se différencient de part leur fonction, naît parallèlement une hiérarchie de relations de pouvoir permettant à l'unité dominante de contrôler les conditions nécessaires au fonctionnement des autres.

Il reste que tout comme les historiens, G. Duby par exemple, les géographes ont compris qu'il fallait tenir compte aussi de l'intervention du pluralisme des idées, des images, des codes de comportement, des systèmes de valeurs et de tout ce qui n'étant pas matériel, a autant de réalité, les représentations mentales ce que l'on pourrait également appeler, dans une certaine mesure, l'idéologie. C'est justement ce rôle des images mentales qu'étudie la géographie de la perception, des espaces vécus et des *comportements*[108] tandis que la géographie phénoménologique s'attachera de beaucoup plus près, à travers l'étude des relations, tant formelles qu'informelles qui structurent la quotidienneté dans le champ urbain, aux situations et aux processus sociaux réels qui sous-tendent les cartes et les données statistiques de la géographie urbaine.

Dans cette perspective, la ville n'est pas qu'un espace bâti de pierre et de béton, un simple ensemble de valeurs d'usages et

106. Dear M. et Scott A.J. (eds.), 1981, *Urbanization and Urban Planning in Capitalist Society*, Methuen, New York.

107. *Dominance métropolitaine :* concept mis en évidence en 1949 par le sociologue D.-J. Bogue pour cerner le rôle prépondérant des métropoles qui organisent et influencent la vie sociale et économique de territoires bien plus vastes que celui de leur propre limite.

108. Voir le chapitre de B. Debarbieux sur les Problématiques de l'image et de la représentation en géographie.

d'échange, organisé pour exercer telle ou telle fonction économique et abritant telle ou telle classe démographique et sociale, qu'il suffit de considérer, à la manière de la Charte d'Athènes, comme une simple machine à produire et à consommer, à circuler et à habiter, pour l'étudier et la planifier. La ville est faite autant d'idées que de pierres et d'habitants[109]. Les dimensions morphologiques, sociofonctionnelles et socio-affectives de la ville sont difficilement séparables[110]. La grande question aujourd'hui est de savoir comment la ville peut être rendue vivable (Ley, 1990)[111]. Si les géographes l'oubliaient, les révoltes des jeunes et autres « casseurs », les « squatts » qui se multiplient ici ou là, dans les banlieues sordides comme autour des zones réoccupées par le mouvement d'élitisation des centres, leur rappelleraient qu'ils ont aussi pour mission de contribuer, au-delà du savoir-lire la ville, à son savoir-faire et à son savoir-vivre. C'est dans cette perspective d'ailleurs qu'après un détour sémiologique inspiré par R. Barthes, qui n'a peut-être pas encore donné les résultats attendus[112], ils se retrouvent toujours plus nombreux aux côtés des urbanistes[113], dans une même recherche des conditions de l'*urbanité*[114]. Tout un programme à l'heure où nos représentations de l'idée même de ville risquent d'être radicalement mises en question.

5. Le redimensionnement de la géographie urbaine

Des perspectives nouvelles s'ouvrent à la géographie urbaine. Elles nous semblent aller dans deux directions reprises dans la nouvelle appellation de la Commission que l'Union géographique internationale consacre à l'étude de l'urbain : « développement urbain et vie dans les villes ».

5.1. Synergétisme et polycentrisme

Bien entendu, l'étude des systèmes urbains n'allait pas en rester, comme aux beaux jours de la théorie des lieux centraux, à la seule prise en compte du fait commercial et d'une représentation de la ville comme centre d'achat, ni même comme lieu de création de ces économies d'agglomération, externalités indivisibles conduisant les entreprises à se rassembler pour en bénéficier et justifiant l'existence des *concentrations urbaines*[115]. D. Pumain et T. Saint-Julien (1978)[116] ont bien montré comment l'appartenance des villes au réseau est un déterminant fondamental de leur constitution en tant qu'agrégats de population et d'activités. Le réseau représente en fait, pour chaque ville, un facteur très important de régulation de sa dimension, des interactions qui régissent la localisation des activités et les migrations des populations qui y résident, des transformations qui en modifient la composition interne, sans pour autant changer nécessairement de manière significative sa situation relative dans le réseau. D. Pumain (1982)[117] montrera aussi, dans une perspective dynamique, que ces régulations opérées

109. Bertrand M.-J., 1980, *Architecture de l'habitat urbain. La maison, le quartier, la ville*, Dunod, Paris.
110. Rémy J. et Voyé L., 1992, *La ville : vers une nouvelle définition ?* Paris, L'Harmattan.
111. Ley D., 1990, Urban liveability in Context, *Urban Geography*, 11, p. 31-35.
112. Racine J.-B., 1986, La terra, scrittura da decifrare ? Riflessioni critiche sulla pertinenza di una geografia semiotica, *in :* Copeta C. (a cura di), *Éric Dardel, L'uomo et la terra*, Unicopli, Milano, p. 145-164.
113. Racine J.-B., 1990, Villes et géographie urbaine pour les années 90 : une problématique en mutation, Les terrains de la géographie, *Études de Lettres*, Lausanne, p. 27-46.
114. *Urbanité :* « Qualité d'une organisation urbaine illustrant l'identité d'une ville, sa mémoire, ses conflits, ses changements. Qualité d'un espace ou d'une architecture, exprimant et laissant s'exprimer les projets et les comportements des différents acteurs sociaux. Qualité de pratiques sociales agissant sur l'espace et l'architecture. L'urbanité tend à mettre en relation l'homme et la ville à travers une culture et le génie du lieu. » *À la recherche de l'urbanité*, Biennale de Paris, 1980, Centre G. Pompidou.
115. Thisse, J.-F., 1993, Oligopoly and the Polarization of Space, *Papers and Proceedings of the European Economic Association*, 37, p. 299-307.
116. Pumain D. et Saint-Julien T., 1978, *Les dimensions du changement urbain*, CNRS, Paris.
117. Pumain D., 1982, *La dynamique des villes*, Économica, Paris.

par le jeu des interactions entre les villes à l'échelon géographique du réseau, étaient en fait l'expression du fonctionnement du principe d'agglomération.

Mais ce sont surtout les modalités de la formalisation du temps et des changements urbains qui sont au cœur des problématiques développées depuis quelques années par les géographes[118] s'intéressant au transfert de modèles dynamiques en géographie urbaine, le concept de changement étant explicitement issu de la *théorie de l'auto-organisation ou de la synergétique* formalisée tant par l'École de Bruxelles avec I. Prigogine que par les chercheurs de Stuttgart autour de H. Haken, introduites en France par D. Pumain, L. Sanders et T. Saint -Julien (1989)[119]. Ces approches analysent des systèmes comportant plusieurs niveaux d'organisation. Les géographes ont repéré depuis longtemps des structures hiérarchiques dans l'espace géographique, et ils ont démontré que les phénomènes pouvaient être différents selon les seuils d'observation. La *synergétique* propose des moyens conceptuels et méthodologiques pour comprendre comment s'effectue le passage entre un niveau microscopique, par exemple celui des comportements individuels, avec leur diversité, et un niveau macroscopique, celui des régularités repérables dans les entités géographiques que sont par exemple une région ou une ville, agrégats dont la structure et la dynamique sont produites par les interactions entre les comportements individuels.

Autant de travaux qui s'inscrivent dans un effort plus général concernant la modélisation des systèmes complexes et qui doivent beaucoup à la révolution de la science provoquée par les concepts qui émergent de l'étude des structures dissipatives en physique et en chimie (Allen et Sanglier, 1981)[120].

Au point de rencontre des différents axes du changement que sont l'internationalisation des échanges économiques, l'intensification de la division du travail, l'avènement d'une culture individualiste, la crise de légitimité de l'État, les transformations de l'espace lui-même, avec l'émergence de l'urbanisation extensive, de la ville diffuse, voire « ville-territoire », « ville-réseau » ou « l'hyperville » chères à A. Corboz[121] ne convient-il pas de revoir nos modèles et nos outils de travail, en vue de construire une nouvelle théorie de la dynamique territoriale ?

Comme le rappelent B.J. Berry et K. Hak-Min[122], toute la théorie urbaine s'appuie sur l'image reçue d'une urbanisation fondée sur un modèle : celui de la métropole unicentrée dans laquelle la ville est vue comme organisation des proximités, outil économique ayant émergé dans l'histoire pour résoudre les problèmes posés par les coûts et les lenteurs du transports en agglomérant les industries et les emplois dans ou autour d'un centre unique et en accumulant la population autour du centre et le long de voies radiales de pénétration et de transport. Une forme qui a atteint son zénith autour de la Seconde Guerre mondiale, mais qui a été érodée par la suburbanisation, la

118. Lepetit B. et Pumain D. (éds), 1993, *Temporalités urbaines*, Anthropos, Paris.

119. Pumain D., Sanders L. et Saint-Julien T., 1989, *Villes et auto-organisation*, Économica, Paris.

120. Allen P.M. et Sanglier M., 1981, Urban Evolution, Self-organization and Decision-Making, *Environment and Planning* A, 13, p. 167-183.

121. Corboz A., 1993, La Suisse, fragment de la galaxie urbaine européenne, *Revue Économique et Sociale*, Lausanne, 4, p. 253-260.

122. Berry B.J. et Hak-Min K., 1994, Challenges to the Monocentric Model, *Geographical Analysis*, 25, 1, p. 1-4.

déconcentration, l'exurbanisation, la décentralisation et la dispersion, qui après avoir touché les résidences et les commerces, touche aussi les firmes, y compris les firmes du tertiaire supérieur. C'est ainsi que les *New Cities* de R. Fishman[123] sont des régions urbaines déferlantes, dont l'unité de mesure n'est plus le bloc, mais le « corridor de croissance » qui s'étend sur 50 à 100 miles, ces régions qui manquent de ce qui donne forme et signification à chaque forme urbaine du passé : un centre dominant unique dont les limites étaient définissables.

Chaque paysage urbain est moule et miroir de notre vie économique, de notre culture, de notre société. Les New Cities ne font pas exception. Les régions urbaines d'aujourd'hui reflètent de fait l'éclipse progressive et continue de la production et de la consommation de masse dans la sphère économique, accompagnant l'émergence d'un capitalisme flexible dont les localisations jouent sur des marchés de plus en plus segmentés, et une compression de l'espace-temps, les attitudes philosophiques passant du modernisme au postmodernisme (Knox, 1991)[124] et à son goût pour le recours aux sources du passé, la citation, la combinatoire ludique, le régionalisme.

Mais la vie va, et vite et nos représentations méritent d'être révisées. Chacun reconnaît aujourd'hui que tout en étant de moins en moins lié à la ville au sens strict, le fait urbain a saisi la société tout entière, s'étant étendu à l'ensemble du territoire. Ce qui n'empêche pas certains de se plaindre de l'étiolement et parfois de l'implosion du cœur des villes, comme à Détroit, Los Angeles et peut-être bientôt, plus près de nous, à Marseille, dont témoigne, par exemple, le mouvement de désaffection qui gagne plusieurs grands centres, accompagné d'une substitution de population mal intégrée à une population d'esprit citadin qui, elle, part résider dans une périphérie aux limites de plus en plus floues, la ville y perdant ses structures matérielles et formelles.

Nos métropoles sont soumises à des pulsions qui renvoient aux relations qui s'établissent entre l'économie et l'espace. Espace et économie connaissent alors des distorsions qui se traduisent par des déclassements/reclassements, délocalisations/relocalisations continus remettant en cause l'association entre centre et centralité. En regard d'une double logique, liée à la mondialisation de l'économie et imprimant à nos agglomérations leurs intérêts propres, l'une touchant à certains espaces stratégiques de l'agglomération en termes économiques, l'autre se focalisant sur quelques périmètres bien déterminés dans la ville-centre. Il n'est pas si évident, d'autre part, qu'il s'agisse des élus ou des habitants en général, que les populations concernées puissent s'adapter sans risque aux mutations qui se déroulent dans l'espace urbain et ce, d'autant plus que ces pressions symbolisent les restructurations économiques qui

123. Fishman R., 1990, America's New City, *The Wilson Quaterly*, 14, p. 24-48.

124. Knox P., 1991, The Restless Urban Landscape, *Annals of the Assoc. of Am. Geographers*, 81, p. 181-209.

dépassent de loin le cadre des forces économiques locales (Wolf, 1993)[125].

La globalisation de l'économie et l'empreinte du capitalisme avancé conduisent actuellement à une recentralisation, parfois violente, de l'activité économique, s'exprimant simultanément par la renaissance des centres-ville et l'émergence parallèle de ces « edges cities »[126], cités-lisières au sein des aires métropolitaines nord-américaines, la renaissance centrale prenant de fait la forme complexe d'une urbanisation congestionnée, fragmentée et polarisée[127].

La vie dans les villes se réalise à travers des configurations composées de différents réseaux superposés, ayant chacun sa logique propre, rendant obsolète tout une terminologie et des représentations de l'urbain dérivant encore de la métropole industrielle. Nous pensons pourtant qu'au niveau structuro-fonctionnel et même au niveau socio-affectif (Rémy et Voyé, 1992)[128], la déconcentration de la population et des emplois au sein de l'hyperville et la forte croissance de certains pôles secondaires ne doivent pas faire illusion. À cet égard, les démonstrations des travaux d'A. Cunha et J.-B. Racine[129] sur l'invariance dans le changement et le rôle de la qualification du travail recoupent ce qui a été mis en évidence en France par D. Pumain et T. Saint -Julien[130].

Il est vrai que les indicateurs de la centralité ou de la périphéricité sont multiples. Il est vrai aussi que ces indicateurs sont inégalement et pas toujours positivement corrélés dans l'espace. Il est de plus en plus vrai également que les nouvelles régions urbaines sont polycentrées, multicentrées, avec des centres de troisième, quatrième et même cinquième générations localisés dans et au-delà des cités de lisière et des corridors de croissance autour desquels s'étalent de grandes communautés résidentielles planifiées par la promotion privée. Il reste que la constitution de ces nouveaux tissus urbains n'est encore que l'expression du renforcement du rôle économique et social, à l'échelle du pays, des métropoles anciennes.

Invariance dans le changement ? La centralité urbaine est un des éléments qui structure fortement les rythmes de fréquentation et les choix de localisation, de délocalisation et de relocalisation des acteurs économiques mais aussi le système de relation des habitants à leur territoire dans un autre registre que l'économique, celui du vécu et, d'une manière plus générale, celui du culturel. À l'intérieur d'un espace multimodal, les habitants vivent une cité à la carte. Ce qui n'empêche pas les centres des agglomérations d'en demeurer le principal élément structurant par la densité de leurs liens et la dimension des effets de polarisation, par rapport à tous les centres secondaires, ou aux différentes zones fonctionnelles, qu'elles soient bleues, vertes ou grises, et ce très significativement, dans le domaine des activités ludiques et culturelles qui restent le fin mot de l'urbanité.

125. Wolf J.-P., 1993, *Dynamiques sociales et urbaines en Suisse*, Berne, FNRS, PNR25.

126. *Edge cities*. Garreau J., 1992, *Edge City. Life on the New Frontier*, Anchor Books, New York.

127. Baumont C. et Huriot J.M., 1997, Processus d'agglomération et définition de la ville, *Revue d'Économie urbaine et régionale*, IV, p. 515-524.

128. Rémy J. et Voyé L., 1992, *op. cit.*

129. Cunha A. et Racine J.-B., 1990, Invariance and Structural Changes in the Swiss Urban System : The Leading Role of Tertiary Activities, L.S. Bourne *et al.*, *The Changing Geography of Urban Systems*, IGU, p. 145-172.

130. Pumain D. et Saint-Julien T., 1989, À ville plus grande, travail plus qualifié, *Les Annales de la Recherche urbaine*, 29, p. 105-118.

5.2. La ville, « fabrique d'exclus » ?

Reste à reconnaître que ce type de développement peut engendrer des effets sociaux tout aussi visibles, qui s'inscrivent aussi et déjà dans les réalités quotidiennes. Quels problèmes pose-t-il ? Affaiblissement des villes moyennes, affaiblissement de la base économique et démographique des villes et agglomérations spécialisées dans les branches menacées par ou exposées à la concurrence internationale, déconnection du tissu social pouvant venir de plusieurs facteurs, l'immigration et absence de véritable politique d'intégration des minorités ethniques, émergence de la pauvreté d'exclusion sociale de différentes minorités (étrangers, familles monoparentales, vieux, chômeurs), augmentation de l'individualisme et perte du sens, du relationnel et des identités communautaires. Maintien ou progression des bureaucraties administratives dans leurs logiques purement sectorielles, et impossibilité d'élaborer un projet global.

L'essentiel en effet paraît aujourd'hui dans les coûts sociaux de ce qui a été décrit par ailleurs (A. Touraine, 1993)[131] comme la montée dans nos métropoles de non-villes, de contre-sociétés urbaines qui sont définies par la ségrégation, la violence et l'économie mafieuse. Trois phénomènes qui sont liés et qui nous conduisent à nous demander si nous ne sommes pas dans des situations de posturbanisation, voire de désurbanisation de la ville. À l'heure où l'on se repaît du rôle des identités culturelles urbaines[132] comme moteur du développement territorial, en évoquant même une écologie mentale du développement urbain, d'autres analyses, et particulièrement à l'échelle des métropoles, conduisent à stigmatiser les villes comme lieux de non-identité des gens. Les villes seraient-elles les trous noirs où les spécificités individuelles se sont perdues ? N'est-ce pas à partir de réalité, qu'est en train de germer l'idée[133], qu'il serait peut-être temps que l'Europe commence à penser non pas une politique urbaine centralisée et technocratique, mais une politique urbaine à partir de laquelle la ville serait vécue et pensée dans la tête des Européens. Elle se transformerait par toute une série d'initiatives locales, décentralisées et interlocales, ce qui permettrait peut-être d'exprimer alors cette capacité de créativité qui devrait être typique des métropoles, et peut-être plus généralement encore typique de l'Europe, car c'est bien là que le caractère urbain de nos civilisations s'est développé.

La question est de savoir si nous sommes dans une société qui va de plus en plus spatialiser ces inégalités et qui va les rendre, dans une certaine mesure, irréversibles ou au contraire dans une société qui va pouvoir les traiter, en se fondant sur les valeurs de dignité, de démocratie et d'enracinement ? On peut se demander si notre société porte en elle-même la capacité de réduire ces écarts et surtout si elle n'y pousse pas par ses propres divisions du travail, par ses propres statuts modifiés du travail, par son propre système de valeurs.

131. Touraine A., 1993, Quelles recherches sur la ville ? Approches pluridisciplinaires, *Lettre des programmes interdisciplinaires de recherche* du CNRS, PIR-Villes, n° 1.

132. Bassand M. et Leresche J.-P., 1994, *Les faces cachées de l'urbain*, Berne, Peter Lang.

133. Petrella R., Programme FAST de la Communauté européenne.

En deux générations, notre société est devenue urbaine et la ville le territoire de la vie quotidienne, le principal réceptacle où s'est cristallisée la mémoire historique de l'humanité en même temps que le miroir où se reflètent ce que sont les hommes d'aujourd'hui. Le problème étant que sous le choc brutal d'une croissance mal maîtrisée et faute d'une vision globale de leur destin, les hommes d'aujourd'hui, les hommes et les femmes bien sûr, en viennent à se demander si les villes ne sont pas en train de perdre la mémoire, celle d'un patrimoine millénaire, sans rien créer de mémorable pour autant. Même si certains ont cru pouvoir se gargariser du concept, la ville moderne ne débouche sur aucune « postmodernité », terme qui entretient l'illusion d'une sortie de crise. À quelques élucubrations architecturales près, nourries de l'art de la citation, recours aux sources que l'on peut d'ailleurs fort bien apprécier dans le décor, la ville elle-même n'est pas dans le post, le dépassement, mais dans l'impasse du patchwork aléatoire qu'elle est devenue. « La performance, le réseau, mais aussi la niche — le *cocooning* des Américains —, ne sont pas des valeurs postmodernes, mais des références qui reflètent directement les contraintes de la modernité et ses effets de conditionnement. Si ces valeurs sont modernes et non postmodernes, elles sont cependant posturbaines, c'est-à-dire des figures de la crise, de la défaillance et de la déchéance de la ville » (Chesneaux, 1992)[134]. Ne l'oublions pourtant pas, même à l'heure où s'annonce la « métapolis »[135], la « ville » est notre devenir. Pourrons-nous dire avec T. Paquot et ses citadins vivant « *pour et avec* des valeurs urbaines et non selon de futiles modes ventant d'illusoires envies aux allures de vidéo-clip » : « Vive la ville ! »[136] ?

6. Conseils de lectures

GRAFMEYER Y., 1994, *Sociologie urbaine*, Nathan, Collection Université, Paris.

Paradoxalement peut-être cet ouvrage de sociologue se présente comme la meilleure entrée possible à l'étude de la ville, à la fois territoire et unité de vie collective. La vie urbaine est saisie dans les tensions qui la traversent et la constituent : tensions entre la distance et la proximité, entre la localisation et la mobilité, entre l'hétérogénéité et l'intégration, entre les lignes de force qui commandent le devenir des villes et la gestion collective des enjeux de la cité.

RONCAYOLO M., 1990, *La ville et ses territoires*, Gallimard, Collection Folio, Paris.

Cet ouvrage de l'un des grands noms de l'école géographique française, féru d'histoire, étudie les différentes dimensions morphologiques, démographiques, socio-économiques, socioculturelles de la ville dans son rapport au territoire, dans ses représentations, y compris idéologiques, comme dans ses changements.

134. Chesneaux J., 1992, Insoutenable modernité, *in : La Revue nouvelle*, fév.-mars, p. 54-63.

135. Ascher, F., 1995, *Métapolis ou l'avenir des villes*, Odile Jacob, Paris. Asher F., 1998, *La République contre la ville, essai sur l'avenir de la France urbaine*, Éd. de l'Aube, La Tour d'Aigues.

136. Paquot, T., 1994, *Vive la ville !* Collection Panoramiques, Condé-sur-Noireau. Mais aussi Ghora-Gobin C. (dir.), 1994, *Penser la ville de demain. Qu'est-ce qui institue la ville*, L'Harmattan, Paris.

BAILLY A., BAUMONT C., HURIOT J.-M., SALLEZ A., 1995, *Représenter la Ville*, Économica, Collection Géo Poche, Paris.

Ouvrage pluridisciplinaire ouvert non seulement sur la géographie des représentations et une très sérieuse quoique rapide problématisation de l'approche économique (tant micro que macro) de la ville, mais aussi sur la thématique de la ville idéale entre théorie et utopie.

MÉRENNE-SCHOUMAKER B., 1996, *La localisation des services*, Nathan, Collection Université, Paris.

Tout en étant orienté sur l'étude des services classés en quatre grands sous-secteurs, le commerce de détail, les services publics, le tourisme et les loisirs, ainsi que les services aux entreprises, ce petit livre fait constamment référence aussi bien à la ville dans l'espace qu'à la ville comme espace et enrichira très utilement la réflexion sur la ville comme lieu central comme celle des spécialisations des sous-espaces urbains en montrant les nouvelles polarités qui s'y dessinent et en offrant d'utiles outils d'analyse et de travail personnel.

7. Sujet : rendre compte d'une ville

Rendre compte d'une ville ou d'un « morceau » de territoire urbain de votre choix. Il vous appartient de dégager des structures, comprises comme un moment d'un processus en cours, en décrivant et en donnant sens aux observations.

L'exemple proposé concerne la ville de l'apartheid telle qu'on la rencontre (encore) en Afrique du Sud dont le modèle complète utilement ceux élaborés sur la ville de Chicago (*cf.* fig. 3, voir L. Coray-Dapretto, 1997, Une township sud-africaine : quelques échelles de lecture, *in* : *Lieux et espaces urbains* : *seuls, ensembles,* Albion 2, Grenoble, p. 87-108).

Pensons à Soweto à Johanesburg, l'une de ces townships (zone réservée pour des résidents non blancs, c'est-à-dire des Noirs, des Métis ou des Indiens, qui n'avaient pas le droit d'habiter dans le centre des villes sud-africaines, chaque groupe racial étant en outre obligé de vivre dans des townships séparées, selon le tristement célèbre régime d'apartheid, ce mot signifiant justement séparation). Nous vous proposons d'identifier un certain nombre de dimensions ou d'échelles constituant chacune un champ d'investigation possible, manifestant la différence des modalités de mesure et susceptible d'être nommées :

– *Échelle d'éloignement/rapprochement* dans laquelle on voit une politique délibérée de ségrégation, d'exploitation et de contrôle. Ni trop près, ni trop loin pour empêcher les gens de résider en ville blanche mais leur permettre de venir quotidiennement y travailler. Un fait de position, de situation.

– *Échelle de contrôle spatial et économique* (trame morphologique et trame socio-économique) : une voie d'accès unique, un ensemble résidentiel entouré de zones, des postes de police situés à l'entrée et facilitant le blocage éventuel d'une township entière. Interdiction de comporter des zones commerciales ou industrielles de manière à ce qu'elles restent complètement dépendantes des zones blanches pour leur approvisionnement. Interdiction, jusqu'à tout récemment, de devenir propriétaire de sa maison, indépendamment de sa situation financière.

– *Échelle des classes sociales :* les townships sud-africaines ne représentent pas une classe sociale unique dans la position dans le travail et s'expriment à travers une hiérarchie dont l'occupation de telle ou telle demeure est une des marques. Depuis la plus petite élite qui vit dans les confortables bungalows aux squatters qui construisent où ils peuvent et ne disposent d'aucun confort en passant par plusieurs formes d'habitats informels.

– *Échelle socio-affective de l'appartenance :* une township n'est pourtant pas qu'un dortoir, mais un endroit extrêmement vivant où il existe des activités culturelles communautaires très importantes (fêtes, cérémonies, vie religieuse et associative), regroupements selon les origines et la participation aux mêmes luttes politiques, activités consacrées à donner une âme au quartier (peinture des maisons).

– *Échelle d'opposition conflictuelle violente :* violence politique (qui s'estompe), économique (liée au chômage endémique) et violence des jeunes trouvant dans les gangs un lieu d'identification qui leur est refusé ailleurs en tant qu'exclus de la vie économique et sociale.

10

La géographie agraire et la géographie rurale

Robert Chapuis*

* Professeur à l'Université de Bourgogne à Dijon.

La géographie rurale[1] a d'abord été essentiellement une géographie agraire, puis elle est devenue plutôt géographie agricole, avant de devenir pleinement géographie rurale en prenant en compte l'ensemble des populations et des activités de l'espace rural et non plus seulement ce qui touche à l'agriculture.

1. La géographie rurale comme *géographie agraire*[2]

Lorsque la géographie humaine moderne apparaît, dans la seconde moitié du XIXe siècle, le monde occidental est encore assez largement rural et, dans cet espace, les activités agricoles sont prépondérantes. Les géographes s'intéressent donc, généralement, beaucoup plus à la campagne qu'à la ville et aux activités agricoles qu'aux autres activités. Ils étudient d'autant plus volontiers l'espace rural que l'on fait alors de la géographie la discipline qui analyse les relations entre l'homme et le milieu naturel. Or, où mieux étudier ces relations, et en particulier leur traduction dans un paysage, qu'à la campagne ? La géographie rurale va ainsi devenir une des pièces maîtresses de la géographie humaine et le rester pendant toute la première moitié du XXe siècle.

Cette géographie, alors appelée rurale, est en réalité essentiellement agraire. Elle s'intéresse particulièrement aux paysages agraires[3] dont on étudie deux composantes : la morphologie agraire et l'habitat, la morphologie agraire[4] étant la forme et l'organisation des parcelles et le mode de clôture de celles-ci. On distingue ainsi des *paysages d'enclos*[5], où les parcelles (ou les groupes de parcelles) sont ceints d'une clôture, le plus célèbre étant le *bocage*[6], et des paysages de champs ouverts ou *openfield*[7], dépourvus de clôtures.

1. *Géographie rurale :* étude de l'organisation de l'espace rural (campagne) par les sociétés humaines.
2. *Géographie agraire :* étude des paysages et des structures socio-économiques liés à l'agriculture.
3. *Paysage agraire :* résultat de l'aménagement et de la mise en valeur par les agriculteurs d'une portion de la surface terrestre.
4. *Morphologie agraire.*
5. *Paysage d'enclos.*
6. *Bocage :* paysage où les parcelles (ou groupes de parcelles) sont entourées de haies vives ou de levées de terre plantées.
7. *Openfield.*

L'*habitat rural*[8], c'est-à-dire l'agencement des espaces habités, est analysé d'abord sous l'angle de sa répartition dans l'espace. L'habitat est considéré comme *dispersé*[9] lorsque les maisons sont soit toutes isolées, soit rassemblées en petits groupes ou hameaux. Il est considéré comme *groupé*[10] si les habitations sont rassemblées en nombre plus important. Pour éclairer ce problème complexe, A. Demangeon[11] met au point un indice de dispersion

$$I = \frac{\text{Population des écarts} \times \text{nombre des écarts}}{\text{Population totale de la commune}}$$

qui va lui permettre de dresser la carte du phénomène en France. L'habitat est étudié également du point du vue du site et de la *forme*[12] des villages : celle-ci peut être nucléaire (« en tas »), quadrillée, en ligne, en étoile, amorphe (sans forme précise), etc. L'habitat c'est, enfin, les bâtiments d'habitation et d'exploitation. On analyse alors leur adaptation au milieu, leurs matériaux et leur plan qui oppose la *maison-bloc*[13] à la *maison dissociée*[14].

Cette organisation du paysage est considérée comme étant sous-tendue à la fois par le milieu naturel (relief, climat, sol, végétation) et par les *structures agraires*[15]. Ce concept, mal défini, se confond parfois, dans son sens le plus large, avec celui de géographie agraire. Dans un sens plus restreint, on y inclut les *structures sociales agraires*[16] (mode de propriété et de faire-valoir, organisation sociale, distribution de la richesse) et le *système de culture*[17], c'est-à-dire l'association des différentes cultures et leur mise en œuvre par des techniques de production dans une exploitation ou une région.

Par ses concepts, par ses méthodes et par ses techniques, la géographie agraire est tout à fait représentative de la géographie dite classique. Un certain flou demeure dans la définition des concepts, comme on l'a vu à propos des structures agraires. La méthode est essentiellement inductive : on part de l'observation de cas pour s'élever, notamment grâce à la comparaison dans l'espace et dans le temps, au classement et à la compréhension des phénomènes. La géographie agraire fait largement appel aux techniques de l'histoire — et les historiens sont nombreux à s'intéresser aux problèmes agraires[18] —, à la cartographie et au travail sur le terrain. Mais l'enquête auprès des populations, par exemple, n'est pas systématique : on discute à bâtons rompus avec des interlocuteurs privilégiés plutôt qu'auprès d'un échantillon vraiment représentatif de la population. La documentation chiffrée est, quant à elle, utilisée brute ou après un traitement statistique simple, comme Demangeon nous en a donné l'exemple avec son indice de dispersion.

L'explication fait intervenir à la fois les données du milieu naturel — on essaie, par exemple, d'expliquer la dispersion de l'habitat par l'imperméabilité du sol qui multiplie les points d'eau — et celles de l'histoire[19]. Demangeon explique le groupement en villages serrés et perchés des pays méditerranéens par des impératifs de sécurité. On fait remonter l'openfield à une exploitation de *finages*[20] qui s'est organisée historiquement sur un mode collectif, pour produire surtout des grains. Ce système

8. *Habitat rural.*
9. *Habitat dispersé.*
10. *Habitat groupé.*
11. Demangeon A., 1927, La géographie de l'habitat rural, *Annales de Géographie*, p. 1-23 et 97-114.
12. *Forme des villages.*
13. *Maison-bloc :* maison où habitation et bâtiments d'exploitation sont rassemblés sous un même toit.
14. *Maison dissociée :* maison formée de plusieurs bâtiments qui peuvent se disposer, ou non, autour ou dans une cour.
15. *Structures agraires :* ensemble des conditions juridiques, foncières et agricoles qui conditionnent le paysage agraire.
16. *Structures sociales agraires.*
17. *Système de culture.*
18. Bloch M., 1931, *Les caractères originaux de l'histoire rurale française*, Colin, Paris.
19. Dion R., 1934, *Essai sur la formation du paysage rural français*, Arrault, Tours.
20. *Finage :* territoire sur lequel une cellule d'habitat ou une communauté exerce des droits agraires.

nécessite un habitat groupé autour duquel s'organise un *assolement*[21] obligatoire. Dans les pays d'*assolement triennal*[22], l'une des *soles*[23] reçoit des céréales d'automne, une autre des céréales de printemps, la dernière reste en *jachère*[24] et l'on permute l'année suivante. Le bétail dispose, pour pâturer, de la sole en jachère et des chaumes. Les pays de bocage, au contraire, se seraient organisés sur une base plus individualiste, et en fonction de l'élevage plutôt que des cultures.

Ces techniques et ces méthodes de travail, qui font une large place à l'intuition et à l'expérience, donnent aux géographes une connaissance subtile et profonde de l'espace particulier qu'ils analysent mais elles les laissent mal à l'aise pour généraliser et parfois même certains s'y refusent. Les paysages et les structures agraires ne s'expliquent-ils pas par un délicat équilibre entre tel milieu particulier et les hommes qui l'ont lentement adopté et tenacement adapté ?

Curieusement, dans ce milieu géographique où l'on se passionne pour ce qui est agraire, l'œuvre d'un précurseur, J. von Thünen[25], va passer à peu près inaperçue. Il faut dire que l'approche très théorique et déductive de J. von Thünen est très éloignée de celle de la géographie agraire dont il a été jusqu'ici question.

En effet, cet auteur propose un *modèle des localisations agricoles*[26] destiné à expliquer comment le type d'utilisation du sol et l'intensivité de la production agricole varient en fonction de la distance au marché.

J. von Thünen montre que, dans un cadre économique libéral et dans un espace où le milieu naturel est homogène, où les rendements, les coûts de production et les prix sont constants, le bénéfice à l'hectare de l'agriculteur ne varie qu'en fonction de la distance à la ville-marché, d'où le nom de *rente de localisation*[27]. Ainsi, autour d'un marché de produits agricoles, s'organiserait une série d'anneaux concentriques de spécialisations agricoles. Dans le premier anneau, directement autour de la ville, on produirait légumes et lait, dans le second du bois, dans le troisième des pommes de terre puis du seigle, etc. En effet, la distance au marché implique que les systèmes de production les plus intensifs, les produits les plus périssables et les plus lourds se localisent au plus près du marché.

J. von Thünen améliorera ensuite son modèle simple de départ en introduisant de nouvelles contraintes : diversité du milieu physique, existence d'axes de communications et de villes-satellites à côté de la ville-marché supposée unique au départ, changement du prix des produits agricoles, etc. Ces contraintes nouvelles sont destinées à mieux tenir compte des réalités observables. Ce modèle, souvent critiqué par la suite, a le mérite de montrer que le paysage rural ne dépend pas seulement du milieu naturel, d'héritages historiques et des structures agraires locales mais aussi de données spatio-économiques comme la distance au marché.

21. *Assolement :* succession dans le temps, en un même lieu, de cultures différentes.
22. *Assolement triennal.*
23. *Sole :* partie du finage consacrée chaque année à un même type de culture.
24. *Jachère :* terre temporairement en repos.
25. Von Thünen J., 1826, *Der isolierte Stadt in Beziehung auf Landwirschaft und National Ökonomie*, Perthes, Hambourg.
26. *Modèle de la localisation agricole :* schéma théorique expliquant la répartition, dans l'espace, des productions agricoles.
27. *Rente de localisation.*

ORGANISATION SPATIALE
SELON VON THÜNEN

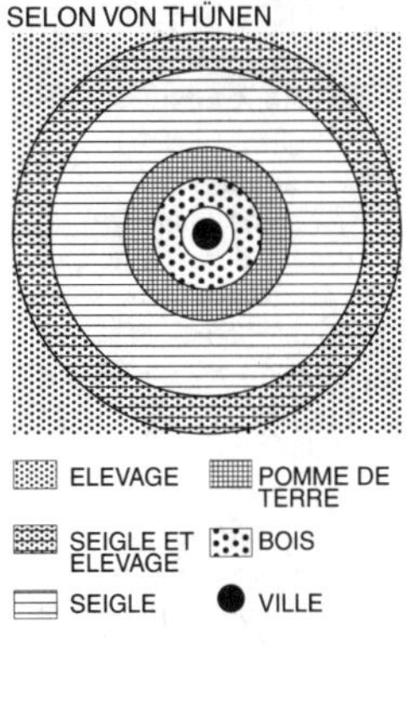

Ce sont finalement d'autres géographes[28] que les ruralistes, et des économistes, qui sauront utiliser cet apport pour, paradoxalement, renouveler la vision géographique de la ville et de la région. La géographie agraire va se renouveler, elle aussi, à partir des années 50, mais plus lentement et sur des bases généralement moins théoriques. En effet, on va aller vers une certaine systématisation de celle-ci, vers un élargissement de l'étude sociale et plus encore vers un approfondissement de l'analyse économique du milieu agricole. Le point de vue va devenir moins « paysager », plus économique : en somme, la géographie agraire devient, au moins dans sa partie la plus vivante, une géographie agricole.

2. La géographie rurale comme *géographie agricole*[29]

Dans les trois décennies qui suivent la Seconde Guerre mondiale, l'étude des paysages agraires se poursuit, malgré une certaine éclipse. On continue d'étudier, avec toutes les ressources de l'analyse classique, le fait agraire de telle ou telle région, comme le fait P. Flatrès pour certains pays celtiques[30]. On s'efforce aussi de généraliser et de systématiser les acquis. Ce souci se traduit par la confection de cartes de phénomènes agraires à petite échelle. En France, A. Perpillou[31] dresse des cartes de l'utilisation du sol, P. Brunet[32] cartographie les paysages ruraux français et B. Skibbe[33] en fait autant en Allemagne.

On s'efforce aussi de préciser les concepts, et donc le vocabulaire, de la géographie agraire. La Commission de géographie rurale du Comité National de Géographie Français commence un lexique agraire et P. Fénelon publie un *Vocabulaire de géographie agraire*[34]. On s'essaie, plus qu'autrefois, à appliquer les concepts de la géographie agraire à de vastes espaces, de façon à pouvoir systématiser. A. Meynier[35], en 1958, tente une synthèse descriptive et explicative des paysages européens et, plus tard, R. Lebeau[36] le fait pour le monde entier.

Les explications elles-mêmes deviennent plus globalisantes. R. Lebeau, par exemple, explique les grands types de structures agraires du monde non seulement par l'environnement et l'histoire, mais aussi par l'organisation socio-économique actuelle. Il insiste sur le rôle de la cohésion et de l'inégalité sociales, sur celui des croyances, de la pression démographique, du système politique et de l'organisation des marchés. Dans sa typologie, il distingue les structures agraires des pays tempérés de l'Ancien Monde (avec trois sous-types : openfield, enclos et méditerranéen), celles des pays tropicaux (avec trois sous-types également : agriculture itinérante, agriculture sèche sédentaire, agriculture irriguée), enfin les structures des pays d'agriculture scientifique et mécanisée dans lesquelles l'auteur distingue les

28. Christaller W., 1933, *Die Zentralen Orte in Süd-Deutschland*, Fischer, Iéna.
29. *Géographie agricole :* étude de l'activité agricole dans son cadre spatial.
30. Flatrès P., 1957, *Géographie rurale de quatre contrées celtiques : Irlande, Galles, Cornwall et Man*, Plihon, Rennes.
31. Perpillou A., 1970, *Carte de l'utilisation du sol en France*, CNRS, Paris.
32. Brunet P. et Dionne M.C., 1963, *Carte des paysages ruraux*, Atlas National de l'Aménagement du Territoire, ministère de l'Équipement, Paris.
33. Skibbe B., 1958, *Agrarwirschaft Atlas*, Haack, Gotha.
34. Fénelon P., 1970, *Vocabulaire de géographie agraire*, Publications de la Faculté des Lettres de Tours, Tours.
35. Meynier A., 1958, *Les paysages agraires*, Colin, Paris.
36. Lebeau R., 1969, *Les grands types de structures agraires dans le monde*, Masson, Paris.

plantations tropicales, les paysages de l'agriculture américaine et ceux des pays socialistes.

Cependant, malgré ce souci de généralisation et de systématisation, la géographie agraire n'a pas fondamentalement changé dans ses méthodes et dans ses techniques. Elle a beaucoup de peine à formaliser ses résultats. On aura remarqué, par exemple, que les critères sur lesquels se fonde R. Lebeau dans sa typologie varient d'un type à l'autre. Pour deux de ses grands types, le critère de différenciation est climatique (pays tempérés, pays tropicaux), pour le troisième, il est technologique ; les sous-types eux-mêmes sont distingués ou par des paysages ou par des systèmes de culture, toute comparaison terme à terme devenant impossible.

Ce qu'il y a de plus neuf vient donc moins d'une géographie agraire qui continue sur sa lancée que d'une géographie agricole qui élargit sa vision sociale et surtout approfondit son analyse économique. Certes, la géographie agraire avait toujours été un peu sociale. Les grands noms de la géographie du début du siècle avaient une vision parfois très sociale des régions qu'ils étudiaient. J. Sion[37] nous fait partager la vie de tous les jours du paysan normand et A. Meynier[38] analyse le rôle des sociétés d'agriculture, des comices et des syndicats agricoles dans le développement des Ségalas au XIXe siècle ; mais c'est à partir des années 50 que les préoccupations sociales commencent à se préciser.

En 1953, en effet, W. Hartke dans le cadre de l'interprétation des paysages[39] et E. Juillard dans une optique plus large, insistent sur les aspects sociaux de leur champ d'étude. E. Juillard[40] consacre des pages très neuves aux démocraties et aux aristocraties rurales alsaciennes, à l'écrasement de la hiérarchie paysanne, à l'ascension sociale, à la dissociation des communautés locales, etc. Plus tard, même chez les chercheurs qui ne font pas des problèmes sociaux le centre de leurs préoccupations, on s'intéresse tout autant aux hommes qu'à la terre, comme l'indique le titre de la thèse de J. Bonnamour[41]. Ceci est vrai pour les travaux qui touchent à la France[42]. C'est plus vrai encore pour les travaux menés sur les pays tropicaux. Pour bien comprendre l'agriculture de ces pays, une agriculture qui, à l'époque surtout, était plus intégrée aux modes de vie locaux qu'aux marchés nationaux ou internationaux, les géographes tropicalistes, à la suite de P. Gourou[43] sentent combien c'est l'ensemble des structures et du fonctionnement des sociétés agricoles qu'il faut étudier. P. Pélissier[44], par exemple, prend en compte non seulement l'espace et les activités agricoles des paysans du Sénégal mais aussi l'ensemble de la société, avec ses comportements, ses croyances, son système de valeurs, bref sa culture.

Ce versant social est toutefois moins représentatif de la géographie agricole de l'époque que le versant économique. Le renouvellement de cette géographie par la pénétration de

37. Sion J., 1908, *Les paysans de la Normandie orientale*, Colin, Paris.
38. Meynier A., 1931, *Ségalas, Levezou, Châtaigneraie*, USHA, Aurillac.
39. Hartke W., 1953, *Die Soziale Differenzierung der Agrar Landschaft in Rhein Main Gebiet*, Dümmler, Bonn.
40. Juillard E., 1953, *La vie rurale dans les plaines de Basse-Alsace*, Le Roux, Strasbourg.
41. Bonnamour J., 1966, *Le Morvan, la terre et les hommes*, PUF, Paris.
42. Brunet R., *Les campagnes toulousaines*, 1965, Association des Publications de la Faculté des Lettres, Toulouse.
43. Gourou P., 1936, *Les paysans du delta tonkinois*, Éd. d'Art et d'Histoire, Paris.
44. Pélissier P., 1966, *Les paysans du Sénégal. Les civilisations agraires du Cayor à la Casamance*, Fabrège, Saint-Yriex.

l'économie va cependant prendre des formes bien différentes aux États-Unis et en Europe. Aux États-Unis, les études agraires traditionnelles n'avaient jamais vraiment passionné les géographes. Ceux-ci, par contre, influencés dès avant la dernière guerre par les recherches théoriques de l'École de Chicago puis touchés par la vague de l'économie spatiale, vont chercher à modéliser la répartition des activités économiques et donc des activités agricoles. Appuyée bientôt par les Britanniques, la recherche anglo-saxonne va partir, avec M. Chisholm[45] notamment, en quête d'une théorie générale de la localisation des activités agricoles. Cette recherche s'inspire des travaux de J. von Thünen, tout en les critiquant pour tenter de les dépasser. R. Sinclair[46], par exemple, estime que certains facteurs, non pris en compte par J. von Thünen, sont aujourd'hui essentiels, comme la compétition entre agriculture et utilisations non agricoles du sol. Cela l'amène à inverser, ou presque, le schéma de J. von Thünen puisqu'il montre que certains terrains, situés pourtant à proximité immédiate de la ville, peuvent rester en friche car les propriétaires en attendent la vente comme terrain à bâtir.

Même si ces recherches n'ont eu que peu d'écho à l'époque qui nous intéresse, ailleurs que dans le monde anglo-saxon, elles ont cependant contribué, en même temps que l'ouverture générale de la géographie sur l'économie, à renouveler la géographie agraire traditionnelle et à lui imprimer une marque nettement plus économique.

Ici encore, les préoccupations économiques n'avaient pas été absentes chez les géographes ruraux européens. On a vu que ceux-ci s'étaient intéressés aux systèmes de culture ainsi qu'aux structures de la propriété et de l'exploitation. Cependant, ils n'en faisaient généralement pas une étude exhaustive, notamment sur le plan statistique : ils appuyaient plutôt leurs descriptions et leurs explications sur quelques exemples caractéristiques. Ils ne faisaient pas, non plus, une véritable étude économique et financière de l'exploitation, ni une analyse des marchés agricoles et de leurs mécanismes.

À partir des années 60, au contraire, s'affirme le souci d'une étude systématique et statistique du fait agricole. La description statistique prend le relais de la description qualitative. Ce souci du chiffre va particulièrement s'affirmer dans la mise au point de *typologies*[47] formalisées et dans l'analyse économique, sans compter la cartographie dont il a déjà été question. Par exemple à partir de critères établis par la Commission de typologie agricole de l'Union Géographique Internationale et en utilisant une technique mise au point par J. Kostrowicki[48], un groupe de chercheurs travaille à une carte des types de régions agricoles françaises[49]. La technique de J. Kostrowicki pouvant s'appliquer à tous les pays du monde, on ambitionne de faire une carte de l'ensemble des régions agricoles du globe. Par ailleurs, les géographes, profitant des progrès des méthodes de gestion des

45. Chisholm M., 1962, *Rural settlement and land use. An essay in location*, Hutchinson University Press, Londres.
46. Sinclair R., 1967, von Thünen and urban sprawl, *Annals of the Association American Geographers*, 57, p. 72, 88.
47. *Typologie* : classification en types.
48. Kostrowicki J., 1968, Agricultural typology. Agricultural regionalization. Agricultural development, *Geographica Polonica*, Varsovie.
49. Bonnamour J., Gillette C., 1980, *Les types d'agriculture en France, 1970. Essai méthodologique*, CNRS, Paris.

exploitations agricoles, tentent de les utiliser pour mieux comprendre la nature et l'évolution des espaces agricoles[50].

Ce passage d'une géographie agraire, encore très littéraire, à une géographie agricole provoque une crise de conscience qui amène elle-même une prise de conscience et un approfondissement de la réflexion épistémologique. On se pose des questions sur « les méthodes et les perspectives de la géographie rurale »[51]. Dans les pays anglo-saxons et scandinaves, on adopte volontiers une tendance « économiste », avec des méthodes déductives et des techniques quantitatives[52]. Ailleurs, tout en allant vers une certaine systématisation et une certaine quantification, on insiste plus sur la nécessité du travail sur le terrain, on admet plus volontiers que la description littéraire soit utilisée concurremment à la description statistique et que méthodes inductives et déductives puissent s'épauler l'une l'autre.

Aujourd'hui, ces questions on se les pose, et plus que jamais, car la géographie rurale, dépassant l'orientation plus ou moins agricole qu'elle avait toujours eue, se veut une géographie totale de l'espace rural.

3. La géographie rurale comme géographie totale de l'espace rural

Il y a une vingtaine d'années, les géographes ruraux ont pris conscience de ce qu'il n'était plus possible de confondre, comme on l'avait fait le plus souvent jusque-là, *monde agricole*[53] et *monde rural*[54], ou même *économie agricole*[56] et *économie rurale*[57]. En effet, dans la plupart des pays occidentaux, les agriculteurs deviennent minoritaires, et parfois très minoritaires, à la campagne, et les activités non agricoles y sont plus avides d'espace que l'agriculture. Ailleurs, et même dans les Tiers Mondes, les actifs ruraux des secteurs secondaire et tertiaire ne sont plus en nombre négligeable[58].

Les géographes ruraux commencent alors à être nombreux à consacrer des recherches aux activités et aux populations non agricoles[59]. Ils s'intéressent, certes, aux industries[60] mais ce sont les activités tertiaires qui font l'objet des études les plus nouvelles, sinon les plus nombreuses. Le renouvellement des études urbaines par les théories de W. Christaller, A. Lösch, etc., amène certains chercheurs à voir si la hiérarchie des lieux centraux, reconnue dans les villes, se continue à la campagne. A. Robert[61] reconnaît ainsi en Franche-Comté ce qu'il appelle des bourgs complets, disposant d'une quinzaine de commerces et services, des bourgs incomplets un peu moins bien pourvus, des villages-centres complets avec cinq ou six fonctions, des villages-centres incomplets avec quatre fonctions et des villages simples qui n'ont que quelques, ou bien même aucune fonction ; il constate que chaque centre s'entoure d'une petite zone

50. Boichard J., 1969, *Gestion agricole et géographie rurale*, Revue de géographie de Lyon 4, p. 327-374.
51. Bonnamour J., 1973, *Géographie rurale, méthodes et perspectives*, Masson, Paris.
52. Hägerstrand T., 1952, *The propagation of innovation waves*, Lund studies in geography, Série B, Lund.
53. *Monde agricole :* ensemble des agriculteurs.
54. *Monde rural :* ensemble des habitants de la campagne.
55. *Économie agricole :* étude de la production, de la distribution et de la consommation des produits agricoles.
56. *Économie rurale :* étude de la production, de la distribution et de la consommation des biens et des services dans l'espace rural.
57. CNRS, 1981, *Mutations des campagnes du Tiers Monde*, CNRS, Paris.
58. Béteille R., 1978, Les industries rurales françaises, *Information Géographique*, 1, p. 28-43.
59. Phillips D., Williams A., 1984, *Rural Britain, a social geography*, Basil Blackwell, Oxford.
60. Fruit J.-P., 1986, *Campagnes ouvrières en France*, Thèse, Université de Paris I.
61. Robert A., 1975, Les hiérarchies du monde rural : centres ruraux de commerces et services en Franche-Comté, *Cahiers de géographie de Besançon*, 24, p. 149-189.

d'influence. D'autres auteurs retrouvent, au niveau de l'ensemble de la France, « la distribution régulière des centres commerciaux que faisait attendre la théorie des lieux centraux »[62]. Ailleurs qu'en France, M. Mosely[63] se préoccupe du problème de l'accessibilité des ruraux à la ville. Parmi les autres activités non agricoles, le tourisme est plus particulièrement étudié.

Par ailleurs, l'espace rural n'est plus considéré seulement comme le support d'activités économiques productives. On constate, en effet, qu'il devient de plus en plus un espace résidentiel depuis que les citadins se sont mis à quitter la ville pour venir s'installer dans les campagnes périurbaines. C'est ce que l'on appelle la périurbanisation[64], c'est-à-dire la croissance, autour des villes, de la population et de l'espace bâti par installation de citadins qui continuent, le plus souvent, à travailler en ville. Ce processus, étudié aux États-Unis dès les années 60[65], est passé en Europe dans les années 70[66].

Certains auteurs se demandent si la poussée démographique que connaît actuellement l'espace rural est une simple conséquence de ce « déversement urbain » sur la campagne ou s'il n'y a pas une « contre-urbanisation »[67], c'est-à-dire une véritable « renaissance rurale » endogène[68] qui toucherait même les campagnes profondes.

Quoi qu'il en soit, les espaces touchés par ce phénomène sont convoités par tous ceux qui sont à la recherche d'espace (agriculteurs, industriels, citadins, etc.) : ce sont donc des espaces d'*enjeux et de conflits*[69] entre ceux qui veulent s'en assurer la maîtrise. Pour les géographes marxistes ces enjeux spatiaux, en particulier, et l'espace rural en général, doivent s'expliquer, avant tout, à travers les notions de mode, de système et de structures de production.

Dans le même esprit, certains géographes analysent l'espace rural des Tiers Mondes comme étant déterminé à la fois par des rapports dissymétriques entre dominants (groupes privilégiés urbains) et dominés (masses rurales prolétarisées), à l'intérieur du pays[70] et par des rapports inégaux entre un centre (le Monde occidental) et une périphérie, c'est-à-dire ces pays eux-mêmes, à l'extérieur[71].

Ces approches, qui ont l'inconvénient de ne considérer l'espace que comme un simple support, mettent cependant en lumière le rôle des faits sociaux dans l'explication géographique. Elles rejoignent là, mais sur de tout autres bases il est vrai, une tendance plus large de la géographie rurale à devenir plus pleinement sociale. Nous avons vu que les géographes ruraux n'avaient jamais négligé cet aspect des choses mais, sauf exceptions situées surtout chez les tropicalistes, ils étudiaient de préférence certains groupes ou certaines personnalités susceptibles d'expliquer tel ou tel fait géographique. Ils se contentaient d'une vision partielle de la réalité sociale et ne s'aventuraient guère dans le domaine psychosocial.

62. Calmès R., Delamarre A., Durand-Dastès F., Gras J., 1981, Études sur les réseaux de commerces élémentaires fixes en France (avec référence particulière à l'espace rural), *Travaux de l'Institut de Géographie de Reims*, Reims, 48.
63. Mosely M., 1977, *Accessibility, the rural challenge*, Methuen, Londres.
64. *Périurbanisation.*
65. Gottmann J., Harper R.A. (eds.), 1967, *Metropolis on the move, geographers look at urban sprawl*, Wiley, New York.
66. Berger M., 1989, Vers de nouveaux types de rapports villes-campagnes, *Strates*, n° 4, p. 89-186.
67. Cloke P., 1985, Counter-urbanization : a rural perspective, *Geography*, n° 1.
68. Kayser B., 1990, *La renaissance rurale, sociologie des campagnes du monde occidental*, Colin, Paris.
69. *Enjeux et conflits* pour l'*espace rural.*
70. Bataillon C., 1974, Organisation administrative et régionalisation en pays sous-développés, *L'Espace Géographique*, p. 5-11.
71. Cunha A., Greer-Wootten B., Racine J.-B., 1981, Le concept d'écodéveloppement et la pratique des géographes, *in : Terrains vagues et terres promises*, PUF, Paris.

Les géographes ruraux, et pas seulement les tropicalistes, n'hésitent pas alors à aller beaucoup plus loin dans cette direction, quoiqu'avec un certain retard sur leurs collègues urbains. La géographie de la perception, par exemple, a mis du temps à intéresser les ruralistes malgré l'œuvre pionnière de J. Gallais[72] qui avait constaté, en étudiant le delta intérieur du Niger, que ce milieu était très diversement perçu, et donc très diversement valorisé, par les différents groupes qui l'habitaient. À la suite de A. Frémont[73] notamment, un certain nombre de géographes s'intéressent à l'espace perçu[74]. Enfin, plus généralement, on ressent le besoin, pour faire l'analyse d'un espace rural, de prendre en compte, outre son cadre historique et régional, outre ses aspects démographiques et économiques, l'ensemble de ses aspects sociaux[75]. On s'intéresse particulièrement au comportement politique[76] et aux changements sociaux[77].

Est-ce à dire que les directions traditionnelles de recherche ont été abandonnées ? Évidemment pas. Les géographes anglo-saxons continuent à travailler sur les problèmes de la rente foncière et de la localisation des productions agricoles. En France, on continue à s'intéresser aux problèmes fonciers[78], aux structures de production ou de commercialisation agricoles[79], mais en les abordant parfois autrement. Y. Guermond[80], par exemple, à travers une étude de l'Ouest français, se donne pour but de découvrir des lois générales qui permettent l'explication et la prévision des différenciations spatiales en agriculture. À l'aide de techniques mathématiques, il recherche des structures spatiales et montre que deux variables indépendantes seulement (proximité urbaine et sols) organisent ces structures mais qu'elles agissent sur une association de variables beaucoup plus nombreuses. En partant d'une analyse systémique, F. Auriac[81] montre comment le système socio-économique de l'espace viticole languedocien, bien que touché par les crises, se maintient tout en se transformant.

L'analyse des paysages, elle-même, revient à l'ordre du jour[82] avec les préoccupations écologiques et avec le fait que l'espace est devenu à la fois un bien rare, un bien culturel, un patrimoine. On met l'accent sur les mutations du paysage rural[83] plus que sur ses permanences. On essaie aussi de ne pas voir seulement dans le paysage la marque des sociétés qui y sont installées mais de le considérer comme un ensemble, un géosystème dans lequel l'homme n'est qu'un des intervenants[84] et dans lequel l'agriculture n'est qu'un des éléments d'un tout. Dépassant cette vision purement écologique, J.-C. Wieber, Th. Brossard[85] rejoignent par certains côtés les recherches sur la perception du paysage en tentant de décrypter et de cartographier systématiquement le paysage visible. Dans une tout autre direction, certains retrouvent, dans le paysage, la marque des rapports capitalistes instaurés dans certains pays, ou la domination de l'État ou l'apparition de certaines classes (bourgeoisie, prolétariat) ou la survivance de modes de production tribaux,

72. Gallais J., 1967, *Le delta intérieur du Niger*, Mémoires de l'IFAN, Dakar.
73. Frémont A., 1976, *La région, espace vécu*, PUF, Paris. Participation à : *Espaces vécus et civilisations*, 1982, CNRS, Paris.
74. Fruit J.-P., 1988, *Les sociétés rurales en France, l'apport des recherches géographiques (1980-1987)*, Commission de géographie rurale, Université de Caen.
75. Gumuchian H., 1988, *De l'espace au territoire*, Grenoble, Université J. Fourier.
76. Association des Ruralistes français, 1990, *Les agriculteurs aux urnes*, Colloque de Bordeaux.
77. CNRS, 1986, *L'esprit des lieux*, CNRS, Paris.
78. Rey V., 1982, *Besoin de terre des agriculteurs*, Économica, Paris.
79. Charvet J.-P., 1985, *Les greniers du monde*, Économica, Paris.
80. Guermond Y., 1979, *Le système de différenciation spatiale en agriculture : la France de l'Ouest de 1950 à 1975*, Champion, Paris.
81. Auriac F., 1979, *Système économique et espace : un exemple en Languedoc*, Économica, Paris.
82. Pitte J.-R., 1984, *Histoire du paysage français*, Tallandier, Paris.
83. Brunet P., 1983, *Carte des mutations de l'espace rural français*, Université de Caen, Caen.
84. Bertrand G., 1978, Le paysage entre la Nature et la Société, *Revue géographique des Pyrénées et du Sud-Ouest*, p. 239-258.
85. Wieber J.-C., 1981, Étude du paysage et/ou analyse écologique, *Travaux de l'Institut de géographie de Reims*, p. 45-46.

etc.[86] Comme on le voit, l'analyse du paysage, un peu passée de mode un certain temps, renaît mais dans des perspectives renouvelées. Ce retour du paysage s'inscrit dans le cadre plus large d'une sensibilisation des ruralistes aux problèmes de l'environnement[87].

L'impression que l'on retire alors de ces directions de recherche est qu'elles sont extrêmement disparates au point que l'on se demande s'il existe bien encore une géographie rurale et un espace rural. En effet, on constate que les définitions varient d'un pays à l'autre et même, en France, d'une administration à l'autre ou d'un chercheur à l'autre. Alors que l'INSEE propose la limite des 2 000 habitants agglomérés, H. Mendras propose de « fixer ce seuil du rural quelque part entre 10 000 et 20 000 habitants » ?[88] Et la situation se complique depuis que la périurbanisation est en route et que l'on ne sait plus à qui attribuer les espaces qu'elle crée : relèvent-ils de la géographie rurale ou de sa voisine, la géographie urbaine ?

Plus grave que ce partage de compétence, finalement secondaire, se posent des questions plus fondamentales. Existe-t-il un corps de techniques, de méthodes et de concepts propres à la géographie rurale ou, au moins, un certain consensus, chez les géographes ruraux sur ces problèmes ? Y a-t-il la possibilité d'une interprétation cohérente de l'espace rural à l'image de celle que les géographes donnent lors de l'espace urbain[89] ? Sinon, est-ce parce que l'analyse de l'espace rural n'a pas été poussée assez loin ou est-ce parce que l'espace rural est fondamentalement diversifié et ressort donc d'analyses elles-mêmes diversifiées ? En somme, la géographie rurale serait-elle en crise[90] comme l'ensemble des études rurales ?[91]

Les réponses à ces questions sont diverses. Pour ce qui est de l'espace rural, certains pensent que l'on ne peut plus raisonner, au moins dans les pays occidentaux, en terme de rupture franche entre urbain et rural mais plutôt en terme de *continuum* urbain-rural. D'autres insistent sur la diversité des espaces ruraux[92]. En ce qui le concerne, l'INSEE distingue depuis 1962 les communes rurales en ZPIU (Zones de Peuplement Industriel et Urbain) qui correspondent au moins en partie aux communes périurbaines, et les communes rurales hors ZPIU qui correspondent approximativement aux communes rurales « profondes ». Mais de nombreux géographes ont proposé des typologies plus fines et plus compréhensives, aussi bien pour l'ensemble de l'espace rural[93] que pour certaines parties de cet espace[94]. Un troisième courant réhabilite la vieille opposition ville/campagne, mais sous une forme nouvelle : la spécificité du rural serait d'être dominé par la ville[95] ; selon B. Kayser, « l'appartenance de cette dernière (la campagne) à un ensemble dont le commandement lui échappe constitue son caractère fondamental ».

Pour ce qui concerne la crise de la discipline, certains la voient totale. B. Kayser n'hésite pas à affirmer que « l'expres-

86. Bruneau M., Durand-Lasserve A., Molino M., 1977, La Thaïlande, analyse d'un espace national, *L'Espace Géographique*, p. 179-193.
87. Mathieu N., Jollivet M., 1989, *Du rural à l'environnement, la question de la nature aujourd'hui*, L'Harmattan, Paris.
88. Mendras H., 1984 (2e éd.), *La fin des paysans*, Actes Sud, Paris.
89. Claval P., 1981, *La logique des villes*, Paris, Litec.
90. Sautter G., 1986, La géographie rurale en crise, *Études Rurales*, p. 259-274.
91. Association des Ruralistes Français, 1986, *Les études rurales, sont-elles en crise* ? ARF-L'Harmattan, Paris.
92. Mathieu N., 1982, Questions sur les types d'espaces ruraux en France, *L'Espace Géographique*, p. 95-111.
93. Chapuis R., Brossard Th., 1986, *Les ruraux français*, Masson, Paris.
94. Bontron J.-C., Mathieu N., 1977, *La France des faibles densités, Délimitation, problèmes, typologies*, ACEAR, Paris.
95. Revue « Pour », 1982, *Le rural mort ou vif*, n° spécial.

sion même de géographie rurale a perdu toute signification, tant les apports des géographes [...] sont hétérogènes, divers [...]. La géographie rurale n'a aucun corps théorique [...]. C'est ainsi qu'elle n'existe pas. Mais il existe des géographes qui travaillent en milieu rural »[96].

Sans aller jusque-là, les géographes ruraux s'accordent à dire que le milieu rural ne peut évidemment plus être étudié comme un univers clos mais qu'il doit l'être dans ses rapports avec le système environnant national ou international. C'est l'idée généralement admise aujourd'hui.

4. La géographie rurale des années 90

Plus personne ne doute aujourd'hui que la géographie rurale doit être totale, c'est-à-dire qu'elle doit intégrer tous les aspects de l'espace rural, mais aussi qu'elle doit être « de plus en plus intégrée à une géographie globale » (J. Bonnamour, 1993). Peut-être est-ce pour cette raison que l'on parle moins aujourd'hui de crise de la discipline. Dans la pratique, certains auteurs continuent de considérer l'espace rural comme un objet de recherche original, puisque la population, l'habitat, les équipements et les activités s'y diluent, mais un espace qui ne se comprend que par rapport à sa situation dans un espace englobant et qui doit faire l'objet des mêmes approches méthodologiques et techniques que les autres types d'espace : c'est la position de J. Bonnamour. D'autres estiment plutôt que l'espace rural est un terrain privilégié où poser certains problèmes : gestion du milieu naturel[97], déprise agricole, effets de domination urbaine, représentation de la campagne dans l'imaginaire des citadins et des ruraux, etc.[98].

Quoi qu'il en soit, l'étude de l'espace rural continue d'intéresser un bon nombre de géographes, même si leurs études sont placées parfois sous d'autres thèmes (J. Bonnamour, 1993). On constate même que des disciplines voisines, comme l'économie, qui avaient tendance à négliger souvent le rôle de l'espace, en viennent à l'étudier avec des préoccupations assez proches de celles des géographes, même si leurs méthodes gardent un aspect plus théorique[99].

Les thèmes abordés par la géographie rurale sont nombreux et J. Bonnamour est même frappée par leur « dispersion ». Cependant quelques-uns ont plus particulièrement retenu l'attention. En France, l'intérêt s'est porté sur les deux extrêmes de l'espace rural : le périurbain et le rural profond. L'INSEE, constatant le manque de pertinence des ZPIU, propose désormais un découpage du territoire en ZAU (Zonage en Aires Urbaines)[100] et vient de publier sur ce thème[101]. « L'espace à dominante rurale » s'y divise en « rural sous faible influence urbaine » (20 à 40 % des actifs vont travailler dans des aires urbaines), « pôles ruraux » (qui offrent 2 000 à 5 000 emplois), périphérie des pôles ruraux (20 % ou plus des actifs travaillent

96. Kayser B., Le regard des géographes sur l'espace rural et les sociétés rurales, 1987, *Revue Géographique des Pyrénées et du Sud-Ouest*, p. 303-314.

97. Tricart J., 1994, *Écogéographie des espaces ruraux*, Nathan Paris.

98. Bozonnet J.-P., 1991, *L'imaginaire social de la montagne*, Presses de l'Université de Grenoble.

99. Brun A., Cavailhès J., Perrier-Cornet Ph., Schmitt B., 1992, Les espaces ruraux revisités, *Revue d'Économie Régionale et Urbaine*.

100. INSEE, 1997, *Les espaces ruraux : une nouvelle définition d'après les relations villes-campagnes*, INRA Sciences sociales, n° 5.

101. INRA-INSEE, 1998, *Les campagnes et leurs villes*, INSEE, Paris, collection Contours et Caractères.

dans les pôles ruraux), enfin en rural isolé (le reste de l'espace rural).

Chez les chercheurs, la réflexion sur la nature et les aspects du périurbain s'est faite aussi bien à l'échelle nationale[102] que régionale[103]. Le rural profond a fait l'objet d'études[104] et de controverses : faut-il se désoler de la « désertification » des campagnes ou, au contraire, « oser le désert » ?[105].

Plus généralement, les mutations des campagnes françaises ont fait l'objet de nombreuses études. Que l'INSEE soit passé d'un découpage fondé sur le rythme d'évolution démographique et le pourcentage de ménages agricoles à un découpage fondé essentiellement sur l'attraction des villes en matière d'emploi et donc sur les migrations quotidiennes est déjà très révélateur. B. Kayser montre les mutations profondes que connaissent les « nouvelles campagnes »[106], N. Mathieu note « la vitalité cachée » de l'emploi rural[107], alors que R. Béteille, plus pessimiste, préfère parler de crise rurale[108]. Plusieurs colloques ont été consacrés à ces mutations, soit qu'ils aient porté sur les campagnes en général[109], soit qu'ils aient été consacrés aux espaces fragiles[110].

J. Renard se pose le même genre de question (« crise ou mutation ? ») au sujet de l'agriculture[111], car l'étude de cette activité est revenue au centre de la scène, à la suite des transformations successives de la Politique agricole commune (quotas, nouvelle PAC, bientôt « agenda 2 000 ». P. Limouzin, après avoir exposé « les années glorieuses de l'agriculture française » dans les années 60 et 70, présente les crises économique, financière et écologique des années 80, pour se poser finalement la question : « Quel avenir pour l'agriculture française ? »[112]. J.-P. Charvet, quant à lui, voit « la France agricole en état de choc »[113]. Le retour vers les produits de qualité et les produits de terroir, solution au moins partielle aux problèmes agricoles, intéresse aussi les géographes qui y ont consacré un colloque[114]. À travers les problèmes posés par les pollutions agricoles et les mesures agri-environnementales prises par l'Union européenne notamment, on s'intéresse de plus en plus à l'environnement et on se réintéresse aux paysages[115]. Un colloque a été consacré à « L'environnement et la nature dans les campagnes »[116].

Hors de France, les géographes sont frappés également par les profondes mutations que connaissent les espaces ruraux et les agricultures. J.-P. Charvet note que, aux États-Unis, la renaissance rurale des années 70 s'est essoufflée dans les années 80, mais qu'elle est en train de « rebondir » et que la périurbanisation « a de bonnes chances de se poursuivre, malgré l'effondrement de l'emploi agricole ». (*Agricultures et campagnes dans le monde*, 1996). Dans les pays anglo-saxons, le souci d'une agriculture durable est au cœur des travaux des géographes (Ilbery *et al.*, 1997). Dans ces pays, on se pose également les mêmes autres questions qu'en France (Thomas Ch., 1997).

102. Dézert B., Metton A., Steinberg J., *La périurbanisation en France*, 1991, Masson, Paris.
103. Chapuis R., 1995, L'espace périurbain, une problématique à travers le cas bourguignon, *L'Information Géographique*, n° 59, p. 113-125.
104. Béteille R., Montagne-Villette S. (dir.), 1995, *Le « rural profond » français*, SEDES, Paris.
105. Lévy J., 1994, Oser le désert, des pays sans paysans, *Sciences Humaines*, n° 4, p. 6-8.
106. Kayser J., 1993, *Naissance de nouvelles campagnes*, DATAR/Éd. de l'Aube, Paris.
107. Mathieu N., 1995, *L'emploi rural : une vitalité cachée*, L'Harmattan, Paris.
108. Béteille R., 1994, *La crise rurale*, PUF (Que sais-je ?), Paris.
109. *Quelles campagnes pour demain ?*, 1991, Actes du colloque de Rennes, *in : Géographie sociale*, n° 12. *Les mutations dans le milieu rural*, 1995, Actes du colloque en hommage au professeur P. Brunet, CERVIR, Caen.
110. *Des régions paysannes aux espaces fragiles*, 1992, Colloque international en hommage au professeur A. Fel, CERAMAC, Clermont-Ferrand.
111. Renard J., 1996, *in : Agriculture et campagnes dans le monde* : voir ci-dessous.
112. Limouzin P., 1992, *Agricultures et industries agro-alimentaires françaises*, Masson, Paris.
113. Charvet J.-P., 1994, *La France agricole en état de choc*, Liris, Paris.
114. *Terroirs et territoires*, 1995, Travaux de la Commission de géographie rurale, *Cahiers nantais*, n° 43.
115. Brunet P., 1993, *Atlas des paysages*, De Monza, Paris.
116. *L'environnement et la nature dans les campagnes*, 1998, Actes à paraître, Nantes.

Les bouleversements agricoles des pays de l'Europe de l'Est et de l'ex-URSS, qui sont encore d'une autre ampleur, ont évidemment alerté les géographes et ont donné lieu à de nombreux travaux. Ceux-ci soulignent généralement la diversité des réactions nationales et régionales à la décollectivisation, diversité qui consacre, en quelque sorte, le retour de la géographie et de l'histoire, après des années de règne du politique et de l'idéologique[117]. V. Rey constate que, « en deçà de l'effet d'appartenance à une aire culturelle (ou à) un système étatique, les contrastes entre les espaces ruraux s'accentuent rapidement » et elle souligne la « force des lieux, montagnes, collines, plaines »[118].

En dehors des pays occidentaux, les Tiers mondes voient à la fois le nombre de leurs ruraux augmenter, et leur poids dans la population totale diminuer, particulièrement en Amérique latine où la population est déjà citadine à 70 %[118]. Divers auteurs font le point sur les crises et les mutations de ces régions dans Agriculture et campagnes dans le monde (voir ci-dessous).

La géographie rurale, qui revendiquait son « pré carré » et qui s'est pendant longtemps intéressée plus aux structures qu'aux dynamiques, au terrain qu'à la théorie, au qualitatif qu'au quantitatif, étudie de plus en plus les mutations et les crises, se tourne de plus en plus vers des méthodes systématiques et remet de plus en plus ses travaux dans des perspectives globalisantes. Elle rejoint ainsi les autres secteurs de la discipline, tout en gardant un goût prononcé, mais justifié, pour le contact avec le terrain.

5. Conseils de lectures

BONNAMOUR J., 1993, *Géographie rurale, position et méthode*, Masson, Paris.

L'auteur plaide « pour une définition de simple bon sens de l'espace rural », celle donnée par une commission internationale présidée par G. Enyédi, c'est-à-dire « l'espace de plus faible densité de population où tous les phénomènes se trouvent dilués » et pour une géographie « globale » et « intégrée ». J. Bonnamour prône également, comme beaucoup d'autres ruralistes, « la nécessaire dualité » des approches, l'une « théorique et quantitative », l'autre « qualitative » ; elle ajoute que « le temps est venu de respecter les deux attitudes, de comprendre qu'elles ne sauraient s'exclure et devraient s'intégrer ».

ILBERY J., CHIOTTI B., RICKARD Q., 1997, *Agricultural Restructuring and Sustainability : A Geographical Perspective*, University Press, Oxford.

Il s'agit des Actes d'un colloque tenu en Caroline du Nord sur l'agriculture durable et la restructuration de l'agriculture.

117. Maurel M.-C., 1994, *La transition postcollectiviste. Mutations agraires en Europe de l'Est*, L'Harmattan, Paris.

118. Rey V., 1996, *Les nouvelles campagnes de l'Europe de l'Europe orientale*, CNRS, Paris.

119. Chapuis R., 1997, *Les quatre mondes du Tiers monde*, A. Colin, Paris, 2e éd.

Ce colloque a particulièrement porté sur la critique des politiques agricoles actuelles, ainsi que sur les rapports entre l'agriculture durable d'une part, le changement climatique, la politique environnementale et la restructuration des systèmes agricoles d'autre part.

THOMAS Ch., 1997, *Rural geography*, Routledge, Londres.

Ch. Thomas s'interroge sur la signification de la ruralité britannique dans un contexte européen en rapide changement, sur les relations entre la ville et la campagne et sur la meilleure façon d'engager le monde rural dans un développement durable.

BONNAMOUR J. (éd.), 1996, *Agricultures et campagnes dans le monde*, SEDES, Paris.

Outre les articles relatifs aux pays occidentaux, l'ouvrage en contient de nombreux autres sur les problèmes agricoles et ruraux des Tiers Mondes. B. Bret, par exemple, montre comment l'on est passé, en Amérique latine, de l'époque des réformes agraires à celles de la « modernisation conservatrice du monde rural ». M. Bruneau souligne « les enjeux (particulièrement environnementaux) et les défis d'une agriculture en expansion » en Asie du Sud-Est. F. Landy insiste sur « le pari non gagné » des campagnes de l'Inde. J.-P. Raison estime que, malgré la faible productivité et la vulnérabilité du travail agricole en Afrique tropicale cette région « ne reste pas à l'écart de l'évolution mondiale de l'agriculture : elle paraît la vivre mal, mais […] elle l'affronte à sa manière », par une modernisation spontanée et raisonnée, notamment grâce à « la revanche de la production vivrière ».

6. Sujet : les paysages ruraux français vus par les géographes

Les paysages ruraux français ont certes changé, depuis le XIXe siècle, mais la façon dont les géographes les ont étudiés a changé plus encore. Le problème est donc de savoir comment cette vision s'est transformée, et pourquoi. On peut distinguer trois périodes dans cette évolution.

6.1. Le paysage au centre de la géographie rurale

Entre le milieu du XIXe siècle et le milieu du XXe siècle, le paysage a été au centre de l'analyse géographique. En effet, la géographie « classique » se définit alors souvent comme la discipline qui étudie les rapports entre l'homme et son milieu ; les paysages sont donc considérés comme étant l'apparence concrète de ces rapports. On essaie de lire ceux-ci dans les paysages et ces derniers contribuent eux-mêmes à la différenciation régionale du territoire, autre concept essentiel de la géographie d'alors.

Comme les paysages ruraux sont marqués essentiellement par l'activité agricole, la géographie s'intéresse donc aux paysages agraires, en particulier à la morphologie agraire et aux structures agraires, terme, il est vrai, quelque peu polysémique. La méthode est essentiellement inductive, puisque l'on part de l'observation des paysages pour aller à leur classement et à leur compréhension. L'explication de ces paysages fait intervenir essentiellement le milieu naturel et l'histoire. L'intuition et l'expérience, en somme le coup de main de l'artisan, sont essentiels pour faire un bon chercheur. Cela aboutit à une connaissance pénétrante du paysage mais la méthode est malaisément reproductible et les résultats difficilement comparables. On comprend que, dans ces conditions, le modèle théorique des localisations agricoles de J. von Thünen, qui pourtant implique des retombées paysagères, soit passé inaperçu.

6.2. Le paysage marginalisé

Lorsque la géographie fait sa « révolution culturelle » dans les années 60, l'analyse des paysages passe un peu de mode. On l'accuse en effet d'être trop empirique, de croire au concret, au mesurable, à l'objectivité du chercheur : le paysage n'est pas perçu d'une façon neutre et objective par l'observateur, il est perçu et représenté, avec tout ce que cela comporte de « déformations ». On reproche également à l'analyse classique de postuler implicitement que le paysage est un reflet fidèle de l'action de l'homme sur le milieu, alors qu'il n'en est qu'un reflet partiel : des flux invisibles contribuent à structurer l'espace et un même indice paysager peut renvoyer à des situations et à des processus très différents. Enfin, on lui fait grief de travailler trop souvent à des échelles très grandes, la parcelle ou la commune par exemple, aux dépens d'échelles embrassant de plus vastes espaces.

Même si ces griefs ne sont pas tous fondés, car certains géographes ruraux ont tenté des synthèses ambitieuses (R. Dion, A. Meynier), l'analyse des paysages est peu à peu marginalisée. Les jeunes chercheurs d'alors, sans négliger complètement l'analyse des paysages, préfèrent se tourner vers une géographie rurale plus agricole, qui permet systématisation et quantification et qui, en outre, bénéficie des avancées conceptuelles de la science économique. Ils s'intéressent aussi à des aspects plus sociaux qui sont généralement difficilement discernables dans les paysages, au moins lorsque l'on veut analyser les phénomènes en profondeur. En outre, lorsque la géographie devient pleinement rurale, et plus seulement agricole, lorsque la campagne se « désagricolise » et que la ville elle-même se « déverse » sur la campagne par la périurbanisation, l'analyse classique du paysage agraire perd une partie de sa substance.

L'analyse du paysage va cependant revenir peu à peu à l'ordre du jour, sous l'effet notamment des préoccupations écologiques. Mais elle prend un nouveau visage : elle devient à la fois, plus sociale, plus culturelle, plus systématique et plus englobante.

6.3. Le retour du paysage

Influencé à la fois par l'écologie, la géographie sociale et la géographie des représentations, G. Bertrand inverse en quelque sorte l'ordre ancien : le paysage « naturel » est en réalité un paysage non seulement transformé, mais aussi représenté ; il est la dimension culturelle de la nature. Les explications du paysage sont donc à la fois de nature sociale, culturelle (« il faut passer la nature à travers le filtre des valeurs et des représentations de la société ») et biophysique (« il faut étudier objectivement la nature pour en comprendre la structure et le fonctionnement »).

Désireux de dépasser cette approche restée très écologique, J.-C. Wieber et Th. Brossard proposent de décrypter, de cartographier et de représenter systématiquement le paysage dans ses trois dimensions, aussi bien du point de vue de l'observateur que du point de vue de l'objet vu. Pour cela, avec le recours de la cartographie automatique, d'un système d'information géographique, d'un modèle numérique de terrain et d'images satellitaires, ils donnent du paysage une image synthétique, aussi fidèle que possible à la réalité. Par exemple, sur un écran représentant une vallée, on pourra successivement apercevoir d'où la rivière est vue et quels espaces sont vus de la rivière.

Cependant, certains géographes restent encore réticents devant cette façon froide et neutre d'aborder l'étude du paysage. Ils lui préfèrent une approche plus classique, certes plus subjective, mais plus chaude, plus facile peut-être à vulgariser.

6.4. Conclusion

L'étude des paysages n'a donc jamais vraiment cessé de préoccuper les géographes, ce qui est normal puisque le paysage est un des marqueurs de l'organisation du territoire par les sociétés. On constate ainsi qu'à travers ce thème on peut suivre l'évolution de la géographie en général et plus particulièrement l'oscillation entre une tendance qualitative, subjective, empirique et une tendance quantitative, objective, théorique.

11

La géographie économique

Hubert Beguin*

* Beguin H., professeur à l'Université de Louvain.

On ne définira pas la *géographie économique*[1] avec précision car ses interférences avec les autres branches de la géographie humaine sont nombreuses. Certes on peut dire que pour obtenir les biens rares qui correspondent à ses besoins, l'homme exerce des *activités dites économiques*[2] dont les aspects spatiaux constituent l'objet de la géographie économique ; ou encore que l'analyse, en géographie économique, utilise fréquemment des concepts définis par les économistes. On peut aussi observer qu'elle cherche à comprendre la *localisation*[3] des activités économiques et des personnes.

1. Évolution des idées

La géographie économique a d'abord été descriptive et énumérative en produisant des listes et des cartes des principales productions par pays et en commentant les répartitions géographiques ainsi obtenues. Ces descriptions ont cependant été accompagnées très tôt de commentaires visant à expliquer les localisations observées : explications par le milieu naturel d'abord, par des facteurs humains ensuite. L'explication procédait notamment par induction, invoquant le *possibilisme*[4] ou un certain *déterminisme* et travaillant cas par cas sans accorder beaucoup d'intérêt à la mise en évidence d'éventuelles règles générales de localisation. On évoquait diverses listes de *facteurs de localisation*[5], aussi variées que leurs auteurs, et généralement dépourvues d'une cohérence solide.

Mais à côté de cette géographie économique empirique, riche en faits et subtile dans ses nuances mais peu systématique et faible quant à sa capacité explicative, s'est progressivement développée une géographie économique plus soucieuse de généralité, de recherche de causalités plus solides et plus universelles[6]. Le souci d'élaborer petit à petit une *théorie de la*

1. *Géographie économique :* pas de définition satisfaisante. Exemple : analyse des aspects spatiaux des activités économiques.
2. *Activité économique :* production, consommation et échange de biens rares répondant à une demande.
3. *Localisation :* lieu occupé dans l'espace géographique (défini au chapitre sur l'espace géographique) ; action d'occuper un lieu.
4. Les concepts de *possibilisme* et de *déterminisme* sont présentés par P. Claval dans le chapitre Histoire de la géographie.
5. *Facteur de localisation :* élément explicatif d'une localisation.
6. Healey M., Ilbery B., 1990, *Location and change : perspectives on economic geography*, Oxford University Press, Oxford.

localisation[7] destinée à faire comprendre les localisations et susceptible d'être soumise à l'épreuve de la réalité observée, s'est manifesté toujours davantage. Il a été le fait de non-géographes et de géographes, développant parfois les travaux de précurseurs comme J. von Thünen (1826), A. Weber (1909), W. Christaller (1933) et A. Lösch (1940) (voir section 3 de ce chapitre).

Ce courant de pensée a été rejoint par des économistes désireux d'introduire le concept d'espace dans leur discipline classiquement aspatiale. Le courant de l'*économie spatiale*[8] met davantage l'accent sur les aspects théoriques alors que la géographie économique restait plus attachée aux aspects empiriques observés des localisations[9]. Les deux courants se sont rencontrés. Géographie économique, économie géographique, économie spatiale, sont quasi synonymes. Géographes et économistes abordent les mêmes questions, publient dans les mêmes revues, travaillent en collaboration. Ce rapprochement s'est concrétisé dès 1956 par la création de ce lieu de rencontre que constitue la *science régionale*[10], discipline de contact désireuse de synthétiser les apports de la géographie et de l'économie pour une meilleure explication des aspects spatiaux de l'activité économique. Cette interdisciplinarité très concrète se développe. Aux géographes et aux économistes se joignent des spécialistes de la recherche opérationnelle, des mathématiciens, des sociologues[11].

2. Concepts généraux

À la rencontre de la géographie et de l'économie, la géographie économique intègre le point de vue spatial de l'une et l'optique de lutte contre la rareté au moindre coût de l'autre. Cette dernière optique recouvre le concept d'*efficacité*[12] qui n'est pas propre à l'économie mais correspond à une attitude très générale de l'homme. Son estimation concrète peut varier avec la conception que l'on a des avantages recherchés et des coûts consentis. Cette conception peut être individuelle ou sociale et elle dérive fondamentalement du système de valeurs auquel on adhère. À la base de la géographie économique se trouve donc une *théorie de la valeur*[13] dont les modalités sont considérées comme des *axiomes*[14]. La géographie économique se doit donc d'expliciter ce genre de postulat qui fonde son raisonnement ultérieur.

Le concept d'*utilité*[15] est très largement utilisé pour exprimer la satisfaction (positive ou négative) attachée à un bien ou à un événement. Cette utilité concerne un *agent économique*[16] ou un ensemble d'agents. Elle dépend des quantités de biens disponibles pour cet agent : c'est ce qu'exprime la *fonction d'utilité*[17]. Il est bien évident que le comportement d'un individu, y compris son comportement géographique, dépend de l'utilité qu'il attache à tout ce qui le concerne. À cet égard, on postule généralement

7. *Théorie de la localisation :* théorie géographique visant à expliquer les localisations.
8. *Économie spatiale :* discipline intégrant l'espace géographique dans l'analyse économique. Ponsard C., 1983, *History of spatial economic*, Springer, Berlin. Ponsard C. (éd), 1988, *Analyse économique spatiale*, PUF, Paris.
9. Hartshorne T., Alexander J., 1988, *Economic geography*, Prentice-Hall, Englewood Cliffs.
10. *Science régionale :* discipline couvrant l'union de la géographie économique et de l'économie spatiale. Isard W., 1975, *Introduction to regional science*, Prentice-Hall, Englewood Cliffs. Auray J. *et al.* (éds), 1994, *Encyclopédie d'économie spatiale*, Économica, Paris.
11. Quelques revues interdisciplinaires : *Journal of Regional Science, Environment and Planning A, Economic Geography, Regional Studies, Geographical Analysis, Revue d'Économie Régionale et Urbaine.*
12. *Efficacité :* écart ou rapport entre un avantage obtenu (recette) et l'effort consenti pour l'obtenir (coût).
13. *Théorie de la valeur :* fondements de la détermination de la valeur des biens.
14. *Axiome :* concept défini par C. Raffestin et B. Levy dans le chapitre Épistémologie de la géographie humaine.
15. *Utilité :* satisfaction retirée de la jouissance d'un bien.
16. *Agent économique :* individu ou groupe d'individus exerçant une activité économique.
17. *Fonction d'utilité :* expression du degré d'utilité en fonction des variables dont il dépend.

que l'agent économique maximise ce qui constitue son intérêt propre tel qu'il le perçoit vu l'information dont il dispose : l'utilité pour un consommateur, l'utilité collective ou *bien-être*[18] pour une collectivité, le *profit*[19] pour un producteur.

Ces concepts ne sont pas aisément mesurables dans la réalité. En effet, nous percevons que notre utilité individuelle ne varie pas de manière simplement proportionnelle à la quantité de biens dont nous disposons, mais la forme exacte de notre fonction d'utilité (généralement concave) nous échappe. La difficulté augmente considérablement lorsqu'il s'agit de définir une fonction collective de bien-être car elle doit prendre en compte tous les individus (différents) de la collectivité ainsi que la répartition des biens entre eux.

3. Principales théories

Le champ de la géographie économique est immense. On peut cependant en couvrir une bonne partie en présentant les principales théories concernées et leurs applications[20]. Elles sont, chacune à sa manière, des théories de la localisation. Car il y a deux manières de poser un problème de localisation : (1) quelle est la meilleure localisation pour une activité donnée ? (2) quelle est la meilleure activité à implanter en un lieu donné ? Une localisation observée illustre souvent la réponse d'un agent à l'une de ces deux questions. Les théories exposées ci-dessous le seront sous leur forme la plus simple. Gardons à l'esprit ceci : une théorie ne vise pas à reproduire la réalité mais bien à la *comprendre* ; c'est pourquoi elle commence délibérément par être simple pour ensuite évoluer vers plus de complexité.

3.1. J. von Thünen

La théorie de J. von Thünen (1826)[21] a été conçue dans le cadre d'une activité agricole dont les surplus sont vendus dans une ville. Elle adopte le point de vue de l'agriculteur qui se pose la question (2) ci-dessus. Son exposé dans le chapitre de géographie agraire et rurale montre que, dans un milieu homogène, les choix individuels des agriculteurs conduisent à un paysage global fait d'anneaux concentriques centrés sur la ville, occupés chacun par une même culture, dans un ordre de rente décroissante à partir de la ville.

Grâce à la simplicité des postulats qu'il impose, ce modèle illustre bien le rôle d'*un* facteur particulier de localisation : l'*accessibilité*[22] au marché, représentée ici par le *coût de transport*[23]. À elle seule, la distance crée donc un paysage différencié sur un espace pourtant homogène. Le modèle montre donc la puissance organisatrice de la distance géographique par rapport à un centre.

Le modèle peut être développé et, en conséquence, devenir plus complexe mais aussi plus proche de la réalité. On peut :

18. *Fonction de bien-être :* expression du degré de bien-être d'une collectivité en fonction des variables dont il dépend.
19. *Profit :* écart entre les recettes et les coûts d'un producteur.
20. Exposé simple et pédagogique dans Wheeler J., Muller P., 1986, *Economic Geography*, Wiley, New York.
21. Théorie exposée par R. Chapuis dans le chapitre La géographie agraire et la géographie rurale.
22. *Accessibilité d'un lieu :* degré de facilité avec lequel on peut atteindre ce lieu.
23. *Coût de transport :* prix du transport multiplié par la quantité transportée et par la distance.

admettre l'existence de plusieurs marchés ; envisager un espace hétérogène à définir ; considérer un coût de transport proportionnel à la distance ou non ; abandonner le postulat de fixité du prix au marché, etc.[24].

Le modèle a été testé à maintes reprises : il a montré son aptitude à rendre compte de l'organisation de l'espace agricole macrogéographique à des taux allant jusqu'à 80 % (80 % des caractéristiques observées sont expliquées par le modèle)[25].

Enfin, le modèle illustre sa puissance explicative en étant également applicable hors du monde rural. W. Alonso[26] a montré sa validité en milieu intra-urbain où il permet d'expliquer des phénomènes comme la variation géographique de la rente foncière, la décroissance des densités urbaines du centre vers la périphérie, ou l'extension géographique des villes de plus en plus loin de leur centre.

3.2. A. Weber

Les travaux de A. Weber[27] (1909) sont à l'origine du développement d'une théorie de la localisation du producteur (agent, firme) industriel ou de services qui se pose la question (1) ci-dessus. Dans sa forme la plus simple, la théorie postule : l'existence d'un producteur répondant à une demande fixe et cherchant à maximiser son profit ; un espace hétérogène en ce sens que les marchés d'*intrants*[28] et d'*extrants* transportables sont en nombre limité ; des quantités et prix fixés ; un coût de transport supporté par le producteur et proportionnel à la distance et à la quantité. Dans ces conditions, le profit est maximum lorsque les coûts de transport sont minimaux. Le problème consiste donc à chercher la localisation qui minimise les coûts de transport totaux entre le producteur et ses marchés. Dans le cas le plus simple, cette localisation est le *point médian*[29], pondéré, de la distribution géographique des lieux d'origine des intrants et des lieux de destination des extrants.

En mettant l'accent sur le transport[30], le modèle a un caractère très géographique. Il convient d'insister sur le fait que le coût de transport peut être interprété d'une manière beaucoup plus large qu'il ne l'est d'habitude : des dotations différentes en ressources peuvent être exprimées en coûts de transport compensatoires ; la disponibilité en main-d'œuvre (quantité et qualité) peut se mesurer en coût de sa mobilité ; la proximité des marchés est affaire de coût de communication et de transport. Bref, bien des « facteurs de localisation » sont mesurables par des coûts de transport. C'est pourquoi le modèle revêt un caractère beaucoup plus général qu'il n'y paraît à première vue.

Les développements du modèle de A. Weber sont considérables. Différentes *fonctions de coût de transport*[31] ont été étudiées : linéaire, *strictement concave*[32] avec ou sans distinction entre coût fixe (indépendant de la distance) et coût variable (lié à la distance). Le modèle a été utilisé sur un espace représenté

24. Progrès et projets commentés dans O'Kelly M., Bryan D., 1996, Agricultural location theory : von Thünen's contribution to economic geography, *Progress in Human Geography*, p. 457-475.
25. Muller P., 1973, Trend surfaces of American agricultural patterns : a macro-Thünian analysis, *Economic Geography*, p. 228-242.
26. Alonso W., 1964, *Location and land use*, Harvard University Press, Cambridge. Fujita M., 1989, *Urban economic theory*, Cambridge University Press, Cambridge.
27. Tellier L., 1985, *Économie spatiale*, Morin, Chicoutimi. Mise au point récente dans Peeters D., Perreur J., 1996, L'approche weberienne de la localisation industrielle et ses extensions : un bilan, *L'Espace Géographique*, p. 273-287.
28. *Intrants (extrants)* : biens entrant dans le (sortant du) processus de production.
29. *Point médian d'une distribution de points* : point qui minimise la somme des distances des autres points à lui.
30. Lowe J., Moryadis S., 1975, *The geography of movement*, Houghton, Boston. Button K., 1993, *Transport economics*, Elgar, Aldershot.
31. *Fonction de coût de transport* : expression du coût de transport en fonction des quantités, des distances, des types de biens, des modes de transport.
32. *Strictement concave* : correspondant à un prix unitaire de transport qui diminue lorsque la distance augmente (tarif dégressif).

par le plan mais aussi sur un *réseau de transport*[33] représentable par un *graphe*[34]. Il peut combiner différents modes de transport. D'abord préoccupé de *monolocalisation*[35], le problème a été généralisé à la *polylocalisation*.

Au-delà des problèmes de localisation qui viennent d'être évoqués, la recherche a abordé le vaste domaine des *modèles de localisation-affectation*[36]. Ces modèles déterminent simultanément les meilleures localisations des producteurs *et* les meilleures affectations des fournisseurs et des clients à ces lieux d'offre. Cela ouvre des perspectives considérables et déjà abondamment appliquées comme, par exemple, celle de la localisation la plus adéquate d'un ensemble de lieux d'offre de services publics (écoles, pompiers, ...). Il est de plus en plus réalisable d'introduire des *contraintes*[37] de toutes natures dans ces modèles, afin de mieux se rapprocher des conditions du monde réel.

Les résultats obtenus par la recherche sont toujours plus nombreux. Ils s'énoncent souvent sous la forme de *théorèmes géographiques*[38] rigoureusement démontrés ; en voici un exemple : sur un réseau où le coût de transport est strictement concave en la distance, une localisation optimale (celle qui minimise le coût total de transport) se trouve toujours sur un nœud du réseau (marché ou carrefour) et pas ailleurs. Le rôle de la mathématique dans l'analyse de ces questions devient important et souvent décisif. Ce domaine de recherche est en pleine expansion[39].

3.3. Lieux centraux

Le géographe W. Christaller (1933) et l'économiste A. Lösch (1940) ont posé les fondements de la *théorie des lieux centraux*[40]. Ils voulaient expliquer les tailles, le nombre et la localisation des villes, en les envisageant comme pourvoyeuses de biens et services aux campagnes environnantes. La théorie postule : un espace géographique homogène ; un comportement maximisateur des agents ; des prix fixés ; un coût de transport des biens urbains à charge du consommateur rural ; l'existence d'*économies d'échelle*[41] dans la production. C'est ce dernier postulat qui détermine l'apparition des villes ; sans lui, en effet, la production se ferait partout par très petites quantités pour éviter tout transport : il n'y aurait ni ville, ni transport. Il y a donc un nombre limité de producteurs ravitaillant les consommateurs les plus proches. Ceux-ci ne peuvent être très éloignés du producteur sinon toute leur dépense passe en frais de transport : il y a donc une *portée maximale*[42] pour chaque bien. C'est elle qui dicte l'espacement maximal entre producteurs. Par ailleurs, il existe un *seuil*[43] sous lequel la quantité produite est insuffisante pour que se dégage un bénéfice positif du producteur ; ce seuil est petit pour les *biens d'ordre inférieur*[44] (les lieux de production sont donc nombreux) et grand pour les *biens*

33. *Réseau de transport :* ensemble de voies de transport interconnectées.
34. *Graphe :* ensemble de nœuds et d'arcs qui relient ces nœuds.
35. *Monolocalisation (polylocalisation) :* localisation d'un producteur (simultanée de plusieurs producteurs).
36. *Localisation-affectation :* détermination simultanée des localisations des producteurs et des affectations des fournisseurs et des clients aux producteurs.
37. *Contrainte :* définie par H. Beguin dans le chapitre Analyse mathématique.
38. *Théorème géographique :* défini par H. Beguin dans le chapitre Analyse mathématique.
39. Labbé M., Peeters D., Thisse J.-F., 1995, *Location on networks, in :* Ball M. *et al.* (eds.), Handbook of operations research and management science : networks. North-Holland, Amsterdam, p. 551-624.
40. Introduction dans Beguin H., 1988, La région et les lieux centraux, *in :* Ponsard C. (éd), *Analyse économique spatiale,* PUF, Paris, p. 231-275.
41. *Économies d'échelle :* gain réalisé lorsque le coût moyen de production d'un bien décroît à la suite de l'augmentation de la quantité produite.
42. *Portée maximale :* voir chapitre de P. Claval sur La géographie sociale et culturelle.
43. *Seuil de production :* quantité minimale de production sous laquelle le profit du producteur est négatif.
44. *Bien d'ordre inférieur (supérieur) :* bien acheté fréquemment (rarement) et dont l'aire de marché est donc petite (grande).

d'ordre supérieur (peu de villes les produisent). Les *économies d'agglomération*[45] favorisent le regroupement des productions de plusieurs biens dans ce qui devient alors des villes, régulièrement espacées pour mieux capter la clientèle. Le résultat est une *hiérarchie urbaine*[46] organisée qui se substitue à un espace homogène indifférencié au départ. Deux facteurs sont essentiellement responsables de cette organisation : les économies d'échelle et la distance.

La théorie est ambitieuse car elle veut rendre compte d'une vaste organisation de l'espace. Dans ses grandes lignes, elle est corroborée par la confrontation avec la réalité. Mais il reste à faire intervenir bien d'autres facteurs pour mieux rendre compte de ce qui s'observe ; comme, par exemple, une distribution continue plutôt que hiérarchique des tailles des villes[47]. Des suggestions diverses ont été faites pour développer ce thème de recherche : on a proposé de faire intervenir l'*attractivité*[48] des villes pour mieux comprendre leurs aires de marché ; on s'est intéressé à la pratique des *achats groupés*[49] qui économise du transport ; on a considéré le comportement d'achat du consommateur comme *probabiliste*[50] plutôt que déterministe ; des progrès sensibles ont été obtenus à propos de la forme des aires de marché, par exemple en démontrant à quelles conditions la forme hexagonale est la plus économique. La littérature de géographie urbaine illustre les nombreux progrès réalisés.

3.4. Interaction spatiale

Nous observons que les agents localisés en des lieux différents interagissent dans l'espace géographique : migrations, transports, communications. L'analyse de l'*interaction spatiale*[51] cherche à comprendre les modalités de ces échanges et à mettre en évidence les conditions générales qui les gouvernent. C'est évidemment très important pour la géographie économique puisque ces échanges contribuent à façonner l'espace et à influencer les localisations.

L'interaction répond à un besoin de contact mais elle est entravée par la distance. D'où l'idée ancienne (1858) de proposer un modèle dans lequel interviennent une ou plusieurs variables pour représenter le besoin et une autre pour représenter l'effet dissuasif de l'éloignement. C'est le fondement des *modèles d'interaction spatiale*[52]. Ces modèles se sont souvent révélés d'excellents descripteurs des réalités observées et d'excellents prédicteurs dans les études d'aménagement. La géographie économique s'y est donc intéressée et d'autres avec elle. D'abord formulés par simple analogie avec la loi de gravitation de Newton, ces modèles ont ensuite été déduits d'une part de la maximisation de la probabilité d'interagir (maximisation d'entropie [53]), d'autre part du comportement d'agents maximisateurs de leur utilité. Trois références, classées par ordre de complexité croissante, aideront le lecteur à explorer la justification des modèles et leur mode d'emploi[54].

45. *Économies d'agglomération :* économies d'échelle généralisées au niveau d'une agglomération géographique de producteurs.
46. *Hiérarchie urbaine :* ensemble de villes distribuées en classes de villes de même taille ; une classe contient d'autant plus de villes que leur taille est petite.
47. Pumain D., 1982, *La dynamique des villes,* Économica, Paris.
48. *Attractivité :* capacité d'un lieu à générer des relations à partir d'autres lieux vers lui.
49. *Achats groupés :* ensemble des achats effectués en un lieu lors d'un même déplacement vers ce lieu.
50. *Probabiliste :* non déterminé mais défini par une probabilité associée à chaque type de comportement ; voir aussi le chapitre Analyse mathématique.
51. *Interaction spatiale :* relations entre agents localisés en des lieux différents.
52. *Modèle d'interaction spatiale :* modèle exprimant la quantité d'interaction spatiale en fonction des attributs des agents et de la distance qui les sépare.
53. *Entropie :* concept défini dans le chapitre Analyse mathématique.
54. Haynes K., Fotheringham A., 1984, *Gravity and spatial interaction models,* Sage, London.
Fotheringham A., O'Kelly M., 1989, *Spatial interaction models : formulations and applications,* Kluwer, Dordrecht.
Sen A., Smith T., 1995, *Gravity models of spatial interaction behavior,* Springer, Berlin.

La forme générale du modèle consiste à exprimer que la quantité d'interactions entre deux lieux est une fonction directe de : l'émissivité du lieu d'origine, l'attractivité du lieu de destination, et le degré de proximité des deux lieux. Ces trois éléments favorisent la quantité d'interactions spatiales. Ils sont substituables en ce sens qu'un accroissement de l'un (par exemple l'attractivité) peut compenser la diminution d'un autre (par exemple la proximité). En outre, chacun de ces trois éléments peut être une fonction quelconque de plusieurs variables le concernant ; en matière de migration par exemple, l'émissivité pourrait être une fonction du taux de chômage et de la faiblesse de l'offre de services.

Le modèle de base peut être complété par des contraintes qui l'enrichissent et le rapprochent de la réalité. Ces contraintes peuvent concerner les origines, les destinations ou les deux ; par exemple, une contrainte sur l'attractivité, exprimant un nombre maximum d'emplois offerts. La recherche théorique se poursuit afin de perfectionner les modèles, et les applications sont très nombreuses dans la littérature.

3.5. Choix spatial

Les géographes s'intéressent de plus en plus aux décisions spatiales que prennent les *individus* et pas seulement les groupes de personnes localisés en un lieu. Le plus souvent, les individus ont à choisir *une* des alternatives figurant dans un ensemble fini d'alternatives mutuellement exclusives. C'est par exemple le cas lorsqu'on a à choisir un nouveau logement parmi les 12 que l'on a présélectionnés ; ou lorsqu'on doit choisir une destination de vacances parmi un ensemble de destinations offertes. On recourt alors aux *modèles de choix discret*[55] pour expliquer les divers choix spatiaux que font les individus. Ces modèles ont l'avantage de représenter le choix comme un processus probabiliste et non déterministe seulement : la partie déterministe énumère les déterminants connus du choix, et une partie stochastique prend implicitement en compte les motivations mal connues ou inconnues. Après avoir été appliqués d'abord au choix d'un mode de transport, ils s'étendent maintenant à de très nombreux types de choix spatial.

3.6. Économie géographique

La volonté assez récente d'introduire explicitement l'espace géographique dans la théorie économique classique, conduit celle-ci à devoir renoncer au postulat de la concurrence parfaite en faveur d'une concurrence monopolistique ou oligopolistique. En effet, l'espace géographique crée, entre les agents, une séparation spatiale génératrice de désutilités (coûts) peu compatibles avec le marché aspatial de la concurrence parfaite. La séparation géographique protège certains agents de la

55. *Modèle de choix discret :* modèle qui associe à chaque alternative de choix envisagée, une probabilité d'être choisie en fonction de ses attributs propres et de ceux de la personne qui choisit. Voir : Ben-Akiva M., Lerman S., 1985, *Discrete choice analysis : theory and applications to travel demand,* MIT Press, Cambridge. De Palma A., Thisse J.-F., 1989, Les modèles de choix discret, *Annales d'Économie et de Statistique,* p. 151-190.

concurrence d'autres agents éloignés, leur conférant ainsi un avantage non pris en considération par la concurrence parfaite. L'*économie géographique*[56] analyse ce type de problèmes.

Par ailleurs, la prise en compte de l'espace géographique par certains économistes a le mérite de rapprocher la géographie et l'économie dans un esprit d'interdisciplinarité bénéfique à la géographie. Certaines questions fondamentales sont communes aux deux disciplines : (1) pourquoi les agents et leurs activités sont-ils distribués de manière hétérogène dans l'espace ? (2) quelles sont les forces d'agglomération (car on observe des conglomérats de tailles diverses) et les forces de dispersion (car tous les agents ne se localisent pas sur un même point) en présence ? (3) pourquoi les agglomérations, villes ou régions, contiennent-elles des agents et des activités diversifiés ? Face à ces questions, on peut penser qu'un renforcement de la mise en commun des efforts peut favoriser l'émergence de réponses plus solides.

Dans ce but, la géographie économique continue son exploration et son utilisation des concepts économiques qu'elle a intérêt à utiliser. Quelques-uns ont déjà été évoqués aux sections 1 et 2 ci-dessus. En géographie, les *économies internes*[57] et les *économies externes* (ou *externalités*) sont particulièrement utiles à prendre en compte. Parmi les premières, les *économies d'échelle*[58] (rendements d'échelle croissants) importent puisqu'elles favorisent l'agglomération géographique des productions ; de même, la différenciation des produits favorise la croissance de l'utilité du consommateur puisque ce dernier a une préférence pour la variété des biens à sa disposition. Parmi les externalités, celles qui ont un caractère de diffusion spatiale, celles que génère l'agglomération géographique grâce à sa forte densité d'agents qui facilite les interactions, procurent des avantages qui contribuent à expliquer l'existence et le développement des villes. Mais l'excès d'agglomération peut susciter des externalités négatives qui freinent le gigantisme. L'étalement géographique des villes n'est sans doute pas étranger à ces externalités.

4. Conclusion

Proche de la géographie humaine par ses motivations les plus fondamentales, la géographie économique est cependant prompte à s'intéresser à la localisation des activités économiques et à invoquer les facteurs économiques à l'appui de ses recherches. Elle est également de plus en plus ouverte au social, au bien-être, aux comportements, aux perceptions.

Pour comprendre le monde qu'elle analyse, elle met au point un petit nombre de théories explicatives assorties de leurs concepts. Ces théories sont à la base de la plupart des travaux de géographie économique, si empiriques et appliqués soient-ils. Elles méritent donc de faire l'objet des meilleurs soins. Elles

56. *Économie géographique :* branche de l'économie qui prend en compte l'espace géographique. Voir : Fujita M., Thisse J.-F., 1997, Économie géographique : problèmes anciens et nouvelles perspectives, *Annales d'Économie et de Statistique*, p. 37-87.

57. *Économies internes (externes) :* gain réalisé par un agent suite à une décision prise par lui-même (par un autre agent).

58. *Économies d'échelle :* voir plus haut.

ne sont pas étrangères l'une à l'autre : elles se recoupent sur certains points ; ainsi on voit l'interaction spatiale s'introduire dans la théorie de la localisation dérivée de A. Weber et dans la théorie des lieux centraux ; par ailleurs, c'est finalement la localisation individuelle de très nombreux agents qui aboutit à la constitution des villes et de leurs réseaux.

Sans doute verra-t-on ces théories tendre vers une certaine unification. On peut en attendre une meilleure compréhension de l'organisation de l'espace géographique. Cette perspective est cependant encore lointaine. Mais la contribution de l'économie spatiale constitue sans doute un pas important.

5. Conseils de lectures

BERRY B., CONKLING E., RAY D.,1997, *The global economy in transition*, Prentice-Hall, London.

Dans le style de la géographie économique classique et empirique, cet ouvrage introductif, complètement remanié à l'occasion de cette édition, couvre une large gamme d'activités économiques exercées dans divers continents. Il expose des tendances récentes de la production et du commerce, aborde les problèmes de croissance et de développement, et contient un chapitre sur la triade échelle-externalités-agglomération.

DREZNER Z. (ed.), 1995, *Facility location : a survey of applications and methods*, Springer, New York.

Une quarantaine d'auteurs (dont 5 géographes) présentent en 20 chapitres une excellente revue de ce qu'il faut savoir sur les applications de la théorie de la localisation : analyse des problèmes posés, méthodologies utilisées, diversité des objectifs possibles, jeux de la concurrence en localisation. Aux nombreux problèmes pratiques soulevés correspondent des solutions techniques d'une grande diversité. Elles sont soutenues par plus de 1 200 références, précieuses pour le lecteur.

FUJITA M., THISSE J.-F., 1997, Économie géographique : problèmes anciens et nouvelles perspectives, *Annales d'Économie et de Statistique*, 45, p. 37-87.

L'article est écrit par deux économistes qui ont beaucoup travaillé sur des questions géographiques. Il présente très bien les nouvelles perspectives ouvertes par l'analyse économique lorsqu'elle aborde des questions fondamentales comme : l'existence des villes, leur spécialisation, l'inégale répartition des activités économiques, les résultats du jeu interactif des forces d'agglomération (rendements croissants, externalités, baisse des coûts de transport, différenciation des produits) et des forces de dispersion (distance, coût élevé du transport, concurrence en prix).

6. Sujet : localisation optimale d'une école sur un réseau (théorie de Weber)

6.1. Le problème

Soit le réseau de transport très simple :

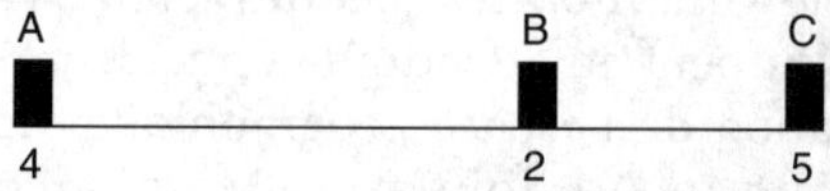

Il comprend 3 lieux habités (A, B, C) où résident les élèves de l'école à localiser (le nombre d'élèves est indiqué par un nombre pour chaque lieu, sur la figure) et 2 routes : l'une relie A à B (2 km) et l'autre B à C (1 km). *Tous* les points du réseau sont des localisations possibles pour l'école, qu'ils soient des lieux habités ou non. Si l'école est localisée en un lieu habité, la distance parcourue par les élèves résidant en ce lieu pour aller à l'école est nulle. Le problème consiste à localiser l'école sur le réseau de telle manière que la distance totale parcourue par les 11 élèves pour rejoindre l'école, soit la plus petite possible.

6.2. Questions

(1) Où se trouve la localisation optimale de l'école ?

Variantes : (2) Où est la localisation optimale si la distance de B à C devient 3 km ?

(3) Où est la localisation optimale si la distance de B à C devient 100 km ?

(4) BC vaut à nouveau 1 km. Où est la localisation optimale si le nombre d'élèves de A devient 6 ?

(5) BC = 1 km. Où est la localisation optimale si les élèves de A deviennent 8 ?

6.3. Réponses

(1) en B ; (2) en B ; (3) en B ; (4) en B ; (5) en A. Dans le cas très simple présenté, la théorie de la localisation vous permet de répondre aux questions sans calcul, en utilisant les théorèmes suivants : — au moins une localisation optimale existe toujours sur un marché (ici, un lieu habité) ou sur un carrefour — dans notre cas, le réseau est une « chaîne » : alors, la connaissance des distances est inutile pour trouver la solution — si un marché a un poids (ici, le nombre d'élèves) supérieur à la somme des poids des autres marchés, il est la localisation optimale (théorème de la majorité absolue) — un marché situé sur un point terminal du réseau (A et C sont dans le cas) n'est jamais localisation optimale s'il n'est pas majoritaire absolu.

Tentez de « démontrer intuitivement » chaque théorème.

12

Géographie des transports

Giuseppe Pini*

* Maître-assistant à l'Université de Genève et chargé de cours à l'Université de Fribourg, Suisse.

1. L'origine de la géographie des transports

La géographie des transports est devenue assez récemment une branche spécifique de la géographie. Jusqu'à la fin des années 50, elle faisait partie de la géographie économique[1]. Le développement des moyens de transport consécutif à la croissance des échanges économiques de l'après-guerre, les problèmes relatifs à la circulation en milieu urbain et la mise en place de nouveaux réseaux de transport ont permis à la géographie des transports de se spécialiser.

Cette relative jeunesse de la géographie des transports contraste avec le rôle majeur assigné au transport déjà chez les précurseurs de la discipline dans la formation et l'évolution des territoires et dans la localisation des activités. Ainsi, J. von Thünen[2] identifie le transport comme l'élément ordonnateur des cultures agricoles autour de la ville isolée et considère la distance comme l'élément représentant l'espace, et le coût de transport[3] comme la transformation monétaire de la distance. Par la suite, plusieurs modèles géographiques intègrent le système de transport (von Thünen, Weber, Reilly, Lösch et Christaller, par exemple) comme facteur expliquant l'organisation et la dynamique des territoires. Ce rôle s'est, actuellement, considérablement renforcé car, d'une part, un système de transport performant est une condition indispensable à la globalisation de l'économie, d'autre part, le système de transport est devenu un instrument majeur dans l'organisation volontariste du territoire.

2. L'objet d'étude : le système de transport

La géographie des transports ne repose pas sur une théorie des transports mais bien sur une multitude de points de vue qui

1. George P., 1962, *Précis de géographie économique*, PUF, Paris.
2. Von Thünen J., 1826, *Der isolierte Stadt in Beziehung auf Landwirschaft und Nationalökonomie*, Perthes, Hambourg.
3. *Coûts de transport :* correspondent aux coûts monétaires liés au franchissement d'une distance.

résultent de la complexité et du degré d'importance que les chercheurs attribuent au transport dans la dynamique des territoires et dans le comportement des différents acteurs localisés. Les hommes, pour satisfaire leurs besoins, sont à l'origine de mouvements organisés au sein du système de transport. L'activité de transport est un service en étroite relation avec la réalité socio-économique et politique du territoire concerné : la demande de transport résulte de la nécessité de relier les activités de production, de consommation ou de distribution situées dans des lieux différents. Le système de transport est alors une des solutions que la société se donne pour maîtriser les discontinuités spatiales. Par sa fonction première (transporter), le système de transport groupe les lieux en une structure cohérente d'organisation spatiale et influence la localisation des agents destinés à répondre à la demande économique, socioculturelle et politique. Il permet l'intégration des lieux dans le territoire et favorise la cohésion économique et sociale de ce dernier.

L'explication de la génération de la demande qui s'adresse au système de transport nécessite la prise en compte de théories issues d'autres disciplines (l'économie pour la théorie de l'utilité[4] ; la sociologie pour les théories de la mobilité géographique[5] ; la physique pour l'interaction spatiale[6] ; la psychologie pour le comportement des individus, par exemple).

Au-delà des objectifs et des approches différents que les chercheurs donnent à la géographie des transports, celle-ci s'intéresse aux possibilités et modalités des déplacements de biens et de personnes entre les différents lieux ; son objet d'étude est le système de transport et les interrelations de celui-ci avec son environnement physique, économique et social.

3. De la description à la modélisation du réseau de transport et des interactions

Jusqu'aux années 1960, l'approche des transports de la géographie économique est essentiellement descriptive et n'est, souvent, qu'un inventaire des dotations d'un territoire en infrastructures mobiles (véhicules, engins) ou fixes (voies, gares, ports, terminaux, ...)[7]. On décrit le fonctionnement d'un seul *mode de transport*[8] souvent en termes d'*économie des transports*[9] L'espace est intégré en considérant, par exemple, des densités de voies de chemin de fer, de routes, de véhicules. Par ailleurs, l'intérêt est porté sur les *circulations*[10] qui interviennent dans les territoires considérés. Ces circulations, manifestation de la vie relationnelle, sont matérialisées par des *flux*[11] de personnes, de marchandises, de véhicules, etc. Un parallèle entre les densités des dotations en infrastructures de transport, l'intensité des circulations et la richesse des territoires est parfois établi.

4. Le concept d'utilité est présenté par H. Beguin dans le chapitre La géographie économique.
5. Le concept de mobilité géographique est défini par D. Noin dans La géographie de la population.
6. Le concept d'interaction spatiale est présenté par H. Beguin dans le chapitre La géographie économique.
7. *Infrastructures fixes et mobiles.*
8. *Mode de transport :* est défini par une technique spéciale et uniforme de propulsion du véhicule par rapport à l'infrastructure.
9. *Économie des transports :* consiste dans l'application des méthodes de l'analyse économique aux problèmes soulevés par les transports.
10. *Circulation :* manifestation tangible sous forme de flux de marchandises, personnes, capitaux, idées, informations des relations entre les lieux.
11. *Flux :* quantité de personnes, biens, informations, etc. mesurée sur un axe de communication.

À la fin des années 1950 naît une école américaine de géographie des transports qui privilégie la quantification et la modélisation du système de transport. Ce courant répond à un besoin de recherches opératoires résultant de l'accentuation des problèmes de circulation dans les villes et de l'accélération des échanges à longue distance et profite du contexte scientifique de renouveau de la discipline donnant naissance à la Nouvelle géographie[12]. Le système de transport est alors étudié dans sa dimension spatiale qu'est le *réseau de transport*[13]. Celui-ci est alors analysé selon ses propriétés structurelles et géométriques[14] grâce à la théorie des graphes ou encore modélisé dans son processus de formation et d'évolution[15]. Plusieurs indices résumant la structure topologique du réseau et la position des nœuds en termes notamment de *connectivité*[16], d'*accessibilité*[17] de *centralité*[18] ont été élaborés.

Les années 1960 voient l'introduction des modèles de type gravitaire dans la planification des réseaux de transport. Les modèles gravitaires[19] reposent sur l'analogie existant entre l'interaction physique de la théorie newtonienne de la gravité et l'interaction spatiale en géographie et sont à la base d'un modèle général de planification du trafic dit à quatre étapes : la première étape estime la demande de transport, la deuxième distribue cette demande entre les différentes zones composant un territoire sous forme de courants de trafic, la troisième répartit ces courants selon les modes de transport et enfin la quatrième étape affecte ces courants aux différents réseaux de transport.

4. Les interrelations système de transport/environnement opérationnel

À partir des années 1970, la géographie des transports met l'accent sur les interrelations entre le système de transport et son environnement opérationnel[20]. Ce dernier est composé du milieu physique, du milieu socio-économique, de la structure politico-administrative et du niveau technologique d'un territoire[21]. L'étude de la relation entre le système de transport et le système socio-économique d'un territoire, par exemple, fait partie de ce courant de recherche. Cette relation a fait l'objet d'amples débats dans le cadre de la problématique du développement régional et de la mise en place de nouvelles infrastructures de transport[22], de la formulation de modèles de développement économique ou de réorganisation spatiale[23].

La relation entre transport et développement économique (voir encadré) est circulaire et les conditions de l'adéquation entre les deux entités changent en fonction du temps. Si l'on reconnaît que de bonnes liaisons de transport étaient indispensables pour permettre, au siècle passé, le démarrage du développement économique, actuellement celles-ci sont

12. La Nouvelle géographie est présentée par P. Claval dans le chapitre Histoire de la géographie.
13. *Réseau de transport :* est défini par ses composantes, c'est-à-dire des lieux, et par les liaisons les joignant pour un mode de transport donné.
14. Kansky K.J., 1963, *Structure on transport networks*, Department of Geography, Research Papers n° 84, University of Chicago.
15. Bunge W., 1962, *Theoretical geography*, Gleerup, Lund.
16. *Connectivité :* mesure de la complexité d'un réseau.
17. *Accessibilité :* mesure de la facilité à atteindre un nœud.
18. *Centralité :* mesure la position d'un nœud dans le réseau.
19. *Modèle gravitaire :* dans sa forme la plus générale, le modèle s'écrit :

$$I_{ij} = k \times \frac{M_i \times M_j}{d_{ij}a}$$

avec :
Iij = interaction entre les composantes i et j
Mi = masse de la composante i
Mj = masse de la composante j
dij = distance séparant i de j
k, a = constantes
20. *Environnement opérationnel.*
21. Chesnais M., 1980, *Transports et espace français*, Masson, Paris.
22. Plassard F., 1977, *Les autoroutes et le développement régional*, Économica, Paris.
23. Janelle D.G., 1969, Spatial reorganization : a model and concept, *Annals of the Association of American Geographers*, 59, p. 348-364.

considérées comme une des conditions nécessaires mais non suffisantes au développement économique. De plus, l'émergence du secteur tertiaire et la croissance qu'elle a engendrée ne se sont pas traduites, comme auparavant avec le développement de l'industrie, par une forte augmentation de la demande de transport de biens. En revanche, on constate une très forte croissance des échanges d'informations et des réseaux qui en assurent le transfert, croissance qui est due à l'avènement d'une société dite de l'information. Ce constat explique l'intérêt actuel des géographes pour le transfert de l'information que ce soit en termes d'une possible substitution entre les transports et les télécommunications[24] ou de complémentarité des réseaux de transfert et de transport[25]. Les relations entre les qualités des différents réseaux de transport et le système politico-administratif d'un territoire ont été mises en évidence. C'est en règle générale le système politico-administratif qui prend les décisions en matière de planification et de politique des transports[26], décisions qui ont inévitablement des effets spatiaux sur les différentes parties du territoire (disparités d'accessibilité et de mobilité, désenclavement, intégration spatiale et économique, etc.). Par ailleurs, les rapports entre le système de transport et le système politico-administratif se sont modifiés pour certains modes ou certains réseaux à la suite de la privatisation, de l'harmonisation des législations ou de la déréglementation des transports[27]. La déréglementation du transport aérien a accéléré l'exploitation des réseaux des compagnies selon le principe de la radialisation ou hub-and-spokes[28]. Cette radialisation[29] de la desserte (qui s'applique aussi aux services routiers de messagerie ou aux services ferroviaires) est corrélative à une hiérarchisation des nœuds et des liaisons ; elle assure un remplissage optimal des véhicules, améliore la rentabilité économique du service offert et des nœuds (aéroports, gares, plates-formes logistiques) utilisés et augmente le nombre de relations (indirectes) entre les nœuds du réseau.

5. Complémentarité et intégration spatiale des modes de transport

Contrairement à l'approche monomodale des années 1950, le système de transport est actuellement considéré dans son ensemble. La règle qui prévaut dans les rapports entre les modes de transport est la concurrence. Pour un territoire donné, la concurrence est souvent saisie sous la forme de répartition modale[30] ; l'analyse de la concurrence nous renseigne sur les qualités des modes et des réseaux de transport et de la politique à leur encontre (politique tarifaire, monopole ou libre accès au marché, politique de protection de l'environnement physique et humain, etc.). Les conditions de concurrence modale sont souvent inégales : certains modes de transport (notamment la route et l'avion) génèrent, par leur fonctionnement, des *coûts*

24. Claisse G., 1983, *Transports ou télécommunications, les ambiguïtés de l'ambiguïté*, PUL, Lyon.
25. Giannopoulos G., Gillespie A. (eds.), 1993, *Transport and communications innovation in Europe*, Belhaven Press, London.
26. Merlin P., 1991, *Géographie, économie et planification des transports*, PUF, Paris.
27. Boquet Y., 1988, Une nouvelle phase dans la structuration du transport aérien aux États-Unis, *L'information géographique*, 2, p. 68-78.
28. Hub-and-spokes.
29. Bonnafous A., Plassard F., Vulin B., dir. 1993, *Circuler demain*, Datar-Éditions de l'Aube, La Tour d'Aigues.
30. *Répartition modale* : mesure l'importance relative de chaque mode dans l'ensemble de la demande de transport.

externes[31] (bruit, pollution de l'air, encombrements, accidents, etc.) payés par la collectivité tout entière et non par les utilisateurs. La non-internalisation de ces coûts implique des distorsions de concurrence entre les modes. La nécessité d'assurer une mobilité géographique aux personnes et une interaction maximale aux biens dans les meilleures conditions a amené les géographes à s'interroger sur la complémentarité entre les modes de transport. C'est au niveau d'une *rupture de charge*[32] et donc d'une discontinuité spatiale que se situe la complémentarité. Il est un fait que les modes de transport ne sont pas complètement substituables : cela se traduit par la mise en place de *chaînes de transport*[33] et donc par la promotion de l'*intermodalité*[34].

La stratégie de recherche de la complémentarité et de l'intégration spatiale (interconnexion) des modes de transport est apparue au début des années 1950 pour le trafic maritime et terrestre (conteneurs[35]), dans les années 1970 pour le trafic rail et route (ferroutage[36]) et actuellement pour le trafic rail et avion. Cette stratégie vise, notamment, l'intégration du réseau ferroviaire à grande vitesse au réseau aérien[37] ; on réduit ainsi les temps d'accès aux installations aéroportuaires afin de ne pas gaspiller à terre une partie du temps gagné en vol. Cela implique la réalisation d'interfaces d'échange[38] qui assurent le passage des courants de trafic d'une échelle géographique à une autre gommant ainsi les discontinuités spatiales. Ces interfaces sont autant de lieux de concentration des échanges et des emplois, donc de puissants pôles de structuration des territoires. La création de ces nœuds devient une nécessité car, actuellement, les transports sont de plus en plus intégrés dans le processus de fabrication des biens. Le transport est alors un élément de la chaîne logistique de production dont la forme la plus évoluée est la production juste-à-temps[39].

6. De l'analyse macrogéographique au comportement des utilisateurs

La crise de l'énergie et la récession du milieu des années 1970 ont sensibilisé les chercheurs aux limites de la croissance économique et aux disparités de mobilité entre individus. De plus, l'emploi souvent sans discernement de la modélisation dans la planification des réseaux de transport a poussé des chercheurs à proposer d'autres schémas décrivant et expliquant la mobilité des personnes. Un double changement s'opère dans la discipline : un changement critique par rapport à l'approche techniciste et réductrice de l'école américaine[40], un changement d'optique en passant d'une approche macrogéographique à une approche microgéographique centrée sur l'individu. Certains géographes[41] manifestent davantage d'intérêt pour les disparités de mobilité entre individus en parlant de captifs[42] ou de

31. *Coûts externes.*
32. *Point de rupture de charge :* dans une chaîne de transport lieu où les marchandises doivent être transbordées d'un mode de transport à un autre.
33. *Chaîne de transport :* utilisation successive de modes de transport pour mener à bien une opération de transport.
34. *Intermodalité :* résulte des techniques de transfert des unités de charge d'un mode à un autre.
35. *Conteneur :* compartiment conçu pour faciliter le transport de marchandises sans ruptures de charge.
36. *Ferroutage :* technique de transport combiné rail-route.
37. Varlet J., 1997, « Les grands aéroports français : enjeux et retombées territoriales », *in : Annales de Géographie*, n° 593-594, p. 155-181.
38. *Interface d'échange :* dans un système intégré de transport, ensemble d'infrastructures permettant le passage des usagers ou des marchandises entre des réseaux et/ou des modes de transport différents.
39. *Juste-à-temps :* processus de production de biens qui minimise les stocks de produits intermédiaires ; ces derniers sont livrés à l'usine au moment même de leur utilisation.
40. Eliot Hurst M.E. (ed.), 1974, *Transportation geography*, McGraw-Hill, New York.
41. Hay M.A., 1977, Transport geography, *Progress in human geography*, 9, p. 313-318.
42. Captif : personne n'ayant aucun choix de mode de transport pour effectuer un déplacement.

« droit au transport »[43], pour les comportements de mobilité et les perceptions des utilisateurs[44], corrigeant les faiblesses des méthodes et modélisations précédentes en saisissant d'autres facettes de la mobilité des personnes. À ce courant appartiennent les approches de la mobilité en termes de préférences, de représentations graphiques[45] (budget espace-temps[46]). Toutefois, d'autres approches quantitatives désagrégées sont développées faisant intervenir, par exemple, la comparaison des *coûts généralisés*[47] de chaque mode de transport par l'utilisateur comme facteur déterminant le choix modal et corrigeant les lacunes des modèles macrogéographiques utilisés jusque-là.

7. La géographie des transports aujourd'hui

La géographie des transports a atteint sa maturité et a conforté sa place comme branche autonome de la géographie humaine et cela grâce à son large éventail de problématiques et à des méthodologies éprouvées.

La géographie des transports actuelle est caractérisée à la fois par l'approfondissement de problématiques et thèmes anciens (disparités de mobilité ou d'infrastructure et organisation des territoires, transport et développement, désenclavement et intégration des territoires, comportement des usagers, politique des transports), par des préoccupations liées à la dégradation de la qualité de vie due aux transports (bruit, pollution, encombrements, conflits entre usagers, oppositions à l'extension du réseau de transport), par l'apparition de thèmes nouveaux (substitution transport-télécommunication, transport et logistique industrielle[48], transport et développement durable[49]).

Cette géographie manifeste un intérêt marqué pour les études à l'échelle macrogéographique ; la formation des espaces économiques supranationaux[50], l'intégration poussée des économies avec le renforcement des courants d'échanges, voire leur réorientation, renforcent le rôle du système de transport. La géographie des transports devient aussi « volontariste » s'intéressant à la mise en place de nouveaux modes et organisations de transport[51], à l'interconnexion et à la modernisation de réseaux[52] et s'interroge sur l'avenir des transports[53]. La création et la modernisation des réseaux de transport engendrent inévitablement des modifications de la position[54] des villes et des régions[55] ; les géographes mettent en lumière ces changements, leurs effets sur d'une part, le développement régional dans le contexte de la concurrence que les villes et les régions se livrent afin d'acquérir une position stratégique dans ces nouveaux réseaux, d'autre part, les disparités entre les villes et les régions et la diminution de l'équité entre les individus. La géographie des transports intègre de plus en plus et à toutes les échelles le souci de protection de l'environnement et du cadre de vie des

43. Reichman S., 1983, *Les transports : servitude ou liberté ?* PUF, Paris.
44. Hensher D.A., Dalvi Q., 1978, *Determinants of travel choice*, Saxon House, Farmborough.
45. Hägerstrand T., 1965, What about people in regional science ?, *Paper of the Regional Planning Association*, 24, p. 3-21.
46. *Budget-espace-temps :* défini par A.S. Bailly dans le chapitre La chronogéographie.
47. *Coût généralisé :* somme du prix du déplacement et de la valeur du temps de déplacement pour un utilisateur donné.
48. Savy M., *Logistique et territoire*, 1993, GIP RECLUS, Montpellier.
49. Whitelegg J., 1994, *Transport for a sustainable future : the case for Europe*, J. Wiley, Chichester.
50. Bauchet P., 1996, *Les transports de l'Europe, la trop lente intégration*, Économica, Paris.
51. Troin J.-F., 1995, *Rail et aménagement du territoire*, Édisud, Aix-en-Provence.
52. Auphan E., 1991, *Quel avenir pour les réseaux ferrés d'Europe occidentale ?*, Éd. du CNRS, Paris.
53. *Se déplacer au quotidien dans trente ans*, 1995, La Documentation française, Paris et Joatton R., 1996, *Les transports au futur*, Flammarion, Paris.
54. *Position :* situation d'un lieu dans un réseau de transport.
55. Cattan N. *et al.*, 1994, *Le système des villes européennes*, Anthropos, Paris.

habitants et cela sous la double pression de la sensibilité accrue des opinions publiques à ces facteurs et de l'augmentation constante de la demande de transport. La nécessité économique et sociale d'assurer à la fois la mobilité des personnes et des biens et la sauvegarde de l'environnement et du cadre de vie des habitants se retrouvent dans les études de la complémentarité et de l'intégration spatiale des modes, du transport combiné, des modes de transport respectueux de l'environnement, de la substitution transport-télécommunication. Le transport est considéré comme un élément indissociable du développement durable des territoires. Parallèlement se renforce la problématique de l'internalisation des coûts externes et de la réduction de la mobilité non désirée, notamment en milieu urbain ou dans des milieux à sauvegarder comme les Alpes.

Ces directions de recherche et l'approfondissement de problématiques anciennes soulignent, d'une part, que la maîtrise de la contrainte spatiale par le système de transport est de plus en plus importante pour le fonctionnement des sociétés modernes, d'autre part, que le champ de la géographie des transports s'élargit par intégration d'autres éléments importants pour la compréhension du fonctionnement, de la formation et de l'évolution des territoires.

La maturité actuelle de la géographie des transports signifie qu'elle est devenue une des clefs d'entrée possibles permettant la compréhension des relations entre l'homme et son territoire, et une branche active de la géographie humaine.

8. Conseils de lectures

Il n'est pas aisé de conseiller des lectures car, parfois, des contributions marquantes à la géographie des transports ne représentent qu'une partie d'ouvrages généraux ou spécialisés. Voici, néanmoins, trois ouvrages de référence et un numéro spécial d'une revue :

MERLIN P., 1991, *Géographie, économie et planification des transports*, PUF, Paris.

Ouvrage adoptant une approche géographique, technique et aménagiste du transport. La première partie est consacrée à la description du système de transport (historique, demande, offre) ; la seconde, plus problématique et méthodologique montrant que toute modification du système des transports par les pouvoirs publics s'inscrit dans un contexte, répond à des enjeux et génère des effets sur le territoire.

MARCADON J., AUPHAN E., BARRÉ, A., CHESNAIS M., 1997, *Les transports, géographie de la circulation dans le monde d'aujourd'hui*, A. Colin, Paris.

Ouvrage didactique donnant des éléments théoriques sur le système de transport et des éléments descriptifs actualisés concernant les modes de transport (ferroviaire, routier, aérien, maritime), le transport urbain et les télécommunications. Des synthèses sur des sujets spécialisés de géographie des transports, importants pour la compréhension du fonctionnement des territoires, complètent chaque chapitre.

HOYLE B.S., KNOWLES R.D. (eds.), 1994, *Modern Transport Geography*, Wiley, Chichester (UK).

Ouvrage collectif fruit de l'école anglaise de géographie des transports consacré à la présentation des interrelations du système des transports avec d'autres domaines d'étude (le développement économique, l'environnement, le tourisme, etc.), et à la discussion des problèmes de transport à différentes échelles (urbaine, interurbaine, internationale).

Annales de géographie, 1997, n° 593-594

Double numéro consacré au thème : « le géographe et les transports ». Huit articles font le point sur les grands projets ou réalisations d'infrastructures de transport en France : tunnel sous la Manche, réseau TGV, réseau autoroutier, aéroports, canal Rhin-Rhône, etc. Au-delà des aspects descriptifs et d'actualité du sujet, les auteurs s'efforcent de montrer les logiques spatiales et les implications territoriales du fonctionnement ou de la réalisation de ces infrastructures.

9. Sujet : transport et développement régional

Le système de transport revêt une importance capitale pour la vie relationnelle d'un pays, d'une région, d'une ville et donc pour leurs habitants et leurs entreprises ; les investissements que les collectivités y consacrent sont importants et considérés comme des instruments majeurs de la politique d'organisation du territoire. N'a-t-on pas justifié d'importants investissements en évoquant les effets structurants bénéfiques pour les régions concernées générés par ces réalisations ? N'a-t-on pas très souvent associé la construction d'infrastructures de transport au développement économique ?

Il est légitime de se poser la question de savoir, s'il est possible, par des réalisations dans l'infrastructure de transport d'orienter la distribution spatiale des activités et des hommes afin de favoriser la rentabilité économique des entreprises et assurer l'équité sociale et, par là, générer le développement.

Répondre par l'affirmative à cette question signifie, d'une part, postuler qu'il existe des effets structurants* (bénéfiques) du système de transport sur le territoire, d'autre part, connaître la forme de la relation entre les mesures de politique des transports (notamment l'amélioration des infrastructures) et les effets obtenus.

Par effet structurant il faut comprendre toute modification du comportement des agents économiques et des ménages et tout changement des structures socio-économiques qui en résultent, à la suite de la mise en service d'une nouvelle infrastructure de transport. (Plassard F., 1977, *Les autoroutes et le développement régional*, Économica, Paris).

De multiples recherches empiriques ont montré que les effets structurants (positifs) de la réalisation d'infrastructures de transport sont loin d'être mécaniques et que les certitudes sont rares quant à la nature et les combinaisons des relations et leur évolution (est-ce que les effets sur l'organisation territoriale sont dus à la réalisation d'une nouvelle infrastructure de transport ou sont le fruit de réactions spontanées à d'autres « événements » indépendants mais concomitants avec les mesures prises par les Autorités ?

Le binôme transport/développement régional s'est trouvé concrétisé notamment dans l'affirmation que l'amélioration de l'accessibilité engendrerait le développement économique ou encore dans l'idée que si un lieu, une ville ou une région ne sont pas correctement développés cela tient à leur mauvaise accessibilité.

Toutefois, sans vouloir nier explicitement l'existence d'une relation entre l'amélioration de l'accessibilité et le développement, il faut être conscient que l'amélioration de la première a, au moins, deux effets contradictoires : un effet positif d'accroissement des potentialités de la région et de ses habitants, et un effet négatif de vidange touchant des activités économiques et des habitants déjà en place. Pour une région en recherche de développement, l'existence de ces deux effets contradictoires rend nécessaire l'élaboration de politiques de soutien et d'accompagnement au niveau socio-économique, faute de quoi l'effet de vidange risque de l'emporter sur l'effet d'accroissement des potentialités ; autrement dit, les bénéfices escomptés par la réalisation d'une nouvelle infrastructure se transformeront, à long terme, en pertes économiques, sociales et culturelles pour la région.

Pour une position de recherche critique voir : Offner J.-M., « Les "effets structurants" du transport : mythe politique, mystification scientifique », *in* : *Espace Géographique*, 1993, 3, p. 233-242.

13
La géographie critique

Rodolphe De Koninck*

* Professeur à l'Université Laval, Québec.
Nous tenons à remercier les professeurs Paul Y. Villeneuve et Guy Mercier pour leurs conseils et leurs critiques utiles.

Lorsque l'on parle de *géographie critique*[1], c'est beaucoup plus à une démarche, à un point de vue, qu'à un champ de la connaissance qu'il faut penser. C'est ainsi que les sciences critiques se distinguent des sciences positives et des sciences herméneutiques. Selon J. Habermas[2], ces dernières procèdent d'un intérêt de connaissances respectivement « d'ordre technique » et « d'intérêt pratique », alors que les sciences dont l'orientation est de nature critique... procèdent d'un « intérêt émancipateur ». Si, comme le souligne M. Rioux[3], ces trois attitudes ne s'opposent pas totalement mais sont en réalité complémentaires, la démarche critique est à la fois périlleuse, plus imaginative et plus optimiste car elle « utilise des jugements de valeurs pour critiquer l'existant... s'intéresse... à l'autocréation de l'homme et de la société ».

1. L'origine de la géographie critique

La géographie critique n'a jamais fait l'objet d'un véritable manuel, mais sa pratique n'en demeure pas moins ancienne. L'on pourrait trouver chez bien des géographes des illustrations d'une démarche qui consiste soit à critiquer les représentations qui sont données du monde perçu, afin d'en fonder une nouvelle interprétation, ce que faisait déjà Hérodote[4] au cinquième siècle avant notre ère ; soit à critiquer ce monde et en particulier la condition des hommes, ce que faisait A. de Humboldt[5] au début du XIXe siècle. Mais le premier véritable représentant d'une géographie critique à caractère émancipateur, cherchant à « déceler ce qui... brime la marche de l'homme vers une plus grande liberté » (Rioux, 1978, p. 9), fut E. Reclus[6], mort en 1906, alors qu'il achevait *L'homme et la terre*, sa dernière grande œuvre[7].

1. *Géographie critique.*
2. Habermas J., 1973, *La technique et la science comme idéologie*, Denoël/Gonthier, Paris, p. 145.
3. Rioux M., 1978, *Essai de sociologie critique*, Hurtubise-HMH, Montréal.
4. Hérodote, 1951, *Découverte du monde*, Rencontre, Lausanne, p. 104 *sq.*
5. Humboldt A. de, 1980, *Voyages dans l'Amérique Équinoxiale : II, Tableaux de la nature et des hommes*, Maspero, Paris, p. 58 *sq.*
6. Reclus E., 1979, *L'évolution, la révolution et l'idéal anarchique*, Stock-Plus, Paris.
7. Reclus E., 1982, *L'homme et la terre*, Introduction et choix de textes par B. Giblin, Maspero, Paris.

Ce n'est sans doute pas un hasard si E. Reclus fut, selon P. Claval[8], le premier à avoir employé l'expression de *géographie sociale*. En effet, c'est à travers le développement de cette dernière que la géographie critique s'est elle-même façonnée.

Avant la Seconde Guerre mondiale, d'abord et surtout en Angleterre, là où les problèmes d'inégalité dans la répartition des ressources et des effectifs socio-économiques étaient particulièrement aigus, la géographie fut appelée à contribuer à leur solution. Bien qu'il ne s'agissait alors pour les géographes que de prêter leurs talents à répertorier, décrire et surtout cartographier, la réalisation pendant les années 30 du *British Land Utilisation Survey*, sous la direction du géographe D. Stamp[9], souligne l'accélération de l'option sociale de la géographie. Dans la période de l'après-guerre, selon P. Claval[10], « le terme de géographie sociale a eu tendance à remplacer celui de la géographie humaine dans les universités anglaises… sans qu'il y ait eu de modification profonde dans le contenu de l'enseignement ». Mais le virage était pris et les géographes allaient de plus en plus tenir compte et témoigner du « poids des forces sociales dans les répartitions qu'ils analysaient » (*ibid.*).

Tout en ne reniant pas ses penchants pour la recherche empirique, la géographie va se tourner vers la recherche de lois. Pour ce faire, la *nouvelle géographie*[11] emprunte à la sociologie et à l'économie et se tourne vers la fabrication de modèles que, fréquemment, elle appliquera à l'examen des problèmes sociaux. L'approche systématique va entraîner une grande influence du *structuralisme*[12], ou enfin de certaines de ses formes et de ce qu'elles représentent dans les sciences de la société, ce que A. Clerambard[13] appelle « une tendance de la pensée contemporaine à éclairer toutes les formes de la culture humaine à partir du concept de *structure*[14] tel que le pratiquent les logiciens ou les linguistes ». Ce concept de structure désigne « un arrangement d'éléments ordonnés en vue du fonctionnement de l'ensemble » ; de nombreux géographes vont donc se tourner vers l'identification de structures spatiales, répondant souvent en cela aux besoins de la planification étatique.

C'est d'abord et surtout aux États-Unis que s'accélère la formation de cette géographie plus *quantitative*[15], souvent étroitement liée aux autres sciences de la société. Mais si les problèmes sociaux, tels ceux découlant de la répartition des groupes ethniques dans les villes américaines, sont souvent évoqués à l'aide de modèles mathématiques, ceux-ci s'avèrent peu satisfaisants aux yeux de ceux parmi les géographes qui souhaitent de véritables solutions aux problèmes examinés. Certes, les géographes qui construisent des modèles de représentation des problèmes qu'affronte la société américaine sont bien intentionnés, appartenant pour la plupart à la tendance dite libérale aux États-Unis[16]. Mais leurs modèles ne servent finalement qu'à conforter la bureaucratie étatique dans ses principes de gestion et non à en faire une analyse critique comme le

8. *La géographie sociale* est présentée par P. Claval dans le chapitre La géographie sociale et culturelle.
9. Stamp D., 1947, *The Land of Britain, its Use and Misuse*, Longmans, Londres.
10. Claval P., 1973, *Principes de géographie sociale*, Librairies Techniques, Paris, p. 23.
11. *La nouvelle géographie* est présentée par P. Claval dans le chapitre Histoire de la géographie.
12. *Structuralisme.*
13. Clerambard A., 1973, Structuralisme, *Dictionnaire des grandes philosophies*, Privat, Toulouse, p. 366.
14. *Structure :* concept également présenté par H. Beguin dans le chapitre Analyse mathématique.
15. Ce type de géographie est présenté par H. Beguin dans le chapitre Analyse mathématique.
16. Ullman E.L., 1980, *Geography as Spatial Interaction*, University of Washington Press, Washington.

souhaitent les géographes « radicaux ». Ceux-ci considèrent que la géographie quantitative sert trop souvent d'outil de justification des formes contestables de l'aménagement du territoire.

C'est dans ce terreau, celui d'une culture de la planification qu'allait naître aux États-Unis, à la fin des années 60, un puissant courant de géographie critique. On peut donc attribuer cette naissance à deux grands facteurs. Le premier consiste dans l'exacerbation même des problèmes sociaux américains, en particulier dans les villes, problèmes dont plusieurs n'étaient pas étrangers aux retombées locales de la guerre américaine menée au Vietnam. Comme le souligne R. Peet[17], le second relève du désenchantement d'un nombre croissant de géographes américains devant le manque de pertinence de la géographie sociale et de sa fréquente collusion avec les intérêts dominants, ceux qui souhaitent le maintien du *statu quo*[18], c'est-à-dire le contrôle plutôt que la résolution des problèmes sociaux tels qu'ils se répartissent sur le territoire. En août 1969, ces géographes en colère lancent la revue *Antipode*[19].

Le premier numéro de la revue débute par un bref éditorial où il est déclaré que « la vraie question, comme l'a exprimé le Docteur (Martin Luther) King, n'est pas de savoir si l'on doit être extrémiste, mais bien quelle sorte d'extrémiste l'on doit être » (traduction RDK). Cette déclaration est suivie de quatre textes où sont prises des positions fort distinctes. Il importe de les évoquer ici brièvement, car elles annoncent des courants qui vont persister au sein de cette *géographie radicale*[20] américaine dont *Antipode* continuera à être le premier porte-parole. D. Stea insiste sur la nécessité de l'implication et du *changement révolutionnaire*[21]. R. Peet, qui va bientôt occuper le poste de rédacteur, poste qu'il conservera pendant une dizaine d'années, renchérit : il réclame un changement fondamental de la société américaine, les géographes devant y contribuer en proposant de nouvelles théories d'organisation et de répartition des hommes et de leurs institutions. R. Morill, qui pourtant appartient à l'establishment de la géographie américaine, prête son concours à ce premier numéro d'*Antipode*. Il y prêche cependant pour des solutions moins radicales, plus *réformistes*[22] où il importe de changer petit à petit le contenu de la société plutôt que ses formes dominantes. Enfin J. Blaut présente une critique de l'impérialisme, annonçant par là une préoccupation qui va demeurer une marque de commerce de la revue et, surtout, amener les collaborateurs à s'inspirer de plus en plus de concepts critiques et à se réclamer de la méthode de K. Marx, bref d'une *géographie dite marxiste*[23].

Parmi les géographes qui contribuèrent de façon remarquable au développement de cette géographie dite « radicale » aux États-Unis, il faut compter W. Bunge[24] et D. Harvey[25]. Au cours des années 60, l'un et l'autre avaient pourtant publié des études fort remarquées à caractère théorique et épistémologique, sans grand esprit critique. Leur « conversion » au début

17. Peet R., 1977, The Development of Radical Geography in the United States, *Radical Geography*, R. Peet (éd.), Maaroufa, Chicago, p. 6-33.
18. *Statu quo.*
19. *Antipode : A Radical Journal of Geography*, 1969, Première revue américaine de géographie critique.
20. *Géographie radicale.*
21. *Révolution, révolutionnaire.*
22. *Réformisme.*
23. *Géographie marxiste.*
24. Bunge W., 1966, *Theoretical Geography*, Gleerup, Lund.
25. Harvey D., 1968, *Explanation in Geography*, Arnold, Londres.

des années 70 en eut d'autant plus d'influence. W. Bunge[26] se tourne en effet vers une géographie à caractère révolutionnaire, alors qu'il analyse et dénonce la détérioration des conditions de vie dans les quartiers pauvres des villes nord-américaines. Il organise des « expéditions géographiques » dans de tels quartiers, en particulier à Détroit. Si W. Bunge a contribué à secouer la pratique de la géographie, D. Harvey[27], lui, en remet en cause les fondements idéologiques et théoriques. Mais D. Harvey se préoccupe aussi de justice sociale et cherche à démontrer que sa poursuite doit s'appuyer sur une interprétation de la ville qui s'inspire des théories de K. Marx.

2. La géographie et le marxisme

Dès le milieu du XIXe siècle, K. Marx et F. Engels[28] fondaient une théorie sociale et un mouvement politique qui allaient grandement influencer et le développement des sociétés et celui des sciences sociales. Pourtant, avant la fin des années 60, ce fut très peu le cas de la géographie. Bien sûr des géographes comme E. Reclus ou P. Kropotkine[29] (1842-1921), tous deux de tendance anarchiste, avaient été grandement influencés par les idées de K. Marx. Mais quoique pratiquant une géographie très critique et engagée, ils utilisèrent peu les concepts *marxiens*[30]. D'ailleurs, plus récemment encore, en France notamment, un géographe comme P. George[31] pouvait très bien se réclamer du marxisme, évoquer des catégories d'analyse qui lui sont propres, tout en évitant de les utiliser de façon vraiment opérationnelle, les dépouillant ainsi de leur contenu critique et révolutionnaire.

L'explication de cette distance longtemps maintenue entre la géographie et le marxisme n'est pas simple. D'aucuns, tels R. Peet (1977, *op. cit.*) aux États-Unis et J. Surret-Canale[32] en France, ont évoqué diverses formes de répression politique, sociale et professionnelle comme ayant contribué à ce retard. Une telle explication demeure très partielle. Il faudrait sûrement aussi retenir la persistance d'un courant idéaliste, encore présent dans les années 70, clairement identifié par A. Reynaud[33] et dont R. De Koninck[34] avait montré qu'il influençait encore grandement les multiples formes de la géographie sociale, que ce soit aux États-Unis ou ailleurs. Celle-ci se caractérisait par la recherche et la représentation de l'harmonie, de l'équilibre et de l'ordre des formes spatiales, voire de leur logique soi-disant inéluctable, évacuant par le fait même l'examen et la critique des déséquilibres.

Selon P. Claval[35], la non-pertinence du marxisme expliquait sa faible influence en géographie, K. Marx ayant dû, toujours selon P. Claval, progressivement éliminer les considérations spatiales de son schéma global d'interprétation. Cette contribution avait suscité de vives répliques dont celle de C. Van Beuningen[36]. Celui-ci soutenait que la thèse de P. Claval

26. Bunge W., 1971, *Fitzgerald : Geography of a Revolution,* Schenkman, Cambridge, Mass.
27. Harvey D., 1973, *Social Justice and the City,* Arnold, Londres.
28. Marx K. et Engels F., 1972, *L'idéologie allemande et Manifeste du parti communiste.* Éditions sociales, Paris.
29. Kropotkine P., 1919, *Fields, Factories and Workshops,* XXX, Londres.
30. *Marxien* renvoie aux concepts de Marx, « marxiste » à sa doctrine.
31. George P., 1945, *Géographie sociale du monde,* PUF, Paris.
32. Surret-Canale J., 1981, Géographe, marxiste, *EspacesTemps,* 18-19-20, p. 10.
33. Reynaud A., 1974, *La géographie entre le mythe et la science : essai d'épistémologie,* Travaux de l'Institut de géographie de l'Université de Reims.
34. De Koninck R., 1978, Contre l'idéalisme en géographie, *Cahiers de géographie du Québec,* 56, p. 123-146.
35. Claval P., 1977, Le marxisme et l'espace, *L'Espace géographique,* 3, p. 145-164. Voir également le chapitre de P. Claval, La géographie sociale et culturelle.
36. Van Beuningen C., 1979, Le marxisme et l'espace chez Paul Claval. Quelques réflexions critiques pour une géographie marxiste, *L'Espace géographique,* 4, p. 263-271 (p. 267).

reposait sur le *spatialisme*[37], postulant ainsi l'existence en quelque sorte autonome « des faits spatiaux, des processus, structures, relations (etc.) spatiales, lesquelles constitueraient l'objet de la science spatiale... À mon avis, il est question ici d'une réification empiriste évidente de la notion d'espace ». De cette façon, C. Van Beuningen ajoutait sa critique à celles, adressées par de nombreux auteurs dont J. Anderson[38], J. Scheibling[39], R. Peet (1977, *op. cit.*) et R. De Koninck (1978, *op. cit.*), au fétichisme de l'espace, à cette attention accordée au seul cadre des rapports sociaux, au détriment de l'analyse et de la critique de ceux-ci.

Cette escarmouche autour du statut de l'espace dans la géographie fut importante car elle permit de percevoir un peu mieux les positions, tout en ouvrant la voie à un débat de fond qui dure encore[40]. Il y avait d'abord, d'un côté, ceux qui se tournaient vers la recherche d'une « cohérence interne dans les structures spatiales » sans reconnaître la nécessité absolue de chercher l'explication dans les assises matérielles et sociales de ces structures spatiales. De l'autre, il y avait ceux pour lesquels, en géographie sociale du moins, l'espace devait être considéré comme un *produit social*[41], ne pouvant donc être expliqué sans un recours à l'étude du fonctionnement de la société ; pour cette raison, la contribution du marxisme leur apparaissait utile.

Ce que les concepts marxiens d'interprétation de la société prétendaient fournir à la géographie c'était, au contraire des autres théories sociales, une méthode *dialectique matérialiste*[42] laquelle part, selon M. Grawitz[43], « de la constatation très simple des contradictions qui nous entourent... Tout en reconnaissant les limites de notre pensée, les partisans de la méthode dialectique déclarent qu'elles ne suffisent pas à expliquer la présence de contradictions et que celles-ci existent dans la réalité elle-même. La pensée de l'homme doit donc franchir un double écran, celui de ses propres limitations et contradictions, ensuite celui de l'incohérence des choses ». Selon K. Marx[44] lui-même, une telle méthode « est essentiellement critique et révolutionnaire ».

Ces caractéristiques doivent nous faire penser à un autre facteur qui, paradoxalement, a peut-être contribué à la faible extension des concepts marxiens au sein de la géographie. Il s'agit de la très grande indigence, au plan de la critique, de la géographie soviétique même, dont on aurait pu croire, dans la mesure où elle aurait pu s'appuyer sur la méthode de K. Marx, qu'elle puisse servir de modèle ou tout au moins d'inspiration à une géographie critique renouvelée. Comme l'a montré R. De Koninck[45], cette géographie n'avait rien de critique, encore moins rien de révolutionnaire. À l'inverse de toute démarche marxienne, elle procédait d'une démarche servile, instrumentaliste, étroitement liée qu'elle était aux appareils d'État. Ce faisant, ses méthodes se rapprochaient étonnamment de celles courantes au sein de la géographie des systèmes aux

37. *Spatialisme.*
38. Anderson J., 1973, Ideology in Geography, *Antipode*, 5, 3, p. 1-6.
39. Scheibling J., 1977, Débats et combats sur la crise de la géographie, *La Pensée*, 194, p. 41-56.
40. Santos M., 1997, *La nature de l'espace*, L'Harmattan, Paris.
41. *Espace, produit social.*
42. *Méthode dialectique.*
43. Grawitz M., 1981, *Méthodes des sciences sociales*, Dalloz, Paris, 5e éd., p. 463.
44. Marx K., 1976, *Le Capital*, Postface de la deuxième édition allemande, livre I, Éditions sociales, Paris, p. 21.
45. De Koninck R., 1980, La géographie soviétique est-elle révolutionnaire ? *Hérodote*, 18, p. 33-42.

États-Unis, cette géographie si pourfendue par les géographes « critiques » écrivant dans *Antipode*. Jusqu'à preuve du contraire, cette interprétation de la défunte géographie soviétique demeure valable, la géographie postsoviétique[46] s'étant d'ailleurs tout naturellement coulé dans le moule.

3. La géographie et les concepts marxiens

Ainsi, plusieurs courants de la géographie critique allaient se référer plus ou moins explicitement à des concepts qui sont au centre de l'interprétation marxienne de la société. La géographie d'inspiration marxienne, en particulier aux États-Unis dès le début des années 70, privilégia deux échelles d'analyse fort différentes, l'échelle urbaine et l'échelle mondiale, phénomène qui n'est pas étranger aux conditions de la genèse de cette géographie, évoquées plus tôt.

Une telle géographie postule l'existence de liens étroits entre les contradictions de la société capitaliste, d'une part, et les inégalités et injustices qui se manifestent dans la répartition des hommes, de leurs avoirs et de leurs activités, d'autre part. La recherche des fondements de ces inégalités dynamiques amena donc des chercheurs, tel D. Harvey (1973, *op. cit.*), à proposer l'étude du fonctionnement du *mode de production capitaliste*[47] et des exigences d'accumulation qui le concernent, tout particulièrement à l'échelle de la ville. Ainsi le concept de mode de production est apparu central dans les analyses géographiques s'inspirant des concepts marxiens.

Parmi les multiples définitions existantes, celle de R. Fossaert[48] semble encore être la plus adéquate. « Chaque mode de production est une forme spécifique des rapports de production et d'échange, c'est-à-dire des relations régissant la production et la reproduction des conditions matérielles requises pour la vie des hommes en société ». L'étude des modes de production entraîne ainsi celle des *formations économiques* (que d'autres auteurs qualifient plutôt de formations sociales)[49], lesquelles correspondent à un agencement ou une articulation « complexe de plusieurs modes de production où l'un d'eux prévaut ».

Ces *rapports de production*[50] qui fondent les modes de production renvoient à l'existence des *classes sociales*[51], lesquelles « se définissent nécessairement comme un système de classes en lutte ». Toujours selon R. Fossaert (1977, *op. cit.*, p. 29), qui s'inspire ici de F. Engels[52], « les places et les rôles assignés aux propriétaires et aux travailleurs, par les divers modes de production, fondent l'existence des classes sociales, définissent leur nature, règlent leur antagonisme [...] *Les luttes de classes*[53] ont, pour moteur premier, l'exploitation économique, réglée par les rapports de production eux-mêmes ».

46. *Post-Soviet Geography and Economics,* périodique mensuel publié aux États-Unis.
47. *Mode de production, capitalisme.*
48. Fossaert R., 1977, *La société,* tome 2, *Les structures économiques,* Seuil, Paris, p. 26.
49. *Formations économiques.*
50. *Rapports de production.*
51. *Classes sociales.*
52. Engels F., 1950, *Anti-Dühring,* Éditions sociales, Paris.
53. *Luttes de classes.*

Le décodage des conditions de cette exploitation économique devient donc central dans l'étude des problèmes sociaux, quelle que soit l'échelle de leur répartition. Dans l'étude des formations économiques dominées par le mode de production capitaliste, ce sont les conditions de la production de la plus-value et de l'accumulation du capital que la démarche marxienne vise à élucider. Selon K. Marx[54] « la valeur d'une marchandise est déterminée par le quantum de travail matérialisé en elle, par le temps socialement nécessaire à sa production ». Ainsi, sous le contrôle du capitaliste qui fixe le travail de l'ouvrier, « la production de *plus-value*[55] n'est donc autre chose que la production de valeur, prolongée au-delà d'un certain point ».

Mais pour que cette production de plus-value soit réalisée au profit du capitaliste propriétaire des moyens de production mis en œuvre par l'ouvrier, il faut, selon P. Salama et J. Valier[56], que l'activité de production soit « à la fois production de marchandises et reproduction des rapports sociaux. Les rapports sociaux dont il s'agit sont, bien évidemment, ceux qui permettent l'appropriation de la plus-value par une classe. Pour que la plus-value subsiste, il faut que ce rapport social se perpétue. Pour se perpétuer, il doit se reproduire. Cette plus-value doit être accumulée et transformée en *capital*[57], c'est-à-dire en un rapport social entre capitalistes et travailleurs ».

Une telle reproduction du capital entraîne une *accumulation*[58] progressive, élargie, indispensable au maintien du capitalisme. Les exigences de l'accumulation du capital ont eu des conséquences à l'échelle planétaire. Elles ont été étudiées par R. Luxemburg[59] en 1913 puis, assez succinctement par Lénine[60] en 1917. Ce dernier dénonçait alors, entre autres, la tendance à la constitution de monopoles et le remplacement de l'exportation de marchandises par l'exportation des capitaux. Il y voyait *l'impérialisme*[61], cette condition de l'expansion du capitalisme, de la part des grands pays industriels aux dépens de ceux dont on dira bientôt qu'ils constituent les pays sous-développés, le Tiers Monde.

Depuis Lénine, les conditions ont changé, les analyses de l'accumulation à l'échelle mondiale et de l'impérialisme également, comme l'a si bien montré S. Latouche[62]. Mais, à juste titre ces analyses ont continué à se concentrer sur les exigences et contradictions de la croissance capitaliste et sur les déséquilibres qu'elle entraîne entre les diverses régions du globe. Plusieurs auteurs, tel A. Emmanuel[63], ont suggéré que ces déséquilibres s'appuient sur la pratique d'un *échange inégal*[64] entre les pays industriels et ceux du Tiers Monde. S. Amin[65] définit ainsi cet échange inégal : « C'est souvent dans des secteurs à productivité élevée mais où les salaires versés sont moins élevés que dans les pays industriels que la ponction est réalisée — c'est-à-dire que le transfert de valeur part de là, car les salaires

54. Marx K., 1976, *Le Capital*, t. I, Éditions sociales, Paris, p. 142-148.
55. *Plus-value.*
56. Salama P. et Valier J., 1973, *Une introduction à l'économie politique*, Maspero, Paris, p. 63.
57. *Capital.*
58. *Accumulation.*
59. Luxemburg R., 1967, *L'accumulation du capital*, 2 volumes, Maspero, Paris.
60. Lénine, 1975, *L'impérialisme, stade suprême du capitalisme*, Éditions sociales, Paris.
61. *Impérialisme.*
62. Latouche S., 1979, *Critique de l'impérialisme*, Anthropos, Paris.
63. Emmanuel A., 1969, *L'échange inégal*, Maspero, Paris.
64. *Échange inégal.*
65. Amin S., 1973, *Le développement inégal*, Minuit, Paris, p. 120.

non payés dans le pays producteur sont en réalité transférés vers le centre ».

De là, la dynamique des relations d'exploitation entre les pays dits du *centre* et ceux dits de la *périphérie*[66]. Les premiers, qui correspondent essentiellement aux pays industriels, sont en principe autonomes dans leur développement et contrôlent économiquement et politiquement celui des pays du Tiers Monde qui se trouvent ainsi dans une situation de dépendance. La métaphore spatiale *centre-périphérie* a beaucoup influencé les géographes qui, heureusement, tel Y. Lacoste[67], s'en sont généralement servi avec la prudence nécessaire.

Ainsi, au total, l'analyse marxienne de la division du travail, à toutes les échelles, et des rapports, conséquences et contradictions qui la régissent, également à toutes les échelles, aura inspiré bon nombre d'auteurs, tel A. Lipietz[68]. Cet accueil des concepts d'origine marxienne ne se réalisera pas sans distinction, heureusement, et il en est résulté au sein de la géographie critique plusieurs courants importants. Surtout, en cette fin de siècle, la nature de la mondialisation et du libre-échange tout comme le rôle sans cesse accru des multinationales et du capital financier appellent une interprétation renouvelée des fondements et de la dynamique des inégalités entre les pays, régions et populations du monde[69]. Enfin, l'analyse et la critique de l'accumulation impliquent, pour les géographes, celles des formes exacerbées de l'urbanisation, ce qui comprend tout à la fois la congestion, le gigantisme, l'étalement et la pauvreté.

4. Le développement de la géographie critique de langue française

Si le lancement de la revue *Antipode* en 1969 aux États-Unis marquait, nous l'avons vu, une étape importante dans le développement de la géographie critique, ce fut également le cas avec le lancement de la revue *Hérodote*[70] en France, au premier trimestre de 1976. Dans ce cas, l'effet fut même plus retentissant, pour au moins deux raisons. En premier lieu la critique, ou plutôt les critiques formulées l'étaient au sein d'une discipline universitaire dont l'importance relative à l'échelle nationale était plus grande ; aux États-Unis, la géographie n'a pas cette unité institutionnelle qu'on lui connaît en France où en conséquence la vague de la critique devait circuler rapidement. En second lieu Y. Lacoste[71], l'âme dirigeante de la nouvelle revue, avait eu le bon goût stratégique de faire paraître à peu près en même temps un livre qui sonnait presque comme un manifeste. Tant dans ce livre que dans les textes de ce premier numéro de la revue, signés par Y. Lacoste et ses collaborateurs, une géographie critique tous azimuts était annoncée.

Comme dans le cas d'*Antipode*, il importe d'examiner quelque peu ce départ. La géographie y était accusée de tous les

66. *Centre-périphérie.*
67. Lacoste Y., 1976, *Géographie du sous-développement,* 3ᵉ éd., PUF, Paris.
68. Lipietz A., 1977, *Le capital et son espace,* Maspero, Paris.
69. Giraud P.-N., 1996, *L'inégalité du monde. Économie du monde contemporain,* Gallimard, Paris.
70. *Hérodote,* Stratégies, géographies, idéologie, n° 1, janvier-mars 1976, première revue française de géographie critique.
71. Lacoste Y., 1976, *La géographie, ça sert d'abord à faire la guerre,* Maspero, Paris.

maux : celle des professeurs est mystificatrice par son discours ; son véritable contenu est approprié par les états-majors, ceux des firmes comme ceux, militaires, des États. À cet égard, la fonction stratégique de la géographie était bien illustrée par un article de Y. Lacoste[72] soulignant l'usage militaire qui peut être fait de l'analyse de cartes à différentes échelles. La carte, les échelles, « savoir penser l'espace », autant de thèmes qui reviendront constamment dans les pages de la revue qui, au fil des ans, accentuera son attention apportée à la *géopolitique*[73] et à la *géostratégie*[74] dont relèvent les politiques de l'organisation de l'espace et de son contrôle à toutes les échelles.

D'ailleurs, la revue privilégie depuis cette approche géopolitique, comme en témoignent plusieurs numéros consacrés à d'autres *géopolitiques*[75]. Ainsi, bien qu'elles y occupent encore une place, les études épistémologiques semblent y être devenues moins importantes que ne pouvaient le laisser croire les premières parutions.

À cet égard, il est tout de même une critique, amorcée dans le premier numéro, qui ne cesse de se consolider, ne serait-ce que par la pratique d'une autre géographie, entendons la critique de la *géographie coloniale*[76] et de l'impérialisme déjà si développée dans *Antipode*. En effet, la tradition de la géographie classique s'était accompagnée de nombreuses études à caractère particulièrement paternaliste portant sur les pays et régions du monde tropical — on parle d'ailleurs de « géographie tropicale » — où l'apologie du pouvoir colonial était souvent à peine voilée[77]. Quant à la revue *Hérodote*, elle continue à accueillir des articles critiques non seulement de cette géographie coloniale, mais aussi de l'ensemble des stratégies spatiales mises en place par les divers pouvoirs et en particulier celui de l'État[78], tout comme des conflits ethniques et frontaliers et d'un vaste éventail de problèmes examinés de préférence sous l'angle de la géopolitique[79].

Cependant peu d'études parues dans *Hérodote* ont renvoyé ou renvoient de façon explicite aux concepts du marxisme. Si plusieurs analyses en découlent, plus rares sont celles qui tentent de rendre de façon explicite les concepts marxiens évoqués plus tôt. Mais les contributions d'*Hérodote* n'en constituent pas moins l'un des courants majeurs de la géographie critique.

Une autre revue française à caractère critique, celle-là lancée en 1975, s'est pendant quelques années réclamée plus ouvertement du marxisme. Moins influente sans doute, sûrement moins diffusée, la revue *Espaces-Temps*[80] accorde en tout cas beaucoup d'importance aux rapports entre les disciplines géographique et historique. Dans leur recherche pour « la constitution d'une science sociale qui dépasse... les frontières actuelles », les auteurs de la revue se sont souvent tournés vers une définition du concept d'*espace social*[81], défini par J.-P. Pfertzel[82], « en tant que lieu d'agglomération et de

72. Lacoste Y., 1976, Enquête sur le bombardement des digues du fleuve Rouge (Vietnam, été 1972), *Hérodote*, 1, p. 86-117.
73. *Géopolitique*.
74. *Géostratégie*.
75. *D'autres géopolitiques*, thème du numéro 25 d'*Hérodote*, 1982 ; *Géopolitiques de la France*, n° 40, 1986, *Églises et géopolitiques*, n° 56, 1990 ; *Géopolitique du Caucase*, n° 81, 1996.
76. *Géographie coloniale*.
77. Bruneau M. et Dory D. (éds), 1989, *Les enjeux de la tropicalité*, Masson, Paris. Bruneau M. et Dory D. (éds), 1994, *Géographie des colonisations. XV*e*-XX*e *siècles*, L'Harmattan, Paris.
78. De Koninck R., 1981, Enjeux et stratégies spatiales de l'État en Malaysia, *Hérodote*, 21, p. 84-115.
79. *Vingt ans de géopolitique 1976-1996*, table de vingt ans de parution d'*Hérodote*, 1996.
80. *EspacesTemps*, n° 1, 1975, Revue française de géographie critique.
81. *Espace social*.
82. Pfertzel J.-P., 1981, Marx et l'espace. De l'exégèse à la théorie. *EspacesTemps*, 18-19-20, p. 65-67 (p. 70).

combinaisons des éléments de la production et de la reproduction du capital ».

Une telle définition renvoie de manière privilégiée à la géographie urbaine. De nombreuses études marxiennes reconnaissent la primauté de la ville dans le mode de production capitaliste et l'importance de la division territoriale du travail. En effet, selon J. Lojkine[83], « les formes de l'urbanisation capitaliste sont d'abord, fondamentalement, des formes de la division sociale (territoriale) du travail ».

Mais la géographie des modes de production peut aussi servir à mieux comprendre l'intégration d'espaces régionaux et nationaux comme l'avait bien montré M. Bruneau[84] en étudiant les conditions historiques du déploiement du capital ainsi que les articulations des modes de production dans le façonnement de l'espace national thaïlandais.

Cette *géographie du capital*[85], qui examine les exigences, stratégies, conséquences et contradictions de la mobilité du capital, à toutes les échelles, demeure l'un des courants les plus actifs de la géographie critique, encore que le recours explicite aux concepts proprement marxiens y soit de moins en moins répandu[86].

5. Les principaux courants, tendances et concepts de la géographie critique contemporaine

Au total, le marxisme ou, tout simplement, les démarches d'inspiration marxiste ou marxienne, bien que mis en veilleuse au cours des dernières années, ont profondément marqué la géographie critique, en contribuant de façon déterminante à la critique du néo-libéralisme. Celle-ci perdure, tout en prenant des formes fort diverses[87]. S'agissant de la géographie, ces formes relèvent d'au moins cinq courants critiques assez bien identifiables et particulièrement animés.

Le premier a pour objet la *mondialisation*[88] et tout particulièrement ses effets pervers, lesquels sont soumis à une critique sans relâche, notamment dans une parution mensuelle, *le Monde diplomatique*, mais aussi et surtout dans de nombreux traités tels ceux de R. Reich (1993, *op. cit.*), A. Wood (1994, *op. cit.*), P.-N. Giraud (1996, *op. cit.*), et W. Greider[89]. Si les géographes d'expression française ne semblent pas avoir développé un discours aussi radical, aussi critique des effets de la mondialisation que les géographes américains, leur préoccupation pour l'échelle mondiale demeure forte, En témoignent, notamment, l'étude de M.-F. Durand *et al.* (1992)[90] et, surtout, les dix volumes de la nouvelle *Géographie universelle*, parus au cours des années 90, et tout particulièrement le premier, signé par R. Brunet et O. Dollfus[91]. Une chose est certaine, l'examen critique de la mondialisation fait prendre conscience aux géographes à quel point la critique de l'État est largement

83. Lojkine J., 1977, *Le marxisme, l'État et la question urbaine*, PUF, Paris, p. 124.
84. Bruneau M., 1978, Évolution de la formation sociale et transformation de l'organisation de l'espace dans le nord de la Thaïlande, *Cahiers de géographie du Québec*, 56, p. 217-263.
85. *Géographie du capital.*
86. Gugliemo R., 1981, Le redéploiement industriel en France, *Hérodote*, 23, p. 33-69 ; Reich R., 1993, *L'économie mondialisée*, Dunod, Paris ; Wood A., 1994, *North-South Trade, Employment and Inequality*, Clarendon Press, Oxford.
87. Fossaert R., 1991, *Le monde au XXIe siècle. Une théorie des systèmes mondiaux*, Fayard, Paris.
88. *Mondialisation.*
89. Greider W., 1997 *One World, Ready or Not : The Manic Logic of Global Capitalism*, Simon and Schuster, New York.
90. Durand, M.-F, Lévy, J. et Retaillé, D., 1992 *Le monde : espaces et systèmes*, Dalloz, Paris.
91. Brunet R. et Dollfus O., 1990, *Mondes nouveaux*, Hachette/RECLUS, Paris.

insuffisante, étant donné la subordination croissante de celui-ci aux multinationales et au capital financier ; ce qui renvoie tout de même aux critiques fondatrices que les auteurs marxistes ont depuis longtemps adressé à l'impérialisme et à ses avatars modernes.

Un second courant relève de que plusieurs appellent l'*écodéveloppement*[92] lequel, selon I. Sachs[93], repose sur un « développement des populations par elles-mêmes, utilisant au mieux les ressources naturelles, s'adaptant à un environnement qu'elles transforment sans le détruire… ». Ce courant, qui prône la préoccupation pour les équilibres écologiques et la recherche d'un développement durable, a pris un essor considérable au fur et à mesure que se sont confirmées les conséquences environnementales souvent désastreuses de la croissance économique, tant dans les pays industriels que parmi ceux qui tentent de les rattraper sur ce plan. Ainsi, depuis plusieurs années la revue *Antipode* lui consacre de nombreux articles, y compris un numéro entier en 1995[94]. Il semble bien que les géographes prêtent de plus en plus leurs concours à la critique des conséquences de la croissance exacerbée, notamment sur les forêts des pays du Tiers Monde[95].

Un troisième courant, d'origine moins récente, du moins au plan de l'envergure, est sans doute celui dont les racines marxiennes demeurent les plus apparentes : il s'agit de ce que l'on pourrait appeler la *critique de l'urbanisation*[96]. Ici encore, c'est la revue *Antipode* qui semble le foyer le plus tenace de cette approche, faisant l'objet d'un renouvellement épistémologique constant, à l'image des problèmes multiples auxquels sont confrontées les villes américaines, au premier rang desquels il faut compter la pauvreté et les tensions ethniques[97]. Mais plusieurs autres revues, parmi lesquelles les *Cahiers de géographie du Québec* et *L'Espace géographique* consacrent un regard souvent critique aux problèmes de la ville[98], alors que les recueils de textes ne manquent pas, ce qui comprend celui, particulièrement nuancé, dirigé par I. Sachs[99].

La *géographie féministe*[100], encore que cette expression ne fasse pas l'unanimité et que l'on puisse aussi parler de géographie des femmes ou de géographie des genres, représente un quatrième courant. Celui-ci a connu une croissance, qui, pour être d'origine relativement récente, n'en témoigne pas moins d'une grande vigueur. Si les géographes francophones y contribuent[101], ce sont là aussi les géographes d'expression anglaise qui semblent y participer avec le plus de détermination[102].

À caractère résolument géopolitique, la préoccupation pour les problèmes de frontières et de territoires, d'ethnies, de nations et d'États alimente ce que l'on pourrait qualifier ici de cinquième courant. Parmi les contributions importantes il faut compter la vaste étude de M. Foucher[103] tout comme de nombreux articles paraissant dans des revues telles *Hérodote*,

92. *Écodéveloppement.*
93. Sachs I., 1980, *Stratégies de l'écodéveloppement.* Éditions Économie et humanisme, Paris.
94. *Antipode*, numéro spécial *Manifest Ecological Destinies*, 27,4, 1995.
95. Durand F., 1994, *Les forêts en Asie du Sud-Est. Recul et exploitation. Le cas de l'Indonésie*, l'Harmattan, Paris ; De Koninck R., 1997, *Le recul de la forêt au Vietnam.* Centre de recherches pour le développement international, Ottawa.
96. *Critique de l'urbanisation.*
97. Wilson D., 1996, Metaphors, Growth Coalition Discourses, and Black Poverty Neighborhoods in a U.S. City, *Antipode*, 28, 1, 1996, p. 72-96.
98. *Cahiers de géographie du Québec*, numéro spécial *L'étalement urbain*, 105, 1994 ; *L'Espace géographique*, numéro spécial, *États-Unis : l'impact des nouvelles politiques*, 4, 1996.
99. Sachs I. (éd.), 1996, *Quelles villes, pour quel développement ?*, Presses universitaires de France, Paris.
100. *Géographie féministe, géographie des genres.*
101. *Cahiers de géographie du Québec*, numéro spécial *Espaces et femmes*, 83, 1987.
102. *Antipode*, numéro spécial *Gendered Labor Markets*, 28, 4, 1996 ; Jones J.P. *et al*, (éd.), 1997, *Thresholds in Feminist Geography*, Rowan and Littlefield, New York.
103. Foucher M., 1991, *Fronts et frontières : un tour du monde géopolitique*, Fayard, Paris, 2e éd.

qui, on l'a vu, en a fait une marque de commerce, ou, plus spécifiquement encore, *Limes*, lancée en 1996.

À vrai dire, la géographie critique ne saurait être comprise uniquement à l'intérieur de courants de pensée déterminés, ce qui serait d'ailleurs contraire à sa nature libertaire. Car, une démarche émancipatrice peut se manifester dans la plupart des domaines de l'investigation géographique, étant entendu que cette démarche demeure elle-même sujette à la critique.

6. Concevoir les espaces de liberté et critiquer la critique

Les géographes critiques seraient-ils épris de liberté ? N'y a-t-il pas des recoupements, des chevauchements et une vaste convergence entre les principaux concepts proprement géographiques de *territorialité*[104] chez C. Raffestin, de justice sociale et de classe sociospatiale chez A. Reynaud[105], du savoir-penser l'espace chez Y. Lacoste et d'écodéveloppement chez plusieurs ? L'équilibre entre l'information fonctionnelle (celle qui est polarisée sur la productivité) et l'information régulatrice (celle qui donne une distance critique) de C. Raffestin et M. Bresso[106] ne correspond-il pas un peu au développement autocentré et au milieu autodéveloppé de A. Reynaud ? Ne peut-on voir dans la stratégie libertaire d'action efficace dans l'espace, réitérée par Y. Lacoste[107], un moyen certes agressif mais combien indispensable à la résistance aux effets niveleurs de la mondialisation ? N'y a-t-il pas chez tous une remise en cause des effets pervers d'une géographie sociale qui évacuait trop souvent l'individu ou le réduisait au statut de pur élément d'un système ? N'y trouve-t-on pas toujours, au moins implicitement, une critique de la croissance — bref de cette accumulation élargie analysée par K. Marx — conçue comme seul moteur possible du développement social ? Lorsque M. Santos (1997, *op. cit.*) rappelle les liens indissolubles qui lient le local au global, n'évoque-t-il pas ce précepte de l'universalité de l'humanisme que doivent entretenir les géographes ? N'y a-t-il pas chez tous, y compris parmi ceux qui se penchent sur l'avenir de la géographie[108], les traces de l'héritage, sans doute inconscient pour plusieurs, de celui qui reste le véritable père de la géographie critique moderne, E. Reclus[109] ?

Parmi les enseignements à retenir de E. Reclus, il y a cette capacité permanente à critiquer les dogmes et à garder ses distances à leur égard. Une véritable géographie critique à caractère émancipateur doit être *autocritique*[110], capable de revenir sur elle-même, de reprendre les analyses déjà proposées, de demeurer ouverte aux nouveaux courants, tel le postmodernisme[111], d'en voir « les progrès et regrès », bref de pratiquer la dialectique sans nécessairement s'en réclamer, là aussi à l'exemple d'E. Reclus.

104. Le concept de territorialité est défini par C. Raffestin et A. Barampana dans le chapitre Espace et pouvoir.
105. Reynaud A., 1981, *Société, espace et justice*, Fayard, Paris.
106. Raffestin C. et Bresso M., 1982, Tradition, modernité, territorialité. *Cahiers de géographie du Québec*, 68, p. 185-198, p. 190.
107. Lacoste Y., 1982, Les écologistes, les géographes et les « écolos », *Hérodote*, 26, p. 3-22 (p. 7).
108. *Cahiers de géographie du Québec*, numéro spécial *La géographie : quel avenir ?*, 108, 1995.
109. *Reclus E., Un géographe libertaire*, thème du n° 22, 1981, *Hérodote*.
110. *Autocritique*.
111. *Cahiers de géographie du Québec*, numéro spécial, *Les territoires dans l'œil de la postmodernité*, 114, 1997.

7. Conseils de lectures

Géopolitique du Caucase, *Hérodote*, n° 81, 1996.

Parmi les nombreux numéros thématiques consacrés par la revue *Hérodote* à des questions de géopolitiques ou à des régions aux prises avec la guerre, celui consacré au Caucase est particulièrement riche. À travers une dizaine d'articles, le contexte géographique est bien campé, tout comme sont bien agencées l'analyse et la critique des enjeux et des conflits, dont celui ayant opposé les Tchétchènes aux Russes.

GIRAUD P.-N., 1996, *L'inégalité du monde. Économie du monde contemporain*, Gallimard, Paris.

Une rigoureuse analyse historique et économique des bases et des conséquences territoriales des activités tant sédentaires que nomades de ce que l'auteur lui-même appelle « les capitalismes ». Un modèle de critique des fondements des inégalités entre régions et pays.

COUTRAS J., 1996, *Crise urbaine et espaces sexués*, Colin, Paris.

Large étude critique des partages et des appropriations sexués des espaces tant privés que publics. Analyse des conditions de l'interaction entre les hommes et les femmes dans l'espace public. La « crise urbaine » engendre une redéfinition et une nouvelle dynamique de ces partages, appropriations et interactions.

8. Sujet : le marxisme a influencé la géographie critique. Situez et expliquez l'origine de cette influence et ce qu'il en est resté

L'apparition d'un discours critique concernant tant les objets de la géographie que ses démarches est pratiquement aussi ancienne que la discipline elle-même. Cependant, cette approche n'a commencé à vraiment s'affirmer et à se répandre qu'avec le développement de la géographie radicale, aux États-Unis, au cours des années 70 et 80.

Devant le discours des géographes quantitativistes préférant recourir à des outils de simple représentation des problèmes manifestes sur le territoire, notamment par l'utilisation de modèles mathématiques, au détriment des outils d'analyse, d'interprétation et de critique, les géographes radicaux ont résolu de remettre en question les fondements mêmes de ce discours. Ils proposèrent d'approfondir le recours aux concepts marxiens de modes de production, de plus-value et d'accumulation, tout en privilégiant deux échelles d'analyse critique, l'urbain et le mondial. À cette dernière échelle, les effets de l'impérialisme leur apparaissaient tout particulièrement évidents et dignes d'une critique sévère.

Aujourd'hui, au-delà du déclin politique des concepts marxistes et marxiens, leur charge critique demeure pertinente.

Bien que la géographie critique ait considérablement élargi ses objets d'étude, la remise en cause du néo-libéralisme et de ses conséquences sur le territoire s'appuie encore en bonne partie sur des concepts d'origine marxiste. Cela s'applique toujours à l'échelle des problèmes liés à la croissance urbaine, mais aussi et sans doute surtout à celle des inégalités et des injustices qu'engendre ou qu'accentue la mondialisation, à presque toutes les échelles.

14

Les problématiques de l'image et de la représentation en géographie

Bernard Debarbieux*

* Maître de conférence à l'Université Joseph-Fourrier, Grenoble.

Les recherches géographiques font aujourd'hui une très large place aux notions d'image et de représentation. Elles permettent de désigner aussi bien l'appareillage illustratif du géographe lui-même (cartes, photos, images satellitaires, croquis), que l'imagerie dans laquelle baigne le monde contemporain (télévision, affichage, publicité, etc.), la production de signes paysagers à valeur identitaire (monuments, parcs, emblèmes, etc.), ou encore les produits de l'activité psychologique et physiologique qui permet aux individus et aux sociétés de construire leur rapport à la réalité (image mentale, mémoire des lieux, etc.).

Cette très grande variété d'objets et de phénomènes a indiscutablement contribué à semer la confusion dans les significations attachées à chacun de ces termes et à affaiblir leur portée conceptuelle. En outre, à force d'être employés sans grand souci de précision terminologique ou de transparence théorique, les deux mots sont souvent devenus interchangeables ; du coup, l'usage de l'un ou l'autre de ces deux termes a pu sembler arbitraire.

Pourtant, le terme de « représentation » repose sur une idée relativement simple. La *représentation*[1] est le processus par lequel sont produits des formes, concrètes ou idéelles, dotées d'une existence propre, mais qui réfèrent toujours à un autre objet ou à un autre phénomène relevant d'un autre ordre de réalité. Et, de façon plus restrictive que beaucoup d'autres auteurs, nous réserverons le terme « *image* »[2] pour une catégorie particulière de produits de la représentation : ceux qui dans ce processus réfèrent à ce premier ordre du réel sur le mode figuratif. Ainsi, la carte, la peinture figurative, la photographie, la trace mémorielle d'un lieu ont tous une existence bien réelle et des règles propres de production et de constitution ; mais tous réfèrent à un phénomène d'une autre nature : l'espace, le

1. *Représentation.*
2. *Image :* représentation qu'une personne ou un groupe se fait d'un phénomène.

paysage, le lieu. Ce phénonème auquel la représentation réfère peut appartenir à ce que l'on appelle la réalité matérielle : les « Sainte-Victoire » de P. Cézanne réfèrent bel et bien à une montagne provençale même si le peintre à travers cette série de tableaux a indiscutablement inventé un type de représentation paysagère tout à fait original. Mais ce phénomène peut aussi être abstrait (la représentation est alors allégorie), inaccessible (la représentation peut être personnification, comme dans la représentation picturale du Dieu des Chrétiens) ou « imaginaire » (récit légendaire, mythe des origines, utopie, ou plus précisément, la *carte du Tendre* de Mlle de Scudéry ou le *Rivage des Syrtes* de J. Gracq) ; la représentation ne réfère donc pas nécessairement au réel, mais aussi au possible, au souhaitable, à une conception idéale ou abstraite du réel, voire même à des recompositions irréalistes d'éléments du réel[3].

On entrevoit donc que le processus de représentation est constitutif de la relation, à la fois sensible et pratique, que les hommes établissent avec le monde qui les environne. On comprend dès lors que les géographes, dans la mesure où ils s'intéressent aux relations que tissent les hommes avec l'espace terrestre et avec leur environnement pouvaient se soucier de ce processus dès lors qu'ils acceptent l'idée que les individus et les groupes subordonnent leur pratique de l'espace à la production de représentations permettant de l'appréhender, de lui conférer une signification collective et, le cas échéant, de le transformer. Cette curiosité se manifeste clairement à partir du milieu du XXe siècle et elle prit des formes très variées qui sont regroupées ici au sein d'un éventail de problématiques. Mais derrière cette pluralité de perspectives résident un nombre limité d'enjeux théoriques et conceptuels qu'une seconde partie nous permettra de lister.

1. L'éventail des problématiques de la représentation

La variété des perspectives adoptées par les géographes pour traiter de leurs objets au travers des représentations découle de la diversité des contextes académiques et de l'éventail des échanges transdisciplinaires dans lesquels ils ont été impliqués. Par souci de concision, seront privilégiés ici les contextes américains, anglais et français, tous trois particulièrement innovants, et les liens tissés avec la psychologie, la sociologie et l'anthropologie culturelle. De la multiplicité de ces croisements et de ces contextes ont émergé cinq problématiques principales, chacune étant marquée par des travaux majeurs.

1.1. La perception et le comportement : la « carte mentale »

Une première problématique, communément désignée « géographie du comportement » (*behavioural geography*)[4] a marqué la géographie nord-américaine dès les années 60. Elle

3. André Y. *et al.*, 1989, *Représenter l'espace : l'imaginaire spatial à l'école*, Anthropos, Paris, et André *et al.*, 1990, *Modèles graphiques et représentations spatiales*, Anthropos, Paris. CHAM'S, 1991, Enseigner la géographie en Europe, Anthropos, Paris.
4. « Géographie du comportement » (*behavioural geography*).

ambitionne d'expliquer les comportements spatiaux d'individus par la perception et la mémorisation visuelle qu'ils ont de leur environnement. Elle emprunte l'essentiel de ses références et de ses modèles à la psychologie cognitive et à l'éthologie ; c'est notamment le cas de la notion de « carte mentale ou cognitive »[5]. Cette notion dérive directement de l'éthologie soucieuse d'identifier les processus de mémorisation d'itinéraires par des animaux lâchés dans des labyrinthes de laboratoire. Transposée à la géographie, cette problématique a été fréquemment appliquée aux déplacements des citadins et à l'identification de repères perceptifs dans le paysage des villes américaines, en s'inspirant notamment des travaux pionniers de l'urbaniste K. Lynch[6].

Progressivement toutefois, cette école américaine s'écarte du seul couple perception-comportement et s'efforce de produire une connaissance qui se veut scientifique de la perception humaine et de la sémantisation de l'environnement, d'où la naissance d'une géographie dite « *de la perception* »[7]. Dans un ouvrage de synthèse remarquable qui lui est consacrée, le géographe R. Downs et le psychologue D. Stea élargissent la notion de carte mentale ; ils y voient désormais « un construit qui rassemble les processus cognitifs qui permettent à une personne d'acquérir, coder, stocker, se remémorer et manipuler une information relative à la nature de son environnement spatial »[8]. De leur côté, P. Gould et R. White[9] contribuent à populariser l'expression en la détournant de son sens originel ; leurs cartes mentales localisent les préférences résidentielles d'habitants de diverses parties du monde.

1.2. Régions culturelles et espaces vécus

Avant que cette géographie du comportement et de la perception ne s'épanouisse, les spécialistes de la discipline se préoccupaient d'abord et avant tout de faits matériels, de transformations tangibles du milieu et du paysage. Même ceux qui défrichent le champ de la géographie culturelle, aux États-Unis avec l'École de Berkeley, ou en France à partir d'initiatives plus isolées comme celles de J. Bruhnes ou P. Gourou, s'intéressent d'abord et avant tout aux expressions concrètes (les artéfacts que sont les techniques agraires ou de construction d'habitations par exemple) et spatiales (les aires, les régions) de ces cultures. Les productions plus immatérielles — croyances, religions, faits de langage par exemple — sont plus rarement évoquées ; ou alors elles sont étudiées pour les informations qu'elles peuvent fournir à une connaissance objective du paysage ou des régions : ainsi les études toponymiques fréquentes dans les travaux de l'École Française de géographie visent-elles bien davantage à reconstituer, par une approche étymologique et historique, les phases chronologiques de la transformation du milieu naturel et de l'occupation humaine,

5. *Carte mentale.*
6. Lynch K., 1960, *The image of the city*, MIT Press, Cambridge (USA), traduction française, 1969, *L'image de la cité*, Dunod, Paris.
7. Géographie de la perception.
8. Downs R et Stea D., 1977, *Maps in minds*, Harper and Row, traduction française 1981, *Des cartes plein la tête, essai sur la cartographie mentale*, Edisem, Sainte-Hyacinthe (Québec).
9. Gould P. et White R., 1974, *Mental Maps*. Harmondsworth : Penguin Books.

qu'à appréhender les représentations langagières que le groupe local se donne de son environnement.

C'est dans le courant des années 60 que se produit un infléchissement sensible dans ce domaine. Les travaux que J. Gallais conduit dans le Delta intérieur du Niger[10] rappellent que dans le contexte sahélien une aire géographique peut être peuplée par différentes ethnies et que chacune établit une relation spécifique avec l'environnement naturel, relation dans laquelle les traits matériels et idéels de la culture sont intimement combinés. La notion de région, considérée comme un aire géographique sur laquelle se déploient une population, un type de paysage et un genre de vie est alors revisitée. A. Frémont[11] montre qu'il ne faut plus se contenter d'y voir un « espace de vie »[12], c'est-à-dire une aire de pratiques collectives, mais aussi un « espace vécu »[13], un espace construit par une multitude de liens affectifs, spirituels et symboliques entre des hommes et des lieux. Plus radical encore, le géographe américain D. Meining écrit en 1978 : « Les régions sont des abstractions ; elles n'existent que dans nos têtes ». Pour les mêmes raisons, la notion de distance[14], qui faisait usuellement référence à la seule distance euclidienne, a été enrichie ; on commence alors à parler de distance sociale, de distance affective, pour prendre en compte l'identification par les hommes de seuils sociaux et psychologiques[15].

En France, l'intérêt pour la géographie culturelle s'est trouvé relancé dans les années 80 par une telle perspective, très attentive aux phénomènes de représentation. Une nouvelle génération de chercheurs particulièrement prolifique[16] circonscrit progressivement le champ de recherche renouvelé des « ethnogéographies »[17] et des « savoirs géographiques locaux » en intégrant des matériaux longtemps délaissés (les mythes, les récits, etc.) et en approfondissant l'analyse de matériaux plus habituels : ainsi quand B. Collignon s'intéresse à la toponymie des populations inuit du Canada[18], elle y cherche davantage l'expression d'un rapport au milieu et aux éléments, une représentation linguistique un peu particulière, qu'un indice de peuplement ou de mise en valeur.

1.3. La différenciation sociale des vécus spatiaux

L'engouement de nombreux chercheurs pour la géographie sociale, notamment dans les pays d'Europe latine des années 1970 prolonge les effets du tournant observé chez certains spécialistes du monde tropical. Soucieux de se démarquer de la géographie humaine classique jugée trop conservatrice, ils privilégient l'étude des phénomènes de différenciation et de domination sociale, soulignent les particularités des espaces de vie et des espaces vécus de diverses classes et catégories sociales. L'analyse des représentations et des significations conférées aux lieux de la vie quotidienne apparaît dès lors comme une alternative méthodologique et théorique d'une

10. Gallais J., 1967, *Le delta intérieur du Niger, étude de géographie régionale*, IFAN-Dakar.
11. Frémont A., 1976, *La région, espace vécu*, PUF, Paris.
12. *Espace de vie.*
13. *Espace vécu.*
14. *Distance.*
15. Bailly A., 1990, Les représentations de la distance et de l'espace, *Revue d'Économie régionale et urbaine*, 2, 265-270.
16. Voir la revue *Géographie et Cultures* ou la collection d'ouvrages rassemblés sous le même nom aux Éditions L'Harmattan.
17. Claval P. et Singaravélou M., 1995, *Ethnogéographies*, L'Harmattan, Paris.
18. Collignon B., 1996, *Les Inuits, ce qu'ils savent du territoire*, L'Harmattan, Paris.

part, et un acte militant d'autre part. En introduisant un ouvrage qui a valeur de manifeste pour cette géographie sociale, R. Rochefort appelle au « consensus contre ceux qui continuent à dire... que la géographie est la science du paysage dont il suffit de décrypter l'histoire naturelle et humaine sans se soucier du fait que le paysage est toujours une représentation et sans s'interroger sur le sens qu'il a pour ceux qui habitent, pour ceux qui se promènent, pour ceux qui font le guerre »[19].

Dans ce contexte, on assiste à une prolifération de travaux qui jouent sur la variété des populations et des contextes. Les travaux des géographes sociaux, notamment ceux des universités de l'ouest de la France[20], traitent aussi bien des trajectoires et des espaces vécus d'individus anonymes ou remarquables, réels ou imaginaires, que celles de classes sociales urbaines (les ouvriers de la région de Caen) et de la paysannerie normande. D'autres auteurs privilégient les seuls espaces urbains en cherchant parfois, comme c'est le cas d'A. Bailly[21], à combiner les apports de la « géographie de la perception » américaine et de la « géographie sociale » française. Enfin, cette approche sociale a été appliquée à l'enseignement de la géographie, valorisant habilement sa capacité à mettre en perspective les représentations diverses que les hommes se donnent du monde, mais aussi les connaissances du savoir scientifique et celles des élèves[22].

1.4. L'instrumentation sociopolitique des imaginaires sociaux

De cette sensibilité aux enjeux sociaux et territoriaux a progressivement émergé une problématique plus politique, et plus radicale aussi, sous l'influence notamment de la méthode sémiologique et de l'apport critique du marxisme ou de philosophes comme M. Foucault. Dans cette perspective, les représentations géographiques étudiées ne sont plus essentiellement des images mentales d'un environnement, ni les seuls espaces perçus. Elles relèvent désormais d'une intentionnalité sociale et politique ; elles sont idéologiques, instrumentales, et se matérialisent volontiers dans des emblèmes, des symboles ou des stéréotypes.

La géographie politique s'intéresse de façon précoce à l'importance des représentations symboliques dans la constitution et la perdurance des constructions territoriales en général, nationales en particulier. Dès 1952, J. Gottmann entrevoit que la construction des territoires politiques s'accompagne toujours de la production d'une « iconographie », d'un système de symboles permettant de « fixer les hommes à l'espace qu'ils occupent, pour leur donner le sentiment des liens qui unissent la nation et le territoire »[23]. On parlerait plutôt aujourd'hui d'un « imaginaire national »[24]. Un quart de siècle plus tard, C. Raffestin[25] et A. Barampama proposent tous deux une véritable théorie du territoire en articulant les processus de

19. Rochefort R., 1982, *in :* Collectif de géographie sociale, *Sens et non-sens de l'espace*, Lyon.
20. Voir l'ouvrage collectif *Espaces vécus et civilisations*, 1982, Éditions du CNRS, Paris et la synthèse plus personnelle d'A. Frémont, *La région, espace vécu, op. cit.*
21. Bailly A., 1977, *La perception de l'espace urbain*, CRU, Paris.
22. André Y *et al.*, 1989, *Représenter l'espace ; l'imaginaire spatial à l'école*, Anthropos, Paris, et André Y *et al.*, 1990, *Modèles graphiques et représentations spatiales*, Anthropos, Paris.
23. Gottmann J., 1952, *La Politique des États et leur géographie*, Colin, Paris.
24. *Imaginaire national.*
25. Raffestin Cl., 1980, *Pour une géographie du pouvoir*, Litec, Paris.

structuration de l'espace d'une part et la production de systèmes de signes et de représentations d'autre part.

Au Royaume-Uni et aux États-Unis, une curiosité comparable s'exprime d'abord au sein d'une géographie sociale d'inspiration marxiste, puis au sein d'une « nouvelle géographie culturelle ». L'influence marxiste est manifeste dans une série d'ouvrages qui abordent sous un angle nouveau la notion de paysage[26]. D. Cosgrove par exemple souligne le lien qui existe entre une « formation sociale » dominante et un type de paysage — le paysage urbain en Italie à la Renaissance, le paysage rural anglais aux XVIIe et XVIIIe siècles, l'idée de nature aux États-Unis au XIXe siècle. Le paysage, sous ses formes géographique, picturale ou littéraire, est alors conçu comme la mise en représentation, l'expression emblématique de la puissance et du goût d'une formation sociale correspondant à un stade de l'histoire du capitalisme. Quand, un peu plus tard, d'autres géographes anglo-saxons s'inspirent de M. Foucault, on assiste à une éclosion de travaux consacrés à l'expression paysagère et territoriale des codifications et normes sociales[27]. Les auteurs s'efforcent alors de montrer qu'une société engendre tantôt des territoires identitaires collectifs, tantôt des espaces différenciés entre sexes (ou genres), entre « races », entre homosexuels et hétérosexuels, par le maniement d'un ensemble de représentations à la fois idéelles (mythes, croyances) et matérielles (emblèmes paysagers, monuments, expositions coloniales ou universelles, affiches, etc.).

1.5. Les dynamiques anthropologiques de l'imaginaire

Une autre problématique, dite de l'imaginaire, s'avère presque complémentaire à la précédente tout en étant plus large dans ses ambitions, et plus limitée dans ses applications. Elle s'inspire abondamment de la philosophie de l'imagination matérielle et de la poétique de l'espace de G. Bachelard, de l'hypothèse des archétypes du psychanalyste C. Jung, de la théorie structuraliste de G. Durand mais aussi des travaux sur l'imaginaire religieux de M. Eliade et H. Corbin.

Elle emprunte au psychanalyste l'idée que tous les êtres humains partagent dans leur inconscient quelques images archétypales capables de guider l'activité de l'imagination. Inscrits dans un environnement spécifique, les hommes transfèrent, ou « projettent », ces images latentes sur des objets ou des phénomènes particuliers ; ces images une fois projetées ou « actualisées » deviennent des attributs ou des significations symboliques attachées à ces objets. G. Durand[28] parle de « trajet anthropologique » pour décrire ce va-et-vient continu de l'image entre les « racines innées de la représentation » chez l'homme et les « intimations variées de l'environnement ». Enfin, l'actualisation des images opère toujours dans un contexte social et culturel qui en conditionne les formes et la manipulation.

26. *Paysage.*
27. Voir pour une bonne synthèse Jackson P., 1989, *Maps of meaning, an introduction to cultural geography*, Unwin Hyman, London.
28. Durand G., 1959, *Les structures anthropologiques de l'imaginaire*, Dunod, Paris.

L'intérêt de cet ensemble théorique réside assurément dans la façon qu'il a d'expliquer le caractère récurrent et parfois universel de certaines images, telle celle du centre du monde étudiée par M. Eliade. Il réside aussi dans la synthèse qu'il tente d'opérer entre différentes dimensions de l'imaginaire : l'image inconsciente, l'image mentale, l'image-icône comme réalisation d'une image inconsciente, le mythe et l'imaginaire social.

Mais jusqu'à présent, cette problématique a peu reçu l'attention des géographes bien qu'ils soient interpellés par l'importance conférée aux formes de l'environnement et aux processus sociaux de sémantisation de celui-ci. On y trouve des références plus ou moins explicites chez quelques auteurs s'étant intéressés aux motivations touristiques (voir encadré), à certaines formes géographiques récurrentes comme l'île à ou à certaines localisations éminemment structurantes comme le centre (Racine, 1994[29], Bird, 1977[30]).

2. Les enjeux théoriques et conceptuels sous-jacents

L'éventail des problématiques de l'image et de la représentation est donc large ; bien que toutes posent d'une manière ou d'une autre la question de la médiation de la réalité[31] par les sens et la pensée humaine, chacune a des objets, un vocabulaire, une démarche bien spécifiques. Toutefois, on peut aller au-delà de cette énumération et identifier les principaux enjeux théoriques et conceptuels qui traversent ces problématiques.

2.1. L'idéel et le matériel

Dans plusieurs des problématiques regroupées ici la représentation apparaît être de nature mentale et immatérielle : c'est l'image mentale de la géographie du comportement et de la perception ; c'est la valeur identitaire et affective conférée à tel élément de son environnement par un groupe social ou une ethnie. Mais parfois, l'image est bien concrète : la peinture de paysage, l'emblème national, la carte sont de cette nature. Loin d'appartenir à un seul domaine, l'image semble donc relever tantôt de la réalité idéelle ou mentale, tantôt de la réalité matérielle, parfois dite « objectale ».

Pourtant, en approfondissant la réflexion, on comprend qu'elle relève toujours à la fois de l'une et de l'autre ; la psychologie a montré que même la perception ne se résume pas à la production par le sujet d'une image, fidèle ou déformée, de la réalité qui s'offre à lui. L'image née de la perception s'ajuste aux images antérieurement perçues et notamment à des représentations bien concrètes et familières d'objets similaires, des peintures ou des photographies par exemple. L'image perçue n'est donc qu'une facette de la représentation, indissociable d'un tout qui la conditionne. Une remarque comparable peut être faite au sujet du langage. Parce qu'il est le processus

29. Racine J.-B., 1994, *La ville entre Dieu et les hommes*, Anthropos, Paris.
30. Bird J., 1977, *Centrality and cities*, Routledge, London.
31. *Statut du réel :* problème de l'adéquation entre nos discours, la réalité et ce que nous en percevons.

privilégié par lequel les sociétés sémantisent leur environnement et communiquent à son sujet, le langage est apparu comme une modalité privilégiée de la représentation. Or, par définition, le langage est à la fois système de formes (sonores quand il est parlé, visuelles quand il est écrit) bien matérielles et un ensemble de catégories de significations. Ce statut lui a valu de servir de modèle pour l'appréhension d'objets ou de phénomènes géographiques conçus comme autant de systèmes de signes ; c'est ainsi que l'on a pu parler du « langage des cartes » ou du « paysage comme un texte ».

2.2. La vérité, l'erreur et la mystification

Bien qu'ils pensent y trouver une clef d'explication des pratiques de l'espace, la première génération de géographes qui s'intéressent aux images mentales, à l'imaginaire et aux idéologies pensent qu'elles sont porteuses d'erreur, voire de falsification. Implicitement, ils leur opposent la vérité des connaissances et des produits de la science. Ainsi, la carte mentale est-elle essentiellement appréhendée comme une déformation de la véritable distribution des lieux qu'une bonne carte géographique reflète quant à elle avec fidélité. Cette attitude a suscité un intérêt réel mais étroit pour la notion de représentation de la part des didacticiens soucieux d'identifier les représentations « erronées » des élèves et de mesurer les effets de l'enseignement de connaissances géographiques. De leur côté, les tenants d'une géographie critique adoptent un point de vue complémentaire : les représentations de l'espace, du paysage ou de la nation dont sont porteurs les individus seraient les marques d'une aliénation, le produit de la diffusion intentionnelle d'images mystificatrices destinées à servir les intérêts d'une minorité. En révélant ce processus d'aliénation et de mystification, ces géographes pensent eux aussi produire des représentations vraies.

Cette attitude positiviste suscite deux types de réactions. D'un côté, de remarquables travaux consacrés à une réflexion épistémologique sur la nature des cartes[32] et, plus généralement de l'imagerie et du langage des géographes, ébranlent la tranquille assurance des hommes de science quant à la vérité contenue dans leurs propres productions. En complément, une lecture de leur travaux, motivée par une critique sociale plus radicale encore, souligne combien certaines représentations scientifiques participent elles-mêmes de projets mystificateurs ou impérialistes — c'est le sens de la critique marxiste et néomarxiste — ou de la production de normes sociales — c'est le sens de la critique postmoderne[33], notamment en Angleterre. D'un autre côté, les auteurs qui s'inscrivent dans la tradition phénoménologique contestent la pertinence d'une distinction manichéenne entre le vrai et le faux en matière de représentations. Dans un projet de compréhension de l'expérience telle qu'elle est vécue par chacun d'entre nous, A. Berque préconise

32. Harley B., traduction française par A. Bailly et P. Gould, 1995, *Le pouvoir des cartes*, Anthropos, Paris.

33. *Critique postmoderne.*

de « retrouver la réalité du monde ambiant tel que nous le vivons concrètement, et non tel que le figure abstraitement la rationalité scientifique »[34].

2.3. La réception et la construction

Les problématiques de la représentation se distribuent aussi selon un autre axe, complémentaire aux précédents, selon qu'elles rattachent plutôt le processus étudié à une attitude passive de réception ou à une attitude active de construction de la réalité sociale et environnementale. En effet, dans de nombreuses recherches des années 1960-1970, les géographes parlent volontiers de perception[35] pour désigner la réception et l'assimilation par l'individu de messages sensibles provenant de son environnement social et spatial. Pour les *géographes du comportement*, l'image mentale reflète l'environnement extérieur bien qu'elle le *déforme* ; dans la plupart des travaux de géographie sociale et de géographie culturelle de cette génération, l'individu est porteur des représentations propres à son groupe, sa classe ou son ethnie.

Puis, les géographes accordent progressivement plus d'importance à la construction des représentations elle-même et à son caractère parfois intentionnel, jamais totalement déterminé. En se familiarisant avec les résultats de la psychologie cognitive[36], celle de J. Piaget notamment, on finit par voir dans la représentation mentale le produit toujours particulier et contextuel d'un acte individuel combinant perception, imagination et sémantisation. En se familiarisant avec les théories constructivistes qui suggèrent que les individus créent et recréent en permanence la société à laquelle ils appartiennent, produisent et transforment en permanence la culture qui est la leur, les géographes accèdent à une conception plus dynamique du processus de représentation et de son rôle dans la production des espaces géographiques et des paysages. En s'inspirant de la démarche de la pragmatique linguistique, attentive aux conditions dans lesquelles s'effectuent les actes de langage, ils ont aussi appris à analyser le maniement des représentations iconographiques et langagières comme des moments de la production collective et négociée de l'espace géographique.

2.4. Le social et l'individuel

Un dernier enjeu traverse ces problématiques de la représentation en géographie. Il implique tout autant le champ de la discipline que ses bases théoriques et concerne le niveau pertinent d'analyse des processus de la représentation et de l'action territoriale : faut-il privilégier l'échelle individuelle pour saisir pleinement la nature de l'expérience subjective[37] comme le suggère la géographie humaniste, pour saisir le processus de création d'une œuvre paysagère (une peinture, un roman, une réalisation architecturale ou urbanistique) ou encore pour

34. Berque A., 1996, *Êtres humains sur la Terre*, Gallimard, Paris.
35. *Perception et représentation :* elles consistent soit à évoquer des objets en leur absence, soit à compléter la connaissance perceptive en se référant à d'autres objets non actuellement perçus (Piaget et Inhelder).
36. *Psychologie cognitive :* psychologie dont le champ principal est l'étude de la structure du fonctionnement des états mentaux.
37. *Subjectivité :* Bailly A.-S., 1985, Distances et espaces : vingt ans de géographie des représentations, *L'Espace Géographique*, 3, p. 197-205.

expliquer le mécanisme de la relation perception-comportement ? Ou faut-il au contraire se garder de tout subjectivisme et de tout psychologisme, et orienter la recherche disciplinaire vers l'étude des niveaux collectifs de la représentation et de l'action ?

Ce distinguo ne sert pas seulement à positionner les recherches les unes par rapport aux autres. Il a des implications majeures sur la définition du champ de la géographie. Une approche par l'individu tire la géographie vers la psychologie[38] ou vers une définition qui fait la part belle aux rapports que chaque personne établit avec l'espace humanisé. Une approche par la culture et la société rapproche la géographie de la sociologie, de l'anthropologie et des sciences politiques. Elle est justifiée tantôt par le fait que l'espace géographique est essentiellement composé d'œuvres collectives, tantôt par le fait que les représentations et les actions sont déterminées ou conditionnées par des schèmes ou des processus collectifs.

On comprend aussi que ces diverses postures ont des implications épistémologiques : ainsi le projet humaniste considère que toute expérience de l'environnement que vit le sujet[39] est singulière, et que par conséquent son interprétation ne peut être atteinte par aucune procédure généralisante. Pour la géographie du comportement, les individus sont certes l'échelle d'étude privilégiée ; mais ce sont des observations portant sur un grand nombre qui peuvent permettre de dégager des lois et des explications générales, conformément au projet scientifique de cette école ; la perception et le comportement individuels ne sont appréhendés que comme les occurrences particulières de lois générales ; les individus en question sont certes des êtres humains, mais appréhendés comme des individus statistiques. Pour la géographie sociale attentive aux déterminations collectives des représentations et des comportements, les individus sont volontiers considérés comme des agents[40], porteurs à leur insu de schèmes mentaux et de pratiques.

Pourtant, les postures adoptées dans la majorité des recherches récentes sont sur cette question plus subtiles que les précédentes. Les approches constructivistes par exemple, sensibles à la relative indétermination des productions sociales et culturelles, se réfèrent volontiers à la notion d'acteur[41] ; cette dernière ménage la dualité des niveaux individuel (la prise de décision, la représentation contextuelle d'une situation) et collectifs (les interactions sociales, les habitus sociaux, les acquis culturels). C'est dans la perspective d'atteindre ce niveau de complexité que G. Di Méo nous exhorte à « concevoir l'espace comme un tout homogène, formé d'instances interreliées, interdépendantes, matérielles et idéelles, au sein desquelles s'échafaudent les rapports sociaux, les attitudes, les comportements, les idées et les représentations propres aux acteurs sociaux »[42]. Par ailleurs, certaines recherches qui accordent une place importante à la notion de symbole[43] tentent de leur côté

38. Moles A., et Rohmer E., 1972, *Psychologie de l'espace*, Casterman, Paris.
39. *Sujet.*
40. *Agent.*
41. *Acteur.*
42. G. Di Méo, 1991, De l'espace subjectif à l'espace objectif : l'itinéraire du labyrinthe, *L'Espace Géographique*, p 359-373. voir aussi 1991, *L'homme, l'espace, la société*, Anthropos, Paris.
43. *Symbole.* Debarbieux B., 1995, Le lieu, le territoire et trois figures de symbolique, *L'Espace Géographique*, 2, 97-112.

de montrer qu'un même lieu (un espace public, le domicile, etc.), un même paysage (dans un quartier ancien, dans un parc national, etc.), une même pratique (un pèlerinage, etc.) peuvent avoir une valeur symbolique à la fois par la convention sociale ou politique qui lui confère ce statut, et par la résonance affective qu'il a pour chaque personne qui l'adopte comme tel, souvent à son insu.

Ce panorama des problématiques géographiques de la représentation et la gamme des enjeux théoriques et conceptuels qui les recoupent suffisent à montrer que l'on n'a pas affaire à un champ de recherche unifié, et encore moins à une école de pensée bien circonscrite. Il serait plus raisonnable de parler d'une curiosité partagée. Cette situation explique la vigueur des recherches en cours[44] ; mais elle explique aussi le caractère encore incertain du statut conceptuel des notions d'image et de représentation en géographie. Seule une théorie générale de la représentation en géographie, théorie qui reste à écrire, pourrait lever cette incertitude.

3. Conseils de lectures

Il n'existe pas dans le domaine des représentations de manuels synthétiques puisque nous utilisons les représentations en géographie sans qu'il existe une géographie des représentations en soi. L'utilisation des représentations s'est donc faite, progressivement, sur des thèmes aussi variés que la ville, la pédagogie scolaire, les localisations économiques. Ces réflexions sont présentées dans la collection « Géographie » des éditions Anthropos, sous des noms individuels, ANDRÉ Y. *et al.*, ou collectif CHAM'S : *Représenter l'espace : l'imaginaire spatial à l'école, Enseigner la géographie en Europe, Modèles graphiques et représentations spatiales.*

L'ouvrage le plus récent donnant une vision globale du potentiel de cette approche est : ANDRÉ Y., 1998, *Les représentations à l'école*, Anthropos, Paris.

Voir aussi pour une application à la ville BAILLY A.-S. *et al.*, 1996, *Représenter la ville*, Économica, « Géopoche », Paris.

4. Sujet : imaginaires de la montagne touristique

La montagne touristique se prête particulièrement bien aux problématiques géographiques de la représentation. En effet, il est relativement facile de montrer que la pratique récréative de la montagne est motivée par des représentations de la nature et de la tradition, du folklore et de l'aventure ; en outre, elle s'accompagne d'une intense production d'images (publicités, photographies, peinture, etc.), d'une réflexion sur le paysage construit (l'urbanisme et l'architecture des stations) et d'une mise en valeur du paysage naturel. La quantité et la variété des

44. André Y., 1998, *Enseigner les représentations spatiales*, Anthropos, Paris.

représentations qui sont en jeu sont donc considérables. Dans l'intention de comprendre et d'expliquer les pratiques et les aménagements touristiques, il est possible de faire référence à différentes recherches très complémentaires les unes aux autres, ayant traité ce matériau de diverses façons.

Certains travaux s'inscrivent dans une problématique de l'imaginaire. Ils ont remarqué à quel point les usages sportifs et contemplatifs de la montagne (ascension, observation des panoramas, itinéraires semi-souterrains, etc.) pouvaient être rapprochés de pratiques rituelles identifiables dans de tout autres contextes (pèlerinages, épreuves initiatives, culte des morts). Plus généralement, elles peuvent aussi être rapprochées d'images archétypales identifiées par la psychanalyse et l'anthropologie. On peut donc penser qu'il existe une dynamique anthropologique de l'imaginaire propice à l'exercice de ce genre de pratique.

Mais ces récurrences et similitudes sont incapables d'expliquer l'histoire et la distribution sociale de ces pratiques. Or la fréquentation touristique de la montagne a eu un contexte d'apparition qui est aujourd'hui bien connu : les Alpes au XVIIIe siècle. Par conséquent, ces pratiques touristiques et les formes qu'elles ont suscité (les stations, les itinéraires touristiques, l'organisation sociale et économique de l'activité) s'expliquent aussi par une transformation des sensibilités pour le paysage et la nature, transformation matérialisée par la production d'œuvres artistiques, d'ouvrages de philosophie et d'histoire naturelle qui leur donnent des justifications intellectuelles et culturelles et des modèles. Elles s'expliquent aussi par un processus sociologique : l'émergence d'une classe oisive et fortunée qui peut se forger une identité à partir de pratiques sociales et spatiales spécifiques.

Sur ce modèle historique, plusieurs recherches géographiques ont porté sur des pratiques récréatives particulières et les aménagements de l'espace qu'elles ont suscité, en insistant sur les représentations de l'environnement, de la société et de soi-même qui sont impliquées ; ce fut notamment le cas de la thèse de M. Chadefaud qui montra que le climatisme pyrénéen s'ancre dans un ensemble de représentations : images du corps, symbolique de la purification par l'air d'altitude, mise en scène d'une bourgeoisie urbaine soucieuse de distinction sociale, mise en scène de villes et de stations promptes à capter les avantages économiques de cet engouement[45]. H. Gumuchian réalisa un travail comparable sur les divers rapports à la neige qu'entretenaient les habitants permanents, temporaires ou éphémères des Alpes du Nord[46]. D'autres ont étudié la naissance et l'organisation de nouvelles professions, celle des guides et porteurs, en France[47] et au Népal[48] en insistant tout particulièrement sur le rôle des images que l'on a construit de leurs compétences et de leurs connaissances sur le milieu dans la définition de leur identité et de leur statut social. Ces recherches ont toutes en

45. Chadefaud M., 1985, *Du climat au climatisme : le cas de Pau*, Université de Pau, Pau.
46. Gumuchian H., 1983, *La neige dans les Alpes françaises. une saison oubliée : l'hiver*, Cahiers de l'Alpe, Grenoble.
47. Bourdeau P., 1991, *Guides de haute montagne : territoire et identité*, Revue de Géographie Alpine, Grenoble.
48. Sacareau T., 1997, *Porteurs de l'Himalaya*, Belin, Paris.

commun de relever d'une problématique de géographie socio-culturelle attentive à la différenciation sociale des représentations et des pratiques.

Dans une perspective complémentaire, il est possible d'insister sur l'instrumentation politique et économique de certaines représentations de la montagne touristique. Dans les pays pour lesquels les représentations de la montagne abondent dans l'imaginaire national — la Suisse, les États-Unis, la Slovénie, etc. — il est possible de montrer comment la mise en valeur des paysages de montagne, à l'aide notamment d'une très abondante iconographie, permet de combiner les avantages d'une promotion touristique et d'une exaltation du territoire national. Dans les contextes pour lesquels l'aménagement touristique de la montagne représente un fort enjeu politique, il est possible de montrer comment les pouvoirs publics jouent des représentations paysagères et territoriales pour justifier investissements et transformations[49]. Enfin, une étude fine des stations permet de voir comment un nombre limité de stéréotypes (le « chalet suisse », la cuisine montagnarde, le bestiaire, etc.) sollicités dans l'architecture, l'urbanisme, l'animation ou encore la toponymie locale composent des systèmes rudimentaires de signes permettant la mise en correspondance organisée des représentations mentales et des éléments du paysage.

49. Guérin J.-P., 1984, *L'aménagement de la montagne : politiques, discours et productions d'espaces*, Ophrys, Gap.

15

L'humanisme en géographie

Antoine S. Bailly* et Renato Scariati**

* Professeur à l'Université de Genève.

** Documentaliste à l'Université de Genève.

1. L'humanisme en géographie : une vision sensible du monde

Le géographe, comme tout chercheur en sciences humaines, se trouve confronté à un monde fabuleux et complexe ; et souvent pour comprendre l'ordre dans ce chaos, il doit, au-delà des apparences, s'attacher aux liens subtils et délicats, parfois aléatoires et cachés, qui unissent les hommes à leurs lieux de vie, comme le font les poètes et tous ceux qui créent de la *géographie parallèle*[1]. Ce que souhaite montrer la démarche humaniste en géographie, c'est comment, dans un environnement historique, culturel et social, l'homme construit sa propre réalité en articulant le fonctionnel et le symbolique et comment dans chaque lieu se côtoient le réel et l'imaginaire[2].

L'approche humaniste est depuis longtemps partie intégrante de la géographie par l'accent porté à l'homme, à ses valeurs, à ses expériences existentielles. E. Cortembert, dans sa présentation d'une réédition de la *Géographie Universelle* de Malte-Brun écrivait déjà en 1860 au sujet de ce dernier : « Il comprenait, il aimait la géographie en poète, aussi bien qu'en savant » (p. 3) et ajoutait « nous l'avouons sans détour, c'est le côté poétique de la géographie qui nous touche » (p. 2). Des propos que ne dément pas E. Reclus qui, dans sa correspondance, écrit son plaisir de vivre en montagne, de « marcher au milieu des forêts, des sentiers, dans les herbes fraîches de rosée »[3]. Pour E. Reclus « l'homme est la nature prenant conscience d'elle-même », mais s'il est vrai que la géographie a continué, presque seule, à évoquer tout au long du XIXe siècle les rapports des habitants aux lieux, elle a succombé ensuite aux mirages de l'économisme.

Une véritable géographie humaniste doit être capable de parler de la Terre comme d'une province du Cosmos[4], produit

1. Bailly A.S. et Scariati R. (éds), 1990, *L'humanisme en géographie*, Anthropos, Paris.
2. Ley D., Samuels M.S. (eds.), 1978, *Humanistic geography : prospects and problems*, Croom-Helm, Londres.
3. Reclus E., 1982, *L'homme et la terre*, La Découverte, Paris.
4. Bailly A.S. et Ferrier J.-P., 1986, Savoir lire le territoire : plaidoyer pour une géographie régionale attentive à la vie quotidienne, *L'Espace Géographique*, 4, p. 259-264.

par la Création de la Vie, théâtre de l'aventure humaine. Elle est donc récit capable aussi de rendre compte de l'expérience unique que chaque homme vit dans ses rapports au territoire. Un rapport sensible, forcément lié au domaine de la contemplation, qui reste « ouvert » à l'intuition, aux voix des Muses qui soufflaient leurs messages aux hommes autrefois[5]. C'est pour cela qu'il y a des hauts-lieux, que la forêt, la mer ou la montagne tiennent tellement de place dans nos cœurs et que le géographe doit être aux côtés des poètes dans leur savoir-conter la beauté des lieux et des êtres. C'est pour cela aussi qu'il y a des bas-fonds, dont il faut dire ce qu'ils sont tout en dénonçant ce qui n'est pas acceptable. Notre science n'échappe pas à la question des valeurs, de leurs fondements, de leurs conséquences, peut-être parce que son origine ancienne remonte aux âges où la distinction entre science et sagesse n'existait pas encore, garante d'un rapport à la connaissance et à l'existence qui soit vraiment humain.

2. Les fondements philosophiques

Parmi les philosophies qui explicitement ou implicitement sous-tendent les travaux humanistes, notons plus particulièrement la *phénoménologie*[6], et l'*existentialisme*[7], sources de nombreux débats entre géographes sur les fondements du savoir et la nature même de l'explication géographique. L'approche humaniste ne se contente pas d'étudier l'homme qui raisonne, mais aussi celui qui éprouve des sentiments, qui réfléchit, qui crée... Toute division rigide entre le monde objectif, extérieur et le monde subjectif, intérieur est rejetée puisque le monde trouve sa cohérence dans nos concepts organisateurs et qu'il constitue une extension de notre conscience ; le sujet étant impliqué dans le processus de connaissance, il ne peut y avoir de séparation entre *faits* et *valeurs*[8].

Si la Terre est un texte à déchiffrer, il y a pour le géographe un grand avantage à observer que les mots de ce message sont d'une double nature. Évidemment, il y a tous les objets fabriqués par les hommes, cet immense travail humain inscrit dans le territoire, et les valorisations correspondantes[9]. Mais, aussi fondamentalement, il y a tous ces éléments « naturels » qui nous sont « donnés » par les paysages, qui prennent sens pour nous et qui « agissent » sur nous, comme peuvent le faire une course en forêt, un lever de soleil...

Le géographe humaniste est une personne qui s'interroge sur l'*expérience existentielle*[10] des rapports à l'espace et aux lieux dans ce qu'elle porte de personnel, d'idéologique, de cosmique. La géographie devient ici une méditation, un espace de réflexion, une sagesse, à l'égal des plus grandes pensées, quand chacun d'entre nous fait retour sur soi, s'interroge, se décide ou fait silence, pour suivre le conseil de K. White[11]. « S'isoler (plus

5. Ferrier J.-P., 1984, *Antée 1 : la géographie, ça sert d'abord à parler du territoire, ou le métier des géographes*, Édisud, Aix-en-Provence.
6. *Phénoménologie :* le projet phénoménologique a pour but de revenir aux phénomènes eux-mêmes, pour laisser se dévoiler l'expérience et ainsi révéler ses structures propres.
7. *Existentialisme :* se dit de toute philosophie, qui prend l'existence humaine pour centre de sa réflexion.
8. *Fait :* le fait serait la donnée réelle de l'expérience, alors que la valeur correspond au désirable et à l'importance subjective que l'on attribue aux choses.
9. Dardel E., 1952, *L'Homme et la terre. Nature de la réalité géographique*, PUF, Paris.
10. *Expérience existentielle.*
11. White K., 1985, *Une apocalypse tranquille. Crise et création dans la culture occidentale*, Grasset, Paris.

ou moins) — en vue d'une activité qui ne soit pas un activisme. Et en vue d'un monde qui ne soit ni mondain, ni immonde. »

Le concept de *monde vécu* ou *Lebenswelt*[12], développé par le phénoménologue allemand E. Husserl, permet de mieux saisir l'assise spatio-temporelle et culturelle de l'expérience ordinaire, quotidienne[13]. Puisque cette expérience n'est que rarement mise en cause, seule une prise de conscience des processus permet d'en révéler les structures et les significations. Par cette prise de conscience est rompue l'unité entre le vécu et l'objectivisation du monde. Une fois nos yeux ouverts, nous devenons conscients de notre propre monde, des significations que nous donnent les groupes auxquels nous appartenons, et de la société dans son ensemble. Les concepts de *communauté*[14] et d'espace social sont ainsi, par leur imbrication, particulièrement utiles à l'approche humaniste.

3. Réflexion, observation, expérience

Un lieu n'est pas une collection d'objets et d'événements, mais une mémoire collective. Cela nous amène à nous poser la question de la finalité de la géographie. Découvrir des systèmes spatiaux quantifiables ou comprendre le vécu des habitants ? Pour l'approche humaniste, comment concevoir une géographie sans *référentiel habitant*[15], sans étude des objets signés, sans rendre compte des expériences humaines ? Seule une lecture intériorisée du vécu humain peut nous permettre de comprendre les hommes et de les impliquer dans l'œuvre géographique.

La personnalité, l'intuition et la réflexion du chercheur sont explicitement mises en valeur pour éviter les *a priori* de la méthode scientifique. L'objectif central de l'*approche holistique*[16] est l'homme, être vivant le monde, pour comprendre les structures et les significations de l'espace vécu, et aborder ainsi des questions rarement posées. De manière pratique, il est possible de diviser ces études en fonction de l'emphase portée sur l'être ou sur le monde (nature du vécu, ou son extériorisation), même si ce découpage peut paraître artificiel.

La réflexion, l'observation et l'expérience constituent les méthodes de base ; observation libre ou études dans lesquelles le géographe fait partie intégrante du milieu étudié[17], en tant que membre d'une communauté, visiteur, ami ou résident, par exemple. Un tel engagement n'est pas sans poser de problèmes d'échantillonnage et de méthode d'étude, distincts des questions de nature personnelle ou éthique. C'est à partir des descriptions qualitatives détaillées[18] ou de discussions de groupe que sont, par exemple, mises en lumière les expériences de l'environnement. La littérature[19] et les arts sont également très utiles au géographe humaniste comme source d'information et pour mieux saisir le développement ou l'apparition de

12. *Lebenswelt :* terme traduit le plus souvent en anglais par *lifeworld* et en français par espace vécu mais dont la connotation donnée par Husserl dépasse l'espace pour incorporer tous les faits vécus.
13. Buttimer A., 1976, Grasping the dynamisms of lifeworld, *Annals of the Association of American Geographers*, 66, p. 277-292.
14. Park R., 1960, *Human communities. The city and human ecology*. The Free Press, Glencoe.
15. Ferrier J.-P., 1983, *Leçons du territoire*, Edisud, Aix-en-Provence.
16. *Holisme :* conception d'après laquelle tout organisme, toute société a des propriétés distinctes de ses éléments constitutifs, ce qui rend nécessaire une étude globale.
17. Gallais J., 1967, *Le delta intérieur du Niger. Étude de géographie régionale.* Mémoires de l'IFAN, 78, Dakar et Frémont A., 1976, *La région, espace vécu*, PUF, Paris.
18. Sansot P., 1971, *La poétique de la ville*, Klincksieck, Paris.
19. Soucy C., 1971, *L'image du centre dans quatre romans contemporains*, CSU, Paris.

notre sensibilité à l'égard du milieu ; en outre, ils nous aident à poser ou à confirmer nos hypothèses de recherche.

4. Les lieux

L'homme est acteur géographique, *le lieu*[20] est son espace de vie ; toutes les relations s'y mêlent dans un écheveau de liens véhiculant nos sentiments, nos mémoires collectives et nos symboles. Localisation, forme, structure, activités concourent à le différencier des autres, mais son caractère distinctif émane essentiellement des valeurs, des significations et des aspirations ressenties par l'homme (Tuan, 1976)[21]. Cet espace signifiant peut exister à diverses échelles géographiques, d'une chaise appréciée ou d'une pièce à une ville[22], un pays, continent ou même à la terre. Pourtant la plupart des études se sont attachées aux meso-échelles. La *topophilie*[23] concerne la description des lieux que les gens affectionnent et auxquels ils se sentent attachés, alors que la *géopiété*[24] exprime le caractère mythique, religieux des lieux. Bien sûr certains lieux peuvent aussi évoquer la peur, la *topophobie* (Tuan, 1979)[25], sentiment ressenti par plus de personnes qu'on ne le pense en général. *Le sens du lieu*[26] reflète la qualité perçue d'un espace. D'ailleurs, il est remarquable de constater qu'à notre époque, l'imaginaire joue un rôle important et que nous continuons de parler d'ambiance, de personnalité d'un lieu et d'admettre que nous éprouvons des sentiments à l'égard de certains d'entre eux. C. Norberg-Schulz[27] en soulignant récemment les significations profondes des structures du monde physique, les *genius loci*[28], mettait en lumière l'importance de la perception humaine de l'espace naturel.

Ce sens du lieu est essentiel dans l'identification humaine. Les craintes de l'exil, des termes comme « mal du pays », « dépaysement », ainsi que les liens étymologiques évidents entre être et habiter, illustrent bien l'importance de ces relations homme-terre[29]. L'absence de sens du lieu (*placelessness*), antithèse de l'identité humaine, est alors considérée comme une entrave, à long terme, au bien-être des hommes.

De plus, à l'heure où les regards des scientifiques comme du grand public sont tournés vers le phénomène de la *mondialisation*, la question du *sens du lieu* devient toujours plus sensible. Cette question se traduit à la fois par une crainte de voir nos spécificités locales se dissoudre dans une culture globalisante d'inspiration anglo-saxonne, et l'enthousiasme d'édifier des ponts entre les hommes, pour réaliser enfin ce « village planétaire » dont parlait M. McLuhan. Ce qui est sûr, c'est que nous assistons à la naissance d'un bouleversement dans l'appréhension de notre planète, qui acquiert un caractère fini, uni et fragile. L'impulsion décisive de cette prise de conscience a été donnée par la célèbre image de notre planète, tirée depuis l'espace par Apollo 7 en 1972, montrant celle-ci comme une sphère lumineuse et colorée au centre d'une immensité noire et

20. *Lieu.*
21. Tuan Yi-Fu, 1977, *Space and place*, Arnold, Londres.
22. Cauquelin A., 1982, *Essai de philosophie urbaine*, PUF, Paris.
23. Tuan Yi-Fu, 1974, *Topophilia*, Prentice-Hall, Englewood, Cliffs.
24. Tuan Yi-Fu, 1976, Geopiety : a theme in man's attachment to nature and to place, *in :* Lowenthal D., Bowden M.-J. (eds), *Geographies of the mind*, Oxford, New York.
25. Tuan Yi-Fu, 1979, *Landscapes of fear*, Pantheon, New York.
26. *Sens du lieu.*
27. Norberg-Schulz C., 1980, *Genius Loci : towards a phenomenology of architecture*, Academy Press, Londres.
28. Bailly A.S. et Scariati R., 1988, Voyages, contes et genius loci, *L'Espace géographique*, 4, p. 21-26.
29. Relph E., 1976, *Place and placelessness*, Pion, Londres.

stérile. Cette « icône moderne » selon D. Cosgrove a permis de sensibiliser l'opinion publique sur le caractère *sacré* que pouvait revêtir notre planète en tant que *lieu* de vie idéal pour l'homme. Pour la géographie, cette représentation du monde se traduit par un questionnement renouvelé sur l'articulation existant entre : le « local », l'espace vécu quotidien, l'enracinement territorial ; l'espace de la mondialisation, toujours plus accessible et familier, mais virtuel et médiatisé par une culture uniformisante ; la planète Terre, en tant que lieu communautaire, île, jardin clos ou paradis possible pour un nouveau projet de société globale. On le voit, le lieu et l'espace ne sont plus des concepts relatifs à la dimension, à l'échelle, mais bien aux représentations. Et leur importance est à considérer dans une optique plus profonde et existentielle, englobant l'individu dans ses fondements imaginaires, mystiques et sacrés.

5. Le mouvement

Parmi les quatre éléments fondamentaux eau, air, feu, terre, cette dernière, considérée comme la mère de l'homme, sa demeure de la naissance à la tombe, est au centre des préoccupations géographiques. Il faut la franchir pour vivre et le mouvement sur terre a progressivement signifié vie. L'analyse du mouvement[30], selon l'approche humaniste, ne peut être réduite à la relation géométrique entre deux ensembles de points : espace, durée, pratiques spatiales se combinent dans l'expérience humaine pour transformer le support terrestre en lieux, la distance en voyage vécu. Si la représentation du trajet traduit l'organisation d'une série de repères qui correspondent bien aux concepts topologiques de séparation — association, d'ordre — position, et de connexité, plus encore est-elle *symbolique*[31]. La ligne droite, trajet vers l'infini, s'oppose à l'oscillation du cercle, perpétuel retour ; un chemin rectiligne se perd dans le temps et abolit sa réversibilité. Il devient porteur de significations personnelles qui trouvent leur origine dans les valeurs culturelles : n'oublions pas que la *culture*[32] est une façon collective de mettre de l'ordre dans les sentiments humains, une perspective collective reprise à son compte par chacun.

L'homme puise dans l'imaginaire[33] les moyens de transcender le déplacement... jusqu'à pouvoir refaire en sens inverse la route de la vie. En se considérant comme le centre de l'Univers, le point de départ au milieu du *cercle*[34], il matérialise ses rêves d'immortalité. Mais pour accéder à ce monde d'eaux jaillissantes dans des jardins de cocagne, il lui faudra faire un long voyage : de la périphérie où il est ostracisé, vers la *croix*[35], au centre du cercle, où s'unifieront les contraires, où se résolveront les tensions. Idées de voyages, de déplacements vers des lieux meilleurs, elles se retrouvent dans la littérature (de *L'Odyssée* à *L'Énéide*... et de nos jours à la science-fiction, par exemple Tolkien, *The lord of the rings*) et jusque dans nos

30. Voir le numéro spécial de la *Revue d'Économie Régionale et Urbaine*, Distances et espaces, 1990, n° 2.
31. Durand G., 1964, *L'imagination symbolique*, PUF, Paris.
32. *Culture*.
33. Christinger R., 1972, *Le voyage dans l'imaginaire*, Mont-Blanc, Genève.
34. *Cercle*.
35. *Croix*.

pratiques de vacances, de retraites… Et grâce à son imaginaire, l'homme invente son trajet ; d'où tout le mythe de l'ascension à la fois sociale et spatiale dans l'espace, avant d'atteindre le lieu meilleur à l'issue du voyage, la terre promise des Hébreux ou des Mormons. « If we think of space as that which allows movement, then place is a pause… » (Tuan, 1977).

6. Le paysage

L'homme ne vit pas seulement dans un *paysage*[36] matériel, mais de manière consciente ou inconsciente, il invente des univers imaginaires, composés de faits de représentations et de rêves. Aussi bien pour des lieux réputés que pour des paysages ordinaires[37], il projette une expérience existentielle sur une image déjà présente. À voir, à vivre un paysage qui répond à son attente imaginaire, il éprouve de l'admiration, du bonheur. Ce sont ces sentiments que souhaite nous faire vivre le géographe humaniste.

Le citadin, qui passe ses journées dans une apparente grisaille paysagère, a perdu parfois conscience de sa valeur[38]. Ce n'est que, par moment, rendu plus sensible par un événement particulier de sa vie, par une coïncidence d'un instant entre une ambiance particulière et son intériorité, qu'il « élira au rang de paysage »[39] cette rue, ce quartier qu'il a si souvent traversé les yeux fermés…

Sous des intitulés variés, les travaux consacrés aux paysages sont abondants comme l'illustrent des thèmes de recherche du type évaluation ou appréciation paysagère, descriptions des paysages ordinaires, valorisation des images de jadis, perception du paysage urbain par le piéton ou l'automobiliste, ou études de l'imaginaire urbain[40]. Mais dans le fond, « chaque paysage est espace d'existence de quelqu'un », ce qui nous pousse à nous attacher à la biographie des paysages[41], c'est-à-dire à la manière dont des personnes ou des groupes spécifiques saisissent le paysage physique et ses significations. Les événements et les expériences humaines sont ainsi transposés dans des paysages qui reflètent et renforcent notre identité, qu'elle soit individuelle, collective ou nationale. G. Bachelard[42] suggérait le développement d'une véritable *topo-analyse*[43], d'ailleurs comme alternative à l'analyse psychologique pour mieux nous comprendre nous-mêmes.

7. Quelle valeur donner à l'humanisme en géographie ?

La valeur la plus profonde de la géographie humaniste provient de sa manière d'aborder la question fondamentale, « qu'est-ce que l'homme ? » en y incorporant une connotation géographique[44]. Son approche, plus apparentée à celle de l'artiste que du scientifique, motive son intérêt renouvelé pour la littérature,

36. *Paysage.* Voir Pitte J.-R., 1983, *Histoire du paysage français,* Taillandier, Paris.
37. Meinig D. *et al.*, 1979, *The interpretation of ordinary landscapes,* Oxford University Press, Oxford.
38. Bureau L., 1991, *La Terre et Moi,* Boréal, Montréal.
39. Sansot P., 1983, *Variations paysagères,* Klincksieck, Paris.
40. Samuels M.S., 1981, An existential geography, *in :* Harvey M., Holly B.-P. (eds), *Themes in geographic thought,* Croom-Helm, Londres, p. 115-132.
41. Samuels M.S., 1979, The biography of landscape, Meinig D.W. (eds), *in : The interpretation of ordinary landscapes,* Oxford, New York, p. 51-88.
42. Bachelard G., 1957, *La poétique de l'espace,* PUF, Paris.
43. *Topo-analyse.* Voir Rougerie G. et Beroutchachvili N., 1991, *Géosystèmes et paysages ; bilans et méthodes,* Colin, Paris.
44. Voir à ce sujet Racine J.-B., 1993, *La ville entre Dieu et les hommes,* Anthropos, Paris.

en particulier, et pour l'imaginaire artistique en général[45]. Certes des critiques concernant son caractère opératoire ou purement décoratif peuvent être émises ; critiques partagées avec tous les artistes, et auxquelles il est aisé de répondre par le fait que la pertinence est un concept qui dépasse largement la notion d'utilité pratique. C'est par les questions fondamentales qu'il pose que le géographe humaniste acquiert logiquement sa pertinence.

Délibérément *idéaliste*[46], la géographie humaniste puise sa richesse dans l'analyse de ce mélange permanent de réel et d'imaginaire. Il serait erroné de croire qu'avec la société contemporaine, l'homme devenu mobile, perd ses racines en vivant dans des environnements de plus en plus homogènes. Nous avons plutôt omis de découvrir la symbolique des lieux de nos vies contemporaines et leur épaisseur poétique. Pour parodier G. Durand, le mal fondamental dont meurt peut-être la géographie, c'est d'avoir minimisé les images et les mythes pour accepter des visions fonctionnalistes aseptisées.

La polysémie des espaces vécus, superposition de représentations, rend nécessaire cette nouvelle approche. La région, la ville, le quartier, miroir de nos sociétés, sont à la fois rêves et cauchemars. Au géographe de les étudier pour devenir un interlocuteur valable[47] face aux technocrates de l'aménagement et aux théoriciens du développement par le haut. À ne pas intégrer la richesse des rapports intériorité humaine-symbolique des lieux, la géographie désincarnée perdra son savoir géographier...

8. Une approche pluridisciplinaire

Une autre valeur de la géographie humaniste tient à son caractère pluridisciplinaire. Soucieuse d'ouvrir son champ d'investigation et de puiser une matière à réflexion parmi les domaines et les sciences les plus divers, cette géographie partage son approche et un certain nombre de ses concepts avec des disciplines des horizons les plus larges. Avec le philosophe, elle se penche sur l'essence même de l'homme, son esprit, ses projets existentiels. Avec l'ethnologue et l'anthropologue elle questionne les rites, la mémoire collective, l'imaginaire spatial des sociétés. Avec le psychologue elle s'interroge sur l'inconscient, la symbolique, les représentations et les comportements individuels et collectifs. Avec le sociologue elle s'intéresse aux pratiques quotidiennes, aux parcours familiers, aux relations entre individus d'un groupe, ou entre les groupes eux-mêmes. Avec l'historien d'art, elle tente de décoder les messages symboliques contenus dans les œuvres, afin de mettre en valeur ce condensé de significations que seul l'artiste est capable d'exprimer.

45. Pocock D.-C. (ed), 1981, *Humanistic geography and literature*, Croom-Helm, Londres, et Pocock D.-C. (ed), 1987, *Humanistic approaches in Geography*, Dept of Geography, University of Durham, Publication n° 22.

46. Buttimer A. et Seamon D. (eds), 1980, *The human experience of space and place*, Croom-Helm, Londres.

47. Seamon D. *et al.*, 1985, *Dwelling, place and environment*, Nijhoff, Dordrecht.

Dans ces dix dernières années, deux mouvements ont vu le jour, explorant des voies parallèles, voisines de la géographie humaniste : celui de la « géopoétique »[48], centré sur la personnalité de K. White, et le « Collège des arts géographiques »[49], né sous l'impulsion de J.-P. Ferrier et de H. Chamussy.

La *géopoétique*, terme employé pour la première fois par K. White en 1978, veut offrir un terrain de rencontre entre poésie, pensée et science, et entre les disciplines les plus diverses, lorsque celles-ci posent la question fondamentale : « Qu'en est-il de la vie sur terre, qu'en est-il du monde ? ». Ce mouvement part de l'idée qu'il est possible de relier territoire et pensée, et dégager une théorie d'une pratique consistant à retrouver un lien entre la pensée et la nature. Au centre des préoccupations, il s'agit de développer une certaine conception de l'être, fondée sur un rapport au lieu. La naissance du concept « géopoétique » provient d'une part de la prise de conscience des menaces pesant sur la biosphère et du désir de s'occuper de ce problème de façon profonde et efficace et, d'autre part, de l'idée que « la poétique la plus riche vient d'un contact avec la terre, d'une tentative pour lire les lignes du monde ». C'est dans cette optique que fut fondé, en 1989, l'Institut international de Géopoétique, dont les principales activités sont la publication annuelle des *Cahiers de Géopoétique*[50], des rencontres et des séminaires annuels.

Le « Collège des arts géographiques » se propose de réfléchir à « comment discuter de géographie en dehors de la géographie ? ». Convaincus que la sensibilité à l'espace géographique peut s'exprimer autrement que dans le discours géographique, notamment par les différents langages artistiques, les géographes appartenant à ce mouvement cherchent à mettre en évidence les liens existants entre des phénomènes culturels matérialisés dans des créations et des questions ou des concepts intéressant le géographe. La démarche consiste à chercher et à donner des lectures approfondies d'œuvres d'art sous des formes diverses : littérature, cinéma, danse, etc. En dehors des réunions de travail informelles, le Collège des arts géographiques organise chaque année, dans le cadre du Festival international de Géographie[51], une rencontre intitulée « Géo-Regards », dans laquelle sont présentées et discutées des œuvres artistiques en rapport avec le thème annuel du festival.

48. *Géopoétique.*
49. Collège des arts géographiques.
50. *Cahiers de Géopoétique.*
51. Le Festival international de Géographie qui se tient, depuis 1989, chaque année, à Saint-Dié-des-Voges, constitue une des rencontres majeures des géographes français. Sous l'impulsion du maire de la ville, C. Pierret, activités scientifiques et ludiques se combinent pour faire de Saint-Dié-des-Vosges la capitale de la géographie.

9. Conseils de lectures

BACHELARD G., *La poétique de l'espace*, PUF, Paris, 1992 (1re éd. 1957).

Dans cet ouvrage, G. Bachelard aborde des thèmes-phares de la géographie tels que le lieu, la maison, l'univers, le dedans et le dehors, l'immensité, sous un angle philosophique et littéraire. L'image poétique, utilisée comme fil conducteur, ouvre sur un examen approfondi et nuancé des relations qui se tissent entre l'espace et l'homme, aussi bien au niveau de son vécu (l'habitat, le mouvement) que de son imaginaire (rêverie, aspirations). L'auteur a consacré d'autres ouvrages aux éléments naturels (terre, air, eau, feu) qui complètent avantageusement cette lecture.

BAILLY A. *et al.*, *Représenter la ville*, Économica, Paris, 1995.

En se penchant sur les représentations, les images et les cartes mentales relatives à la ville, cet ouvrage pluridisciplinaire donne un aperçu des mythes et des symboles que recèlent les formes urbaines, en mettant en regard la ville « espace vécu » et la ville idéale, utopique et imaginaire.

DURAND G., *Les structures anthropologiques de l'imaginaire*, Dunod, Paris, 1992 (1re éd. 1969).

Cette « introduction à l'archétypologie générale » dresse un tableau complet et rigoureux des articulations entre l'imaginaire, le mythe, le symbole, l'image et l'archétype. L'ouvrage met en lumière les significations anthropologiques latentes de nombreux concepts et images intéressants pour le géographe, tels que le centre, le cercle, l'île, la demeure, le microcosme, etc.

10. Sujet : l'homme et les arbres, ou la manifestation d'un rapport sacré à l'espace

10.1. Le sujet

Depuis l'Antiquité, les arbres sont des objets de l'environnement particulièrement importants pour l'homme, d'une part, pour leur portée utilitaire (énergétique et climatique) et, d'autre part, comme objets symboliques et rituels. De nos jours, dans les sociétés occidentales, le rapport que l'homme entretient avec les arbres constitue encore une question sensible, par exemple lorsque des aménagements urbains entraînent l'abattage d'arbres. Il convient donc de s'interroger sur ces rapports, qui témoignent d'un lien encore bien vivant et profond entre l'homme et les arbres.

10.2. La problématique

Les liens unissant les hommes aux arbres semblent, à première vue, être de plusieurs natures. Ils peuvent résulter de sentiments qui font de l'arbre un objet familier de notre *espace vécu*. Ils peuvent également refléter une vision écologique contemporaine, qui valorise l'arbre en tant qu'élément biologique essentiel, ou encore être associés à une vision esthétique du paysage qui donne aux arbres une valeur artistique. Le caractère émotionnel des réactions individuelles et collectives face à la disparition d'arbres dévoile également un lien intime et profond qui unirait l'homme aux arbres, et qui serait davantage de l'ordre du « sacré ». Les travaux menés dans d'autres disciplines, portant sur la symbolique de l'espace et ses *archétypes*, montrent que même dans nos sociétés dites « profanes », certaines valeurs sacrées des sociétés traditionnelles se retrouvent projetées dans les objets de notre environnement quotidien.

Selon cette première hypothèse, l'abattage d'un arbre représente plus que la disparition d'un élément familier, écologique ou décoratif du paysage : cette action peut être vécue comme une atteinte à un *géosymbole* important, en tant que rémanence d'une relation sacrée à l'espace.

10.3. La méthode

Nous prenons en considération dans cette étude deux images sacrées liées aux arbres dans les sociétés traditionnelles, celle de *l'arbre de vie* (symbole du cycle de la vie), et celle de *l'arbre cosmique* (symbole du lien vertical entre le ciel, l'homme et les profondeurs de la terre). Le travail de recherche consiste à étudier si ces deux images symboliques ancestrales peuvent se retrouver dans des représentations contemporaines des arbres, véhiculées par la littérature, la presse, la publicité, la télévision, le cinéma, la peinture. Il se déroule en trois étapes :

1. Constitution d'un corpus de documents dans lesquels les arbres figurent de façon signifiante en tant qu'image ou élément de texte.

2. Analyse littéraire de ces documents, décodage de leur symbolique.

3. Confrontation des significations symboliques dégagées avec les images sacrées proposées dans la partie théorique : l'arbre de vie et l'arbre cosmique.

10.4. Utilisation des résultats et suite de la recherche

Ces études de cas, complétées par des études de même nature, permettent d'accréditer l'hypothèse plus générale selon laquelle une rémanence de sacré se manifesterait dans nos relations contemporaines avec l'environnement. Il resterait alors, d'une part, à définir plus précisément la nature de cette nouvelle forme de sacré, en particulier : son essence, ses ancrages dans les valeurs culturelles actuelles, ses manifestations, et d'autre part, à étudier les implications sur les pratiques spatiales de cette forme de relation *existentielle* entre l'homme et l'environnement.

16

La chronogéographie

Antoine S. Bailly*

* Professeur à l'Université de Genève.

Néologisme que le terme de *chronogéographie*[1] employé depuis une dizaine d'années pour décrire la branche de la géographie qui se consacre à l'analyse des pratiques spatiales dans le temps. Il a progressivement remplacé *géographie du temps*[2], qui traitait des études sur la succession des activités dans la chronologie du calendrier (heures, jours...), sans insister sur les autres facettes de cette notion temporelle si complexe. En effet, si nous nous posons la question « qu'est-ce que le temps » ?[3], nous avons l'impression de savoir. Mais si nous devons l'expliquer, la présentation de vient plus difficile ; « ce que nous savons du temps, nous le tenons du corps et des choses en elles-mêmes ; de la naissance et de la mort, des semailles et des moissons, du travail, du vieillissement, de la fatigue et de l'usure, de la consommation et des ordures, des astres qui passent au-dessus de nous »[4].

1. Du temps météorologique à la durée

Ce n'est que récemment que la notion de temps est devenue un des thèmes majeurs de la réflexion géographique, malgré la formation historique de nombreux géographes et malgré l'approche historique de la géographie régionale. Non seulement par suite de la tendance à réifier l'espace pour en dégager les caractères originaux, mais surtout parce qu'un *temps cyclique*[5], le *temps météorologique*[6], celui du calendrier des activités agricoles semblait suffisant à l'explication des modes de vie. Et pourtant les conceptions du temps constituent l'une des causes majeures de l'évolution des sociétés contemporaines. Entre le *temps théologique*[7] de la Bible, linéaire, infini, puisqu'il est dirigé vers Dieu, et le *temps cosmique*[8] (absolu de Newton) marqué par le rythme de l'horloge, existe une rupture profonde, celle de la prise de conscience du prix du temps.

1. *Chronogéographie :* courant de recherche géographique qui s'attache à la compréhension des processus spatiaux dans le temps pour expliciter les genres de vie.
2. *Géographie du temps.*
3. Voir Parkes D. et Thrift N., 1980, *Times, spaces and places*, Wiley, New York.
4. Serres M. *et al.*, 1981, *Sur l'aménagement du temps*, Denoël-Gonthier, Paris.5. *Temps cyclique :* temps formé de séries de séquences répétitives.
5. *Temps cyclique :* temps formé de séries de séquences répétitives.
6. *Temps météorologique :* temps lié au rythme des saisons et du jour et de la nuit.
7. *Temps théologique :* temps qui, suivant la conception de l'Église, appartient à Dieu.
8. *Temps cosmique :* temps absolu du calendrier qui correspond à une succession de moments sur un continuum infini. Il se découpe en trois segments successifs : le passé, le présent et le futur.

Souvenons-nous de la querelle au Moyen Âge[9] entre le clergé qui ne tolérait pas l'usure, puisque ce procédé correspondait à une vente du temps divin, et les marchands qui souhaitaient pouvoir faire payer davantage les clients qui ne réglaient pas immédiatement et tirer profit de leurs stocks.

En découvrant le prix du temps, les marchands mettaient en lumière la notion de *durée*[10] ; ils redécouvraient, après les atomistes de l'Antiquité, une autre notion clé, celle de discontinuité du temps. L'unité de la période de travail devient la journée, par référence au lever et au coucher du soleil, puis progressivement se modifie en fonction du *temps social*[11] celui des règles et conventions sociales : le travail peut se prolonger la nuit, être à temps partiel, les périodes de vacances être dissociées des saisons… Ce temps social n'est pas sans influence sur la conception d'historiens comme F. Braudel[12] qui vont développer la notion de *temps long*[13] pour tenir compte dans l'explication historique, non pas des événements exceptionnels, mais de l'évolution des processus sociaux profonds et de leurs structures. Avec la notion de durée, celle de temps long va être particulièrement utile à la nouvelle géographie sociale et culturelle.

2. Temps et espace

L'espace est, par nature, temporel, et le temps spatial, puisque tous les deux constituent les supports de notre vie sociale. K. Lynch[14] n'écrit-il pas ce livre au titre évocateur « What time is this place ? », tout comme M. Proust dans sa Recherche du temps perdu, parle de la *distance*[15] en tant que rapport espace-temps ; espace collectif, qui porte les traces de l'histoire des sociétés, et qui lui donne un sens, mais aussi espace existentiel, celui de nos expériences et de notre vie.

Pour T. Hägerstrand[16], un des pionniers de la géographie du temps, l'analyse porte sur les *budgets espace-temps*[17]. La conception axée sur le temps cosmique, permet à un moment (t) de situer une action (z) dans un espace à deux dimensions (x et y). Pour cette vision géographique, à idéologie néo-positiviste, l'enregistrement détaillé des événements (t1… tn) parcourus par un individu au cours d'une période donnée (jour, semaine…) permet de comprendre :
– sa localisation, l'étendue de son action,
– ses déplacements,
– le commencement, la fin de l'action,
– la fréquence de l'action (mode de répétition temporel et spatial),
– sa place parmi les séquences et les types d'activité.

Ce type d'analyse permet de suivre les activités des hommes à la fois dans l'espace et dans le temps, et de montrer comment les pratiques spatiales se différencient selon les appartenances sociales, le sexe, le milieu de vie, pour ne citer que quelques

9. Le Goff J. (ed.), 1975, *La nouvelle histoire*, Retz, Paris.
10. *Durée :* persistance d'un événement. Suivant la perception individuelle et les normes sociales, elle peut être ressentie bien différemment du temps absolu.
11. *Temps social :* temps conventionnel des sociétés.
12. Braudel F., 1949, *La Méditerranée et le monde méditerranéen à l'époque de Philippe II*, Colin, Paris.
13. *Temps long :* temps des processus sociaux profonds et de leurs structures.
14. Lynch K., 1972, *What time is this place ?*, MIT Press, Cambridge.
15. *Distance :* intervalle qui sépare deux points (ou écart entre deux instants).
16. Hägerstrand T., 1973, The domain of human geography, *in :* Chorley R. (ed.), *DIrections in human geography*, Methuen, Londres.
17. *Budget-espace-temps :* enregistrement des déplacements dans l'espace d'une personne à une période donnée.

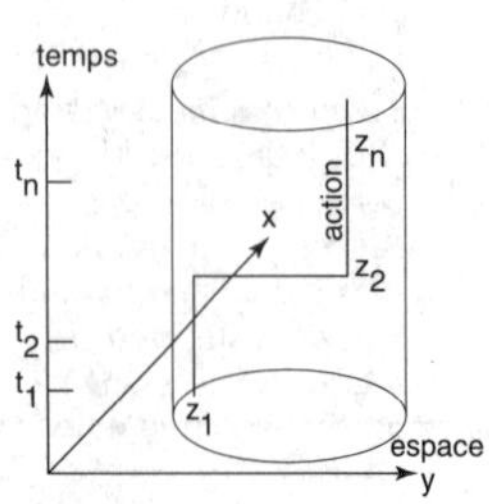

facteurs. Cette approche, appliquée à la famille, révèle le rôle de chaque membre de la cellule avec ses dominantes : femmes au foyer, hommes travaillant à l'extérieur, enfants à l'école… Elle sera à l'origine de la géographie des genres[18], dénonçant les ségrégations sociospatiales et sociotemporelles entre hommes et femmes.

L'approche initiée par T. Hägerstrand se différencie de celle de la *géographie radicale*[19] où le temps pénètre l'analyse par le biais d'études diachroniques mettant en évidence les modes de production et de *reproduction sociales*[20] dans le temps long. Pour ce courant issu du matérialisme historique, l'emphase porte à un moment sur le fonctionnement et l'utilisation par les classes sociales des modes de production, et ce par rapport à un moment antérieur. L'analyse se fait en termes de classes dans le temps long de l'histoire des sociétés.

Enfin pour la *géographie des représentations*, c'est à la fois la durée et le temps long, qui sont privilégiés[21]. Certains auteurs[22] s'attachent à l'évolution des mentalités qui ne se laissent saisir que dans le temps social long. Pour cette approche la mémoire collective, mythifiée par nos sociétés, se meut lentement dans l'inconscient social. Seule une analyse des changements dans les valeurs d'une société permet de comprendre la richesse de la relation espace-temps (par exemple faire chômer la terre, sacraliser un territoire…). D'autres géographes[23] privilégiant les analyses individuelles (microgéographie), insistent par le biais d'enquêtes directes, sur le rôle de la durée ; durée perçue lors d'un déplacement et son influence sur la mobilité, valorisations de certains moments, rôle de la perception de la durée dans la vie quotidienne.

Ces différentes conceptions, montrant la complexité et la variété des réflexions, sont résumées dans le tableau[24] suivant :

LES NOTIONS D'ESPACE-TEMPS EN GÉOGRAPHIE

Type de géographie	**Géographie néopositive**	**Géographie radicale**	**Géographie comportementale**
Principaux espaces étudiés	Espace géo-économique	Espaces matériels	Espace vécu
Principaux thèmes étudiés	Géométrique des localisations et budgets espaces-temps	Rapports sociaux et enjeux spatiaux	Espace perçu et valorisations sociales
Incorporation de la dimension temporelle	Temps cosmique saisi en termes de taux d'actualisation, de cycles et de coût énergétique	Temps long des luttes des classes sociales : étude des modes de production et de reproduction	Temps social long et durée : temps long de l'évolution des mentalités, psychologie de la perception temporelle

18. *Géographie des genres.*
19. La *Géographie radicale* est présentée par R. De Koninck dans cet ouvrage.
20. Voir Remy J., Voyé L. et Servais E., 1978, *Produire ou reproduire : une sociologie de la vie quotidienne*, La Vie Ouvrière, Bruxelles.
21. Minot G. *et al.*, 1983, *L'espace et le temps aujourd'hui*, Seuil, Paris.
22. Frémont A., 1976, *La région, espace vécu*, PUF, Paris.
23. Bailly A., 1977, *La perception de l'espace urbain*, CRU, Paris.
24. Bailly A. et Beguin H., 1998, *Introduction à la géographie humaine*, Colin, Paris.

3. Ajuster temps et espace[25]. Le développement durable

Prévoir l'espace pour l'avenir est au centre de l'intérêt de nombreux aménageurs : soit on peut envisager d'aménager l'espace pour mieux utiliser le temps, soit d'aménager le temps afin d'exercer un effet sur l'occupation de l'espace.

La première démarche qui consiste à modifier l'espace en espérant un effet temporel, est facile à illustrer. Améliorer une voie de transport, c'est accroître la vélocité et gagner du temps ; implanter un réseau téléphonique, c'est réduire la durée requise pour que s'établisse une communication.

La deuxième démarche aménage le temps en espérant un effet sur l'espace. Elle fait partie de nos vies quotidiennes : ce sont les horaires et les calendriers d'activité qui battent le rythme de nos villes et règlent l'occupation de l'espace urbain. Il suffit de déplacer de quelques minutes les sorties d'une usine pour éviter les encombrements, d'étaler les périodes de vacances pour éviter les cohues dans certains espaces touristiques.

Dans ces deux cas la stratégie peut être fondée soit sur des *prévisions*[26] qui permettent d'imaginer le futur par référence au passé, soit sur la *prospective*[27], qui vise à travers des éléments jugés porteurs d'avenir, à proposer de futures modalités d'existence. La première démarche, reposant sur le présent, permet d'élaborer des *scénarios exploratoires*[28], décrivant les avenirs logiques du système. Parmi ceux-ci les *scénarios tendanciels* projettent les tendances lourdes observées. Les *scénarios d'anticipation*, par contre, sont conçus pour imaginer d'autres futurs ; les *scénarios normatifs*, par exemple, prévoient l'aménagement sur la base de normes souhaitables dans le futur (minimiser le gaspillage énergétique, respecter les équilibres écologiques...).

Récemment, en France, la prospective est devenue à la mode pour l'aménagement du territoire. La Direction à l'Aménagement du Territoire et à l'Action régionale (DATAR) envisage de nouveaux découpages du pays et de nouveaux réseaux de collaboration territoriale pour dynamiser les régions périphériques et les réseaux des villes. Préparer l'avenir du territoire français, tel est l'objectif de cette prospective intégrant le temps et l'espace des sociétés.

Encore plus récente, la notion de développement durable[29] développée par le rapport Bruntland pour le sommet de la Terre tenu à Rio en 1992, intègre à la fois une vision globale du développement et une conception du temps long : ne pas sacrifier les intérêts du long terme pour ceux du court terme. Appliquée à la protection de l'environnement et au développement économique, cette notion ouvre la voie aux réflexions à l'échelle planétaire[30] et à la façon dont les décisions actuelles engagent durablement les générations futures. La conférence

25. Carlstein T., Parkes D., Thrift N. (eds.), 1978, *Timing space and spacing time*, Arnold, Londres (vol. 1. Making sens of time. Vol. 2. Human activity and time geography. Vol. 3. Time and regional dynamics).
26. *Prévision :* il s'agit selon l'état présent, en supposant l'invariance de facteurs externes, d'imaginer le court et le moyen termes.
27. *Prospective :* il s'agit par le choix de séquences imaginaires, en admettant un environnement changeant, de prévoir les conditions dans le long terme.
28. *Scénarios exploratoires, tendanciels, d'anticipation, normatifs.*
29. Développement durable : développement tenant compte des besoins actuels des sociétés tout en intégrant ceux des générations futures.
30. Village planétaire : notion développée par M. McLuhan qui considère que les 6 milliards d'habitants de la planète vivent autour d'un même « clocher », et ont dont les mêmes intérêts.

des Nations Unies sur les changements climatiques, qui s'est tenue à Kyoto en 1997, illustre les difficultés d'application de cette notion : comment accorder les politiques de lutte contre l'effet de serre et réduire les émissions de gaz à effet de serre dans 159 pays ?

Désir de remédier à l'incertitude[31] devant l'avenir, ces méthodes posent pourtant une question fondamentale : peut-on, dans le long terme, programmer la vie des hommes qui ne sont pas nés ? « On ne peut que prévoir et préparer certaines conditions dans lesquelles il se cherchera »[32]. Et pourtant les hommes s'efforcent de ne pas subir l'histoire ; M. Eliade[33] montre que même les sociétés traditionnelles sont en révolte contre le temps qu'elles doivent subir. Quant aux sociétés occidentales, elles continuent à s'accrocher aux temps mythiques par le biais des religions et par des révoltes purificatrices. Mais dans l'attente de cette immortalité, jamais l'homme n'a été autant l'esclave des sociétés et de leurs histoires.

4. Conseils de lectures

Après une période où la chronogéographie fut à la mode à la suite des travaux pionniers de T. Hägerstrand sur les budgets-espace-temps et aux synthèses de D. Parkes et N. Thrift sur le temps des lieux, la réflexion dans ce domaine s'est ralentie. Dans la géographie francophone elle n'existe plus, sauf sous forme de géographies de la nuit et du temps social. Il faut donc revenir pour les lectures conseillées aux travaux pionniers :

PARKES D., THRIFT N., 1980, *Times spaces and places*, Wiley, New York.

CARLSTEIN T., PARKES D., THRIFT N. (eds), 1978, *Timing space and spacing time*, Arnold, Londres.

5. Sujet : politiques publiques et développement durable ; le cas de l'effet de serre

La conférence des Nations Unies sur les changements climatiques qui s'est tenue à Kyoto en décembre 1997 pose clairement le double problème des politiques publiques et du développement durable : comment réduire les émissions de gaz à effet de serre pour protéger les générations futures du réchauffement global ?

Le fait de réunir 159 pays sur le thème de l'effet de serre et de ses conséquences (élévation du niveau des mers, désertification de certaines régions, modifications climatiques liées à El Niño...) montre que l'humanité est consciente de la gravité de ce phénomène global. Les interrogations sur l'application potentielle, par les pays concernés, du protocole de réduction des émissions, et la difficulté des négociations, montre aussi qu'aucun consensus n'est possible. Les états les plus pollueurs,

31. DATAR, 1971, *Une image de la France en l'an 2000. Scénario de l'inacceptable*, La Documentation française, Paris.
32. Les indicateurs sociaux, paravent politique, *Économie et Humanisme*, 206, 1972, p. 6.
33. Eliade M., 1949, *Le mythe de l'éternel retour*, Paris.

comme la Chine et l'Inde se refusent à tout compromis ; les États-Unis se sont engagés avec réticence… Et les pays en développement veulent leur part de la croissance, on peut aussi les comprendre.

Les décisions du Sommet de la Terre de Rio en 1992 étant quasi lettre morte, on peut s'interroger sur le réalisme de la mondialisation des politiques publiques. Les organisations internationales n'ont pas le pouvoir pour imposer des décisions globales et les États défendent avant tout leurs propres intérêts. L'opposition entre le particulier et le général montre que les intérêts locaux priment sur l'intérêt global, même s'il est prouvé que les décisions actuelles affectent durablement la vie des générations futures. La question du réchauffement de la planète illustre clairement toute la difficulté de prévoir et d'appliquer des politiques mondiales dans l'intérêt général, et ce dans le temps long de l'histoire des sociétés. Elle nous pose une autre question : puisque nombre de décisions pour l'intérêt de l'humanité qui engagent durablement les générations futures relèvent d'une autre logique que celle des États nations, comment organiser un système-monde susceptible de traiter des problèmes globaux ? Prévoir les politiques publiques à l'échelle mondiale, lorsqu'elles concernent le développement durable, ne relève plus de l'utopie mais d'une nécessité pour la qualité de vie des générations futures.

17
La géographie de la santé

Henri Picheral*

* Professeur à l'Université de Montpellier.

En établissant voilà cinquante ans les fondements d'une géographie « médicale » et en appelant les géographes à se mobiliser pour une « écologie de l'homme », M. Sorre[1] a pris un double risque. Celui d'emprunter une voie déjà défrichée par d'autres depuis longtemps et celui de s'engager sur un terrain aujourd'hui fort encombré : la « santé ». La marge de manœuvre des géographes est étroite et ils hésitent encore à se ranger derrière une seule bannière : géographie des maladies ou géographie des soins, géographie médicale ou géographie de la santé ? Les bornes du champ et la terminologie sont sans doute encore mal fixées. Pourtant la convergence actuelle des diverses démarches permet d'entrevoir les réponses aux questions prémonitoires de M. Sorre. Quel est le rôle pathogène du milieu[2] ? Quelles sont les conséquences d'une mauvaise santé sur l'environnement social et matériel, sur les activités, sur la maîtrise de l'espace ?

Toutes ces questions se situent bien au cœur de la géographie humaine et impliquent une approche globale du milieu, de l'environnement. Mais elles rejoignent aussi les interrogations actuelles sur l'équité[3] et alimentent les débats contemporains sur la justice spatiale et sociale. Car avec le démographe, le sociologue et l'économiste, le géographe propose une autre vision de la santé. La perspective n'est plus exclusivement biomédicale mais aussi sociale, culturelle et comportementale pour déboucher sur les problèmes d'organisation de l'espace et de l'aménagement du territoire. Tel quel, empreint d'un certain humanisme, le projet est ambitieux. Il requiert surtout du géographe une indispensable ouverture sur les autres disciplines.

1. La géographie des maladies[4]

On ne peut ainsi nier une certaine ambiguïté épistémologique entre *épidémiologie*[5] et géographie. L'une considère la référence

1. Sorre M., 1943, *Les fondements biologiques de la géographe humaine*, Colin, Paris.
2. Dubos R., 1973, *L'homme et l'adaptation au milieu*, Payot, Paris.
3. Picheral H., 1996, Mots et concepts de la géographie de la santé, *Cahiers Géos*, 2, 1-39.
4. *Géographie des maladies :* géographie de la distribution des maladies et des causes de ses variations dans l'espace et dans le temps. Elle resitue la pathologie et les malades dans leur environnement.
5. *Épidémiologie :* méthode d'étude de la distribution et des déterminants des maladies dans les populations humaines à des fins préventives et dans le cadre d'une politique de santé communautaire.

au lieu, à l'espace comme une démarche parmi d'autres, alors que la géographie lui accorde la priorité absolue et, somme toute, y trouve sa justification. L'épidémiologiste peut en outre se prévaloir d'une incontestable antériorité en ce domaine[6]. Le premier et dès la haute Antiquité, le médecin a observé l'inégale répartition des maladies dans l'espace. Et c'est encore lui qui a établi de façon empirique des relations de causalité entre la fréquence de la maladie et certains facteurs *étiologiques*[7] (les *facteurs de risque*[8]). Et c'est enfin le médecin qui a forgé le concept de maladie sociale et dénoncé les inégalités devant la maladie et la mort selon l'appartenance sociale et professionnelle. La sociologie médicale y puisera ses premiers fondements. Le champ était donc déjà largement balisé par le médecin avant que ne se manifeste l'intérêt du géographe dans l'entre-deux-guerres.

Le débat, sans cesse renouvelé, sur l'inné et l'acquis[9] concerne pourtant directement le géographe à travers la place et le rôle des différents facteurs pathogènes : leur localisation, leur fréquence, leur évolution et leur combinaison permettent d'identifier des *populations à risque*[10] et de cerner des aires pathogènes. Grâce aux progrès de la génétique on peut mesurer aujourd'hui les prolongements d'une géographie du sang[11]. Et la découverte récente d'une différenciation sociale et spatiale d'une génopathie (la dystrophie myotonique) soulève des questions troublantes sur la transmission des maladies génétiques longtemps qualifiées d'endogènes et sans rapport avec le milieu[12].

Car ce sont les facteurs de l'environnement, exogènes, qui se sont le mieux prêtés jusque-là à l'analyse géographique. Les uns sont d'ordre physique et biologique et relèvent de toutes les composantes du milieu naturel : les qualités de l'air et de l'eau, du sol et du sous-sol, les conditions climatiques et les changements de temps (la météoropathologie[13])... La maladie s'inscrirait alors dans un *écosystème*[14] et l'homme ne serait que l'ultime maillon d'une chaîne de processus biologiques. Perçus très tôt par l'école d'Hippocrate, ces mécanismes ont fait l'objet d'innombrables « topographies médicales » au XVIIIe et au début du XIXe siècle. Les travaux de Pasteur et l'essor de la bactériologie modifient à la fois la démarche des hygiénistes[15] et l'action des médecins « coloniaux », civils et militaires. Dans leur sillage se situent les démarches de M. Sorre puis de J. May[16], et l'essor de l'écologie médicale en Allemagne, en URSS et dans les pays anglo-saxons. Ce courant fécond, sans cesse enrichi et systématisé, a ainsi permis de définir des *paysages épidémiologiques*[17] à la manière des paysages végétaux. Mais cette approche vaut surtout pour la pathologie infectieuse et parasitaire. Or il semble que l'étiologie de la plupart des maladies soit de nature sociale, économique et culturelle et dépende de comportements individuels et collectifs (alimentaires, sexuels ou toxicomaniaques). Leur fréquence varie alors selon les groupes et les

6. Massé L., Massé G., préface de Jenicek M., 1976, *Introduction à l'épidémiologie*, Maloine, Paris.
7. *Étiologie :* étude des causes des maladies.
8. *Facteurs de risque :* caractère ou variable étiologique, individuelle ou collective, spatiale ou temporelle, déterminant l'ampleur du risque auquel est exposé un individu ou une population. Il peut être modifié, prévenu ou supprimé.
9. Jacquard A., 1978, *Éloge de la différence*, Seuil, Paris.
10. *Population à risque :* population particulièrement vulnérable et exposée à des risques.
11. Bernard J., Ruffié J., 1966, *Hématologie géographique*, Masson, Paris.
12. Veillette S., Perron M., Desbiens F., 1986, *La dystrophie myotonique : étude épidémiologique et sociogéographique au Saguenay - Lac Saint-Jean*, Jonquière.
13. Tromp S.W., 1963, *Medical biometeorology*, Elsevier, Amsterdam. Besancenot J.-P. (éd.), 1992, *Risques pathologiques : rythmes et paroxysmes climatiques*, John Libbey Eurotext, Paris.
14. *Écosystème :* relations naturelles et fonctionnelles entre les populations et les facteurs de leur environnement, physiques et biologiques, au sein d'un système.
15. Murard L., Zylberman P., 1996, *L'hygiène dans la République*, Fayard, Paris.
16. May J., 1961, *Studies in disease ecology*, Hafner, New York.
17. *Paysage épidémiologique :* morbidité spécifique dans un espace, due à la combinaison de facteurs naturels.

sociétés, les modes de vie et de travail, les revenus[18]… On change bien de perspective.

D'autant plus que l'on est désormais convaincu de la pluralité des causes et de la multiplicité des interrelations de facteurs de toutes natures. On doit abandonner les relations linéaires et cartésiennes de cause à effet par trop déterministes. Car l'on comprend maintenant la maladie comme le produit de multiples facteurs, circonstances et agents associés, avec des effets cumulatifs ou synergiques et des processus rétroactifs (en « boucle »).

On en vient alors à élaborer plusieurs systèmes pathogènes[19], différents selon la nature dominante des variables. M. Sorre avait parfaitement saisi les incidences géographiques de ces combinaisons en proposant ses concepts de *complexe pathogène*[20] et d'*aire pathogène* ; mais en ne les appliquant qu'aux maladies transmissibles, il en limitait la portée. De même n'avait-il pas mesuré les conséquences des modifications anthropiques des conditions naturelles qui créent de nouveaux systèmes pathogènes et déterminent une nouvelle occupation de l'espace. C'est le cas des effets des récents aménagements hydrauliques sur les progrès de la bilharziose et les fluctuations du paludisme[21]. On conservera néanmoins et par commodité le terme de système « écopathogène » pour ce type de maladies. Par contre mieux vaut parler de *systèmes sociopathogènes*[22] dans le cas de pathologies chroniques et dégénératives (métabolique, cancéreuse, cardio-vasculaire ou mentales), de déviances et toxicomanies (alcoolisme, tabagisme, choléra ou sida), voire de morts violentes (suicide, crime, accidents…). De même J. May puis A. Learmonth ont à juste titre révélé l'importance de l'environnement socio-économique et socioculturel dans le développement des maladies de carence[23]. Et à l'inverse, on mesure mieux aujourd'hui l'importance souvent décisive de la malnutrition par excès, fruit d'une surconsommation alimentaire et de comportements à risque, sur la fréquence de cardiopathies, du diabète ou de certaines tumeurs. Sans doute peut-on encore concevoir des systèmes « techno-pathogènes » quand des techniques ou des technologies spécifiques provoquent des effets délétères (nuisances, radiations, pollutions), en particulier dans les sociétés industrielles[24] (Tchernobyl, Seveso…) mais pas seulement (Bophal…).

La complexité et la multiplicité des variables mises en cause impliquent le recours à des méthodes de plus en plus sophistiquées de traitement des données. Le géographe peut alors puiser dans l'arsenal élaboré par l'épidémiologiste[25]. Il pourra alors établir des corrélations et une hiérarchie des risques encourus par une population dans un espace donné. Dès lors va-t-il traduire sur et par la carte, la fréquence et la répartition de la maladie et des diverses composantes de son système pathogène. La cartographie médicale souligne ainsi ou révèle des associations spatiales, se prête à des interprétations et

18. Jones K., Moon G., 1987, *Health, disease and society : an introduction to medical geography*, Routledge, Kegan Paul, Londres.
19. Picheral H., 1982, Géographie médicale, géographie des maladies, géographie de la santé, *L'Espace géographique*, 3, p. 161-175.
20. *Complexe pathogène :* association parasitaire d'êtres vivants dont l'homme est la victime dans des conditions spécifiques de transmission liées au milieu naturel. La combinaison de ces associations détermine l'aire d'extension potentielle de la maladie, son *aire pathogène.*
21. Hunter J.M., Rey L., Scott D., 1982, Man made lakes and man made diseases, *Social Science and Medicine*, 11, p. 1127-1145.
22. *Systèmes sociopathogènes.* Picheral H., 1976, *Espace et santé*, Le Paysan du Midi, Montpellier.
23. Learmonth A.T.A., 1978, *Patterns of disease and hunger*, David and Charles, Newton Abbott.
24. George P., 1978, Perspectives de recherche pour la géographie des maladies, *Annales de Géographie*, 484, p. 641-650. Meade M., Florin J., Gesler W., 1988, *Medical geography*, The Guilford Press, New York.
25. Jenicek M., Cléroux R., 1982, *Épidémiologie*, Maloine, Paris.

suscite des hypothèses étiologiques sans autoriser pour autant des explications causales.

Cela dit, la collecte des données s'avère vite difficile, sinon impossible, dès que s'affine l'échelle de l'analyse. On doit encore souvent se limiter à une macrogéographie, au niveau national ou régional[26]. La géographie des maladies reste tributaire de la qualité du système de recueil des données, de sa fiabilité et de son suivi comme de la finesse de son maillage spatial. On conçoit aisément les difficultés à cet égard de telles recherches dans les sociétés en voie de développement où l'enquête directe est en général la seule voie possible. En tout état de cause et dans des conditions optimales, il convient de ne pas se livrer à des conclusions hâtives.

Au demeurant l'apport de la géographie des maladies[27] et le chemin parcouru depuis l'entre-deux-guerres sont loin d'être négligeables. Même s'il la considère comme une démarche limitée par son caractère trop descriptif, l'épidémiologiste reconnaît à la « pathologie géographique » quelque mérite… On lui doit au moins une meilleure connaissance de la distribution de nombreuses maladies, du paludisme ou de l'onchocercose aux cancers (la « *géocancérologie* »[28]). Mieux encore, elle se trouve à l'origine de quelques interrogations décisives sur l'épidémiologie des tumeurs et de la pathologie cardio-vasculaire. Les exemples ne manquent pas : une trop grande consommation de sel semble bien responsable de la fréquence de l'hypertension artérielle ; la part excessive de graisses d'origine animale dans l'alimentation quotidienne augmente le risque de cardiopathies ischémiques et l'abus d'alcool celui du cancer de l'œsophage. On pourrait encore citer le cas d'association d'un même agent pathogène (le virus Epstein-Barr) avec des facteurs tout à fait différents provoquant deux tumeurs sans aucun rapport entre elles et à des milliers de kilomètres de distance : le cancer du nasopharynx dans la province de Canton avec l'appartenance à un groupe sanguin particulier et la consommation traditionnelle d'un poisson séché et salé, et le lymphome de Burkitt en Afrique Noire, parmi les populations d'un faible niveau de vie et dotées d'une anomalie chromosomique. Dans chaque cas la démarche fondée sur l'analyse comparative de cartes, fut proprement géographique. Faut-il ajouter que les populations migrantes constituent un laboratoire de choix pour vérifier le rôle des caractères innés et acquis[29], pour la sclérose en plaques par exemple.

L'on compare alors la morbidité de groupes d'immigrants avec celle de la population de leur pays d'origine et de leur pays d'accueil, à la première génération, à la seconde et ainsi de suite. Cette démarche chronospatiale acquiert une dimension préventive et stratégique quand il s'agit de mesurer la *diffusion*[30] de telle ou telle maladie (grippe, rougeole, choléra ou sida), son champ et sa vitesse d'expansion, ses itinéraires, ses barrières, ses fronts pionniers. On ne répètera d'ailleurs jamais assez les

26. Howe G.M., 1977, *A world geography of human diseases,* Academic Press, Londres. McGlashan N.D., 1972, *Medical geography ; techniques and field studies,* Methuen, Londres.

27. Pacione M. (éd.), 1986, *Medical geography : progress and prospect,* Croom-Helm, Londres. Learmonth A., 1988, *Disease ecology,* Basil Blackwell, Oxford.

28. *Géocancérologie :* analyse de la répartition sociale et spatiale des tumeurs et de leur étiologie multifactorielle. Howe G. (éd.), 1986, *Global geocancerology : a world geography of human cancers,* Churchill Livingstone, Edimbourg.

29. Mayer J., 1980, *Migrant studies and medical geography, in :* Meade M.S., *Issues in medical geography,* University of North Carolina at Chapel Hill.

30. *Diffusion :* voir notamment : Smallman-Raynor M., Cliff A. et Haggett P., 1992, *Atlas of AIDS,* Blackwell, Oxford, et Gould P., 1993, *The slow plague : a geography of AIDS pandemic,* Blackwell, Oxford.

vertus démonstratives et opérationnelles de la carte. Dès 1855 J. Snow, lors de la grande épidémie de choléra de Londres ,appuyait sa campagne prophylactique sur une carte des fontaines publiques. Depuis l'on ne compte plus les atlas en tous genres et à toutes les échelles[31]... La carte apparaît bien comme l'outil privilégié de toute politique de santé...

2. La géographie des soins et des services de santé

En effet l'État se préoccupe partout et de plus en plus de l'état de santé des populations, quel que soit le *système de santé*[32] adopté. Mais ce souci louable est tempéré par le prix de plus en plus lourd à payer. Ainsi s'est développée une démarche tout à fait indépendante de la géographie des maladies. Inspirée directement de l'analyse économique puis de l'économétrie, elle aboutit aujourd'hui à une *médicométrie*[33], sociale et spatiale. Car la question est d'abord de savoir si l'offre de soins et les ressources sanitaires sont équitablement distribuées. Et il s'agit ensuite d'évaluer l'adéquation de cette offre de soins aux besoins de santé de la population.

Une première analyse cherche à mesurer la densité de l'appareil de soins, du personnel médical et paramédical et de tous les agents du système de soins. Cette démarche normative vise surtout à établir des niveaux de desserte et d'équipement à partir de « normes », nationales ou internationales, dont on peut contester, au passage, le bien-fondé. Il s'agit en fait d'évaluer l'*accessibilité*[34] potentielle d'une population au système de soins, son taux de médicalisation et, en définitive, son taux d'encadrement sanitaire[35]. Cette analyse relève de la géographie des services et s'apparente à la géographie du commerce et de l'administration par ses méthodes[36]. Elle aboutit au constat d'inégalités manifestes, partout et quelle que soit l'échelle considérée. Il reste alors à mesurer le recours effectif aux soins, les flux de patients, l'usage réel et la fréquentation des ressources sanitaires. Le problème se pose alors en termes de choix de localisation des cabinets médicaux, d'implantation d'établissements et finalement en termes de hiérarchie. C'est dire l'importance en ce domaine des travaux sur les processus de polarisation et de centralité, de concentration et de diffusion spatiales du système de soins. La plupart de ces démarches s'appuient sur la construction de modèles fondés sur la fréquentation des services de santé et sur le rôle souvent décisif du couple distance-temps[37] dans l'accès aux soins. Deux types de territoires[38] se dégagent alors : l'espace médical (le territoire professionnel des personnels et établissements de santé) et l'espace sanitaire (l'aire de recours aux soins des populations)[39].

Au risque d'abstraction technocratique de cette modélisation s'ajoute celui, plus grave, de ne pas prendre en compte des situations qui prévalent encore largement dans le monde. Ces analyses, applicables dans des sociétés développées, riches et

31. À titre d'exemple : Cliff A. et Haggett P., 1988, *Atlas of disease distribution*, Basil Blackwell, Oxford.
32. *Système de santé* : organisation des services de distribution de soins, de prévention et de promotion de la santé.
33. *Médicométrie* : vision globale de la santé utilisant des méthodes statistiques et mathématiques appliquées pour l'étude des faits. Bailly A., Périat M., 1995, *Médicométrie. Une nouvelle approche de la santé*, Économica, Paris.
34. *Accessibilité* : capacité matérielle de pouvoir accéder aux services de santé. Voir Beresniak A. et Duru G., 1992, *Économie de la santé*, Masson, Paris.
35. Au sens des « techniques d'encadrement » de P. Gourou et processus concernant l'économie de la santé. Bailly A.S. *et al.*, 1991, *L'État et la santé*, Économica, Paris.
36. Labasse J., 1980, *L'hôpital et la ville*, Hermann, Paris. Voir aussi les très riches études des *Cahiers de Sociologie et de Démographie médicales*, Paris.
37. Le concept de distance est présenté par B. Debarbieux dans le chapitre La problématique de l'image et la représentation en géographie.
38. Le concept de territoire est présenté par C. Raffestin et B. Levy dans le chapitre Épistémologie de la géographie.
39. Phillips D.R., 1981, *Contemporary issues in the geography of health care*, Geobooks, Norwich. Thouez J.-P., 1987, *Organisation spatiale des systèmes de soins*, Presses de l'Université de Montréal. Mizrahi A. et A., 1992, Les champs d'action des équipements médicaux : distances et consommations médicales, *Espace, Populations, Sociétés*, p. 333-343.

urbanisées, ne répondent guère à la pratique encore fréquente dans le Tiers Monde, de la médecine traditionnelle (« folk medicine »). Ici se juxtaposent deux systèmes de santé parallèles dont l'un échappe aux normes de la médecine moderne occidentale. Son approche passe par une tout autre voie, celle de l'ethnomédecine et de l'anthropologie. La question de l'accès et du recours aux soins s'en trouve considérablement élargie et enrichie.

Se pose alors le problème des rapports de la sociologie et de l'anthropologie médicales et de la géographie, mais aussi de l'épidémiologie et de l'économie de la santé autour d'un même thème : les *besoins de santé*[40]. Ceux-ci peuvent être tout à la fois objectifs et subjectifs, latents, ressentis et exprimés, d'origine biologique, psychique ou sociale. Ils traduisent un état de carence motivé par des risques (la maladie, la mort), des handicaps (douleurs, troubles, malaises, séquelles) ou un sentiment de déficience, d'inadaptation, voire de « mal-être ». Leur expression et leur perception varient selon les individus, le milieu social et culturel et sans doute avec le temps[41]. Et à cet égard, le degré de vieillissement, de dépendance ou de précarité ne peut qu'accentuer ces différences. Aussi observe-t-on de grandes inégalités dans la *consommation médicale*[42], sociales mais aussi spatiales. Car il apparaît une incontestable géographie de la consommation de soins qui exprime des comportements régionaux spécifiques[43]. Le recours effectif aux soins ne va pas forcément de pair avec l'accessibilité. Il reste qu'il ne s'agit que de la partie exprimée, enregistrée, codifiée de la demande réelle, celle qui est mesurée et mesurable par le système de santé. Or d'autres besoins se manifestent à l'occasion d'enquêtes directes et qui échappent à toute comptabilité, notamment dans les sociétés démunies, pauvres et sans véritables structures sanitaires.

Cette situation n'est pas rare non plus dans les sociétés riches dont les dépenses de santé augmentent plus vite que leur PNB et dont les besoins, fondés ou non mais en tout cas ressentis, croissent avec l'élévation des niveaux de vie. L'épidémiologiste découvre alors le moyen de mieux appréhender la morbidité « objective », globale, de la population. Outre la pathologie « diagnostiquée » qu'il évaluait jusque-là, il tente à présent de prendre en compte la pathologie « ressentie » ou « latente ». C'est répondre d'une certaine manière à la définition de la santé selon l'Organisation mondiale de la Santé : « Un état de bien-être complet, physique, mental et social et non pas simplement l'absence de maladie ou d'infirmité ».

La démarche se rapproche ainsi de l'objectif initial : la mesure de niveaux de santé ou *sanométrie*[44]. Elle passe par la définition et le choix, difficiles et controversés, d'*indicateurs de santé*[45] qui sont autant d'indicateurs sociaux. Le géographe entend pour sa part situer dans l'espace ces différences de niveaux. Il transpose des inégalités sociales en disparités spatiales. Son propos relève alors de la géographie de la perception et du bien-être mais il participe en fait et de façon plus large de la géographie sociale[46]. Ce n'est d'ailleurs pas un hasard si ses analyses les plus concluantes, les

40. *Besoin de santé :* selon l'Organisation mondiale de la Santé, carence sanitaire déterminée scientifiquement qui appelle des mesures préventives et curatives et des mesures de lutte ou d'éradication. Définition trop restrictive qui doit être élargie au plan économique, social et culturel ou psychique.

41. Drulhe M., 1996, *Santé et société*, PUF, Paris.

42. *Consommation médicale :* utilisation de biens et de services médicaux par l'ensemble ou par une partie de la population. On la mesure par les dépenses effectuées auprès du système de santé et ventilées selon leur nature. Voir Beresniak A. et Duru G., 1992, *Économie de la santé*, Paris, Masson.

43. Consulter à cet égard les travaux remarquables du Centre de Recherche et d'Étude et de Documentation en Économie de la Santé, Paris.

44. *Sanométrie :* mesure de l'état de santé d'une population, repérage des problèmes sanitaires et méthodes de choix d'une politique de santé.

45. *Indicateurs de santé :* données observables, quantifiables ou non, permettant de cerner les dimensions d'un problème de santé que l'on ne peut observer directement et objectivement. Voir Peron Y. et Strohmenger C., 1985, *Indices démographiques et indicateurs de santé des populations*, Statistique Canada, Ottawa.

46. Eyles J., Woods K.J., 1983, *The social geography of medicine and health*, Croom Helm, Londres.

plus démonstratives se situent en milieu urbain. Nulle part les inégalités de santé ne reflètent aussi bien les inégalités sociales et culturelles[47].

3. Géographie de la santé et planification sanitaire

Il devient de plus en plus difficile dans ces conditions et dans cette optique de maintenir une frontière désormais caduque entre la géographie des maladies (*geography of diseases*) et la géographie des soins de santé (*geography of health care*). Et plutôt que le terme de géographie médicale, mieux vaut consacrer celui de *géographie de la santé*[48]. Il faut l'entendre comme l'étude globale et spatiale de la qualité de la santé des populations et des facteurs de leur environnement qui concourent à sa promotion ou à sa dégradation. Le concept de santé est mouvant, subjectif, voire contingent. Il constitue un système très vaste dont le système pathogène et le système de santé forment deux de ses multiples ramifications. Et ces deux sous-systèmes ne sont pas indépendants tant est manifeste leur retentissement réciproque. Le récent concept de mortalité *évitable*[49] témoigne d'ailleurs de la responsabilité présumée du système de soins sur l'état de santé des populations. Ainsi se pose la question de la satisfaction des besoins de santé ou, si l'on préfère, de l'ajustement du système de soins à la demande, exprimée ou non, des populations. C'est s'interroger en fait sur la politique de santé, sur son niveau optimal d'efficacité et donc sur son échelle d'intervention.

Or tout concourt aujourd'hui à privilégier le cadre régional. Certes la planification sanitaire et un souci de plus grande justice sociale conduisent l'État à adopter une politique nationale. Mais les pouvoirs publics prennent conscience de la diversité et de la spécificité des besoins. Une plus grande équité passerait par une meilleure justice territoriale dans la répartition et l'allocation des ressources sanitaires. Et soucieux de décentraliser son action, l'État entend désormais mieux planifier ses investissements pour de meilleurs résultats[50]. Un des outils est en général l'établissement d'une « carte sanitaire » dont le découpage consacre l'échelle régionale et infrarégionale, voire locale de l'action sanitaire. Et c'est dans ce cadre territorial (districts, secteurs, bassins, départements...) que devrait s'opérer l'ajustement des ressources publiques et/ou privées (matérielles et budgétaires) avec les besoins des populations. L'État tente ainsi de répondre dans la pratique aux vœux de l'Organisation mondiale de la Santé (de « la santé pour tous en l'an 2000 ») et de satisfaire une demande de plus en plus pressante. Grâce à une médecine de première ligne pour les soins de santé primaire dans les sociétés les plus démunies, grâce à une politique d'amélioration et d'optimisation des filières de soins dans les sociétés les plus avancées.

47. Loslier L., 1976, *La mortalité dans les aires sociales de la région métropolitaine de Montréal*, Ministère des Affaires sociales, Québec. Pyle G.F., 1971, *Heart disease, cancer and stroke in Chicago*, Univ. of Chicago Press, Chicago. Salem G. et Jeannée E. (eds), 1989, *Urbanisation et santé dans le Tiers Monde*, ORSTOM, Paris.
48. *Géographie de la santé :* analyse spatiale de la qualité de la santé des populations dans ses relations avec leur environnement physique, biologique, social, économique, comportemental et culturel.
49. *Mortalité évitable :* décès inutiles et prématurés. Méthode d'évaluation de la qualité et de l'efficacité des services de santé. Voir Holland W.W. (éd.), 1992, *European Community Atlas of Avoidable Death*, Oxford University Press, Oxford.
50. Picheral H., 1993, Décentralisation des politiques de santé, *in : De l'analyse économique aux politiques de santé*, T. 4, *La dimension spatiale*, Levy E. et Mizrahi A. (eds), CREDES, Paris.

Mais comment y parviendrait-il sans savoir où et quels sont ces besoins, ces urgences ? Une telle politique suppose un inventaire préalable et un repérage de la demande effective de soins. Pour l'instant l'expérience montre l'ampleur de l'inadéquation spatiale de l'offre et de la demande[51]. Et ces distorsions deviennent elles-mêmes génératrices d'inégalités supplémentaires d'une région à l'autre, entre villes et campagnes, entre la capitale et la « province » (ou la « brousse »)[52], entre citadins... De telles disparités ressenties par les individus et au niveau local, contribuent de plus en plus à alimenter le débat sur l'aménagement du territoire car toute politique de redistribution des ressources implique des choix. La fermeture des hôpitaux ruraux aux États-Unis[53] ou de petites maternités en France n'est-elle pas devenue un enjeu électoral ? On pressent alors la réalité et l'importance d'une géopolitique de la santé, encore peu explorée à ce jour[54].

L'opportunité est donc réelle pour les géographes de développer des recherches dans ce cadre régional. On ne peut plus guère attendre de très nouveau en géographie de la santé à l'échelle nationale et, *a fortiori*, internationale. Non que ces analyses soient inutiles mais elles ne font que confirmer des inégalités déjà connues et mesurées. Elles n'apparaissent surtout guère opérationnelles. En revanche l'identification et l'analyse des territoires de santé offrent un champ très vaste dans le droit fil d'une géographie régionale applicable et appliquée[55]. Les tentatives dans ce sens demeurent, il est vrai, encore peu nombreuses mais ces monographies régionales commencent à se multiplier[56]. Toutes confirment l'intérêt de ce changement d'échelle et leur capacité à différencier l'espace à partir de faits de santé. Car ces sortes de « topographies de santé » sont aux topographies médicales du XVIIIe siècle ce que la santé est aujourd'hui à la « maladie » d'alors. Outre l'avantage de fournir aux pouvoirs publics des outils immédiats d'aide à la décision, elles constituent une somme d'expériences variées « sur le terrain » d'où devrait émerger à terme une vision plus globale de tout le système[57]. Cette géographie régionale de la santé ne se distinguerait alors guère de la médicométrie spatiale ou de la sanométrie ? De fait leurs objectifs ne diffèrent pas. Mais ni leurs méthodes, ni leurs démarches ne sont identiques. Ce qui traduit bien la nécessité absolue d'une recherche pluridisciplinaire. Car le géographe aurait quelque prétention à vouloir cerner à lui seul l'ensemble de la question. Mais l'épidémiologiste, l'économiste, le sociologue, l'anthropologue ou le psychosociologue ne sont-ils pas dans le même cas ?

Car en définitive l'objectif commun est bien d'évaluer la santé des populations à travers l'interface environnement/-santé/développement. De la capacité des populations à maîtriser, organiser et gérer leur espace, leur territoire, dépendrait finalement pour une bonne part leur état de santé, sinon

51. Picheral H., 1984, Médecine libérale et espace médical en France : spécialisations et besoins, *in : Actes de la table-ronde de médicométrie régionale*, Bailly A. et Périat M. (eds), Anthropos, Paris.
52. Tonnellier F., 1992, *Espace, histoire, santé : évolution des inégalités géographiques depuis le xixe siècle*, CREDES, Paris.
Pyle G.F., 1979, *Applied medical geography*, Winston, Washington.
53. Gesler W., Ricketts T. (eds), 1992, *Health in rural America*, Rutgers University Press, New Brunswick.
54. Lacoste O., 1994, *Géopolitique de la santé*, La Découverte, Paris.
55. *Social science and Medicine* est la seule revue à répondre à cette optique pluridisciplinaire.
56. Picheral H., 1976, *Espace et santé. Géographie médicale du Midi de la France*, Le Paysan du Midi, Montpellier. Thouez J.-P., 1978, *Espace régional et santé*, Naaman, Sherbrooke. Pampalon R., 1985, *Géographie de la santé au Québec*, Les Publications du Québec, Québec. Lacoste O., 1993, *La santé dans le Nord-Pas-de-Calais, entre savoirs et pouvoirs*, Thèse Géogr., Univ. Paris VIII. Perron M., 1997, *Sociogéographie de la santé à micro-échelle (Saguenay-Lac Saint-Jean)*, Thèse Géogr., Univ. Montpellier III.
57. Voir dans un autre style les *Tableaux de bord régionaux sur la santé des Observatoires régionaux de la Santé (ORS)* ; Haut Comité de Santé publique, 1996, *La santé en France, 1996*, La Documentation française, Paris.

leur bien-être. Et à cet égard, le concept de « transition épidémiologique » constitue, semble-t-il, un outil prometteur d'évaluation des relations entre niveaux de santé et de développement. Le modèle était limité jusque-là à la seule analyse de l'évolution dans le temps des causes de décès à l'échelle nationale. Sa mue récente en « transition sanitaire »[58] prenant en compte les effets du système de soins et de santé, lui donne une nouvelle dimension. Il s'avère encore plus convaincant une fois élargi à la morbidité et transposé, appliqué à des échelles plus fines, régionale, voire intra-urbaine[59]. Avec un tel indicateur synthétique et simple à mettre en œuvre, disposerait-on enfin d'un outil performant d'évaluation des inégalités sociales et spatiales ? À dire vrai, on n'en est pas encore vraiment là pour l'instant. Du fait du caractère empirique et descriptif de la plupart des recherches. Ou inversement du fait d'un souci excessif et parfois désincarné de modélisation. Sans doute, enfin, ces démarches ne sont-elles pas dépourvues de toute idéologie. Mais après tout, Hippocrate ne notait-il pas déjà que les modes de vie et les systèmes politiques n'étaient pas sans rapport avec la fréquence et la distribution des maladies ?

Un fait demeure acquis : la distance parcourue depuis l'élaboration quelque peu stéréotypée des topographies médicales et même depuis 1848 quand J.-R. Guérin inventa le terme de « médecine sociale ». Les concepts ont évolué, les mentalités ont changé. Et il n'est pas anormal que les démarches issues d'horizons très différents paraissent encore dispersées et parallèles, parfois chevauchantes. Toutes néanmoins peuvent converger en tentant de répondre à une ultime question : à quoi doivent leur meilleure santé certaines populations en certains lieux ? Il ne s'agirait plus alors de s'attacher uniquement à l'absence de santé mais bien d'inverser la perspective. On rejoindrait alors l'approche holistique[60] de la santé et du bien-être[61] de S. Boyden. Son concept antinomique « melior-stressor » et sa volonté d'intégrer toutes les variables de la santé ne prolongent-ils pas en l'élargissant la définition d'un écologie de l'homme de M. Sorre.

4. Conseils de lectures

SORRE M., 1943, *Les fondements biologiques de la géographie humaine*, A. Colin, Paris.

L'ouvrage fondateur de la géographie médicale contemporaine, partie intégrante d'une géographie humaine comprise comme une écologie de l'homme. Renouvelle la notion de « milieu géographique » dans une vision déjà systémique en y distinguant un milieu « vivant » interdépendant d'un milieu « physique » et d'un milieu « humain ». Démonstration de la notion novatrice de « complexe pathogène » (de telle ou telle maladie) dont l'association et l'équilibre des composantes biologiques circonscrivent une « aire de possibilité », un espace à

58. *Transition épidémiologique :* théorie proposée en 1971 par A. Omran sur le modèle cyclique de la « transition démographique ». Au fur et à mesure de l'allongement de l'espérance de vie et du développement, les causes de décès changent de nature : la première phase est dominée par les maladies infectieuses, la troisième par les maladies dégénératives et chroniques. Les deux types se cumulent dans la phase intermédiaire de transition. Dans les sociétés les plus avancées apparaît une quatrième phase avec le recul récent de certaines maladies chroniques (cardiopathies, tumeurs, métaboliques) du fait de nouveaux comportements. Ce qui justifierait la nouvelle appellation du modèle en « transition sanitaire ». Voir : Omran A.R., 1971, The epidemiological transition, *Milbank Mem. Fund Quaterly*, 49, 1. Picheral H., 1989, Géographie de la transition épidémiologique, *Ann. Géogr.*, 546. Phillips D., 1990, *Health and health care in the Third World*, Longman, Harlow.

59. Vigneron E., 1991, *Homme et santé en Polynésie française : essai de géographie humaine*, Thèse Géogr. Univ. Montpellier III. Jamison D.T. *et al.* (eds), 1993, *Disease control priorities in developing countries*, Oxford Univ. Press, Oxford.

60. Boyden S., 1980, The need for an holistic approach to human health and well-being, *in :* Stanley N.-F., Joske R.-A., *Changing disease patterns and human behaviour*, Academic Press, Londres.

61. *Bien-être.*

risque. L'ouvrage, longtemps taxé de déterministe et quelque peu oublié, retrouve aujourd'hui toute sa place même s'il se limitait aux maladies infectieuses et parasitaires et ne prenait pas en compte les relations entre le milieu géographique et les pathologies chroniques et les sociopathies. À compléter par la lecture du chapitre I de *L'Homme sur la terre* (Hachette, Paris, 1961).

CLIFF A.D., Haggett P., 1988, *Atlas of disease distribution*, Basil Blackwell, Oxford.

En dépit de son titre et de la qualité des cartes (N/B), beaucoup plus qu'un atlas. Véritable manuel d'analyse et de cartographie de données médicales, présentant pas à pas les techniques et les méthodes d'interprétation de la localisation et de la diffusion de maladies infectieuses (la rougeole en particulier) et chroniques. L'ouvrage débute par une analyse complètement renouvelée du célèbre exemple de l'épidémie de choléra de 1854 à Londres et de l'étude *princeps* de John Snow. Les chapitres sur le sida ont été très largement enrichis par une publication ultérieure chez le même éditeur, d'une facture et d'un intérêt tout aussi remarquables (*Atlas of AIDS*, 1992).

BESANCENOT J.-P. (éd.), 1992, *Risques pathologiques, rythmes et paroxysmes climatiques*, John Libbey Eurotext, Paris.

Ensemble de 46 contributions de biométéorologie humaine sur les effets pathologiques à court terme du temps et à plus ou moins long terme du climat. Sans verser dans un déterminisme étroit, toutes ces observations et analyses dénoncent la réalité des risques et à toutes les échelles l'existence d'espaces à risque. Ce qui confère à la bioclimatologie humaine une valeur prédictive et opérationnelle. Sans conclure à des relations de causalité, sont incriminées les conséquences d'un changement de temps, de crises brutales (grands froids, fortes chaleurs, cyclones...) ou de la pollution de l'air. Mais l'on constate aussi des variations de ces risques, de cette météorosensibilité selon les milieux socio-économiques, voire socioculturels.

MIZRAHI A. et., 1982, *La consommation médicale. Microéconomie*, PUF, Paris.

Ouvrage de synthèse de vingt ans de travaux en économie médicale. Le chapitre V, consacré aux effets dissuasifs de la distance sur le recours aux soins et à la délimitation des zones d'attraction des hôpitaux, présente un intérêt tout particulier en géographie des soins. Reste la référence en matière de planification hospitalière et sanitaire, outre ses apports substantiels sur les variables sociales de la consommation médicale.

5. Sujet : santé et développement

Si l'on adopte la définition de l'OMS (un « état complet de bien-être physique, social et mental »), la santé semble bien inséparable du développement.

– Relations réciproques : la santé à la fois condition et/ou effet du développement ?
– Relations équivoques : le progrès, la croissance (positivisme et néo-positivisme – Banque mondiale) à l'évidence nécessaires mais sont-ils suffisants ?

5.1. Inégalités de santé, inégalités de développement

L'état des lieux : relations étroites entre niveaux de développement et toute une série d'indicateurs démographiques et sociosanitaires sources d'inégalités manifestes :
– *démographiques* : espérance de vie, mortalité infantile et juvénile, mortalité maternelle ;
– *biomédicales* : les causes de décès (la théorie de la transition épidémiologique et sanitaire) ;
– *d'équipements et d'encadrements sanitaires.*

5.2. Les effets du développement sur la santé

L'évidence des conséquences favorables, quantitatives et qualitatives, du développement se manifeste par :

L'industrialisation puis *la tertiarisation* : hausse des revenus et des niveaux de vie avec effets sur les conditions de vie :
– amélioration du régime alimentaire (diversification, conservation) ;
– amélioration de l'habitat (confort, adduction d'eau potable, évacuation des eaux usées...).

L'urbanisation avec élévation du niveau d'*éducation* (notamment féminine) et d'*information* :
– modification des modes de vie, comportements (hygiène, pratiques saines...) ;
– essor de la recherche biomédicale (médicament, matériel...) ;
– formation des cadres (ingénieurs sanitaires, professions médicales et paramédicales).

La mise en place et le développement du système de soins :
– augmentation du corps médical et paramédical, de plus en plus diversifié et spécialisé ;
– croissance du réseau hospitalier, des équipements techniques ;
– d'abord concentré (monopole urbain) puis diffusé du centre vers la périphérie : accessibilité accrue aux soins.

L'adoption de systèmes d'assurances sociales : couverture universelle condition de l'accessibilité et du recours effectif aux soins (augmentation de la consommation médicale).

Ainsi le développement autorise une plus grande justice sociale et spatiale. Et réciproquement. Pourtant les sociétés développées ont leurs revers et le développement peut avoir des effets pervers.

5.3. Le développement pathogène

Les excès du développement comme facteurs de risque :

Effets délétères du « progrès » technique :

– grands aménagements et/ou petite hydraulique agricole responsables dans les PVD de l'essor de maladies infectieuses et parasitaires (bilharziose…) ;
– déficiences de l'urbanisation mal ou non contrôlée (génie sanitaire, hygiène, nuisances : stress, bruit, accidents…) ;
– pollutions d'origine industrielle (Bophal, Seveso), conditions de travail (silicose, cancers broncho-pulmonaires…).

Modes de vie et nouvelles pratiques :

– malnutrition par excès (obésité et maladies cardio-vasculaires) ;
– essor des sociopathies (suicides, toxicomanies, consommation de psychotropes…).

Les conséquences du vieillissement de la population :

– croissance des maladies chroniques et dégénératives, souvent invalidantes (maladies d'Alzheimer, cardio-vasculaires, cancéreuses, métaboliques…) ;
– dépendance des populations très âgées à charge des familles, de la société.

Surmédicalisation et surconsommation de soins :

– le coût croissant de la santé impose une maîtrise des dépenses pour garantir la pérennité des systèmes sociaux ;
– planification sanitaire : choix indispensables (allocation des ressources sélective) avec incidences fortes sur l'emploi et l'aménagement du territoire.

Au-delà d'un certain seuil, les investissements n'apportent plus de progrès notables de l'état de santé des populations (loi des rendements décroissants). Après une phase de progrès quantitatif, l'amélioration de la santé passe par une phase qualitative de développement (décentralisation de l'action de l'État, santé communautaire, information et éducation pour une prise en charge individuelle…).

Les relations claires entre développement et santé à l'échelle mondiale, ne se confirment pas toujours à des échelles plus fines (interrégionales, interurbaines). La croissance ne suffit pas à assurer la « santé » et le bien-être.

18

La géographie des risques

Antoine S. Bailly*

* Professeur à l'Université de Genève.

Face à une réalité première, celle de l'espace terrestre existe une réalité seconde, constituée par les connaissances de cet espace. Cette distinction[1] est essentielle à l'analyse des risques naturels, puisque ce qui est étudié, ce n'est pas seulement les processus physiques eux-mêmes, mais nos représentations des phénomènes et les pratiques qui en résultent[2]. L'approche développée dans ce chapitre est celle d'une géographie qui souhaite comprendre les images que se font les hommes des sécheresses, des tremblements de terre, des éruptions volcaniques... et les comportements humains qui sont liés à ces représentations.

1. Le risque

Le terme risque est familier à tous ceux qui s'intéressent aux processus aléatoires, jeux de cartes, d'argent... En géographie, le *risque*[3] se définit comme un danger éventuel, plus ou moins prévisible, dans une aire non précisément définie, d'une durée indéterminée. Le *risque naturel* concerne les phénomènes liés à notre environnement physique ; les études géographiques abordent également les *risques technologiques*, liés aux actions humaines, risques de guerre, risques nucléaires, *risques professionnels*...

De tout temps, les hommes ont appris à vivre avec le risque[4]. Au Moyen Âge la peste était le symbole de la catastrophe à répétition, une malédiction. En revanche, les catastrophes naturelles étaient souvent considérées comme des manifestations divines, pour épurer le monde de ses péchés[5]. C'est au XVIIIe siècle que le concept de risque évolue. Rousseau, dans une lettre à Voltaire à propos du tremblement de terre de Lisbonne (1756), écrit : « Convenez que la nature n'avait point rassemblé là 20 000 maisons de 6 à 7 étages, et que, si les habitants de cette grande ville eussent été dispersés... le dégât eut été beaucoup

1. Prieto L., 1975, *Pertinence et pratique*, PUF, Paris.
2. Voici le numéro spécial 1985 de la *revue HEGOA* sur *Pratique et perception de l'espace*, Paris et CHAM'S, 1994, *Risques naturels et représentations*, Anthropos, Paris.
3. *Risque :* danger d'un événement catastrophique non prévisible avec certitude dans l'espace et dans le temps.
4. Bonnefous E., 1970, *L'homme ou la nature ?*, Hachette, Paris.
5. Ferry L., 1992, *Le nouvel ordre écologique*, Grasset, Paris.

moindre, et peut-être nul ». Avec l'urbanisation, l'industrialisation, les catastrophes touchent des aires densément peuplées et la société devient vulnérable[6]. Le risque est alors considéré comme intolérable et la sécurité est perçue comme un droit. Appel est fait à la « science », d'où l'intervention d'experts et le développement de l'approche « *environnementaliste* »[7] fondée sur l'idée d'unité écologique mise en danger par les pratiques humaines.

2. La représentation des risques environnementaux

Une véritable discipline des interactions individu-environnement[8] s'est ainsi progressivement élaborée pour un meilleur contrôle des risques. L'étude pionnière, la plus connue, est celle de G. White[9] à propos des résultats des investissements dans la vallée du Tennessee (Tennessee Valley Authority) pour le contrôle des inondations. Malgré $ 5 milliards de dépenses depuis 1936, plus de personnes vivaient dans des zones à risque qu'auparavant ! L'impression de sécurité avait favorisé l'urbanisation dans des zones potentiellement à risques…

Les recherches se sont alors multipliées : sécheresse en Australie, glissements de terrains en Suède, tremblements de terre en Italie[10] et au Japon. En Australie, par exemple, des bilans systématiques de ces catastrophes ont été élaborés[11]. L'analyse la plus spectaculaire en la matière est celle de T. Saarinen[12] sur l'éruption du volcan Mount St Helens et les réactions des hommes en fonction de leur rôle social économique : compagnies forestières qui continuent le travail à tout prix, entrepreneurs privés qui profitent du phénomène pour attirer le tourisme, même en zone dangereuse, agriculteurs qui déplorent les destructions de récoltes… Face à ces phénomènes les géographes découvrent que les mythes et légendes indiennes prévoyaient le phénomène, tout comme les rapports de missionnaires dès 1857…

Puisque, malgré des efforts techniques pour contrôler, maîtriser la nature, des pertes en vie humaine et en biens continuent à se produire, les études vont également porter sur l'*aspect psychologique des comportements humains*[13]. Pourquoi l'homme choisit-il de rester dans des zones à risque ? Pourquoi oublie-t-il rapidement les risques auxquels il est exposé ? Mais aussi comment arriver à en limiter les conséquences ?

3. Prédire les catastrophes et en limiter les conséquences

La spécification des relations entre une catastrophe potentielle et les risques encourus par la population constitue la base de ces recherches qui permettent de distinguer *les sept dimensions d'une catastrophe*[14] : l'amplitude, la fréquence, la durée, l'aire, la

6. Fabiani J. et Theys J., 1987, *La société vulnérable*, Presses de l'École Normale Supérieure, Paris.
7. *Environnementalisme.*
8. Saarinen T. et Sell J., 1980 et 1981, Environment perception, *Progress in Geography*, 4 et 5.
9. White G. (éd.), 1974, *Natural hazards*, Oxford University Press, New York.
10. Geipel R., 1983, *The Friuli-Italy earthquakes of 1979*, Allen et Unwin, Londres.
11. Hearthcote R. et Thom B., 1979, *Natural hazards in Australia*, Australian Academy of Sciences, Canberra.
12. Voir le résumé de Geipel R., 1981, Mount St Helens, *Geographische Rundschau*, 6, p. 222-233.
13. Lowenthal D., 1967, *Environnement perception and behaviour*, University of Chicago, Chicago.
14. *Les sept dimensions d'une catastrophe.*

dispersion spatiale, la rapidité (temps écoulé entre l'apparition de la catastrophe et son intensité maximale), l'espacement temporel (successions de catastrophes). Suivant la gravité de ces sept dimensions, les réponses humaines seront différentes[15].

S'il est difficile de modéliser les représentations des hommes de façon certaine, il est néanmoins possible de *prévoir*[16] des réactions dans le temps et dans l'espace et d'informer les populations par :
– une présentation des risques ;
– une explication des mécanismes ;
– une évaluation des dangers ;
– des conseils pour agir en cas de catastrophe.

Ces *précautions*[17] sont indispensables à toute politique de prévention. Les questions d'information de la population (prédiction dans le temps et annonce du risque), du déplacement des personnes vers les zones refuges (capacité des moyens de transport pour l'évacuation), du contrôle des réactions de panique, d'approvisionnement en eau et nourriture sont les plus importantes. Sur un schéma simple, adapté de Burton, Kates et White, nous schématisons l'ensemble du processus de la catastrophe aux réactions humaines :

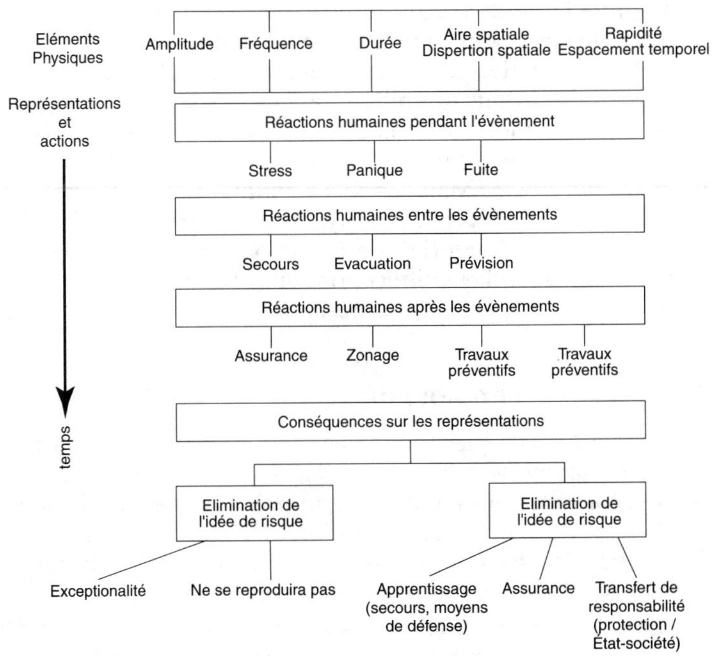

4. Les réactions humaines

Les recherches nous enseignent que lorsque l'on demande aux gens de se rappeler des événements passés, l'événement le plus

15. Burton I., Kates R. et White G., 1978, *The environment as hazard*, Oxford University Press, New York.
16. Roberts J., 1984, *The political and administrative consequences of prediction, in earthquake prediction*, Unesco, Paris.
17. *Principe de précaution :* principe qui vise à prendre des mesures pour éviter des risques qui n'existent pas encore.
Voir O. Dollfus *in :* Bailly A.S. (dir.), 1996, *Risques naturels, risques de société*, Économica, Paris.

proche est jugé sévèrement et perçu comme beaucoup plus violent qu'un autre qui fut peut-être aussi fort mais qui arriva avant. Il semble que le phénomène le plus récent tende à obscurcir l'exactitude du souvenir du précédent. La compréhension de la portée d'une *activité préventive*[18] passe par la représentation qu'a un individu de la catastrophe et par la confiance qu'il a dans la prévision de celle-ci[19]. Quatre grands types de comportements peuvent être distingués : la négation du risque, l'acceptation passive de la catastrophe éventuelle, la volonté de prendre des mesures de contrôle et la fuite. Ces comportements sont liés à l'expérience vécue de catastrophes, au statut socio-économique (les personnes disposant d'une sécurité économique acceptant mieux le risque), à l'intégration, à la responsabilité sociale et à la personnalité de l'individu.

Ces résultats empiriques proviennent de travaux menés, à partir d'enquêtes et de tests psychologiques sur des victimes[20], par des centres spécialisés[21] dans le domaine ; Natural Hazards Research and Applications Information Center de l'Université du Colorado, Institute for Environmental Studies à l'Université de Toronto, Hazard Assessment Group à l'Université Clark pour n'en citer que trois.

La géographie francophone a pendant longtemps négligé ce type d'approche. Cette voie de recherche a été en effet laissée aux mains des géologues et de physiciens, peu au courant des possibilités de l'analyse des représentations. L'autre explication provient des conditions du milieu français, dans l'ensemble peu soumis à des risques naturels graves… même si ouragans et cyclones frappent souvent Antilles, Réunion et autres territoires hors de la métropole. Mais les idées évoluent et G. Bertrand[22] nous le rappelle récemment dans un numéro spécial de l'*Espace Géographique* et G. Rougerie[23] dans son ouvrage *Géosystèmes et paysages*. Et de nouvelles publications sur le thème apparaissent issues d'équipes de jeunes géographes[24].

5. Les risques technologiques

Les études sur les risques naturels se sont rapidement étendues aux *activités technologiques*[25], *énergétiques et industrielles*, et plus récemment à celles liées à la consommation, par exemple suite au traitement de l'eau et à la pollution de l'air. Puisque la sécurité absolue n'existe pas, les analyses évaluent d'éventuelles défaillances et leurs *conséquences spatio-temporelles*[26].

En géopolitique, l'étude des risques se prolonge par celle de l'insécurité dans les zones de conflit et en milieu urbain. Ce sont les mécanismes de régulation politique et sociale qui sont alors analysés pour prévenir les conséquences des conflits et de la criminalité dans certains quartiers des villes.

Résultent de ces études de multiples lois, règles et normes destinées à minimiser les risques et la mise en place d'*orga-*

18. *Prévention.*
19. Golledge R. et Stimson R., 1987, *Analytical behavioural geography*, Croom Helm, New York.
20. Geipel R., 1982, *Disaster and reconstruction*, Allen and Unwin, Londres.
21. *Centres d'Études sur les Risques Environnementaux.*
22. Bertrand G., 1989, Chassez le naturel, *L'Espace Géographique*, 2, p. 102-105.
23. Rougerie G. et Beroutchachvili N., 1991, *Géosystèmes et paysages*, Paris, A. Colin.
24. Voir à ce sujet le numéro 1998 de la Revue de Géographie Alpine consacré au risque en montagne.
25. Signoret J.-P. et Le Roy A., 1986, La prévision du risque technologique, *La Recherche*, 183.
26. Kasperson R. et J., 1987, *Nuclear risk analysis in comparative perspective*, Unwin et Hyman, Londres.

Classement de risques naturels et technologiques
(d'après Kates, 1970)

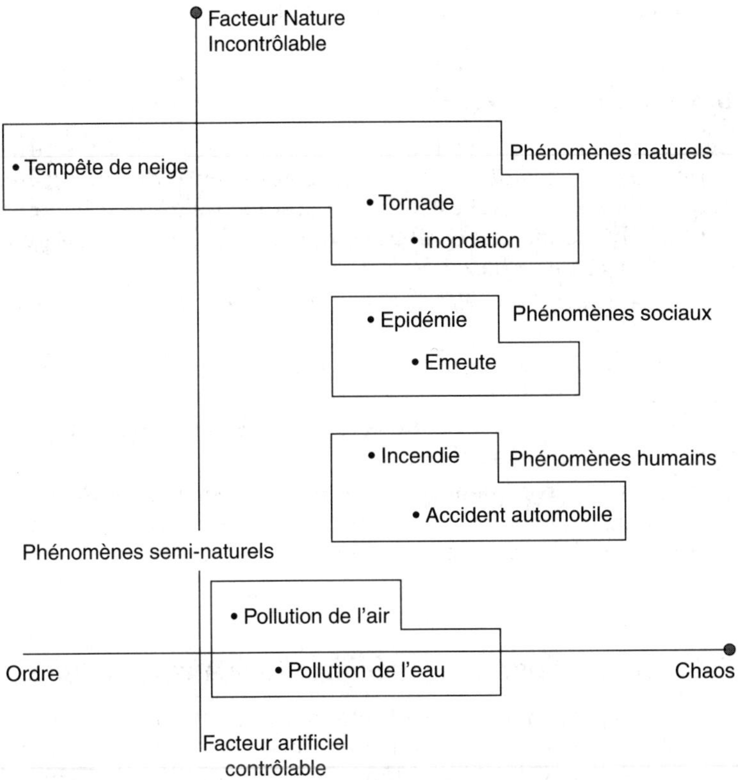

nismes de surveillance[27]. Une logique sécuritaire, fondée sur le principe d'ordre, implique que tout déséquilibre soit corrigé et que des mesures soient prises pour neutraliser les dysfonctionnements. *La conquête de la sécurité*[28] est ainsi devenue un phénomène économique et politique en particulier dans les banlieues des grandes métropoles.

Pour faire face aux nouveaux risques des systèmes d'assurance collective sont mis en place, sous des formes solidaires : on crée des « zones franches » dans les milieux urbains à risque pour attirer les activités ou on instaure un « impôt sécheresse » pour venir en aide aux agriculteurs. Et pour réduire ces dépenses potentielles de nombreux pays rendent obligatoire *les études d'impact*[29], destinées à minimiser les risques des constructions humaines pour l'environnement. Largement fondées sur l'idée du progrès et la prévision scientifique, ces études tentent de faire reculer l'insécurité ; mais jusqu'à quel niveau ? Lorsque les images satellites transmettent l'inévitable progression de la désertification du Sahel, lorsque des pathologies graves (tuberculose, Sida) s'étendent sur des continents entiers, lorsque

27. Par exemple, en France « Loi d'indemnisation des catastrophes naturelles » du 13 juillet 1982 et les Plans d'Exposition aux Risques (PER).
28. Dervaux I., 1983, Risque, sécurité et techniques, *Culture et technique*, 11.
29. Étude d'impact. Walther P., 1990, *Environment impact assessment*, Unwin et Hyman, Londres.

l'érosion anthropique irrémédiable frappe des versants montagneux himalayens et les côtes, on peut s'interroger sur les limites du contrôle humain. La géographie des catastrophes naturelles a encore de l'avenir devant elle...

6. Conseils de lectures

Les publications sur les risques sont de plus en plus nombreuses à la suite de la prise de conscience des nouveaux risques de société. Le Festival International de géographie en a fait son thème majeur en 1995. L'ouvrage qui en est issu peut servir de lecture de base :

BAILLY A. (dir.), 1996, *Risques naturels - risques de société*, Économica, Paris.

Par la présence de textes d'auteurs variés, géographes humains et physiques, responsables politiques, il aborde le risque et ses conséquences dans les sociétés modernes sous une forme didactique et appliquée.

Il peut être complété par le numéro spécial de la *Revue de géographie Alpine* (1996) consacré au risque en montagne, qui fournit de nombreux exemples de mesures prises pour réduire le risque.

7. Sujet : la géographie médicale face aux épidémies

Le risque épidémiologique a toujours frappé les hommes, de la crainte de la peste au Moyen Âge à celle du Sida ou du virus Ébola à la fin XXe siècle. Même des épidémies répétitives, comme celles de la grippe, font parler d'elles en début d'hiver ou lorsque la population d'un pays est touchée.

Chaque société tend à se protéger par des mesures préventives ou par la mise en place de barrières défensives. La géographie médicale, capable de prédire et de suivre pas à pas la diffusion spatiale de ces épidémies, offre ses méthodes statistiques et cartographiques, pour étudier les processus de diffusion depuis les sites de contamination. Grâce à des données de plus en plus fiables, l'Organisation Mondiale de la Santé élabore des observatoires de santé publique et publie des atlas sur la santé dans le monde.

Ainsi après avoir trouvé les origines de la transmission de pathologies dans les eaux de puits polluées au XIXe siècle, la recherche épidémiologique a su suivre le chemin d'épidémies, comme celles de la grippe espagnole. Cette terrible épidémie qui touche l'Europe en avril 1918 et qui a fait plus de 22 millions de victimes, suit les déplacements des troupes américaines. La diffusion profite de la guerre, du mouvement massif des armées et du manque de conditions d'hygiène liée à la guerre. En juin 1918 l'ensemble de la Terre est touchée pour une période de dix mois. Un virus de type A avait ainsi atteint le système-monde.

Bien équipée pour la prévision, la géographie médicale participe maintenant à la recherche épidémiologique. Un exemple de cette démarche est donné par P. Gould pour le Sida dans son ouvrage « The slow plague ». À partir des noyaux de contamination urbain P. Gould prévoit, année après année, la diffusion du Sida dans les villes américaines et sur le continent nord-américain à travers les axes de communication : transports en commun, transports aériens accroissent les probabilités de contact et favorisent ainsi la création de nouvelles poches de diffusion. Ces simulations, confirmées par la réalité, montrent que la géographie médicale et devenue une véritable discipline opératoire face aux risques de notre « Terre d'épidémie », qu'elle peut cartographier, analyser, modéliser et prédire et ainsi contribuer aux stratégies de prévention et de traitement.

19
La géographie régionale

Robert Ferras*

* Professeur des Universités. Montpellier.

« La géographie gagne du terrain ». C'est en tout cas ce qu'avance ce titre emprunté au *Journal du CNRS* (numéro 38, de février 1993). La géographie régionale[1] aussi. Avancée faite d'outils performants, de méthodes nouvelles, de réflexions théoriques, de questions posées, certaines résolues. Ce qui débouche sur un élargissement du territoire du géographe, plus à l'aise dans le cadre d'une recherche sur la région que d'autres spécialistes, face au physicien, à l'économiste, au sociologue, au politologue et maintenant au gestionnaire. À tous ceux qui, peu ou prou, touchent au thème. L'inflation du terme ne s'est pas ralentie.

Dualité de la région, ou même duplicité, qui apparaît à travers tout le nouveau discours tenu. *In praesentia*, la région ici est maintenant, dans son existence de plus en plus reconnue, *in absentia*, à travers toutes les recettes de l'imaginaire qu'elle suscite. La *région*[2] a désormais une existence juridico-politico-administrative, et une compétence dans le domaine du développement social, économique et culturel. Avec un vocabulaire nouveau pour le grand public mais déjà familier au géographe, approche régionale, réflexion régionale, composantes régionales, tendance régionale, effet régional[3].

Le monde change, de nouveaux ensembles supranationaux, de fait surprarégionaux, se mettent en place. La géographie régionale se doit de suivre, faute de toujours précéder. Les vieilles dénominations des manuels s'estompent, comme ces Alpes région d'élevage, ce Languedoc région viticole, avec quelque nostalgie dans le titre comme on peut le lire encore pour le Nord et le Nord-Est, « deux régions anciennement industrialisées », en perte de vitesse à cause du déclin des héritages du charbonnage, de la sidérurgie, du textile, depuis les années 1960 et 1970. Pour ce qui a longtemps été considéré comme le type même de région industrielle en France.

1. Ce chapitre constitue un complément à celui d'H. Nonn, Régions, nations, pour tenir compte de la réflexion engagée en France à l'occasion de la préparation et de la publication de la *Géographie universelle*, RECLUS.
2. *Région.*
3. Sanders L. et Durand-Dastès F., 1985, *L'effet régional, les composantes explicatives dans l'analyse spatiale*, RECLUS, mode d'emploi, Montpellier.

La géographie régionale semble de plus en plus précéder les diagnostics sur la région, qui ne manquent pas, après avoir longtemps suivi, ou, en d'autres termes, parlé de région sans grande réflexion théorique. Derniers avatars des recherches engagées sur elle, la région est entrée à la fois (la contradiction n'est qu'apparente) dans une épure géométrique froide dont la clef serait le chiffre, la quantité et sa quantification, l'aire de marché et les zones de chalandise, les fréquentations diverses, les flux et les réseaux. Et également dans un système « affectif », le mot, n'est pas trop fort, ou tout au moins très personnalisé de relations individualisées, quand on dit « ma » région. Ce que soulignent les opérations de marketing économique. Parties des travaux d'E. Juillard[4], les réflexions d'H. Nonn dans ce même ouvrage[5] débouchent sur cette constatation de taille, « malgré l'ancienneté de l'intérêt et la solide tradition acquise par la géographie régionale, subsistent un flou conceptuel et dimensionnel, des débats et des interrogations sur le concept de région ».

La grande nouveauté est évidente, la région n'est guère plus d'abord objet de débat ou occasion de typologies diverses, elle est acceptée de plus en plus comme structure. Acceptée quoique encore assez mal identifiée, car on ne parle pas de collectivités régionales mais d'établissement public régional, alors que collectivités locales et collectivités territoriales sont du langage courant. On parle plus de « région européenne » que de régions d'Europe.

Toutefois sous une image (de marque) ou sous une autre, la région répond désormais à une demande sociale évidente, coiffant le département, voisinant (mal parfois) avec la grande ville précisément capitale régionale, derrière elle ou contre elle. Elle s'intègre dans l'aménagement (régional) du territoire autrement que par la chasse aux primes et aux aides. C'est évident, elle répond à des stratégies s'exerçant à des échelles différentes, européennes sinon mondiales.

La deuxième nouveauté est encore plus paradoxale, comme l'expriment C. Raffestin et B. Levy[6] toujours dans ce même ouvrage, « la reconstruction historique d'un siècle d'existence de la géographie révélerait vraisemblablement, une excessive normalisation des pratiques de recherche, avec la conséquence que le paradigme dominant (celui de la géographie régionale) a fini par évacuer tout discours critique et par là même toute possibilité d'élaborer une géographie générale. » C'est certainement ce qui est engagé, la mise en place de cette géographie générale, pour ne pas dire géographie théorique et pour en rester aux vieilles oppositions, alimentée par les travaux sur les régions.

4. Juillard E., 1962, La région, essai de définitions, *Annales de géographie*.
5. Voir le chapitre de H. Nonn, Région, nations.
6. Voir le chapitre de C. Raffestin et B. Levy, Épistémologie de la géographie humaine.

1. Une nouvelle géographie régionale ?

La région géographique se prête bien à des réflexions nouvelles, car elle est un découpage du territoire dont l'échelle, commode d'accès, est perpétuellement remise en cause par les transformations qu'enregistre l'espace et les changements d'échelle constants qui en découlent. On ne parle guère plus de Pays basque ou de Galice en tant que tels, appartenant au *Norte* de l'Espagne atlantique, on les réinsère dans des ensembles « régionaux » dépassant le cadre national[7]. Pays basque à cheval sur la frontière franco-espagnole, Galice à cheval sur la frontière luso-espagnole, l'un et l'autre considérés comme appartenant à l'ensemble extrême européen, à la fois fin des terres et partie de l'arc atlantique qui va de l'Irlande au Pays de Galles en passant par la Bretagne et l'Aquitaine. Ce type de réflexion permet de voir de même une sorte de rocade méditerranéenne qui rappelle le système romain circum-méditerranéen et qui voit traités conjointement Sureste et Levant, Catalogne et Languedoc, Provence et Ligurie, allant jusqu'en Toscane ou plus bas en latitude, vers Rome, Naples ou la Sicile. Ces deux ensembles littoraux se situent ainsi par rapport à la région économique vitale de l'Europe quelque part entre Londres et Milan.

Pour le géographe la région renvoie de plus en plus à la mise en relief dans un espace donné, de caractères homogènes et en continuité. Quels que soient les critères choisis, que l'on prendra le soin de désigner. Ainsi la Catalogne regroupe administrativement quatre provinces (*stricto sensu* Barcelone, Gérone, Lleida, Tarragone) sur le modèle administratif français des départements. Mais elle prend des allures différentes selon qu'on la considère sous l'autorité de Barcelone dont elle n'est pour l'essentiel qu'un arrière-pays montagnard, comme partie de l'arc méditerranéen, ou comme incluse dans l'aire linguistique du catalan, passant par-dessus la frontière établie au XVIIe siècle qui fait de Perpignan le pôle d'une Catalogne du nord. Enfin selon sa position relative, c'est à la fois une « région » du sud de l'Europe ou du nord de la péninsule ibérique. Cette notion d'*échelle*[8] avait un peu été perdue de vue, en tout cas confinée au niveau des échelles moyennes (entre un niveau infranational et un niveau supralocal, soit en gros la région) avant de revenir en force. Tout site (au sens premier de situer et de se situer) localisé renvoie à des processus décisionnels agissant à divers niveaux de l'échelle géographique en matière de réseaux, de bénéfices économiques, de stratégies sur l'espace. Il est facile d'en identifier quatre en première analyse, local, régional, national, international. Imbriqués, redondants, hiérarchisés, défaits et rassemblés, détruits et reconstruits perpétuellement. Tout cela sans plus avoir la commodité d'une échelle propice à la synthèse et donc maîtrisable, équivalent élargi du vieux pays que l'on saisissait volontiers à vol d'oiseau ou « d'un seul coup d'œil » dès qu'un point haut le permettait.

7. Voici Ferras R., Pumain D., Saint-Julien Th., 1990, *France, Europe du Sud*, Géographie Universelle, Belin, Paris.
8. Notion d'échelle. Ferras R., 1996, *Niveaux géographiques, échelles spatiales, in : Encyclopédie de géographie*, Bailly A. *et al.* (éds), Économica, Paris, p. 401-419.

On notera que des collections de géographie régionale sont toujours en cours de parution en France, et qu'elles abondent dans leur diversité[9].

La nouvelle édition du Festival International de Géographie de Saint-Dié (1994) programme autour du thème des temps de réflexion sur « La régionalisation à l'échelle des continents, une nouvelle forme d'organisation de l'espace-monde », « Les Alpes, frontières, marge ou région », « Le Bassin Parisien, une région à l'échelle du Monde », « Cultures régionales, culture universelle », « Les régions qui gagnent », ou encore « Régions et mondialisation. » Aucune revue (dont peut se disent régionale) n'a coupé au numéro spécial sur le thème au cours de ces dernières années, plus généralement sur sa propre région qu'en forme de réflexion d'ensemble. Exception notable l'*Espace Géographique* a organisé un débat en avril 1992 (Paris, Ministère de la Recherche) sur le thème « Géographie Universelle et Géographie dite Régionale. » Le temps des grands atlas est passé, qui proposaient un bilan, d'où les choix actuels de ce genre de publication qui a tant apporté à la réflexion en matière de géographie régionale. La nouvelle génération, on pense à celui du Languedoc-Roussillon, apparaît comme un outil de travail à mettre sans cesse à jour selon une formule ouverte. Les trois échelles retenues sont parfaitement ciblées, la région en France et la région selon ses limites administratives, les sous-ensembles régionaux que l'on désigne davantage du nom de la ville qui les organise comme ancien « pays ».

On peut s'embourber une fois encore dans une définition de la région[10]. On se contentera de prendre comme hypothèse qu'elle est, à une échelle commode tout au moins dans sa dénomination, un niveau géographique pertinent, même s'il recouvre des choses bien différentes. Voir par exemple ce que l'on met sous le même terme d'eurorégion, et ce qu'il y aurait de comparable entre Bavière, Épire, Sicile, Écosse, Minho, Levant et Rhône-Alpes. Dès 1974 un colloque se tenait à Liège sur « Les Communautés européennes » et l'année suivante à Genève sur « Les Régions transfrontalières de l'Europe. » On ne les compte plus depuis.

Région, régionalisation, régionalisme, permettaient de résumer tout ce qui se faisait dans le domaine de la géographie dite régionale depuis le début du XXe siècle à des dates et à des degrés divers. Région comme sous-ensemble d'un espace national, régionalisation comme volonté, régionalisme comme force de militantisme. Mais le vocabulaire a changé, les activités recensées sont rarement « fortement implantées dans la région » car quelques échecs ont conduit à plus de prudence. Le « dynamisme » à tout crin aussi est passé de mode, et même les « dynamiques ». Les contrats de plan État-région font partie de l'information du citoyen, le multipartenariat est mis en avant, on réfléchit sur des productions cartographiques[11] à cheval, sur

9. Il serait intéressant d'en recenser les dénominations et les dates, Orbis, France de Demain, Magellan, Découvrir la France, Atlas et Géographie de la France moderne, Géographie Universelle RECLUS, etc.

10. Région. Voir aussi Claval P., 1968, *Régions, Nations, grands espaces*, Paris, Génin.

11. Voir Brunet R., 1987, *La carte, mode d'emploi*, Fayard, Paris.

des frontières comme pour les Pyrénées ou comme pour les pays du Léman. Le tout coiffé encore de l'autorité de la métropole régionale, omniprésente et « synergétique » à la fois, locomotive pour les uns ou version locale de la capitale parisienne et de son centralisme pour d'autres, en tout cas objet d'articles répétitifs dans la presse… régionale. Cela se fait-il au détriment du département ?

La *géographie régionale*[12] décrivait un milieu, un paysage, elle décrypte maintenant un mécanisme, appelle l'attention sur des enjeux spatiaux. Au monde matériel relevant de l'immédiatement visible et familier comme une frontière entre deux régions, un moyen de transport aux couleurs d'un Conseil régional ou un équipement nouveau, s'ajoute (en fait s'ajoutait, mais est désormais mieux pris en compte) ce qui relève des représentations sur l'espace, lesquelles mènent du lieu, au sens étroit, au haut lieu, construit parfois pour les besoins d'une cause. Tels ces produits « régionaux » gages d'une authenticité de bon aloi mais dont on sait mal, parfois, la provenance exacte. Un de ses objectifs était le découpage à l'ancienne, les frontières, et à la moderne, les zones d'influence. Dans le premier cas on enregistrait des coupures nettes, franches, indurées, dans le second on figurait des auréoles s'amortissant en s'éloignant du foyer d'émission, comme des ondes de choc à la surface d'un liquide.

2. Démarches autres

Il ne s'agit pas de trouver du nouveau (sinon du neuf ou du *new*) comme cela s'est fait dans d'autres spécialités, mais de souligner les transformations qui, au nombre de cinq pour l'essentiel, permettent de revoir la vieille démarche régionalisante[13].

1. L'affirmation de l'espace comme étant un produit social et, du coup, la prise en compte d'acteurs, de stratégies, ne sont certes pas nouveaux, comme le montrait par exemple la thèse de R. Dugrand sur le vignoble languedocien. Mais on dépasse maintenant le gros clin d'œil du renvoi au « capitalisme » comme clef d'explication dans certains travaux. La région résulte bien de champs de force, découlant d'interactions spatiales. On affiche avec juste raison qu'il y a des stratégies régionales, des volontés affirmées, des choix à faire.

2. Le changement de paradigme que représente la prise en compte de ce qui relève des images englobe tous les héritages du behaviourisme, du cognitif, du vécu et du perçu. Soit la prise en compte du subjectif, du phénoménologique, face à l'affirmation ancienne qui disait que l'espace est équivalent pour tout le monde. Ce qui renouvelle les travaux sur la région.

3. La reconnaissance de l'échelle comme concept premier de la géographie et des démarches multisacalaires est

12. *Géographie régionale.*
13. Bailly A. et Ferras R., 1997, *Éléments d'épistémiologie de la géographie*, Paris, Colin.

fondamental. Tout ce qui, dit plus simplement, propose de rechercher les principes d'organisation d'une région à quelque échelle que ce soit, à condition qu'elle soit explicative. Petite (l'espace-monde), grande (l'échelle locale) ou moyenne et à peu près synonyme de régionale.

4. La naissance d'une entité administrative régionale reconnue bien qu'imparfaite, en une évolution très rapide comme en Espagne ou selon une issue prévisible comme en France, clarifie les choses. Qui dira combien certaines régions ne sont qu'agrégats de circonstance ou dénominations floues ? Parlant du « Centre » (la région Centre) on ne sait plus très bien s'il s'agit de géométrie, comme équivalent d'une sorte de massif... central (dont la dénomination essentielle est Auvergne), ou de centre économique, ou d'autre chose encore comme l'actuelle région qui porte ce nom, quelque part près du centre géométrique du pays, et quelque part au sud de son centre économique, la région parisienne.

5. La région est aussi un territoire[14] ; elle renvoie ainsi au concept d'identité, à toutes les représentations qu'il génère, et aux dynamiques territoriales. Racines : c'est là le thème favori des collectivités territoriales en tant qu'approche de la manière dont l'habitant se reconnaît, façons dont une région s'offre, et qualités dont on l'accrédite. L'identité régionale est maintenant indissociable de tout discours sur la région.

D'où un éventail encore plus large dans la production en matière de géographie régionale, telles ces enquêtes d'opinion menées sur des thèmes régionaux ou une base d'enquête régionale. Par exemple sur les conditions de vie des Français par le CREDOC que développe L. Sanders dans son ouvrage sur l'Effet régional[15].

Ces enquêtes renvoient à des variations très importantes selon l'âge, le revenu, le sexe, l'appartenance sociale des personnes interrogées. Il s'y adjoint l'effet régional. L'hypothèse de départ postulait l'existence d'une composante régionale qui déterminerait des comportements régionaux spécifiques, quelles que soient les caractéristiques socio-économiques de la population qui l'habite. La question est : « La famille est-elle le seul endroit où l'on se sente bien ? » La réponse passe par une moyenne de 77 % de réponses positives en milieu rural, 57 % en milieu urbain, avec des écarts marqués entre les différentes régions de la France. Dans le Nord et l'Est le rôle de la famille semble fondamental. Au Sud, c'est l'inverse, sauf en Provence. Un des éléments d'explication renvoie dans le premier cas à des influences religieuses renforcées par les migrants venus de Pologne ou d'Italie. Dans le second cas à la vieille tradition radicale, aux nombreuses villes déchristianisées, à un comportement moins conservateur, à une tradition d'ouverture aux idées nouvelles.

Dans ce style de cartes régionales peu courantes[16] apparaît l'inégal accès à l'étude de notaire, à travers le pourcentage de

14. Piercy Ph., 1997, *La France, le fait régional*, Paris, Hachette.

15. *L'effet régional*, 1985, *op. cit.*, auquel sont empruntés les exemples qui suivent et auquel on peut ajouter L. Sanders, 1992, *Système de villes et synergétiques*, Économica, Paris.

16. Voir à ce sujet la revue *Mappemonde*, éditée par Belin, qui publie de nombreuses cartes originales dans des articles très brefs.

communes équipées en ce genre d'établissement. Les taux importants soulignent une diagonale Bretagne-Méditerranée interrompue dans le sud-est du Massif central entre les deux pôles sous-équipés que sont les deux frontières, au nord-est entre littoral et Suisse, au sud sur les Pyrénées, de Biarritz à Perpignan. Peu à peu, par l'emploi de techniques statistiques appropriées, structure-résidus et régression linéaire, s'affine « la France des tabellions ».

On notera de même la répartition des magasins à grande surface en France, les formes de dispersion de l'habitat, les superficies en céréales et en prairies, les distances aux équipements qui révèlent si bien tous les creux dans les cartes des équipements régionaux, et le bénéfice qu'offrent les distorsions enregistrées entre la carte des valeurs observées comparées à la carte des valeurs estimées. Autant de belles cartes régionales[17].

3. La région nouvelle ?

La région, quand il est de bon ton de réfléchir en termes de relation triangulaire pour saisir les relations possibles entre trois pôles d'intérêt, se définit sur un triple jeu entre territoire (T) — société (S) — milieu (M), qui pourrait apparaître comme un bon ordre régional sous la formule TMS. Une succession différente soulève d'autres problèmes lorsque l'on propose MST ou SMT, soit la primauté au milieu ou la primauté à la société, sur un total de six cas de figures possibles (TSM, STM, MST).

On y perd quelques rites anciens et en particulier les incantations sur les limites de la région, avouées ou reconnues, admises ou proposées. Le marais, la forêt, la barrière naturelle que propose la montagne et que remettent si bien en cause des accords anciens de type lies et passeries dans les Pyrénées. Le recours aux patois, accents, pratiques ethnologiques, expressions, racines (y compris étymologiques) se manifeste dans des cartes régionales dites culturelles. Il devient plus difficile de perpétuer quelques concessions qui ne s'y retrouvent plus, telle cette « vocation » appelée à la rescousse pour justifier *a posteriori* tout choix économique régional. Depuis un siècle le Languedoc est passé d'une *vocation* céréalière à une *vocation* viticole au prix de quelques révisions, précédant une *vocation* industrielle, à laquelle on a proposé comme suite une *vocation* touristique avant d'en venir à la *vocation* à la retraite, géographie du bien-être oblige. On a dit autrefois que la *vocation* de la Catalogne reposait sur un degré hygrométrique favorable au travail de la fibre de coton, en oubliant que la région catalane sous le règne de Barcelone *cap i casal* (tête et foyer), avait quelque peu bénéficié aussi des capitaux et des choix économiques des *empresaris* catalans.

L'avancée au plan théorique reste inséparable de l'usage d'outils nouveaux. Elle a poussé à modéliser, comme les morphologues anciens proposaient, un modèle de relief

17. Voir aussi Pumain D., Saint-Julien Th., 1989, *Atlas des villes de France*, Paris, La Documentation française.

jurassique, de jeux de failles en touches de piano, ou de modelé désertique. Ce qui poussait à aborder la région à travers des modes d'expression plus synthétiques et prenant en compte les dynamiques. D'où le recours à des modèles graphiques[18] simples sur une combinaison de chorèmes pour rendre compte de combinaisons bien plus complexes en les interprétant à la lumière d'un vocabulaire graphique réduit. D'où le recours à des modèles mathématiques aux formules complexes et riches d'explication à la fois, au risque de mettre le monde en équations mais en s'autorisant de la sorte simulations, projections, prévisions... toute une géographie applicable. Ainsi région, *chôré*, a donné chorème[19], du nom de travaux engagés dans les années 1970 par R. Brunet, susceptibles de renouveler l'approche régionale. C'est en effet un outil très performant, suscitant à la fois louanges et critiques, à partir d'une hypothèse qui fait du chorème la base de l'organisation régionale et l'élément qui dit l'essentiel sur un espace géographique. Pour un résultat d'importance, la compréhension de l'ordre du Monde tel qu'il apparaît dans la diversité de ses régions.

L'inventaire régional n'est plus la « statistique » préfectorale, à l'image de celle fournie par Creuzé de Lesser en Bas-Languedoc au XIXe siècle, venant après les rapports des intendants, et précédant les recensements périodiques. Les premiers progrès ont été réalisés lorsque la spatialisation des traitements statistiques a ouvert enfin la porte aux comparaisons en matière de régions. Il en est résulté des classements donc des jugements, donc des palmarès, donc des images de vainqueurs et de seconds plus ou moins brillants selon les caractères choisis[20]. D'où des idées de promotion à la manière d'un produit commercial, dans les cas extrêmes. Si une des bases de diagnostic en matière d'analyse régionale tourne en permanence en haute altitude et fournit en continu la photographie d'un fragment de la planète dans ses images les plus fines d'où naîtront les SIG[21], le quotidien fournit aussi sa part de sources en matière d'approche régionale.

On fait ici allusion à tout ce qui relève des représentations, d'un élargissement du champ régional à travers l'exploitation des cartes mentales et des pratiques spatiales donc d'une conscience territoriale. Ces images n'excluent pas les vieilles réalités géographiques, bien au contraire elles en jouent ; on a ainsi au choix un massif (central), une chaîne (alpine), un bassin (aquitain), un fossé (alsacien), un climat (méditerranéen), un sillon (rhodanien). Parfois l'histoire trouble cet ordonnancement, Bretagne et Massif armoricain, Ile-de-France et Bassin parisien. L'aboutissement est ce que l'on dénomme « communication », production d'une image par des professionnels, destinée à promouvoir une identité régionale parfois bâtie de toutes pièces, pour être présent face à l'État et aux autres régions.

18. Ferras R., *Les modèles graphiques en géographie*, GÉO Poche, Économica, RECLUS, 1993.
19. Chorème. Brunet R., 1987, *La carte, mode d'emploi*, Paris, Fayard.
20. Bailly A., 1980, *La géographie du bien-être*, Paris, PUF.
21. Systèmes d'Information Géographique, qui intègrent aux images satellitaires un grand nombre de données de tous ordres. Voir à ce sujet le chapitre Informatique et géographie.

Examinons le cas du Limousin. C'est une vieille province, fleurant bon l'authentique montagnard, héritée de la Marche (Guéret) et du Limousin (Limoges). Les titres de gloire sont peu nombreux à travers un homme d'État, Turgot, des escouades de maçons qui ont construit la capitale. En 1665 Aubusson est devenue manufacture royale de tapisserie. Depuis plus longtemps Limoges offre émaux, porcelaine, chaussure et ganterie. En 1914 naît l'expression « limoger » guère reluisante, passée dans le langage commun à l'occasion du transfert en cette ville d'officiers jugés incapables. La communication régionale va s'efforcer de changer quelques éléments de l'image, mettant l'accent sur « le grand repos vert », la tradition et la modernité à la fois : mission est donnée à une agence spécialisée de « définir précisément l'image à donner de la région et les moyens propres à en obtenir la meilleure diffusion possible. » Comme signalé et comme cela se fait souvent en pareil cas, « cette étude devra passer par une parfaite connaissance de l'existant pour aboutir à la mise en place d'une image dynamique pour l'avenir. » Le choix débouche sur la feuille de châtaignier comme fond de logo, son contour gauche heurté comme un dessin produit par l'ordinateur, symbole du progrès et de la technologie avancée, son contour droit lisse comme la nature limousine. Par-dessus, un L majuscule de couleur rouge évoque les arts du feu, la vie, en opposition avec le vert de la campagne. L'essentiel est dit avec peu de moyens, Poulidor, autre « produit régional » un temps utilisé mais trop marqué comme un éternel second, a laissé place à l'avenir de la région.

Une vingtaine d'études, une par région, serait à mener selon une approche et des techniques d'interprétation essentiellement géographiques. Elles élargiraient considérablement le thème régional.

4. Un nouveau Monde ?

Ainsi la région n'est plus tout à fait ce qu'elle était. Longtemps ramenée à une communauté rurale empêtrée dans son terroir, elle émerge juridiquement entre les décennies 1960 et 1980. On enregistre successivement les CAR[22] (Commissions administratives régionales) en 1960, les CODER[23] (Commissions de développement économique régionales) en 1963 avec les préfets de région, une personnalité juridique reconnue en 1972, la loi de décentralisation de 1982, les Conseils régionaux élus au suffrage universel en 1986. Tout cela est encore bien récent.

De la même façon la dernière collection de géographie régionale, en cours de publication, offre quelque chose de différent[24]. En particulier sur le rapport entre ce qui est surface, le pays ou l'aire de commandement, qui renvoient à une géographie plus ancienne, et ce qui relève du réseau, maillage de tout ce qui enserre l'espace régional, qui l'emballe d'une façon ou d'une autre. De même on essaie de voir comment fonctionne la

22. CAR.
23. CODER.
24. Brunet R., Dollfus O., *Mondes nouveaux*. Ferras R., Pumain D., Saint-Julien T., *France, Europe du sud*. Bataillon C., Deler J.P., Théry H., *Amérique latine*. Bailly A., Dorel G., Racine J.B., Villeneuve P., *États-Unis, Canada*. GIP RECLUS, Géographie Universelle.

région, à partir de vides et de pleins, de convergences et de fractures, l'organisation de l'espace restant primordiale, pour tester les avancées théoriques et les concepts propres à la géographie que l'on dit générale.

Un certain nombre d'avancées se font jour. Jusque-là la région appelait surtout des problèmes de limites, des exercices d'école « à la française », des efforts interminables pour faire coïncider ceci avec cela. Le problème en matière de géographie régionale est désormais de mettre en regard cinq choses.

1. La vision technocratique s'inscrit maintenant dans le fait administratif, chacun ne se taille plus la région qui l'arrange, il travaille sur la région dont il s'accommode. Parfois au prix de quelques acrobaties, arrangements ou concessions, du côté des Normandies, de Champagne-Ardennes, du Midi et de ses Pyrénées, de son Languedoc flanqué d'un Roussillon ou d'une « PACA » dont on commence à savoir que le P est provençal, le A alpin, le C — avec le A — de la Côte d'Azur et non plus de la Corse[25].

2. L'unité géographique que l'on se plaît à souligner n'est jamais bien définie mais implicitement naturelle ou polarisée selon que l'on donne dans l'Ancien ou le Moderne. L'Auvergne et le Lyonnais (en fait Rhône-Alpes, voir plus haut).

3. L'ensemble économique est soumis à des diagnostics de plus en plus fréquents, que l'on traite comme charpenté de flux, d'échanges, de pôles, de réseaux, en termes d'accumulation et donc de complémentarités ou de concurrence.

4. Le sentiment d'appartenance territorial et culturel[26] que l'on ne considère plus maintenant comme du domaine de l'irrationnel entre dans les études régionales, quelle que soit la part de mythe qu'il intègre.

5. Les propositions scientifiques ou stratégiques parlent de normes, de planification, d'aménagement… régional.

Il y a encore de beaux jours pour la géographie régionale, et peut-être, comme résultat prévisible, une meilleure connaissance de la région, donc des rapports de la société à un territoire dont l'échelle a toujours été considérée comme privilégiée, en tout cas en France.

5. Conseils de lectures

Le découpage régional de la France est un exercice d'école répétitif et riche d'enseignements, à travers de multiples exemples. On a retenu la dernière grande synthèse de D. Pumain et Th. Saint-Julien, le dernier article du *Monde*, le dernier manuel à l'usage des étudiants, à mettre en parallèle. La constante est claire, on passe à des regroupements.

FERRAS R., PUMAIN D., SAINT-JULIEN Th., 1990, *France, Europe du Sud*, Géographie Universelle, Belin-RECLUS, Paris-Montpellier.

25. Les travaux de la DATAR illustrent la difficulté des découpages régionaux pour la perspective du territoire français (série de publications aux éditions de l'Aube).

26. Voir le chapitre de A. Bailly et R. Scariati, L'humanisme en géographie.

Le « découpage en 22 régions, réalisé il y a plus de vingt ans, né de nécessités de la gestion territoriale, n'est désormais, le plus souvent, qu'un maillage beaucoup trop étroit pour saisir les dynamiques régionales contemporaines » (p. 116). Le plan suivi est le suivant, pour cinq régions : « Paris et les régions sous influence, l'Est vers l'axe Rhône-Rhin, Le Nord et la Lorraine en reconstruction, Les Suds : une bifurcation, Au centre, les marges. »

Le Monde dans sa rubrique régulière « Régions » permet d'alimenter le dossier. En vue des élections européennes de 1998, au cas où les Français devraient se prononcer pour des listes régionales, le ministère a proposé sept « régions électorales » pour la France métropolitaine, « espaces cohérents par rapport aux grandes infrastructures et aux grands enjeux géographiques à l'échelle de l'Europe ». Ile-de-France, Nord-Manche, Grand Est, Arc atlantique, Centre-Massif central, Grand Sud-Ouest, Rhône-Alpes-Méditerranée-Corse.

PIERCY Ph., 1997, *La France, le fait régional*, Hachette, Paris. Partant des fondements d'une division et rappelant les critères successifs pris en compte, l'auteur propose un découpage à la lumière des dernières démarches : inégalités, aménagement... D'où cinq régions retenues : Paris et l'Ile-de-France avec franges et périphéries du Bassin parisien, Ouest intérieur et maritime, Région lyonnaise et Centre-Est avec les régions riveraines, Nord et Est, France méridionale du Sud-Ouest et de la Méditerranée.

Mappemonde est une revue spécialisée en cartographie (Belin-RECLUS, numéro 50 publié en 1998). Des numéros spéciaux permettent de mettre en regard, autour d'un thème, différentes approches en matière de cartes. Ainsi à travers « Les paysages méditerranéens » (1992-1) on saisit les multiples images de la réalité et de ses représentations : la motte médiévale, l'orientalisme dans la peinture, la protection des zones humides, les sites archéologiques dans le delta de la Medjerda, par l'exploitation de compositions colorées (SPOT) et de cartes anciennes.

Un des *Dossiers de la RGA* (*Revue de Géographie Alpine*, Grenoble) est consacré à « SIG et environnement » (1993, n° 9). Les Systèmes d'information géographique traitent d'organisation spatiales en traitant conjointement plusieurs aspects d'un même objet, par exemple les effluents d'un bassin-versant et des statistiques de population. L'utilisation des banques de données débouche sur des cartes prospectives grâce à cet outil.

Atlas de France, sous la direction de Th. Saint-Julien (Documentation française-RECLUS). La collection comprendra 14 volumes dont 5 publiés en 1997. « Société et culture » (coordination scientifique M. Vigouroux) vise « à évaluer quelques articulations fondamentales de la société française en son territoire » avec des incursions dans des sujets tabous, revenus, impôts, religion, délinquance, ou inattendus, fêtes locales et manifestations populaires. Le domaine de la carte thématique, même s'il est à manier avec prudence pour certains sujets, en sort très élargi.

6. Sujet : découpages et regroupements, les études régionales sur la France

Le découpage régional de la France propose un thème géographique majeur qui, tout au long du siècle, a donné lieu à de nombreuses publications. Depuis les premières thèses de géographie régionale, périodiquement une publication fait le point, mettant à chaque fois l'accent sur les imperfections de la démarche. L'exercice d'école qui est venu ensuite s'est essayé au regroupement des régions. Consulter la table des matières d'un ouvrage scolaire ou d'un livre de spécialiste est très enrichissant, car les propositions successives, dont les critères de choix sont rarement explicités, apportent ainsi — indirectement — une réflexion sur l'espace et ses différentes approches.

1. « La région, notion primatiale ancienne » : ainsi est intitulé le chapitre qui passe en revue, successivement, espaces naturels et démarche naturaliste, provinces historiques largement prises en compte par les premiers géographes qui sont historiens de formation, démarches théorisées portant sur des concepts nouveaux comme espace polarisé, réseaux, flux et hiérarchies, identités régionales et territoires.

Les grands ensembles naturels, venus tout droit de la géographie physique, se sont perpétués dans la terminologie (Bassin aquitain, Sillon rhodanien, Landes de Gascogne, Val de Loire, Hautes Vosges, Côte d'Azur), et même dans la démarche.

Les anciennes provinces encombrent car leurs héritages (Bretagne, Alsace, Bourgogne et bien d'autres) s'inscrivent désormais dans des limites différentes.

Des « appareillages administratifs » (Champagne-Ardennes, Poitou-Charentes, Languedoc-Roussillon) ou des partitions (Haute-Normandie et Basse-Normandie) peuvent surprendre.

2. Les uns et les autres ont abouti à un découpage en une vingtaine de régions. On retiendra quatre dates à titre de repères : 1955, création des 22 Régions « de programme », 1960, CAR (Circonscriptions d'action régionale), 1964, Régions, 1972, EPR (Établissements publics régionaux). Se perpétuent depuis, en parallèle, découpages officiels définitifs et découpages géographiques variables. Ainsi la « France de demain », série publiée dans les années 1960, s'organise selon les « régions » parisienne, du Nord et du Nord-Est, de l'Est, lyonnaise, méditerranéenne, du Sud-Ouest, de l'Ouest et du Centre. Les exemples abondent dans les manuels, il faut les examiner.

3. Le temps semble venu des regroupements régionaux. Semble, seulement, car après quelques auteurs du XIXe siècle, P. Vidal de la Blache proposait déjà ses *Régions françaises*, en 1910. La réflexion tournera autour d'une demi-douzaine de

« grandes régions », que l'on jugera très rapidement plus opérationnelles que la vingtaine, face à l'Europe (... des Régions...).

Les ZEAT (Zone d'étude et d'aménagement du territoire) étaient huit : Nord, Est, Ouest, Région parisienne, Bassin parisien, Centre-Est, Sud-Ouest, Méditerranée. La marge semble assez réduite, à travers des choix de regroupements qui prennent maintenant en compte tous les éléments de la différenciation territoriale : les inégalités régionales (le poids, la richesse), le développement régional, les schémas de transports, ou l'aménagement du territoire, relancé par la loi de 1995 et dans l'attente des débats prévus en 1998.

4. Un exercice plus enrichissant consiste à mettre ces « grandes régions » en relation avec des ensembles transnationaux, pour ne pas parler de « régions européennes » ou encore de « l'Europe des régions ». On tourne toujours autour de six. Les métropoles et capitales de Londres à Milan avec Paris, l'arc alpin entre Rhône et Danube, la façade atlantique de l'Écosse à la péninsule Ibérique, les régions de la mer du Nord, la diagonale continentale dite aussi « du vide » ou « aride » qui prend en écharpe Portugal, Espagne et France, de l'Alemtejo aux Ardennes par la Castille et le Massif central, enfin l'aire méditerranéenne.

Les publications spécialisées passent régulièrement en revue les étapes de la réflexion, avec quelques redondances, région homogène, polarisée, vécue..., on n'y reviendra pas. La réflexion actuelle prend en compte l'infrarégional (le pays). On peut varier les exercices, non à l'infini, mais selon l'échelle choisie. Chacun peut proposer son découpage, mais à la condition expresse de l'argumenter et d'en exposer d'abord la problématique, ou plus simplement les critères de choix.

III

Techniques géographiques et applications

20
Analyse mathématique

Hubert Beguin*

* Professeur à l'Université de Louvain.

Le recours à la mathématique est de plus en plus fréquent en géographie et il est pratiqué dans toutes les branches de la discipline. Il est une manière d'analyser les phénomènes géographiques en se servant de la mathématique. C'est pourquoi il est préférable de parler d'analyse géographique mathématique plutôt que d'utiliser l'adjectif « quantitative » comme on le faisait autrefois.

1. Évolution des idées

À l'époque où la géographie était principalement descriptive, elle s'exprimait essentiellement sous forme littéraire, avec des mots, et sous forme de cartes[1]. Certes, elle avait aussi le souci d'utiliser des nombres pour mieux caractériser certaines grandeurs dont elle traitait, mais c'était une aide à la description et non une analyse. Le besoin de quantifier pour mieux rendre compte de la réalité n'est apparu que progressivement et il s'est développé très timidement. Il s'est ensuite accompagné du besoin de traiter l'information quantifiée par des transformations et des combinaisons très simples, afin d'en extraire davantage d'enseignements. Ainsi, par exemple, le concept de *densité*[2] était-il employé depuis longtemps ; mais d'une manière très étriquée : il ne s'agissait que d'une densité par unité de surface (sans apercevoir la généralité du concept : un revenu par habitant est une densité) et l'utilisateur ignorait qu'il s'agit également d'un concept mathématique possédant des propriétés très utiles à l'analyse géographique (comme celle d'avoir encore une valeur strictement positive sur un lieu ponctuel, ce qu'une simple mesure de masse ne peut avoir[3]). L'adoption du « quantitatif » a donc été longtemps très élémentaire.

1. Voir le chapitre de P. Claval, Histoire de la géographie, et celui de R. Ferras et C. Hussy, Les concepts de la cartographie.
2. *Densité :* rapport de deux masses. La densité démographique est définie par D. Noin dans le chapitre La géographie de la population.
3. Beguin H., Thisse J.-F., 1979, An axiomatic approach to geographical space, *Geographical Analysis*, p. 325-341.

Ce n'est qu'après la Seconde Guerre mondiale que la géographie a pris conscience de l'utilité d'abord, de l'impérieuse nécessité ensuite, de recourir à l'*analyse statistique*[4] pour exploiter avec beaucoup plus de fruit les données dont elle disposait. Cette prise de conscience est née à la fois du contact avec d'autres disciplines et aussi de l'insatisfaction de certains géographes devant la difficulté de réaliser des progrès scientifiques significatifs en restant dans le cadre tracé par la géographie de la première moitié du siècle. L'introduction de l'analyse statistique en géographie s'est alors opérée rapidement, notamment en Amérique du Nord. En une bonne dizaine d'années, vers les années 50 et 60, elle a touché la plupart des secteurs de la discipline, stimulé l'emploi des principales méthodes statistiques, et abouti à la publication des premiers manuels d'analyse statistique à l'usage des géographes[5]. Cette rapidité de diffusion a fait naître l'expression de « révolution quantitative ». Depuis les années 60, la révolution est terminée et l'analyse statistique a acquis droit de cité. Elle se développe actuellement à un rythme de croisière en intégrant des méthodes statistiques nouvelles et, mieux encore, en créant des outils spécifiques adaptés à ses besoins propres.

Mais la révolution quantitative et ses prolongements actuels ont entraîné une conséquence plus décisive encore : le développement d'une *géographie théorique*[6]. Non pas que la géographie théorique n'ait connu des précurseurs prestigieux comme W. Christaller[7] par exemple ; mais on observe que le courant théorique a connu après les années 50-60 un développement particulièrement vigoureux. La rigueur et la précision des méthodes statistiques, leur aptitude à mesurer les relations entre faits géographiques et donc à vérifier à quel degré ces relations existent réellement lorsqu'elles sont présumées, ont très naturellement favorisé l'élaboration d'*hypothèses explicatives*[8] puisqu'il devenait possible de les mettre ensuite à l'épreuve des faits de manière rigoureuse.

Mais le développement d'une géographie théorique est exigeant. Une *théorie*[9] qui se veut explicative d'une manière aussi sûre que possible, sans équivoque ni biais, éprouve des difficultés à se contenter du langage discursif dès qu'elle veut aller au-delà de l'exposé des principes généraux qui l'animent. Elle recourt alors à l'appui du langage mathématique qui lui apporte sa concision, sa rigueur et nombre de résultats utiles déjà acquis ; elle confie à l'outil statistique le soin de tester les énoncés particuliers qu'elle dérive. Aussi voit-on la géographie contemporaine élargir son outillage conceptuel au-delà du champ de la statistique vers le domaine infiniment plus vaste de l'analyse mathématique (dont la statistique est un élément)[10].

Ces deux types d'analyse font l'objet des deux sections qui suivent. Ils se complètent au sein d'une démarche scientifique cohérente (voir section 3) : l'analyse mathématique soutient l'expression de la théorie géographique, et la statistique

4. *Analyse statistique :* analyse de données fondée notamment sur la théorie des probabilités.
5. Il en existe un grand nombre. En français : Beguin H., 1979, *Méthodes d'analyse géographique quantitative*, Litec, Paris ; CHADULE, 1987, *Introduction aux méthodes statistiques en géographie*, Masson, Paris ; Sanders L., 1990, *L'analyse des données appliquée à la géographie*, Reclus, Montpellier ; Charre J., 1995, *Statistique et territoire*, Reclus, Montpellier ; Vigneron E., 1997, *Géographie et statistique*, PUF, Paris.
6. *Géographie théorique :* discipline consacrée à l'élaboration de théories géographiques (voir section 3).
7. Voir le chapitre La géographie économique.
8. *Hypothèse explicative :* énoncé qui propose une explication pour un phénomène donné.
9. *Théorie :* ensemble cohérent d'énoncés explicatifs généraux, dérivés d'axiomes, ayant généralement subi avec succès des confrontations avec la réalité.
10. Wilson A., Bennett R., 1985, *Mathematical methods in human geography and planning*, Wiley, New York.

contribue à confronter la théorie aux faits observés. L'analyse statistique est devenue banale en géographie et elle s'y perfectionne sans cesse. Plus jeune, l'utilisation de l'analyse géographique mathématique n'a pas encore atteint une maturité unifiante, mais elle conquiert à grands pas toutes les branches de notre discipline[11].

2. Analyse statistique

Les méthodes statistiques ne sont qu'un outil. Elles ne tiennent pas lieu d'analyse géographique mais elles contribuent puissamment à la renforcer et lui évitent bien des imprécisions voire des erreurs. Mais elles orientent aussi l'analyse à leur façon et il convient d'en être conscient. Pour toutes ces raisons, le géographe doit les connaître, les utiliser, les adapter, les perfectionner, en créer. L'indispensable attitude ouverte mais critique à leur égard suppose qu'on les maîtrise très bien : ce n'est pas toujours facile. Une connaissance préalable du *calcul des probabilités*[12], notamment, est indispensable.

Certaines méthodes statistiques sont purement descriptives tandis que d'autres ont une ambition davantage associée à l'explication. La *statistique descriptive*[13] comporte des techniques simples mais aussi des techniques plus complexes. L'objectif des méthodes descriptives est de compléter ou remplacer une description géographique littéraire ou cartographique par une description numérique qui apporte davantage que la simple mesure des données brutes comme les comptages (*fréquences*[14]) d'un recensement ou la mesure des caractéristiques (ou attributs) de chaque *objet*[15] étudié (*individu, observation.*). En géographie, il nous arrive souvent de mesurer un attribut donné (la population, par exemple) sur un certain nombre d'individus-observations (des communes, par exemple) : l'ensemble des mesures obtenues constitue une *distribution*[16], celle de la *variable*[17] concernée (la population, dans notre exemple). La plupart des variables géographiques sont des *variables aléatoires*[18] car il est rare que nous puissions, comme en expérimentation, conférer une valeur fixe à une variable sur une observation.

La statistique descriptive la plus simple caractérise les distributions plus sommairement que par énumération complète. Elle calcule des *paramètres de position*[19] dont le but est de résumer l'ordre de grandeur d'une variable par une valeur centrale : médiane, mode, moyenne arithmétique, autres moyennes, sont définis dans les manuels. Au-delà d'une valeur centrale, on peut vouloir préciser, par un *paramètre de dispersion*[20], la manière dont les valeurs de la variable se répartissent autour de la valeur centrale : on utilise pour cela l'amplitude, l'écart absolu moyen, la variance, l'écart type, le coefficient de variation, tous définis dans les manuels. Parfois, une distribution est décrite d'une manière plus commode par une *transformation*[21] de la variable ; une transformation courante est

11. Trois exemples en géographie urbaine : Webber M., 1979, *Information theory and urban spatial structure*, Croom Helm, Londres ; Papageorgiou Y., 1990, *The isolated city state*, Routledge, Londres ; Sanders L., 1992, *Système de villes et synergétique*, Anthropos, Paris.
12. La *probabilité* d'un événement est le rapport du nombre de ses occurrences à celles de l'ensemble des événements concernés.
13. *Statistique descriptive :* traitement de données qui décrivent un phénomène.
14. *Fréquence* d'un événement : nombre de fois où il est réalisé.
15. *Objet = Individu = Observation :* élément (un lieu, un homme, ...) sur lequel on mesure des attributs, ou que l'on dénombre.
16. *Distribution :* ensemble de valeurs prises par une variable.
17. *Variable :* attribut mesuré sur une observation.
18. *Variable aléatoire :* variable dont les valeurs sont *observées*, et non déterminées *a priori*.
19. *Paramètre de position :* valeur caractérisant une variable par une seule mesure centrale.
20. *Paramètre de dispersion :* valeur caractérisant le degré de diversité des valeurs d'une variable.
21. *Transformation :* modification de la forme de mesure d'une variable.

la *standardisation*[22] : elle consiste à exprimer chaque valeur de la variable par son écart à sa moyenne divisé par son écart type, de sorte que la variable standardisée possède alors une moyenne nulle et un écart type égal à l'unité, ce qui est très commode à manipuler. De nombreuses autres transformations sont possibles ; ainsi la transformation logarithmique qui réduit les biais que peut créer une distribution où de nombreuses petites valeurs coexistent avec un nombre de plus en plus petit de valeurs de plus en plus grandes (par exemple, une distribution des populations des villes d'un réseau urbain).

Il est souvent utile, en géographie, de décrire une répartition d'objets-individus sur un territoire ou sur une carte. Plutôt que de se limiter aux mots imprécis du langage courant (habitat concentré ou dispersé), il est préférable de recourir aux outils descriptifs de l'analyse des *distributions de points*[23] sur une carte : point moyen, point médian, distance cumulée, distance-standard, dispersion directionnelle, analyse de voisinage, sont tous définis dans les manuels de statistique géographiques.

Il est fréquent que le géographe désire combiner plusieurs données en un *indicateur*[24] global qui les reflète. La confection de ces indicateurs, simples le plus souvent, requiert du soin et de la prudence. Car la manière de les construire peut influencer les conclusions que l'on en tire. Des indicateurs classiques existent pour exprimer l'association géographique de deux variables, un degré de concentration, la localisation relative, la centralité, l'accessibilité, la forme géographique, l'évolution spatio-temporelle, la décomposition d'une variation en composantes géographiques, etc[25].

Une description peut faire appel à une méthodologie plus complexe. C'est le cas lorsqu'on désire ramener une masse considérable d'informations à un ensemble plus réduit plus aisément analysable. Cette opération de synthèse recourt à l'*analyse factorielle*[26]. Celle-ci consiste à remplacer les variables d'origine par un nombre plus réduit de variables nouvelles porteuses de la plus grande partie de l'information d'origine. Le processus se réalise par l'élimination de la *redondance*[27] afin de ne retenir que l'information non répétée. Il implique généralement une certaine perte d'information, mais l'utilisateur est libre de limiter cette perte. Le résultat obtenu est une description synthétique, sans redondance, des aspects mutuellement *indépendants*[28] de la situation décrite au départ par une grande masse de données. Plusieurs méthodes sont présentées dans les manuels : analyse en composantes principales, analyse en facteurs, analyse des correspondances.

La description géographique se complète souvent par une classification des individus décrits : par exemple, on établit une typologie urbaine en groupant en classes les villes qui se ressemblent. Pour être reproductible, ce processus s'opère par des méthodes dites de *classification numérique ou automatique*[29]. Celles-ci regroupent les éléments à classer selon divers critères

22. *Standardisation :* transformation d'une variable en une autre de moyenne nulle et de variance unitaire.
23. *Distribution de points :* disposition de points sur une surface.
24. *Indicateur :* fonction d'une ou plusieurs variables élémentaires ; ex. : densité de population, taux de croissance.
25. Excellente revue critique des indicateurs dans : Valeyre A., 1993, Mesures de dissemblance et d'inégalité interrégionales, *Revue d'Économie Régionale et Urbaine*, p. 17-53.
26. *Analyse factorielle :* technique statistique destinée à réduire une masse de données en éliminant la redondance qu'elle contient.
27. *Redondance :* répétition d'une information déjà présente.
28. *Indépendant :* dont la valeur ne dépend pas de ce dont on le dit indépendant.
29. *Classification numérique :* rangement des individus dans des classes par des procédures numériques automatiques.

précis que l'utilisateur doit choisir. Le plus souvent, on cherche à maximiser la différence entre les classes et à minimiser la diversité à l'intérieur de chaque classe ; cela afin d'obtenir des classes assez homogènes et bien distinctes les unes des autres. La longueur du processus impose le recours à l'ordinateur qui exécute les *algorithmes*[30] de classification choisis.

L'analyse statistique va au-delà de la simple description lorsqu'elle aborde l'*inférence*[31] statistique. Celle-ci considère une *population*[32] d'individus dont elle extrait un *échantillon*[33] sur lequel on opère des mesures ; ces dernières servent alors à estimer les valeurs correspondantes pour la population ; ces estimations comportent une erreur que l'on estime avec une probabilité choisie. En géographie, on travaille souvent ainsi par *sondage*[34] : chaque fois que la population est trop nombreuse pour qu'on puisse mesurer les attributs de chaque individu. En outre, même un recensement exhaustif peut être interprété comme un échantillon prélevé dans l'infinité des circonstances qui sont susceptibles d'influencer les résultats d'un recensement. Le recours à l'inférence est donc indispensable au géographe. Elle permet d'estimer des valeurs comme la moyenne ou la variance d'une population, à partir d'un échantillon, en déterminant l'*intervalle de confiance*[35] de cette valeur pour un seuil de probabilité donné (souvent 5 % ou 1 % de chances de se tromper). On peut aussi se fixer une erreur à ne pas dépasser et en déduire la taille minimum de l'échantillon requis.

Les *tests d'hypothèse*[36] sont un domaine très important de l'analyse statistique. Leur objectif est la vérification d'une hypothèse explicative émise. Le test consiste à comparer deux éléments : l'un est la valeur que prend une variable lorsque l'hypothèse émise est vraie, l'autre est la valeur observée en réalité pour cette variable. L'*hypothèse nulle*[37] affirme qu'il n'y a pas de différence significative entre les deux éléments. Le test rejette l'hypothèse nulle lorsque la différence est jugée trop grande pour être le fait du seul hasard. Il ne la rejette pas (ce qui ne veut pas dire qu'il l'accepte) dans le cas contraire. Très utilisés, les tests d'hypothèse ne sont valides que sous certaines conditions dont il importe, lors de chaque application, de vérifier si elles sont satisfaites.

L'analyse statistique est encore très utile à l'explication géographique lorsqu'elle propose ses outils que sont la corrélation et la régression. La *corrélation*[38] est une mesure du degré de relation entre deux ou plusieurs variables. Lorsqu'elle est nulle, on peut rejeter l'hypothèse explicative qui présumait l'existence d'une relation. Lorsqu'elle n'est pas nulle, l'hypothèse n'est pas rejetée ; mais il ne s'agit pas d'une confirmation de l'hypothèse émise car le lien pourrait être dû à la pertinence d'une autre hypothèse que celle qui est testée. La *régression*[39] postule que la valeur d'une variable (la densité de population, par exemple) dépend de plusieurs autres variables présumées explicatives de

30. *Algorithme :* suite logique des étapes d'une procédure conduisant à un résultat.
31. *Inférence :* estimation de caractéristiques d'un ensemble à partir de la connaissance d'un sous-ensemble.
32. *Population :* ensemble des observations que l'on étudie.
33. *Échantillon :* sous-ensemble d'observations extraites d'une population.
34. *Sondage :* procédure par laquelle on extrait (on tire) un échantillon d'une population.
35. *Intervalle de confiance :* ensemble des valeurs parmi lesquelles la valeur cherchée pour une population a une probabilité élevée (et fixée) de se trouver.
36. *Test d'hypothèse :* procédure vérifiant si la différence entre deux valeurs est suffisante pour affirmer qu'elles ont une probabilité élevée d'être différentes dans la population.
37. *Hypothèse nulle :* affirmation que la différence entre deux valeurs est nulle dans la population.
38. *Corrélation :* relation entre deux ou plusieurs variables.
39. *Régression :* fonction exprimant la dépendance d'une variable par rapport à une ou plusieurs autres (appelées indépendantes).

la première (par exemple : précipitations, fertilité du sol). La régression implique donc que l'on dispose d'une hypothèse explicative préalable qui permette de choisir les variables à considérer. La méthode permet de mesurer à quel point la dépendance postulée se vérifie dans les faits et aussi d'apprécier le rôle de chaque *régresseur*[40] dans l'explication globale. Bien entendu, la multiplicité des causes en sciences humaines empêche d'obtenir une explication à 100 %. La régression prévoit cela par la présence d'un terme dit *aléatoire*[41] ou stochastique qui représente le hasard, c'est-à-dire l'ensemble des causes petites, nombreuses, variées, inconnues, non explicitement prises en considération. À ce terme correspondent les *résidus*[42] de la régression.

Un mot sur l'*autocorrélation spatiale*[43] parce qu'elle est omniprésente en géographie. Elle est une mesure du degré d'organisation de l'espace puisqu'elle estime à quel degré la distribution géographique d'une variable diffère d'une distribution aléatoire, soit par une plus forte concentration, soit par une plus grande régularité. Mais l'autocorrélation est un handicap considérable car sa présence invalide bien des inférences statistiques en faisant échec à la condition fondamentale d'indépendance des observations. Ce handicap n'est surmontable que très partiellement et au prix de grandes difficultés[44].

Bien d'autres aspects de l'analyse statistique sont encore utiles à la géographie : les uns sont mentionnés dans les manuels, les autres attendent une adaptation ou une création de la part des géographes.

3. Analyse mathématique

Il suffit de feuilleter quelques revues géographiques pour constater le rythme élevé auquel l'analyse mathématique s'intègre à l'analyse géographique. C'est la réponse à un besoin : celui de mieux construire cet élément clé de toute démarche scientifique, à savoir une théorie géographique rigoureuse faite d'*axiomes*[45] et d'énoncés déduits prenant parfois la forme de *théorèmes*[46].

On comprend que l'élaboration d'une théorie ainsi conçue trouve indispensable le recours à l'analyse mathématique et à ses structures logiques. Peut-être le comprend-on davantage encore lorsqu'on parle de modèles. Un *modèle*[47] est une représentation, le plus souvent schématique et simplifiée, à laquelle l'expression mathématique convient donc particulièrement bien. Un modèle descriptif est une représentation de la réalité observée. Un modèle explicatif est une représentation d'une théorie. Un modèle normatif est une représentation de ce qui devrait être selon les normes d'un système de valeurs donné. Modéliser c'est construire un modèle[48]. La formalisation mathématique confère aux modèles une rigueur, une sûreté, une clarté d'expression, qui permettent à la fois d'exprimer une

40. *Régresseur* : variable explicative (indépendante), dans une régression.
41. *Aléatoire* : dont la valeur dépend en partie du hasard.
42. *Résidu* : écart entre la valeur observée de la variable expliquée par la régression (variable dépendante) et sa valeur estimée par la régression.
43. *Autocorrélation spatiale* (non indépendance des observations) : dépendance de la valeur d'une variable sur une observation vis-à-vis d'autres valeurs prises par la même variable sur d'autres observations.
44. Voir : Arbia G., 1989, *Spatial data configuration in statistical analysis,* Kluwer, Dordrecht ; Haining R., 1990, *Spatial data analysis in the social and environmental sciences,* University Press, Cambridge ; Anselin L., Florax R. (eds), 1995, *New directions in spatial econometrics,* Springer, Berlin ; les publications de Griffith D. et de Getis A.
45. *Axiome* : concept défini au chapitre Épistémologie de la géographie humaine.
46. *Théorème géographique* : énoncé d'une propriété géographique démontrée.
47. *Modèle* : représentation schématique d'une théorie ou d'une réalité ; un modèle peut être *descriptif, explicatif* ou *normatif.*
48. Thomas R., Huggett R., 1980, *Modelling in geography : a mathematic approach,* Harper, Londres ; Macmillan B. (ed), 1989, *Remodelling geography,* Blackwell, Oxford.

théorie ou une réalité en éliminant une grande partie de l'ambiguïté et de l'approximation des formulations littéraires, et de confronter avec précision la théorie et la réalité.

L'essentiel, cependant, pour que l'analyse mathématique soit utile, c'est l'aptitude de l'utilisateur à mettre en relation les concepts mathématiques employés avec les concepts géographiques qu'on veut leur faire représenter. Ce n'est qu'alors que les propriétés des concepts mathématiques bénéficient aux concepts géographiques correspondants. C'est le problème essentiel de l'*interprétation*[49], c'est-à-dire de la correspondance aussi adéquate que possible entre le représenté et le représentant. Si cette correspondance est satisfaisante, la mathématique est une aide puissante, voire indispensable, à la compréhension du monde. Les branches mathématiques utiles à la géographie sont nombreuses. Ce texte n'en évoquera que quelques-unes.

Plutôt qu'une théorie particulière, la théorie des systèmes est un cadre général au sein duquel une analyse géographique peut se dérouler avec logique et facilité. Un *système*[50] est un ensemble d'éléments en relation les uns avec les autres. C'est donc bien une structure très générale. En sciences humaines, les systèmes ne sont pas *isolés*[51] mais *ouverts* sur le reste du monde (un système urbain, par exemple). Un système possède une *structure*[52] (son état à un moment donné) et peut évoluer selon une trajectoire vers un objectif ou un *équilibre*[53]. Cette dynamique se réalise par un mécanisme d'action-réaction : une cause crée un effet qui peut réagir sur la cause. En géographie humaine, les systèmes tendent généralement vers une *organisation de l'espace*[54] croissante, plutôt que vers des *distributions aléatoires*[55] inorganisées, assimilables au désordre étudié par la thermodynamique : l'*entropie*[56] est une mesure de ce « désordre ». Dans un système ouvert, les apports extérieurs peuvent contrebalancer ce désordre au point de générer une organisation croissante. Ces apports se manifestent parfois sous forme de contraintes imposées à l'évolution du système. La maximisation de l'entropie sous ces contraintes, invoquée en géographie à l'appui de certains modèles, conduit à une organisation déterminée et non pas au désordre total. C'est alors le type de contrainte qui commande le type d'organisation de l'espace qu'on obtient.

Les *modèles statiques*[57] concernent l'état d'un système à un moment donné ; par exemple, un état d'équilibre entre une population et les ressources qui lui sont disponibles. Parfois, l'état d'un système peut correspondre à un *optimum*[58], ou on peut l'organiser pour qu'il y arrive au terme d'une évolution. En effet, l'homme se fixe souvent un objectif (ou plusieurs) à atteindre ou à maximiser ; mais diverses *contraintes*[59] pèsent sur son projet ; l'optimum est atteint lorsque l'objectif est réalisé au mieux de ce que permettent les contraintes. Les techniques de *programmation mathématique*[60] conviennent pour représenter cela puisqu'elles concernent l'extrêmation des fonctions sous contraintes. Plus généralement, l'ensemble des méthodes de la

49. *Interprétation :* établissement d'une correspondance explicite entre la symbolisation mathématique et la réalité qu'elle représente.

50. *Système :* ensemble d'éléments interdépendants.

51. *Système isolé (ouvert) :* système sans (avec) échanges avec le monde qui lui est extérieur.

52. *Structure :* ensemble des proportions, relations et localisations des éléments et sous-ensembles d'un système.

53. *Équilibre :* état d'un système qui ne se modifie plus sous l'action des forces en présence.

54. *Organisation de l'espace :* processus conférant à un système spatial une structure non aléatoire.

55. *Distribution aléatoire :* distribution obtenue le plus souvent lorsqu'on simule une distribution au hasard un très grand nombre de fois.

56. *Entropie :* mesure du caractère aléatoire (du degré d'inorganisation ou d'incertitude) d'un système ou d'une distribution. Voir Wilson A., 1970, *Entropy in urban and regional modelling*, Pion, Londres.

57. *Modèle statique :* modèle qui ne prend pas en compte l'évolution dans le temps et/ou l'espace.

58. *Optimum :* état considéré comme le meilleur selon un critère donné.

59. *Contrainte :* circonstance imposant des limites à une ou plusieurs variables.

60. *Programmation mathématique :* technique visant à optimiser une fonction-objectif en respectant des contraintes imposées *a priori*.

recherche opérationnelle[61] sont utiles dans la résolution de ce type de programmes tels que conçus dans les applications pratiques.

Les *modèles dynamiques*[62] peuvent être vus en termes de processus de changement dans le temps et dans l'espace. Puisque le taux de changement d'un phénomène par rapport au temps (ou à l'espace) est étudié, on comprend que les *équations différentielles*[63] constituent un outil mathématique particulièrement adéquat dans ce cas. Lorsque ces équations ne sont pas linéaires, des divergences brusques peuvent apparaître dans leurs solutions à la suite de très petites variations de certaines variables du modèle : des modalités différentes d'organisation de l'espace peuvent donc apparaître à la suite des fluctuations mineures de certaines circonstances. La théorie des *catastrophes*[64] repose sur ce type de considérations.

La mathématique des processus aléatoires est utile pour les modèles qui accordent au comportement spatial des hommes une part indéterminée, liée au hasard, à l'imprévisible, à l'ensemble des causes non explicitement introduites dans le modèle. C'est ainsi que les géographes ont de plus en plus recours à ce type de modèles ; les modèles de choix discret, présentés au chapitre La géographie économique (section 3.5), en sont un exemple.

La *théorie des graphes*[65] est indispensable à la géographie des transports puisque tout réseau peut être représenté par un graphe. Elle est également très utile pour la théorie de la localisation d'un agent quelconque (individu, ménage, firme, association) qui cherche la localisation la plus commode pour lui permettre de développer des relations spatiales sur divers réseaux (voir le chapitre La géographie économique, section 3.2).

Les géographes s'intéressent encore à d'autres branches de la mathématique lorsqu'ils en espèrent des résultats favorables au progrès de l'explication de l'organisation de l'espace géographique. Évoquons-en trois pour terminer. La *morphologie mathématique*[66] est utilisée pour identifier la forme de divers objets géographiques comme un champ, une ville, une région ; c'est notamment le cas en cartographie et en télédétection. L'utilisation des *fractales*[67] est actuellement fréquente, notamment en géographie urbaine, lorsqu'il s'agit de résoudre diverses questions relatives aux similitudes de formes spatiales, de formes de distributions statistiques, ou encore d'évolution temporelle de formes. La théorie des ensembles (ou des sous-ensembles flous) offre au processus géographique de *régionalisation*[68] (qui reste une pierre d'achoppement pour la géographie), un de ses concepts fondamentaux sur lequel pourrait prendre appui une réflexion plus rigoureuse à propos du concept géographique de régionalisation. Il s'agit du concept de classe d'équivalence (ou de celui de fonction d'appartenance en mathématique floue).

61. *Recherche opérationnelle :* ensemble de techniques mathématiques utiles à la résolution de problèmes d'organisation.
62. *Modèle dynamique :* modèle prenant en compte l'évolution dans le temps et/ou l'espace.
63. *Équation différentielle :* relation entre une fonction et sa dérivée.
64. Wilson A., 1981, *Catastrophe theory and bifurcation : applications to urban and regional systems*, Croom Helm, Londres ; Dauphiné A., 1995, *Chaos, fractales et dynamiques en géographie*, Reclus, Montpellier.
65. *Théorie des graphes :* théorie mathématique relative aux ensembles faits de nœuds et d'arcs reliant les nœuds.
66. Voiron C., 1995, *Analyse spatiale et analyse d'images par la morphologie mathématique*, Reclus, Montpellier.
67. Frankhauser P., 1993, *La fractalité des structures urbaines*, Anthropos, Paris.
68. Thisse J.-F., 1997, De l'indétermination des régions et de quelques inconvénients qui en résultent, *L'Espace Géographique*, p. 135-148.

4. Conclusion

Après la révolution due à l'introduction de l'analyse statistique, la géographie a vécu celle de l'intégration de l'analyse mathématique au sens large. La première conforte le traitement et l'analyse des données géographiques. La seconde favorise une modélisation rigoureuse. Les deux types d'analyse s'intègrent dans la démarche scientifique : l'un au niveau du test empirique des hypothèses, l'autre au niveau de la construction de la théorie notamment. La puissance de l'outil a fait faire à la géographie des progrès considérables. L'outil lui-même a parfois été adapté aux besoins spécifiques de la géographie. Des géographes ont créé des outils nouveaux. Notre discipline s'en trouve considérablement enrichie.

5. Conseils de lectures

CHARRE J., 1995, *Statistique et territoire*, Reclus, Montpellier.

Ce livre discute, de façon à la fois très pertinente et techniquement simple, de l'utilité de l'analyse statistique en tant qu'indispensable appui à l'analyse géographique. L'exposé met l'accent sur la validité, le sens, l'adéquation et l'interprétation des méthodes statistiques présentées. Il invite à la rigueur, à la finesse, à la compétence et à la prudence.

JAYET H., 1993, *Analyse spatiale quantitative : une introduction*, Économica, Paris.

Plus exigeant, ce livre présente dans un langage mathématique clairement interprété, les méthodes statistiques les plus fondamentales parmi celles qu'utilise la géographie. Une de ses principales qualités est de mettre l'accent sur les spécificités et les difficultés de l'application de la statistique à des données géographiques, et notamment sur le vaste problème posé par l'autocorrélation spatiale. Une autre qualité est de fournir de nombreux exemples d'applications concrètes.

La série « *Quantitative Applications in the Social Sciences* », Sage, London.

Au lecteur intéressé par telle ou telle méthode statistique *particulière*, on recommandera cette collection continuellement complétée et mise à jour, et destinée aux sciences sociales en général. En peu de pages, chaque livret présente un exposé simple, très pédagogique et assorti d'exemples développés en détail, de la technique statistique annoncée par son titre. Les quelque 120 titres parus avant 1998 (liste sur Internet) concernent aussi bien des méthodes générales d'approche d'un problème (Causal modeling ; Research designs), que des techniques statistiques souvent utilisées (Applied régression ; Non-parametric statistics) ou plus spécialisées (Ordinal log-linear models ; Multidimensional scaling).

6. Sujet : modélisation mathématique d'un problème de localisation agricole

6.1. Objectif

Modéliser (et non résoudre) un problème, volontairement très simple, de localisation régionale de productions agricoles ; ceci afin de le rendre soluble.

6.2. Le problème

Un pays se fixe comme objectif agricole la production d'une quantité donnée de chacun des produits d'une liste qu'il dresse (coton, mil, ...). Ce pays compte plusieurs régions agricoles différentes ; dans chacune, chaque produit a un certain rendement (quantité produite par hectare) mais aussi un certain coût de production par hectare ; chaque région dispose d'une surface cultivable limitée donnée. La question posée est : comment répartir l'objectif national de production entre les régions de manière à produire les quantités totales requises de chaque produit au moindre *coût total* de production ? C'est un problème de localisation : quelle surface consacrer à chaque produit dans chaque région afin que l'objectif national assigné à chaque produit soit atteint, et cela au moindre coût national total ?

On donne donc la liste : des cultures et des quantités totales à produire, des régions et de leurs surfaces cultivables, des rendements et des coûts de production par culture et par hectare pour chaque région. On cherche les surfaces à consacrer à chaque culture dans chaque région, telles que l'objectif national de production soit atteint pour chaque culture, au moindre coût national total de production. Le problème est donc posé en termes de *programmation mathématique* (section 3, p. 271-272) puisqu'il s'agit de minimiser un coût total de production sous les diverses contraintes qu'on vient de mentionner.

6.3. Question

Vous êtes invité à *écrire* le problème sous forme d'un programme mathématique. Commencez par associer à chaque élément du problème une lettre (éventuellement indicée) qui le symbolise ; par exemple : r_{ji} symbolise « rendement de la culture j dans la région i « . Ensuite, utilisez ces symboles pour écrire successivement : la fonction à minimiser et chacune des contraintes. Notez que « somme » s'écrit Σ et que $\sum_{i=1}^{i=m}$ signifie somme sur l'ensemble des *m* régions.

6.4. Réponse

Produits : soit Q_j la quantité du produit j qui doit être produite ; si n produits figurent sur la liste, l'objectif de production est un ensemble de n nombres exprimant des quantités à produire : $Q_1, \ldots, Q_j, \ldots, Q_n$.

Rendements (r) et coûts (c) : chaque produit pouvant être cultivé dans chaque région, on doit prendre en compte toutes les valeurs de r_{ji} et de c_{ji} pour j variant de 1 à n et i variant de 1 à m.

Les inconnues sont les surfaces s_{ji} à accorder à chaque culture dans chaque région. Bien sûr, la somme des s_{ji} pour une région i ne peut dépasser la surface cultivable S_i de la région ; cela est requis pour chaque région.

Le programme mathématique s'écrit alors comme suit :

– fonction à minimiser : min $C = \sum_{j=1}^{j=n} \sum_{i=1}^{i=m} C_{ji} \cdot S_{ji}$

– contraintes :

(1) chaque objectif par produit doit être atteint :

$$\sum_{i=1}^{i=m} S_{ji} \cdot r_{ji} = Q_j \quad \text{, pour tout j ;}$$

(2) la surface cultivée dans une région ne peut dépasser la surface cultivable de la région : $\sum_{j=1}^{j=n} S_{ji} \leq S_i$, pour tout i ;

(3) une surface ne peut être négative $S_{ji} \leq 0$ $s_{ji} \leq 0$, pour tout j et tout i.

Écrit de cette manière, le programme peut être traité par un logiciel de programmation mathématique et fournir la solution (si elle existe) c'est-à-dire chacune des valeurs s_{ji}. Une dernière question : s'il existe 10 produits et 50 régions, combien y a-t-il de contraintes de type (1), de type (2), de type (3), et combien d'inconnues ? Réponses : 10, 50, 500 et 500.

21
Informatique et géographie

Yves Guermond*

* Professeur à l'Université de Rouen.

1. De l'outil de calcul à l'outil interactif

L'ordinateur est apparu dans la recherche géographique dans les années 70, mais il a fallu un certain temps pour en optimiser l'utilisation. Il a été utilisé au début comme un calculateur, pour traiter d'importants tableaux de chiffres. Des calculs qui ne pouvaient pas être faits « à la main » sont devenus possibles sur de très gros effectifs. C'est à cette époque que paraissent les premiers ouvrages de statistique destinés aux géographes (Chadule, 1974[1] ; Beguin, 1979[2]). À partir du calcul de la moyenne et de l'écart type, et par de multiples méthodes de divisions en classes (Cauvin, 1987[3]) la qualité des techniques de discrétisation cartographique, qui consiste dans le regroupement en classes de valeurs d'une variable à cartographier, a été affinée. L'informatique a particulièrement favorisé le développement de l'*analyse multivariée*[4], qui cadrait bien avec les besoins des géographes, affrontés depuis toujours à la juxtaposition de phénomènes divers rassemblés sur un même territoire.

Ces nouvelles techniques d'*analyse des données*[5] ont contraint les géographes à épurer leurs concepts et à mieux expliciter leurs problématiques. Le phénomène remarquable des années 70 a été la concomitance de l'évolution de l'informatique et de celle de la pensée scientifique. La présentation faite par P. Haggett[6] de la structure des localisations selon des points, des réseaux et des surfaces s'est révélée être à l'origine d'une profonde évolution vers la théorisation, qui a permis le développement des *modèles*[7].

Dans les années 80 s'est ouverte une deuxième étape dans l'ère informatique, avec la montée en puissance des micro-ordinateurs et la mise sur le marché de logiciels mieux adaptés aux besoins de la géographie. L'imprimante laser, qui compacte les résultats des traitements sous la forme de cartes claires et reproductibles sur

1. Chadule, 1974, *Initiation aux pratiques statistiques en géographie*, Masson, 3e éd., 1994, Paris.
2. Beguin H., 1979, *Méthodes d'analyse géographique quantitative*, Litec, Paris.
3. Cauvin C., Reymond H., Serradj A., 1987, *Discrétisation et représentation cartographique*, Reclus mode d'emploi, n° 9, 116 p.
4. *Analyse multivariée :* traitement statistique de grands tableaux de données, ayant pour but d'en donner une représentation simplifiée et organisée, soit par la constitution de groupes de variables liées, soit par la formation de groupes d'individus qui se ressemblent par leurs caractères.
5. *Analyse des données :* confrontation des répartitions géographiques fondée sur l'ensemble des données chiffrées, et non sur la simple comparaison visuelle des cartes.
6. Haggett P., 1973, *L'analyse spatiale en géographie humaine*, Colin, Paris.
7. *Modèle* : représentation théorisée du fonctionnement du système de relations entre les variables.

des feuilles 21 × 29 a remplacé les anciennes piles de listings. Les systèmes graphiques interactifs se sont développés, permettant de modifier de plus en plus facilement les cartes avant leur sortie définitive. L'interactivité facilite le développement de didacticiels pour l'enseignement secondaire, permettant aux élèves de progresser à leur rythme dans la connaissance.

Un autre élément essentiel des développements récents est la généralisation du travail en réseau. Loin d'œuvrer chacune dans leur coin, les équipes de chercheurs peuvent de plus en plus facilement transférer d'une ville à l'autre les logiciels et les données, de façon à peu près immédiate, sans passer par le support papier.

2. L'organisation des données

Il existe sur le marché toute une gamme de logiciels de cartographie, depuis les logiciels de *DAO*[8], dont le plus répandu est *Adobe Illustrator*, jusqu'à des logiciels jumelés avec des traitements statistiques plus ou moins complexes, qui sont souvent accompagnés de banques de fonds de cartes françaises, européennes ou mondiales.

Une façon simple de transcrire les cartes sous une forme digitale est de les scanner. La carte est parcourue selon les colonnes et les lignes, et restituée sous la forme d'une matrice de points plus ou moins fine selon la résolution du scanner. Ces cartes matricielles immobilisent une très grande place en mémoire, et surtout elles détruisent l'individualisation des objets géographiques. C'est pourquoi on leur préfère, quand c'est possible, un mode vectoriel, surtout si, construit selon un graphe planaire, il restitue la *topologie*[9].

La structure de l'espace géographique en « points, lignes, surfaces », telle que P. Haggett l'avait développée, constitue le modèle de base pour la transcription des cartes en mode vectoriel selon un graphe. Les individus spatiaux représentés peuvent être alors soit des points (villages, villes, commerces, localisés selon un système de coordonnées euclidiennes), soit des réseaux (routes, chemins de fer, constitués d'arêtes joignant les points), soit des surfaces (quartiers urbains, cantons, régions, limitées par des arêtes). La méthode *Merise* (Matheron 1988[10]) est souvent une référence pour la mise en forme des bases de données. Elle consiste à organiser la base relationnelle en *entités, associations et attributs*. Les entités sont les individus spatiaux. Les associations sont caractérisées par des *cardinalités*, c'est-à-dire une paire d'entiers (x, y) qui renseigne sur les liens entre chaque entité. La cardinalité minimum x vaut 0 ou 1, selon que l'association est obligatoire ou non. La cardinalité maximum y vaut 1 ou n : elle indique le nombre d'occurrences associées dans l'autre entité. Les attributs peuvent être des éléments qualitatifs ou quantitatifs (toponymes, nature du bâti, nature des cultures, ou bien chiffre de population, trafic routier, etc.),

8. *DAO :* Dessin assisté par ordinateur.
9. *Topologie :* Explicitation des relations spatiales entre des objets géométriques.
10. Matheron J.-P., 1988, *Comprendre Merise — Outils conceptuels et organisationnels*, Coll. Informatique de gestion, Eyrolles.

dont les relations peuvent être structurées dans des bases de données (logiciel ACCESS, par exemple).

Pour une analyse géographique urbaine, le *MCD*[11] peut être schématisé par un graphique (fig. 1) selon lequel les rues sont composées d'au moins un tronçon de rue et portent comme attribut leur nom. Les tronçons de rue sont définis comme des axes partant d'un carrefour à un autre carrefour. Ils portent quatre attributs, qui sont les premiers et derniers numéros, du côté pair et impair. Les îlots urbains sont localisés à droite ou à gauche des tronçons, et portent comme attribut un numéro donné par l'INSEE.

Un « système d'information géographique » (*SIG*[12]) comporte donc deux ensembles d'informations : la structure cartographique topologique, qui, dans l'un des logiciels les plus répandus, ARC-INFO, est gérée par le module ARC, et la structure relationnelle thématique (informations descriptives ou statistiques concernant les objets *géoréférencés)*, qui est gérée par le module INFO.

En fonction des objectifs recherchés, les SIG (Laurini & Thompson[13] 1992, Chesnais[14] 1994, Denègre & Salgé[15] 1996) sont organisés en différentes « couches », qui rassemblent les données d'un même thème (géologie, climat, agriculture, cadastre, transport, industrie, habitat, etc.).

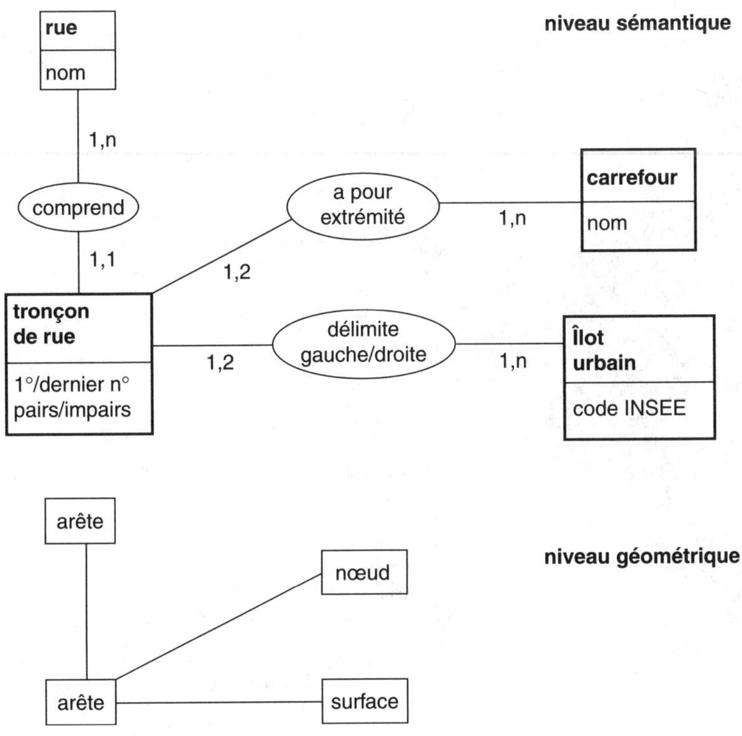

Fig. 1 Analyse géographique urbaine

11. *MCD :* Modèle conceptuel de données ; définition des classes d'objets à prendre en compte pour une application informatique, et des relations entre elles.
12. *SIG :* Système d'Information Géographique ; ensemble de données géoréférencées (repérées dans l'espace), et d'origines variées, stocké sur support informatique et structuré de façon à pouvoir en extraire commodément des synthèses utiles à la décision.
13. Laurini R., Thompson D., 1992, *Fundamentals of Spatial Information Systems,* Academic Press, San Diego.
14. Chesnais M., 1994, SIG : *Gérer l'information géographique,* Paradigme, Caen.
15. Denègre J., Salgé F., 1996, *Les systèmes d'information géographique,* Que sais-je ? n° 3122, PUF, Paris.

Part des ouvriers desservis par les transports en commun au moins toutes les 15 minutes

Agglomération de Rouen

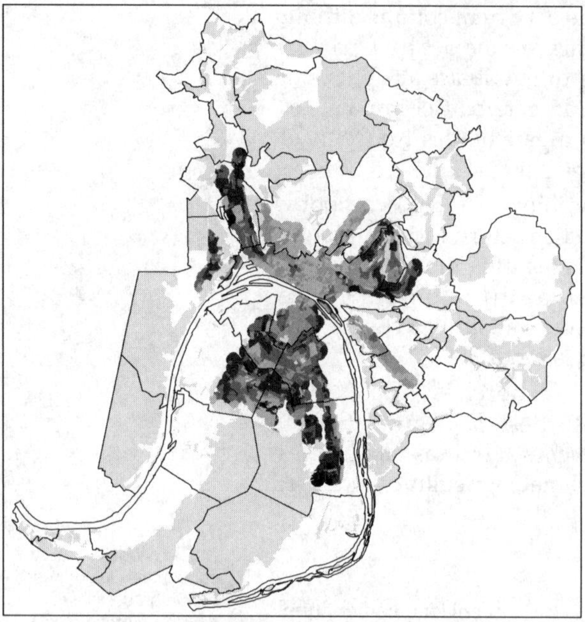

Ilots desservis

Population située dans un rayon
de 300 m autour d'un arrêt
de bus desservi au moins
toutes les 15 minutes.

% d'ouvriers
- < 10
- 10 - 24
- 24 - 38
- 38 - 56
- > 56

Forêt

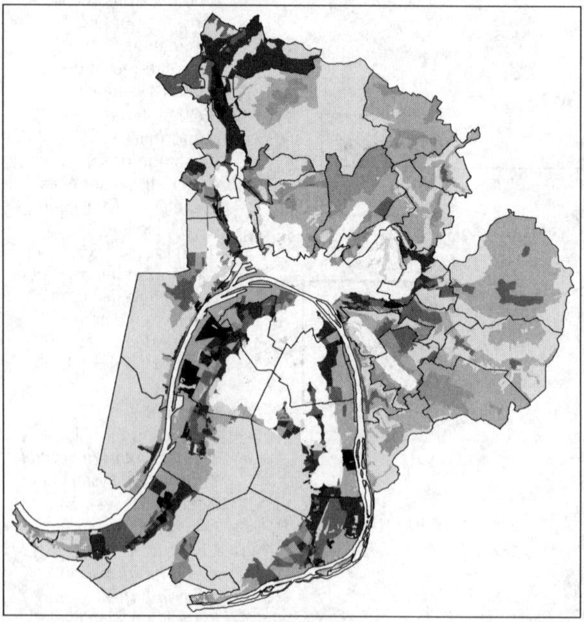

Ilots non desservis

Population située au delà d'un rayon
de 300 m autour d'un arrêt
de bus desservi au moins
toutes les 15 minutes.

% d'ouvriers
- < 10
- 10 - 24
- 24 - 38
- 38 - 56
- > 56

Forêt

0 8 km

Sources : INSEE - RGP 1990
Guide Métrobus 1997

V. Mondou - S. Freiré-Diaz - Laboratoire M.T.G

La mise en relation de différentes couches d'information est le principal avantage des SIG pour une réflexion sur l'aménagement. La figure 2 montre par exemple, pour l'agglomération de Rouen, les résultats du croisement spatial des données du recensement donnant la répartition de la population ouvrière, et des données concernant les transports en commun (points d'arrêt des bus sur des lignes desservies au moins toutes les 15 minutes). Elle met en évidence les banlieues ouvrières enclavées, souvent en périphérie urbaine, mais parfois aussi relativement proches du centre.

L'engouement pour les SIG qui s'est emparé des collectivités territoriales dans les années 90 s'explique aisément par les combinaisons variées de critères qu'ils permettent grâce à la possibilité d'harmonisation des échelles. Il s'explique aussi par la facilité des mises à jour et de l'archivage, qui contraste avec le manque de commodité de la conservation et de la comparaison entre elles des anciennes cartes sur papier. Il faut toutefois éviter de se laisser prendre par les SIG au piège d'analyses qui pourraient demeurer purement empiriques et statiques. L'informatique a mis au service de la géographie un nouvel outil qu'il s'agit de valoriser en développant grâce aux SIG ses possibilités d'approfondissement de l'analyse spatiale.

3. Des traitements statistiques à la modélisation

Bien que certains logiciels du commerce se limitent encore à proposer de plaquer des graphiques « en camemberts » sur des fonds de cartes, les meilleurs d'entre eux proposent maintenant toute une palette de traitements statistiques permettant de prendre en compte l'interaction spatiale (Sanders[16] 1989, Charre[17] 1995). La comparaison des unités spatiales élémentaires par des programmes de classification (*CAH*[18] notamment) permet des regroupements régionaux. Les interrelations et les combinaisons entre variables peuvent être traitées par des analyses multivariées : *ACP*[19] et *AFC*[20]. Les comparaisons interrégionales gagnent beaucoup à être conduites « toutes choses égales par ailleurs ». Pour cela la technique structure-résidus permet d'éliminer l'effet de structure. Si, en géographie électorale par exemple, on établit une matrice des valeurs moyennes nationales (le pourcentage de votants pour chaque parti en fonction des catégories socioprofessionnelles, obtenu par les sondages « sortie des urnes »), et si l'on multiplie cette matrice par le vecteur correspondant à chaque région (la répartition des catégories socioprofessionnelles), on obtient une matrice des votes théoriques par région. C'est un « vote structurel », qui dépend uniquement de la structure sociale. On peut comparer ensuite le vote structurel au vote réel de chaque région : ce résidu est la mesure d'un « effet local ».

On peut aussi utiliser différentes techniques de lissage cartographique, *par moyenne mobile spatiale*[21] ou par *surface de tendance*[22], afin de rendre compte des caractères généraux d'une répartition géographique, en filtrant les irrégularités dues à des

16. Sanders L., 1989, *L'analyse statistique des données en géographie*, Reclus, Montpellier.
17. Charre J., 1995, *Statistique et territoire*, Reclus, Montpellier.
18. *CAH :* classification ascendante hiérarchique ; les unités spatiales élémentaires, caractérisées par leurs valeurs selon les diverses variables, sont regroupées progressivement selon leur niveau de ressemblance, jusqu'à l'obtention d'une unique classe les regroupant toutes.
19. *ACP :* Analyse en composantes principales ; recherche des combinaisons linéaires de variables qui différencient au maximum les individus statistiques analysés, à partir de la matrice des corrélations (*axes factoriels*).
20. *AFC :* Analyse factorielle des correspondances ; technique assez proche de la précédente, mais convenant plus particulièrement à l'analyse des *tableaux de contingence*, c'est-à-dire de tableaux indiquant le nombre d'individus (ou d'unités spatiales) vérifiant simultanément une modalité du caractère en ligne et une modalité du caractère en colonne.
21. *Moyenne mobile spatiale :* lissage de la carte dans lequel la valeur de la variable en chaque lieu est remplacée par la moyenne des valeurs voisines, pondérées de façon inversement proportionnelle à leur distance. Selon la distance limite prise en compte, et selon les modalités de pondération de la distance, on a différents filtres de lissage.
22. *Surface de tendance :* lissage de la carte par une surface polynomiale obtenue par une équation de régression dans laquelle interviennent les coordonnées en x et y de la totalité des unités spatiales et la valeur en chacune d'elles de la variable considérée.

conditions locales particulières. On peut ainsi combiner l'étude spécifique des lieux et la généralisation.

Lorsque des relations claires apparaissent dans la matrice d'information spatiale, il est tentant de les organiser en modèles et de faire fonctionner un système (Guermond[23], 1984). Une première génération de modèles a ainsi été développée dans les années 80 à partir de théories géographiques que l'informatisation a permis de tester sur des données réelles. La famille de modèles la plus répandue est issue du modèle gravitaire, pour des raisons théoriques qui sont très clairement exposées par R. Brunet[24] (1990) : ils sont appliqués aux migrations de travail, de loisirs, d'achats (aires d'influence commerciales) ou de résidence, ainsi qu'à l'évolution des densités autour des pôles urbains. L'optimisation de la localisation des équipements a été recherchée par des modèles de choix discret, tels que celui de la *p-médiane*[25] (Beguin[26], 1989, Blin[27], 1994). Enfin des modèles d'auto-organisation des systèmes spatiaux (Pumain *et al.*[28], 1989) mettent l'accent sur les fluctuations internes des systèmes et sur la recherche des conditions qui produisent des états stables de l'organisation géographique, ou qui, au contraire, sont susceptibles de conduire à des bifurcations.

À cette modélisation déductive, dérivée de théories géographiques, s'est peu à peu ajoutée, dans les années 90, une modélisation inductive, liée initialement au développement des programmes de simulation, popularisés par toute une gamme de jeux électroniques de géographie (SimCity, Civilization). Les plus simples sont constitués d'automates cellulaires : dans un carroyage géométrique les différentes cellules évoluent en fonction de leur état initial et des influences des cellules contiguës ou proches, selon un certain nombre de règles de transition définies empiriquement. La complexité des règles guidant la simulation a été bien entendu considérablement étendue par l'accroissement de la capacité des ordinateurs, au point de faire souvent perdre de vue l'approfondissement de la théorie géographique.

Les méthodes de *l'intelligence artificielle*[29] permettent d'intégrer dans le processus de modélisation des éléments d'apprentissage qui permettent un infléchissement des règles de fonctionnement. Dans ces approches inductives, la démarche du chercheur consiste à reconstruire d'abord le comportement du géosystème avant de chercher à en donner une formalisation mathématique (Dauphiné[30], 1995). Une même règle peut créer des structures spatiales différentes : en faisant varier les paramètres d'un système d'équations différentielles, il est possible de diversifier considérablement les structures spatiales obtenues, et la voie est ainsi ouverte à un champ de recherche nouveau et immense qui consiste à donner une formalisation mathématique significative pour la théorie géographique aux processus d'évolution des formes géographiques obtenues par les modèles de simulation et dont le développement de l'informatique graphique permet maintenant l'analyse.

23. Guermond Y., 1984, *Analyse de système en géographie*, Presses Universitaires de Lyon.
24. Brunet R., 1990, *Le déchiffrement du monde — in : Géographie Universelle*, t. I, Belin/Reclus, Paris.
25. *P-médiane :* modèle consistant à rechercher, parmi un ensemble de points possibles, les localisations d'équipements collectifs qui minimisent la somme des distances parcourues par les usagers.
26. Beguin H., 1989, Efficacité et équité en aménagement du territoire, *L'Espace Géographique*, tome XVIII, n° 4.
27. Blin E., 1994, *Repenser le réseau postal*, Publications de l'Université de Rouen.
28. Pumain D., Sanders L., Saint-Julien T., 1989, *Villes et auto-organisation*, Économica, Paris.
29. *Intelligence artificielle :* programme informatique fondé sur la simulation du raisonnement d'un expert humain dans un domaine particulier. Il comporte une *base de connaissances* (qui comprend elle-même une base de faits, par exemple un SIG, et une base de règles) et un mécanisme logiciel destiné à les utiliser pour en tirer des déductions.
30. Dauphiné A., 1995, *Chaos, Fractales et Dynamiques en Géographie*, Reclus, Montpellier.

4. La géographie à l'ère des multimédia

Les programmes de simulation confirment bien cette affirmation de P. Haggett (1973) selon laquelle « non seulement la géométrie offre une chance de souder les différents aspects de la géographie humaine et de la géographie physique en une association nouvelle et efficace, mais elle redonne à la cartographie un rôle central par rapport à l'une et à l'autre ».

Pour cela de nouveaux progrès sont à faire sur le plan conceptuel et sur le plan technique. L'informatisation permet notamment de se libérer de la représentation traditionnellement « à plat » que la géographie donne du monde. Les SIG en 3D permettent par exemple une représentation plus expressive (et donc plus facilement communicable au grand public et plus discutable par les populations concernées) des Plans d'Occupation des Sols (POS) et des projets d'urbanisme. Des images virtuelles peuvent être insérées parmi les bâtiments existants pour présenter les options d'aménagement d'un quartier. Dans les études d'environnement la couverture végétale, ou la localisation de la population peuvent être drapées sur un *MNT*[31], afin de restituer le relief, comme sur les « blocs-diagrammes » qui étaient autrefois laborieusement dessinés à la main.

Le principal handicap qui a longtemps retardé l'évolution de la géographie physique classique vers l'analyse globale de l'environnement est la difficulté de désagréger les données d'origine administrative — qui sont toujours fournies par unités statistiques — en données locales susceptibles d'être mises utilement en relation avec les données physiques. Le transfert des données administratives dans un carroyage géométrique (Lajoie[32], 1992), et la génération de nouvelles informations dans ce cadre, par fusion de données multisources (données ponctuelles d'inventaire, images de télédétection satellitaire) permettent un enrichissement considérable des bases de données et une accélération des mises à jour (Boulier & Langlois[33], 1994).

L'analyse géographique devient ainsi plus dépendante des producteurs de données digitales (Rhind, 1997[34]) : pour les images de télédétection (en France, les images SPOT) le *pixel*[35] est de 10 mètres, et pour les cartes (en France, la Banque de Données cartographique — « BD Carto » — de l'IGN) la précision est également de 10 mètres, tandis que la « BD Topo », d'un coût actuellement très élevé, a une précision de 1 mètre, mais ne couvre pas encore tout le territoire national. Il est raisonnable de penser que la consultation des cartes papier dans les bâtiments des cartothèques et bibliothèques sera progressivement remplacée par un accès distribué sur le réseau Internet de cartes stockées dans des cartothèques électroniques reliées entre elles. C'est l'objectif, en France, du programme INTERCARTO et de la revue électronique européenne CYBERGEO. Les questions à résoudre demeurent les conditions

31. *MNT :* Modèle numérique de terrain ; reconstitution de la surface topographique par interpolation linéaire entre les points d'une grille régulière, d'un pas donné (75 mètres ou 100 mètres pour la France), pour lesquels on dispose des altitudes précises.
32. Lajoie G., 1992, *Le carroyage des informations urbaines,* Publications de l'université de Rouen.
33. Boulier J., Langlois P., 1994, *Méthode d'extrapolation de données descriptives ponctuelles des Systèmes d'Information à Référence Spatiale (SIRS) : application à la valorisation de l'Inventaire Forestier National,* Revue Internationale de Géomatique, vol. 4, n° 3-4.
34. Rhind D., *Framework for the World,* Cambridge, GeoInformation International.
35. *Pixel :* « picture élément » : résolution au sol d'une image satellitaire.

d'échange et de transmission des fichiers graphiques, puisque l'insertion des images graphiques sur le réseau Internet est limitée pour le moment à des fichiers matriciels compressés (format JPEG — « Joint Photographic Expert Group » — ou GIF — Graphic Interchange Format).

La spécificité des « multimedia » est de relier des données de nature diverse : texte, son, image fixe, image vidéo. On peut ainsi parler « d'hypercartes », c'est-à-dire de cartes reliées à des banques de données, dans lesquelles l'utilisateur peut naviguer de manière non séquentielle, à son goût, en cliquant sur les zones et les attributs dont il souhaite avoir communication. La carte n'est plus un produit fini, communiquant un savoir figé, mais elle peut être utilisée comme un outil d'investigation, par la superposition de diverses couches thématiques, ou par des opérations de reclassification ou de modélisation. Une « cartographie animée » peut être aussi utilisée en temps réel pour la simulation de la diffusion d'un incendie ou d'une inondation, en fonction des conditions du vent, ou du relief.

Enfin de larges possibilités sont ouvertes dans le domaine du radioguidage et de la cartographie embarquée, pour la navigation maritime et, de plus en plus, pour la circulation automobile : les informations sur le trafic peuvent être enrichies par des informations hôtelières, touristiques et commerciales, qui changent complètement les conditions d'utilisation des atlas. Devant le risque ainsi créé, pour un conducteur, de regarder à la fois l'écran et le paysage, J.-C.Muller et R. Laurini[36] (1997) en viennent à évoquer le concept de « cartographie sonore », c'est-à-dire de systèmes de génération et de synthétisation de commentaires ou d'ordres vocaux, conçus à partir d'une information géographique stockée en ordinateur, qui agiraient ainsi à la manière d'un copilote.

5. Conseils de lectures

CHESNAIS M., 1994, *SIG, Gérer l'information géographique*, Paradigme, Caen 220 p.

Une excellente mise au point en Français sur la conception des SIG, la construction de l'information, la combinaison des formes d'information, et les enjeux des SIG pour l'aide à la décision.

DAUPHINÉ A., 1995, *Chaos, fractales et dynamiques en géographie*, Reclus, Montpellier, 135 p.

Pendant des siècles les mathématiciens ont traité des équations différentielles ayant une solution formulable, et ils ont délaissé les équations plus complexes, généralement non linéaires, dont les solutions ne pouvaient pas être transcrites par une formule mathématique. Depuis vingt ans les outils informatiques graphiques permettent de remplacer la traditionnelle approche analytique et de visualiser les résultats d'un système d'équations différentielles.

DENEGRE J. & SALGÉ F., 1996, *Les systèmes d'information géographique*, PUF, Paris, Collection Que Sais-je ? n° 3122, 128 p.

36. Muller J.-C., Laurini R., 1997, La cartographie de l'an 2000, *Revue Internationale de Géomatique*, vol. 7, n° 1.

Sous une forme ramassée, l'essentiel de ce qu'il faut savoir sur les SIG, présenté avec une très grande clarté et le souci d'être accessible à un public élargi.

HUXHOLD W., TIERNEY P. *et al.*, 1997, *Gis County User Guide*, Oxford, University Press, 262 p.

Un manuel très clair de travaux pratiques destinés à la mise en place d'un Système d'Information Géographique dans un Comité fictif ne disposant au départ que de cartes nouvelles disséminées. Livré avec une disquette pour une utilisation avec ARC/INFO pour PC.

LAURINI R., THOMPSON D., 1992, *Fundamentals of Spatial Information Systems*, Academic Press, San Diego, 680 p.

C'est l'ouvrage de base sur les SIG. On y trouvera toutes les définitions et la présentation des techniques de traitement de l'Information Géographique pour l'analyse spatiale

RHIND D., 1997, *Framework for the World*, GeoInformation International, Cambridge, 336 p.

Les programmes cartographiques menés dans différents pays et l'impact des évolutions techniques en cours sur les conceptions de la cartographie.

6. Sujet : gestion d'itinéraires routiers à partir des dépôts pétroliers

L'objectif étant de prévoir, en cas de crise, la gestion des itinéraires routiers et autoroutiers entre les différents dépôts pétroliers du pays et les dix principales agglomérations, il est demandé de proposer un MCD afin de mettre en place un Système d'Information Géographique apte à traiter ce problème.

Il conviendra de définir les attributs souhaitables de chaque entité, et de caractériser les associations entre ces entités.

Corrigé de l'exercice

Attributs souhaitables de chaque entité :

– Dépôt pétrolier : coordonnées x, y dans le repère choisi (par exemple Lambert 2)
numéro de route d'accès
capacité de stockage
– Tronçon de route : numéro de route
coordonnées x, y début ; coordonnées x, y fin
largeur de la voie
contrainte éventuelle de poids
longueur
– Échangeur : coordonnées x, y
numéro d'autoroute 1, numéro d'autoroute 2
numéros des routes d'accès

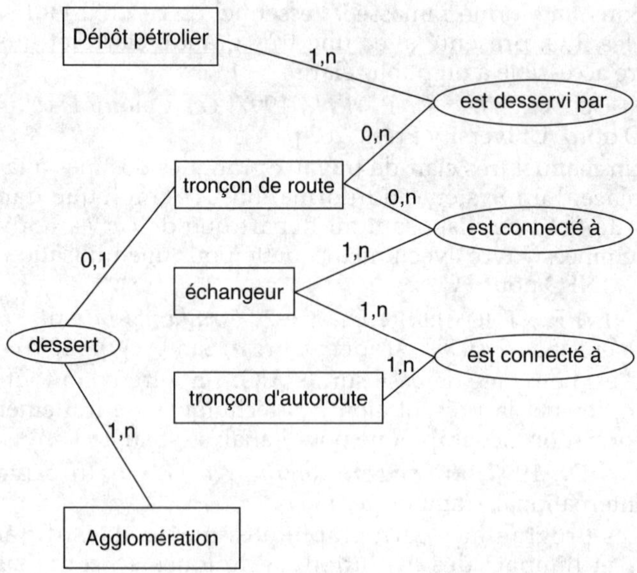

Fig. 3

– Tronçon d'autoroute : numéro d'autoroute
coordonnées x, y début ; coordonnées x, y fin
montant du péage
longueur
– Agglomération : cordonnées x, y du centre-ville (mairie)
population totale
numéros des routes d'accès

22

Les concepts de la cartographie : leur rôle dans la recherche géographique

Robert Ferras et Charles Hussy*

* R. Ferras, professeur à l'Université de Montpellier et C. Hussy, professeur à l'Université de Genève.

La cartographie désigne une théorie et un ensemble de procédés mathématiques, sémiologiques, graphiques, permettant d'élaborer des *cartes*[1] topographiques ou thématiques au sens large (par exemple, géologiques, climatiques, botaniques, économiques, etc.) ainsi que des *atlas*[2]. Conçue depuis Anaximandre dans un double but d'orientation et de représentation générale, la carte a conquis ses lettres de noblesse à la Renaissance et atteint une certaine perfection au cours du XXe siècle dans les pays technologiquement avancés.

La carte étant image du monde en réduction, elle en représente une partie à la fois sous forme de localisation, d'information et de message à travers des formes très diverses : de la *mappemonde*[3] qui présente les deux hémisphères à plat, à la carte murale des salles de classe ou des administrations, et aux cartes routières à l'usage des automobilistes. Elle porte toujours une échelle : rapport de réduction entre la distance réelle mesurée sur le terrain et la distance représentée. Elle implique une généralisation, donc une perte d'information qui résulte d'un compromis.

Au cours des dernières décennies, la cartographie a bénéficié d'un domaine élargi grâce aux apports théoriques de la sémiologie, à l'outil performant que propose l'*assistance par ordinateur*[4], au mode de réflexion nouveau sur les dynamiques spatiales que procurent les *modèles graphiques*[5], à un usage plus répandu en fonction de la « médiatisation » d'événements que reprend la télévision, quotidiennement à travers les cartes du temps, ou à l'occasion d'un conflit armé. L'ensemble permet de redéfinir les rapports entre l'image et le discours géographique.

1. Les rapports entre géographie et cartographie

La production et la diffusion de cartes requiert le support d'une discipline scientifique. Cette institution qu'est en tout pays la

1. *Carte :* du grec *khartès,* feuille de papyrus. Mot très rare au Moyen Âge, dérivé du latin *charta,* qui désigne un écrit : le composé « cartographie » n'apparaît qu'au début du siècle dernier.
2. *Atlas :* Mercator orne le frontispice de son recueil de 1595 de l'effigie du héros mythologique Atlas, portant le ciel sur ses épaules. Depuis lors, le nom commun atlas désigne un recueil de cartes.
3. *Mappemonde :* déformation de « nappa mundi » littéralement la « nappe du monde » (XIIe siècle), qui a donné Map en anglais, mapa en espagnol, etc. ; représentation plane en deux hémisphères (oriental et occidental).
4. *Cartographie « assistée » :* conception et réalisation intégrée de cartes ou de modèles en interaction avec un programme d'ordinateur, qui gère la construction de fonds de carte, le traitement de données statistiques, la visualisation et la mise en classe, l'impression, etc.
5. *Modèle graphique,* ou *carte-modèle :* résulte d'une combinaison de chorèmes, structures spatiales élémentaires, (concept forgé par R. Brunet), qui expriment une dynamique spatiale. C'est la mise en évidence d'une structure et une explication proposée.

cartographie se justifie par des besoins en documents, auxquels on ne peut répondre que par une grande rigueur dans les conventions et les *procédés sémantiques*[6]. C'est un des buts que poursuit l'Association cartographique internationale, le progrès dans cette discipline ne se concevant pas sans un dialogue entre producteurs et consommateurs de cartes de pays différents.

Parmi les utilisateurs de cartes nationales ou apparentées figurent les géographes ; il existe ainsi une affinité entre les préoccupations de ces derniers et celles des cartographes, en particulier en ce qui concerne les voies de recherche et les finalités respectives. La cartographie étant au service d'une demande à la fois publique et privée, scientifique et non scientifique, porte son intérêt vers la saisie informatisée et la restitution « industrielle » des données. De son côté, la géographie se doit d'inventer divers procédés d'investigation graphique et elle recourt, pour ce faire, aux nouveaux moyens de traitement que lui procure l'ordinateur. La production du matériel et des logiciels est donc appelée à évoluer.

Si les deux disciplines ont eu tendance à diverger au cours d'une évolution de longue durée, depuis les Anciens qui étaient tout à la fois géographes, historiens et cartographes, on assiste de nos jours à un renouveau interdisciplinaire. D'une part, la géographie manifeste un intérêt accru vis-à-vis de la *graphique*[7] — qu'il suffise de mentionner le nom de J. Bertin[8] — intérêt qui rejoint d'ailleurs certaines formulations sémiologiques de son propre champ d'étude. La cartographie, de son côté, s'applique de plus en plus à l'édition de cartes thématiques, donc à une diffusion élargie d'œuvres géographiques. Ainsi peut-on parler d'une convergence méthodologique prometteuse et pleine d'avenir, dont un résultat tangible sera la diffusion d'une cartographie théorique et modélisante.

Il ne fait aucun doute, en effet, qu'une problématique implicite est véhiculée par la cartographie d'atlas ou par les *cartes d'État-Major*[9], dont les intentions utilitaires déterminent la *légende*[10], l'*échelle*[11] ou les modes de *projection*[12]. Il entre désormais dans la fonction sociale de la cartographie d'intégrer les besoins nouveaux créés par l'aménagement du territoire, la planification urbaine et la gestion des ressources (environnement). Ce qui implique de sa part un effort d'élargissement thématique, qui vise à produire autre chose que les outils traditionnellement destinés aux institutions militaires ou scolaires. À la *carte topographique*[13] doit se substituer une construction fondée sur des hypothèses, plutôt que sur des réalités, ou encore sur une réalité statistique non pas tirée de l'observation du terrain, mais d'enquêtes, de recensements, et qui recourt au support topographique en tant que fond-repère. Dès lors, de banque de données localisées, la carte devient banc d'essai et de simulation ou méthode de vérification expérimentale.

6. *Procédé sémantique :* manière de distribuer en classes et de représenter des données topographiques ou statistiques.
7. *Graphique:* système de signes qui permet de repérer visuellement des relations entre éléments, ensembles et sous-ensembles (son utilisation déborde le cadre de la carte).
8. Bertin J., 1977, *La graphique et le traitement graphique de l'information*, Flammarion, Paris.
9. Lacoste Y., 1976, *La géographie ça sert, d'abord, à faire la guerre*, Maspéro, Paris.
10. *Légende :* explication des signes utilisés sur une carte, avec leurs proportions.
11. *Échelle cartographique :* rapport entre une distance sur la carte et sur le terrain.
12. *Projection :* procédé de représentation de la surface du sphéroïde terrestre dans un plan.
13. *Carte topographique :* inventaire des caractères physiques (altitude, végétation, éléments fixes et durables) de la surface du sol, avec la toponymie (noms de lieux).

2. Esquisse sémiologique[14] de la cartographie

Comme telle, la notion de cartographie évoque une représentation ; cela signifie qu'elle mobilise un médiateur — un *code graphique*[15] — afin de mettre en évidence des relations non directement communicables par le discours. Qu'il s'agisse d'une cartographie d'inventaire ou de démonstration théorique, telle que l'utilise la géographie, la carte repose sur un même principe fondamental, qui consiste à cerner des relations d'ordre topologique dans la structuration du réel par la connaissance :

Signifiant[16] (ordre du réel disposé dans l'espace)/*Signifié* (système de relations)

Alors que l'utilisateur de la langue, en associant des mots, construit des concepts, l'utilisateur du plan graphique, en associant des figures, construit des faisceaux de relations spatiales. Le procédé est le même dans les deux cas, dès lors que la connaissance met en rapport un univers du réel et un univers projeté (univers des intentions du sujet de la connaissance). C'est ainsi que F. de Saussure[17] a, le premier, mis en évidence dans le contexte de la linguistique un univers du son et un univers du sens. « Le point de vue fait la chose », point de vue qui est lié à une finalité déterminée. On perçoit, dès lors, les limites de toute carte et de toute représentation graphique, qui n'est modèle du réel que par rapport à une certaine action sur la réalité en tant que telle.

La cartographie, système codé de communication graphique, exerce donc une fonction *sémiotique*[18] au même titre que la langue. Or, le principe ordonnateur d'une carte est le *plan*, sur lequel s'effectue une réduction du réel par le projet d'analyser certaines relations. L'auteur d'un document graphique se doit de définir un code, c'est-à-dire une correspondance qu'il souhaite établir entre une série d'éléments signifiants et d'éléments signifiés, chaque couple (signal/sens) formant un *sème*[19] (Prieto, 1975[20]). Le classement des signaux et des sens s'effectue par équivalence ou opposition, selon un procédé qui est fondamentalement *binaire*[21] (du type « noir » ou « non noir », « linéaire » ou « non linéaire ») et qui aboutit par calcul logique à un certain nombre de classes et donc de sèmes.

Il doit exister, bien évidemment, une cohérence entre les deux classements du signifiant et du signifié, ce qui revient à dire que les deux opérations n'en sont qu'une. Car le classement des objets qui jouent le rôle de signifiants dans le code tire sa *pertinence*[22] du classement des sens, et vice-versa. Il en résulte que les deux systèmes d'opposition ne se conçoivent qu'en postulant une pertinence, définissant une autre structure appelée, cette fois, *structure sémiotique*[23]. C'est cette structure finalement qui constitue ce que l'on entend par code.

Le signifié d'une carte est un territoire, qui se compose de limites, de réseaux et de centres. Il s'agira donc de représenter

14. *Sémiologie :* discipline qui s'occupe non seulement de la communication, mais tend à décrire et à expliquer le fonctionnement de la connaissance.
15. *Code graphique :* ensemble de signaux et de sens définis de manière biunivoque, nécessaires à toute création graphique.
16. *Signifiant, signifié.*
17. F. de Saussure, 1916, *Cours de linguistique générale*, Payot, Paris.
18. *Sémiotique :* de « sémiose », action de marquer d'un signe.
19. *Sème :* désigne en sémiologie une entité à deux faces, signifiante et signifiée, composée d'un signal ayant un seul signifié et « réalisant » lui-même un seul signifiant.
20. Prieto L.J., 1975, *Pertinence et pratique*, Minuit, Paris.
21. *Procédé binaire :* l'acte de connaissance consiste à constater la présence ou l'absence d'une caractéristique relative à un objet.
22. *Pertinence :* correspondance biunivoque entre un système de classement d'objets signifiants et celui d'objets signifiés.
23. *Structure sémiotique.*

ces éléments territoriaux par des signaux qui correspondent soit au genre « maille » (pour les limites), soit au genre réseau, soit enfin au genre « hiérarchie » (pour les centres). La pertinence d'une légende (code de la carte) dépend de son rapport à ces classes de faits territoriaux.

3. La codification graphique

Codifier une carte, c'est établir un ou plusieurs *paradigmes*[24] de traitement des données en recourant à un ou des signes aptes à restituer les propriétés du territoire. J. Bertin propose, dans sa sémiologie graphique[25], de considérer trois formes élémentaires d'implantation qui ne sont rien d'autre que les trois éléments planaires d'Euclide, à savoir la *surface*[26], la *ligne*[27] et le *point*[28]. On pourrait discuter pour savoir si l'on tient là un « paradigme de base » en graphique, mais on constate que toute la production cartographique se laisse ramener à ces trois éléments. D'ailleurs, la ligne est une juxtaposition de points, alors que la surface en est l'expansion ; et de toute manière, le phénomène est cyclique du moment où le point peut surgir d'une ligne qui se recoupe elle-même et la surface, d'une ligne qui se referme ; de même pour la surface qui se concentre, etc. Plus intéressant est le débat sur l'articulation du signifiant, sous une forme figurative ou abstraite, et qui vise à créer des compositions graphiques. Nous renvoyons ici aux ouvrages qui traitent en détail de cette *grammaire*[29]. Ses rudiments consistent à considérer des types d'imposition et leurs variations optiques ; c'est une sorte de lexique graphique assorti d'une syntaxe.

On peut véritablement parler d'un art de la cartographie, qui réside dans la créativité graphique. Dès lors qu'un graphiste peut combiner des sèmes qu'il a lui-même définis, sa *créativité*[30] s'exerce par une composition donnant des sèmes nouveaux. À cet égard, la cartographie fait appel à d'autres disciplines, notamment la psychologie ; tout graphiste averti tient compte de limites inhérentes aux fonctions humaines de perception visuelle, singulièrement aux illusions perceptives. C'est ainsi que l'on préfère représenter, dans une surface, un certain effectif (d'habitants, d'emplois, par exemple) en le divisant par la superficie qu'il occupe. La densité est mieux à même de restituer l'effectif, parce que l'œil humain a tendance à reconstituer par multiplication visuelle le total < densité × surface > et donc, entre une carte en effectif brut et une carte en densité, la seconde seule est efficace, c'est-à-dire moins trompeuse que la première.

L'auteur d'une carte fait œuvre scientifique s'il explicite la pertinence de ses choix : l'image en traduit immédiatement la validité ; ainsi que l'exprime F. de Saussure, « le signe isolé n'a rien d'initial, la signification n'existe que par la solidarité des signifiés ».

24. *Paradigme :* au sens premier de la linguistique, entendu comme système de classement.
25. Bertin J., 1967, *Sémiologie graphique : les diagrammes, les réseaux, les cartes,* Mouton, Paris.
26. *Surface :* terme défini par A. Dauphiné dans le chapitre Espace terrestre et espace géographique.
27. *Ligne :* tracé décrit par un point qui est mû sous l'action d'une force extérieure (voir W. Kandinsky, note 30).
28. *Point :* être autonome, ancré dans la surface, en localisation absolue (*idem*).
29. *Grammaire de la carte :* André A., 1980, *L'expression graphique : cartes et diagrammes,* Masson, Paris. Arnberger E., 1977, *Thematische Kartographie,* Westermann, Braunschweig. Dickinson G.C., 1973, *Statistical mapping and the presentation of statistics,* Arnold, Londres. Robinson H., Bartz Petchenik B., 1986, *The nature of maps,* Universtiy of Chicago Press, Chicago. Hussy C., 1991, *La carte, un modèle, un langage,* Université de Genève, Département de géographie.
30. À propos de la *créativité* en graphique, *cf.* Kandinsky W., trad. 1970, *Point ligne, plan : pour une grammaire des formes,* Denoël, Paris.

4. Survol historique d'une « graphogenèse »[31]

Tout croquis, toute carte a valeur de modèle du réel et l'on pourrait distinguer plusieurs genres historiques de représentation. En prenant pour référence l'ancienneté et en même temps la fonction sociale des productions cartographiques, on aurait un premier groupe formé d'images collectives du monde puis, comme second groupe, tous les documents d'orientation et de cheminement, pour aboutir enfin aux cartes-modèles scientifiques[32].

En vertu de besoins d'orientation, d'appropriation et de mise en perspective de son environnement, l'individu conçoit son univers dans une enveloppe culturelle faite d'espace et de temps. À tout moment, il peut tenter de projeter une image qui associe des repères et des objets issus de sa pratique. C'est ce qu'on fait, chacune à leur manière, les sociétés dont on retrouve des *traces écrites ou graphiées*[33], ce qui est le cas sous toute latitude : chez les Eskimos, les Mayas, en Mésopotamie du quatrième millénaire avant notre ère. Ces images appartiennent au genre *cosmographie*[34] ou *imago mundi*. Leur rigueur réside moins dans la position des éléments sur le plan que dans le canevas d'ensemble et dans la *symbolisation*[35] des croyances collectives.

Au cours de l'Antiquité classique Anaximandre, Pythagore, Eratosthène, puis (les) Ptolémée ont conféré aux cartes une base scientifique. Le Moyen Âge a créé une rupture dans cette tradition, il a été l'Âge d'Or des représentations cosmologiques chrétiennes, ce qui n'a pas empêché le progrès de l'exploration et de la mesure, à la même époque, dans l'École arabe. C'est avec les mappemondes du début des Grandes Découvertes qu'a pris fin l'ère des cosmographies (1381, Carte Catalane) car depuis, une connaissance plus rigoureuse des méthodes de représentation de la Terre permettait l'essor de la cartographie.

Aide-mémoire, registres, cartes nautiques et itinéraires sont connus depuis le début de notre ère, mais on soupçonne l'existence d'instruments analogues dans des sociétés sans écriture. La Table de Peutinger restitue une information routière rassemblée au temps des Romains, information dont le développement suppose la mise au point d'une mensuration terrestre — dont se préoccupaient déjà les Grecs, inventeurs de la géométrie — et celle d'instruments comme le compas magnétique, découvert en Extrême-Orient. Les portulans ou cartes marines, ainsi que les observations terrestres vont alors entrer dans le moule d'une cartographie dérivée du système ptoléméen, véritable œuvre scientifique accomplie en grande partie par des Allemands (comme S. Münster) ou des Flamands (Ortelius, Mercator)[36]. Une finalité utilitaire a sous-tendu dès les origines la production de cartes, mais les méthodes ont mis des siècles à venir soutenir cette production. On parle de « topographie » depuis le XVIe siècle, discipline des Temps

31. Histoire de la cartographie : Alinhac J., 1965, *Historique de la cartographie*, Institut géographique national, Paris.
Bagrow L., 1951, *Geschichte der Kartographie*, Safari, Berlin.
Wallis H.M. et Robinson A.H., 1987, *Cartographical innovations*, International Cartographic Association, London.
32. Ouvrages collectifs : *Cartes et figures de la terre*, 1980, Centre Georges Pompidou. *Arte e Scienza per il Disegno del Mondo*, 1983, Electa, Milan.
33. Voir Kish G., 1980, *La carte, image des civilisations*, Seuil, Paris.
34. Cosmographie : terme créé en 1512, désignant une représentation collective du monde.
35. Le symbole désigne étymologiquement un bâton coupé en deux morceaux, dont la réunion signifie un lien indissoluble entre les deux personnes possédant ces fragments ; c'est donc un signe dont le signifiant à lui seul évoque déjà, matériellement, le signifié.
36. Bibliothèque Nationale, 1979, *À la découverte de la terre, Dix siècles de cartographie*, Trésor du Département des Cartes et Plans, Paris.

Les données de cette carte sont tirées de sources statistiques hétérogènes (suisses entre 1960 et 1988, françaises entre 1962 et 1982) et elles sont harmonisées dans le but de révéler une dynamique à l'articulation frontalière de la Suisse Romande et de la Région Rhône-Alpes. Le point figure un accroissement annuel moyen sur une vingtaine d'années et le fond de carte rappelle les limites de districts ou de cantons.

LE PEUPLEMENT DE LA REGION LEMANIQUE, ENTRE 1960/62 ET 1982/88
AIN ET HAUTE-SAVOIE (FRANCE), GENEVE, VAUD ET VALAIS (SUISSE)
Source : INSEE et OFS

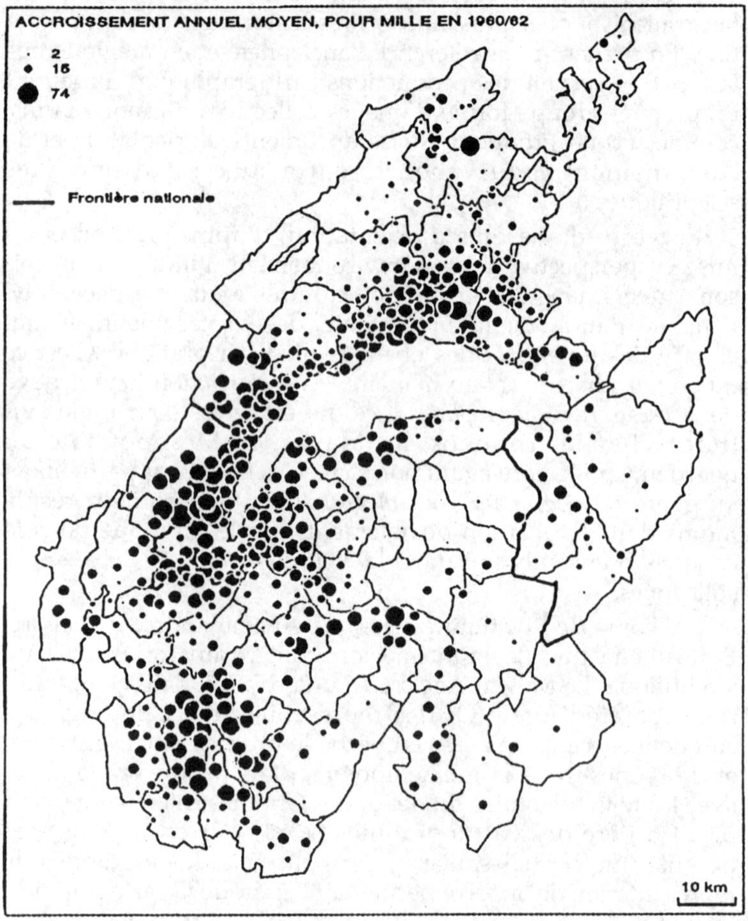

Fig. 1 Le peuplement du bassin lémanique, carte thématique
Source : Atlas du Bassin Genevois, Université de Genève, Département de Géographie, 1991.

Modernes qui a utilisé une connaissance déjà accumulée et qui a forgé une *métalangue*[37] ; elle a formalisé et homogénéisé les modes de production cartographique.

La conception et le développement d'une cartographie thématique au sens strict remonte aux années 1960[38] ; celle-ci compte néanmoins de grands précurseurs, tels que Leibniz et son *De Arte Combinatoria*, sorte d'axiomatique, ou Halley qui mit au point la construction d'isolignes. Actuellement, la cartographie thématique rend visibles des structures et des réalités statistiques, qu'elle présente sous la forme de *syntagmes*[39] territoriaux ; l'aspect méthodologique est renforcé par l'assistance de l'ordinateur.

37. *Métalangue :* code scientifique. Ici, qui permet de décrire le territoire.
38. Premiers ouvrages : Birch T.-W., 1964, 1975, *Maps, topographical and statistical*, Clarendon Press, Oxford, 1re éd., 1949.
Lawrence G.R.P., 1971, 1979, *Cartographic methods*, Methuen, Londres.
Witt W., 1970, *Thematische Kartographie*, Jänecke, Hanovre.
39. *Un syntagme* est un objet composé de segments distincts, en l'occurrence, du point de vue spatial.

La *carte thématique* demeure irremplaçable pour la localisation fine et la mise en relation de sous-ensembles régionaux, repérés par rapprochements visuels. La carte de la figure 1 est univariée (elle ne visualise qu'une valeur statistique) ; il est concevable, lorsque plusieurs caractères ayant trait à un même thème sont statistiquement corrélés, de les représenter simultanément en mobilisant les aires de découpage, les centres et leurs interconnexions par des réseaux.

5. Quelques nouvelles approches en cartographie

Les cartes fournies par les satellites, partie spectaculaire des nouveaux ouvrages de géographie, ne sont pas une simple photographie ou la simple interprétation colorée (les gammes de « fausses » couleurs sont splendides) d'une mesure de réflectance de radiations solaires ou terrestres. Elles proposent des choses aussi variées que la teneur en humidité des sols, la charge d'un fleuve à son embouchure, la pollution d'un affluent ou les pertes en chaleur des immeubles d'une ville... elles permettent aussi le repérage des cultures et quelques prévisions sur leur récolte à venir.

On ne saurait oublier la « carte subjective » et individuelle, dénotant les préférences de chacun à partir des idées que l'on se fait des lieux. Ces *mental maps*, pour reprendre les termes de P. Gould[40], se basent sur des enquêtes d'opinion, cartographiées, ou sur des cartes dessinées de mémoire et mettant l'accent sur des survalorisations qui vont de pair avec un fort degré de satisfaction ou de dévalorisation. Les cartes cognitives remettent en cause les simples distances euclidiennes mesurées sur le terrain.

L'informatique (dont l'utilisation se fait aussi dans les cas évoqués *supra*) a apporté un faisceau de nouveautés à travers une très grande rapidité d'exécution dans les calculs, un trait désormais net et des trames de qualité, la possibilité d'essais successifs qui sont autant d'expériences de recherche, jusqu'à l'obtention de la carte jugée parfaite. Cette CAO (cartographie assistée par ordinateur) est désignée par le terme de *cartomatique* proposé par R. Brunet[41] (1987, p. 228).

La *carte en anamorphose*[42] figurait depuis longtemps dans les manuels, ramenant la surface des pays représentés à une dimension proportionnelle au phénomène traité, qu'il s'agisse de densités de population, de PIB ou autre, selon des formes quadrangulaires mais évoquant la forme d'ensemble des contours réels des pays. Le traitement de cartes en carroyage régulier par anamorphose sur deux axes permet à l'ordinateur de « chiffonner » la grille régulière de départ dont les carrés sont élargis ou rétrécis selon leur valeur. Le résultat est spectaculaire, même si l'image d'un territoire plus ou moins dilaté ou recroquevillé selon les régions peut surprendre.

40. Gould P. et White R., *Mental maps* (Penguin Books), traduction française 1984, Éditions universitaires de Fribourg, Suisse.
41. Brunet R., 1987, *La carte mode d'emploi*, Fayard-Reclus, Paris-Montpellier.
42. Ces deux cartes (fig. 2) présentent l'espace de deux sports en France ; le nombre de clubs est considéré comme une force appliquée en chaque nœud d'une grille de départ régulière, dilatant ou contractant chaque carré selon que la force est supérieure ou inférieure à la moyenne nationale. Une France grosse de son rugby du Sud-Ouest, le football opposant sud-est, ouest et nord.

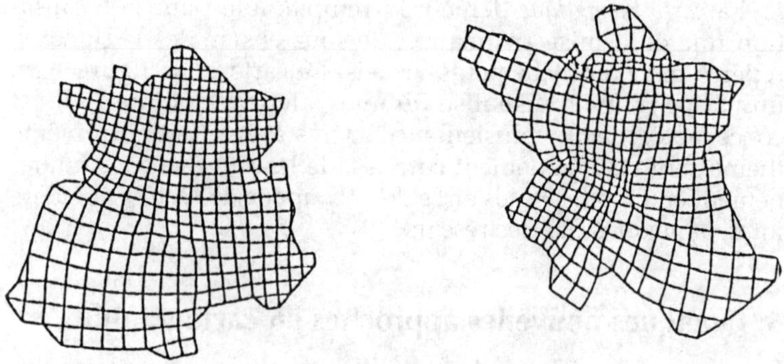

Fig. 2 Anamorphose : le rugby et le football en France
Source : Cauvin C. et collab., *Mappemonde*, 1986/1, p. 32.

La *carte en « 3D »*[43], trois dimensions, est tout aussi spectaculaire mais plus rassurante car l'ordinateur permet de redessiner les formes du relief terrestre avec une impression de volume donnée à la fois par la troisième échelle, celle des altitudes qui complète le treillis des coordonnées des distances, et la mise en perspective. C'est une forme de bloc-diagramme (un procédé traditionnel de représentation) rénové, appelé modèle numérique de terrain. La représentation de phénomènes comme les densités donnent des cartes en prismes décalés, ayant l'allure d'ensemble d'un escalier traduisant les valeurs de chaque unité statistique, autrement dit l'« altitude » des différentes unités observées.

La *carte lissée* est aussi un produit de l'informatique obtenu par un lissage qui gomme les aspérités des contours d'une surface en suivant des moyennes locales entre chaque point et

Fig. 3 Le Mont Blanc en 3D
Source : IGN, Paris, 1985 et *Mappemonde*, 1986/2, p. 40.

43. Ce bloc-diagramme, vu du nord-ouest, met l'accent sur les aspects pédagogiques de la carte « en relief » pour un relief montagnard.

ses voisins les plus proches. Comme résultat, on obtient une carte en courbes ou isolignes, extrapolées à partir des données ponctuelles. Un des avantages est la généralisation parfaitement lisible d'un phénomène, dont on peut saisir la tendance.

Enfin l'avenir, qui était déjà à la carte « à jeter » après usage est désormais, grâce aux progrès dans le domaine de la vidéo, à la production d'images artificielles. On affiche les cartes sur minitel, on les transmet à distance, on les stocke et on les recherche sur vidéodisque. Le monde des logiciels, en cours d'élargissement et d'évolution rapide, se situe entre les gros systèmes, lourds et puissants, rattachés à de grands centres de calcul, et les nanoréseaux des écoles.

Les *modèles graphiques* ont bénéficié d'un regain d'intérêt à partir des premiers travaux sur les *chorèmes*[44] dus à R. Brunet ; leur genèse et leur généralisation passent par une série de publications dans *L'Espace Géographique* à partir de 1972 (*Organisation de l'espace et cartographie de modèles : les villes du Massif central*), dans la revue de cartographie *Mappemonde* à partir de 1986 (1986/4, numéro spécial sur *Modèles et chorèmes*) et des atlas du Groupe Reclus (Espagne, Brésil, Zones franches, Chine, Pacifique sud). Dans tous les cas les hypothèses de départ sont les mêmes, les organisations et les dynamiques spatiales sont fondées sur un certain nombre de chorèmes simples à mettre en évidence. Ce nouveau langage repose sur l'usage d'une table de chorèmes répartis en points, lignes, aires, réseaux, selon 28 figures à considérer comme base de toute distribution spatiale et permettant donc de dire l'essentiel sur une situation géographique.

Le modèle est entré désormais dans le quotidien sous la désignation de *logo* qui par exemple utilise souvent dans ses représentations la France en forme d'hexagone. Après l'apparition déjà ancienne des premiers modèles spatiaux (von Thünen, Christaller, Burgess, Hoyt parmi les plus fréquemment reproduits) on entre, avec la *chorématique*[45], dans un processus de systématisation qui propose à la fois la compréhension d'un certain ordre dans le Monde et un moyen de communication capable de renouveler l'approche cartographique, tout en s'appuyant sur la carte classique, garante de descriptions et de localisations. Ainsi un pays (au sens de petite région) peut être défini à partir de quelques chorèmes relevant de la zone d'influence d'une ville, de moyens de transport, d'occupation du sol, d'héritages historiques. Une île combine des vagues de peuplement et des contraintes physiques, des déséquilibres dans la mise en valeur et le réseau urbain, des héritages coloniaux. Pour dire l'essentiel sur une ville on prend en compte le centre et les fronts de croissance, des opérations d'urbanisme programmé, des activités, des éléments du site, des images plus ou moins fortes. La carte, représentation de l'espace, met en évidence les interrogations de la géographie, quelle que soit la forme qu'elle adopte et l'outil qu'elle utilise.

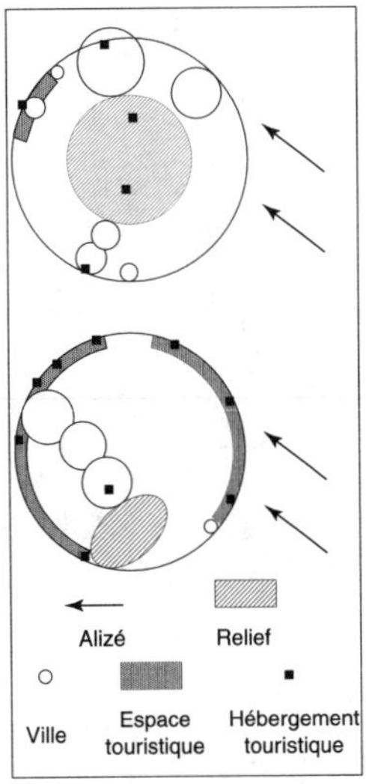

Fig. 4 Une carte-modèle : le tourisme à la Réunion et à l'île Maurice.

Source : Knafou R., *Mappemonde*, 1988/3, p. 11.

Ces deux îles de l'Océan Indien, très proches, offrant l'exemple d'un développement touristique de qualité, présentent une organisation de l'espace inversée.

44. *Chorème :* Le terme de chorème vient de « chôré », région, avec le suffixe -ème qui provient de la linguistique.
45. *Chorématique* est un néologisme désignant un ensemble de règles d'utilisation chorème.

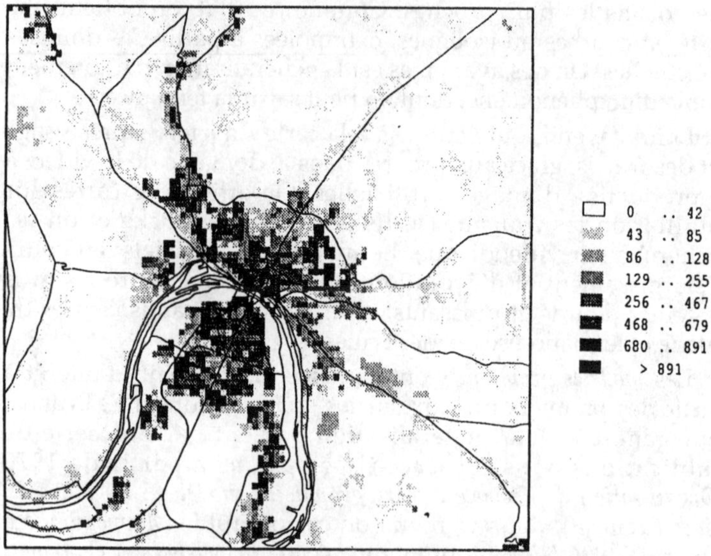

La carte en 3D est définie par Y. Guermond dans le chapitre Informatique et géographie.
Voir la note 43 de ce chapitre.

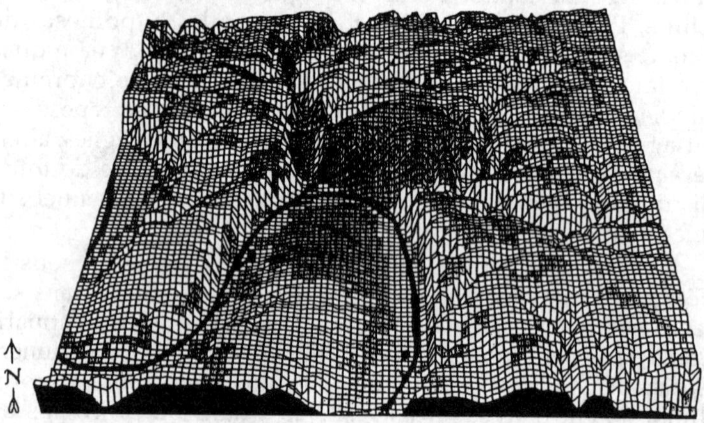

Fig. 5 Carte en 3D du site de Rouen.
Source : Gilles Lajoie, 1989, *Analyse de l'environnement urbain*, Université de Rouen, thèse

6. Sujet : du bon usage d'un atlas « général »

1. Contenu. Le terme veut tout dire, de moins en moins simplement recueil de cartes, de plus en plus collection de cartes commentées ou collection d'objets n'ayant rien de géographique. Les atlas sont nombreux et de parution permanente quel qu'en soit le support. La génération des *Atlas régionaux* a marqué en France des avancées en matière de connaissance des régions et de réflexion géographique.

2. Emploi. Les cartes sont partout au quotidien. L'usage courant passe par l'atlas dit « scolaire » ou encore « général », toujours présent tout au long du siècle. Il est destiné à la consul-

tation familiale, pour l'essentiel en réponse à la question « où ? ». Il peut appuyer, professionnellement, trois choses : une lecture géographique, un cours de géographie, une carte murale qu'il prolonge à une échelle différente. Avantage premier, l'atlas évite de confectionner des cartes mal recopiées et rebaptisées croquis ou schéma selon leur degré d'imperfection, la géographie n'est pas du dessin.

3. Constantes. Les fonds de carte reviennent d'un atlas à l'autre, d'un pays à l'autre. Les index, plus ou moins copieux, sont plus ou moins « nationaux ». Au plan de l'usage du « papier », on constate que les échelles, les thèmes, les cadrages, les techniques de représentation ont assez peu varié dans les atlas généraux. On prendra deux exemples de publications courantes, le premier, d'allure encyclopédique, est riche, le second, plus pédagogique, est aussi plus clair.

4. « Vieil » atlas ? La première édition de l'Atlas général Vidal-Lablache, *Histoire et géographie*, chez Colin, est datée de 1894. Comptant « 420 cartes et cartons [...] 46 000 noms », il entend dès sa préface « stimuler la curiosité et offrir matière à réflexion », pratiquer le « principe de connexité ». La première partie va de l'Égypte ancienne à la conquête de l'Algérie. La géographie présente dans l'ordre la sphère terrestre, la France, ses divisions et ses colonies, les continents avec leurs pays. Les cartes, rendues peu lisibles par l'omniprésence de la nomenclature, sont assorties de commentaires succincts, souvent sous forme de chronologies (la conquête de tel territoire). De façon originale, on notera les comparaisons entre plusieurs régions industrielles, un « essai de carte économique » de l'Afrique, les places fortes de l'Europe avec les camps retranchés, une trouée de Belfort très détaillée. L'atlas est de son temps, dans son temps.

5. « Nouvel » atlas ? L'Atlas Bordas, un des plus courants, porte en sous-titre « historique et géographique » perpétuant ainsi l'ancienne tradition. (Référence : Bordas, Paris, 1985, plusieurs rééditions.) Dans la première partie le choix est chronologique, du troisième millénaire en Méditerranée à l'ONU actuel. Dans la deuxième on retrouve une démarche double, à la fois démarche grossissante en « coup de zoom » partant des planisphères pour aller vers les pays et leurs sous-ensembles, et démarche continentale en cinq parties, Europe en tête, Océanie en fin de parcours. Les sources empruntent aux revues, collections, thèses, rapports d'entreprises, annuaires et atlas.

Le rituel déroule les cartes dans un ordre à peu près identique : relief, climat, géologie, population, économie, politique, administration, selon ce que l'usager attend d'un atlas commode mais qui n'est pas une démarche géographique. Les cartes régionales sont à base physique (les verts et les bistres) pour le Nord ou le Bassin parisien comme pour les Alpes ou la Méditerranée. Il est intéressant de voir les regroupements proposés (Mer du Nord, Europe centrale et balkanique) et les thèmes, dont quelques rares incursions vers les stations de sports d'hiver, l'utilisation du sol, langues et religions.

Certains manuels sont accompagnés de leurs propres cartes, certains manuels jouent aussi un rôle d'atlas. Mais les démarches en matière de cartographie et de géographie, trop proches, risquent de déboucher sur des plans à tiroir un peu trop systématiques. Un atlas se consulte, il s'utilise comme support pour alléger d'autant la mémoire, et il se décode.

23
La Télédétection

Jules Wilmet*

* Wilmet J., professeur à l'Université Catholique de Louvain-la-Neuve.

La télédétection ou détection à distance comprend un ensemble de techniques d'*enregistrement*[1] et de *traitement*[2] d'informations de nature électromagnétique captées à bord de véhicules aériens ou satellisés relatives à des objets ou des phénomènes terrestres, ainsi que des méthodes d'*interprétation*[3] de ces enregistrements. C'est donc par le second aspect surtout que la télédétection entretient des relations avec les sciences géographiques.

Cependant, il n'est pas possible de réaliser l'interprétation correcte d'un document aérien ou orbital sans connaître et appliquer les principes et les techniques qui ont conduit à son élaboration. Ainsi naît une sémantique de l'interprétation, car chaque type d'enregistrement possède un code de lecture en rapport avec la nature du capteur, les conditions de l'enregistrement et les traitements subis par le message initial.

1. La télédétection dans ses rapports épistémologiques avec la géographie

À l'évidence, télédétection et géographie ont un objet d'étude commun, la surface de la terre. Cependant si la première est d'abord une branche des sciences d'observation, la seconde est orientée vers l'explication des rapports spatiaux entre lieux caractérisés par des *attributs*[4]. Ainsi la télédétection pourrait être considérée comme une discipline auxiliaire fournissant à la géographie les matériaux de son étude. À y regarder de plus près cependant, les rapports entre les deux disciplines sont plus étroits que ne le ferait apparaître cette relation d'informateur à utilisateur. C'est que l'interprétation possède, dans sa méthodologie, bien des traits communs avec la géographie et les sciences d'observation terrestre.

1. *Enregistrement :* captation d'ondes électromagnétiques issues de la surface terrestre par des moyens divers, photographie, scanneurs, cellules à transfert de charge, à micro-ondes, radars, mono- ou multispectraux. L'énergie captée réagit avec des supports divers ; cette réaction crée l'information.
2. *Traitement :* opérations réalisées à bord du véhicule ou dans des stations terrestres et destinées à mettre l'information sous une forme convenant à son interprétation.
3. *Interprétation :* méthode d'analyse des informations télédétectées relatives à un lieu terrestre.
4. Beguin H. et Thisse J.E., 1979, An axiomatic approach to geographical space, *Geographical Analysis*, 11, 4, p. 325-341.

En effet, à la différence de la *photogrammétrie*[5], l'interprétation, quel que soit le support de son information, utilise trois *principes*[6] communs aux sciences d'observation :

– l'identification directe des objets, appelée aussi interprétation passive. Elle consiste seulement à mettre en rapport une image ou son expression numérique et un taxon contenu dans le lexique d'une mémoire humaine ou artificielle (d'un ordinateur) ; en télédétection satellitaire, F. Verger l'a dénommée *classification non assistée*[7] ;

– la détermination qui met en rapport une image ou son expression numérique et certaines propriétés d'un objet, selon C.M. et M.C. Girard[8] ; celle-ci fait appel aux connaissances de l'observateur ainsi qu'à son esprit de déduction et à tout document ancillaire (cartes, photos aériennes, statistiques...) en vue de la classification de cet objet non identifiable immédiatement ; F. Verger l'appelle *classification assistée* ;

– enfin, l'interprétation proprement dite met en rapport « des formes décelées sur l'image et les règles géographiques ou physiques de répartition des objets dans un lieu » selon M. Guy[9] (*op. cit.*, p. 24) ; ainsi la structure du parcellaire et le type de civilisation rurale ; ou encore les caractéristiques visibles de l'habitat et le niveau socio-économique d'un quartier urbain ainsi que l'ont montré Henderson et Utano[10].

Mais la liaison entre l'interprétation et le contexte géographique peut même s'avérer nécessaire dans le cas d'une simple identification, lorsqu'il n'existe pas de correspondance univoque entre *lexique sémantique*[11] et *lexique taxonomique*[12]. Ce cas est assez fréquent. L'analyse du contexte géographique permet d'établir des critères de vraisemblance ou d'exclusion des hypothèses d'identification.

Une forte culture géographique est donc utile à l'interprète et inversement une longue pratique de l'interprétation enrichit son lexique sémantique.

Enfin, autre lieu de convergence de la géographie et de l'interprétation, le *contrôle de terrain*[13] dont beaucoup d'éléments sont essentiellement géographiques : utilisation du sol, relief, habitat, ...

2. La télédétection, une autre manière d'observer et de comprendre l'espace géographique

Ce qui vient d'être dit des liens entre télédétection et géographie n'exclut pas une forte spécificité de celle-là au regard d'une géographie demeurée parfois assez traditionnelle. La multiplicité et la richesse informationnelles des techniques de télédétection, ainsi que la spécificité des données qu'elle fournit, conduisent à l'élaboration d'une problématique spatiale renouvelée. On peut même avancer qu'elle accroît la rigueur de l'observation empirique et élargit les voies de l'approche induc-

5. *Photogrammétrie :* discipline scientifique traitant des propriétés géométriques des photographies aériennes et spatiales. Elle trouve son application dans l'aéro ou spatio-cartographie.
6. Bogomolov L.A., 1965, *Des problèmes d'interprétation des photos aériennes*, Géodésie et Aérocartographie, Moscou, traduit du Russe par l'IFP.
7. Verger F., 1982, *L'observation de la terre par les satellites*, PUF, Que sais-je ?, n° 1989.
8. C.M. et M.C. Girard, 1975, *Applications de la télédétection à l'étude de la biosphère*, Masson, Paris.
9. Guy M., 1966, Quelques principes et quelques expériences sur la méthodologie de la photo-interprétation, *Symposium de Photo-Interprétation*, TECHNIP, Paris, 1, p. 21-41.
10. Henderson F.M. et Utano J., 1975, Assessing general urban socio-economic conditions with conventional air photography, *Photogrammetria*, 31, 3, p. 81-90.
11. *Lexique sémantique :* ensemble classé de caractéristiques texturales, de teintes, de valeurs numériques et de relief contenues dans une mémoire humaine ou artificielle.
12. *Lexique taxonomique :* ensemble classé de taxons représentant des objets ou des phénomènes contenu dans une mémoire humaine ou artificielle. Chacun des taxons possède un certain nombre de caractères sémantiques.
13. *Contrôle de terrain :* comprend l'ensemble des observations et des mesures effectuées au sol sur des échantillons d'une zone couverte par un enregistrement aérien ou orbital.

tive en géographie. Deux constatations doivent être énoncées à ce propos :

1) Les informations fournies par la télédétection sont de forme différente de celles que produit l'observation géographique traditionnelle.

Comme l'avait remarqué J. Tricart[14], « l'angle de prise de vues est inhabituel et va à l'encontre de nos habitudes visuelles ».

Les angles d'incidence sont, en effet, très variés depuis la photo aérienne ou satellitaire découvrant le paysage à 90 degrés de la direction de vision normale jusqu'aux enregistrements des radars latéraux[15] « éclairant » l'arrière-pays suivant des angles de dépression variés. Cependant la *résolution spatiale*[16] du document varie en fonction du type de capteur et de ses paramètres de vol. À cet égard, il faut distinguer cette résolution spatiale de la *résolution spectrale*[17] permise par le capteur.

Autre différence, l'altération que subit le message énergétique dans son cheminement depuis l'objet jusqu'au document final. Ce « transfert » d'énergie est simulé par un certain nombre de fonctions mathématiques calculées pour chacun de ses facteurs. Ainsi ces modèles concernent notamment les effets dus à la traversée de l'atmosphère par le rayonnement issu de la surface-objet, les altérations de l'information provenant de l'instrument en orbite et de sa transmission sous forme codée et de son enregistrement au sol.

Enfin, divers traitements sont appliqués aux données brutes afin de fournir au praticien les informations les plus adéquates au thème traité par l'interprétation. Parmi ceux-ci, on peut distinguer :
– des opérations d'amélioration de la qualité des images : étirement du contraste de l'image dans un ou plusieurs canaux, décorrélation des informations redondantes fournies par l'ensemble de ces canaux en utilisant la technique des composantes principales ;
– des opérations de correction géométrique des images en utilisant des points de contrôle repérés sur des cartes topographiques et identifiables avec précision sur l'enregistrement. On peut aussi enrichir un nombre trop restreint de points de contrôle cartographiques en localisant au sol des points remarquables sur l'image à l'aide d'un *Système de Positionnement Global* (GPS)[18] ;
– on range également dans ces traitements préalables des procédés de transformation des données comme l'analyse de groupement, ou l'ajout d'un néocanal formé par un *indice de végétation*[19].

Dans les deux cas cités, ces procédés tendent à vérifier des hypothèses selon lesquelles la répartition des *luminances*[20] dans l'espace multispectral des canaux peut être fragmentée en groupes de valeurs numériques représentant chacun un *état*

14. Tricart J., 1970, *Introduction à l'utilisation des photographies aériennes*, SEDES, Paris, t. 1, p. 7.
15. *Radar latéral :* technique active consistant à envoyer un faisceau d'impulsions de longueurs d'onde centi- ou millimétriques, suivant un angle de dépression déterminé par rapport à l'horizontale et dans une direction perpendiculaire à la trace au sol du vecteur. L'onde réfléchie vers celui-ci est recueillie par une antenne et enregistrée sur un support magnétique sous forme numérique.
16. *Résolution spatiale :* la plus petite distance qui puisse être mesurée entre deux points perçus distinctement par un système d'observation.
17. *Résolution spectrale :* la plus petite division numérique d'un intervalle spectral enregistré par un capteur donné.
18. *Système de positionnement global :* calcule les coordonnées géographiques de tout point situé à la surface de la terre en utilisant un réseau de 24 satellites.
19. *Indice de végétation :* classe d'indices calculés à partir des valeurs spectrales fournies par les canaux infrarouge et rouge.
20. *Luminance (énergétique) :* flux énergétique calculé par unité de surface d'une source projetée dans une direction donnée dans un angle solide unitaire. La numérisation de l'image substitue des valeurs binaires à ces données physiques.

physique de surface[21] tandis que l'inclusion dans l'analyse du néocanal « végétation » contribuera à l'étude de problèmes portant sur la déforestation ou le taux de verdurisation de quartiers urbains.

Ces traitements intègrent souvent des données auxiliaires non télédétectées dont dispose l'interprète : levés d'échantillonnage de types d'occupation du sol, cartes topographiques récentes ou anciennes, données statistiques portant sur la zone considérée, ...

Avec F. Verger (*op. cit.*, p. 95), on parlera *d'assistance interne*[22] ou *externe*[23] à l'interprétation, cette assistance précédant, accompagnant ou suivant la classification des données (pré-, co- ou post-assistance). Celle-ci consiste dans l'attribution de ces données à des classes représentant des taxons.

2) Le contenu sémantique lui-même des informations télédétectées peut être assez différent de celui que fournit l'observation traditionnelle. Il faut tout d'abord constater que l'univers des luminances se compose d'un nombre généralement élevé d'informations élémentaires dont la correspondance avec des objets précis sur le terrain n'est pas assurée : comme on l'a dit ci-dessus, la résolution spatiale et spectrale du capteur ainsi que les conditions physiques et géométriques du transfert énergétique en sont la cause principale. Le « pixel » ou surface élémentaire d'une image numérique ne représente donc pas *a priori* un taxon. En d'autres termes, la classification spectrale ou classification des valeurs numériques doit être complétée par une *analyse texturale*[24] et *structurale*[25] de ces valeurs, ce qui équivaut à une reconnaissance de leurs formes. Celle-ci permet d'identifier des structures topologiques à l'intérieur de l'image. Il faut cependant remarquer qu'il n'existe pas non plus de relation univoque entre structure et taxon[26]. En d'autres termes, les structures observées peuvent correspondre à des taxons différents ou appartenir à des classes d'objets encore inconnus. Dès lors, l'assistance externe sous forme de contrôle de terrain et l'analyse du contexte dans lequel s'intègre la structure dans l'image se révèlent indispensables. Mais leur apport éventuel enrichira le contenu des lexiques taxonomiques et sémantiques.

C'est pourquoi la télédétection possède bien des affinités avec l'analyse des paysages et facilite leur chorologie ; celle-ci peut être ainsi réalisée à plusieurs niveaux de généralisation. Ces niveaux révèlent des classes de structures ou des regroupements de ces classes en *zones isophènes*[27], comme l'a montré P. Poissonet[28] pour la photo aérienne.

3. La télédétection, l'espace et le temps.

Les systèmes de télédétection équipant les satellites d'observation terrestre assurent une répétition des enregistrements de tous les lieux observés à intervalle régulier.

21. *État physique de surface :* équivalent du mot anglais « Land Cover » et base de la taxonomie en télédétection.
22. *Assistance interne :* « fondée sur la connaissance des caractéristiques intrinsèques des données traitées ».
23. *Assistance externe :* se fonde sur des données extérieures à l'enregistrement, par exemple des contrôles de terrain.
24. *Analyse texturale :* reconnaissance des éléments texturaux : ceux-ci sont les plus petites surfaces de l'image possédant la même valeur numérique.
25. *Analyse structurale :* mise en évidence des dispositions topologiques dans l'image de groupements d'éléments texturaux de valeur différente.
26. Wilmet J., 1996, *Télédétection aérospatiale. Méthodes et Applications*, SIDES, Paris, plus particulièrement le chap. II.2. de la première partie.
27. *Zone isophène :* zone de l'image où les paramètres considérés (valeur numérique ou teinte, texture, structure, ...) ont la même valeur.
28. Poissonnet P.,1966, Place de la photo-interprétation dans un programme d'étude détaillée de la flore, de la végétation, du milieu, *Archives. Intern. de Photogrammétrie*, vol. XVI, Actes du Deuxième Symposium de Photo-Interprétation, Éd. TECHNIP, Paris, p. 51-55.

Les uns, *géostationnaires*[29] comme METEOSAT, couvrent un hémisphère à raison d'un enregistrement par demi-heure. Les autres, appelés *satellites à défilement*[30], suivent une orbite héliosynchrone. Leur enregistrement continu est ensuite découpé en surfaces constantes applées « scènes » dont les dimensions varient avec les caractéristiques astronautiques et instrumentales de ces satellites ; ainsi le satellite SPOT permet une partition en surfaces de 60 km de côté. Celles-ci sont, comme on l'a dit, composées de pixels ordonnés en lignes et colonnes ; le *cycle*[31] des satellites à défilement varie entre un demi-jour pour NOAA qui peut procéder à des enregistrements de nuit à 168 jours pour la programmation actuelle de ERS-1[32]. Un des avantages majeurs de la télédétection sur d'autres techniques d'observation de la terre réside dans cette possibilité de répéter les enregistrements à intervalle régulier. La vision diachronique et l'analyse multitemporelle des types d'occupation du sol, par exemple, en est donc facilitée. Cette analyse débouche sur la *détection du changement*[33]. Cependant si une telle analyse évolutive, bien connue en géographie, s'avère intéressante, le changement lui-même peut être interprété comme un vecteur configuré dans un *espace multitemporel*[34]. Ainsi la grandeur du vecteur mesurera l'importance du changement, sa direction angulaire, le sens de l'évolution. Un tel type d'analyse peut être très utile pour évaluer la transformation de certains paramètres biophysiques, comme le type de couverture végétale, sous l'influence de facteurs anthropiques tels que la déforestation. Ajoutons que le changement peut être utilisé comme un élément de l'interprétation proprement dite. Ainsi, dans les villes, la *thermographie*[35] permet non seulement d'évaluer les pertes de chaleur par les bâtiments mais aussi d'identifier les matériaux de couverture en mesurant leur *inertie thermique*[36].

Cette perspective spatio-temporelle peut s'ouvrir à des études très variées comme les *processus de diffusion*. Mais elle débouche aussi sur la modélisation du changement. À l'heure actuelle, de très nombreuses recherches sont conduites dans le domaine du changement environnemental lié notamment aux aléas climatiques engendrés par les actions de déboisement massif et la pollution de l'atmosphère par les résidus gazeux des activités humaines. Ces recherches mettent en œuvre des techniques de simulation et font intervenir dans ce cadre des modèles markoviens, des modèles de régression multiple ou des modèles diffusionnistes (Lambin, 1994)[37].

Mais l'approche stochastique n'est pas la seule qui tente d'expliquer les changements régionaux ou globaux. D'autres voies de recherche ont été exploitées, comme celle des modèles économiques (p. ex. Grainger, 1986, 1987[38], Paolo *et al.*, 1987[39]), des modèles séquentiels comme celui de Boserup ou encore le modèle cellulaire de von Thünen. Par ailleurs, il faut remarquer que l'évolution des techniques informatiques met à la disposition du chercheur des moyens puissants comme les systèmes

29. *Satellites géostationnaires* : la progression du satellite le long d'un parallèle possède la même vitesse angulaire que la terre à la latitude survolée ; il semble donc immobile à l'aplomb d'un méridien.

30. *Satellites à défilement :* suivent une orbite dont le plan fait un angle déterminé avec celui de l'Équateur ; parmi ceux-ci, le plan d'orbite des satellites héliosynchrones fait un angle constant avec la direction du soleil. Cette orbite est donc inclinée par rapport à l'axe des pôles. Cette inclinaison est en rapport avec le renflement équatorial de la terre.

31. *Cycle du satellite :* temps qui s'écoule entre deux passages successifs du satellite au nadir d'un même lieu terrestre.

32. Au sujet des paramètres astronautiques des satellites, consulter : Verger F., Ghirardi R., Sourbès-Verger I. et Pasco X., 1997, *Atlas de Géographie de l'Espace*, Belin, Paris.

33. *Détection du changement :* met en évidence les différences des états de surface survenues dans l'espace commun à deux ou plusieurs images enregistrées à des moments différents.

34. *Espace multitemporel :* voir à ce sujet : Lambin E.F. et Strahler A.H., 1994, Change Vector Analysis : A Tool to Detect and Categorize Land-Cover Change Processes Using High Temporal - Resolution Satellite Data, *Remote Sensing of Environment*, 48, p. 231-244.

35. *Thermographie :* branche de la télédétection qui concerne l'analyse des enregistrements de l'énergie thermique émise par les surfaces terrestres.

36. *Inertie thermique :* mesure de la réponse thermique d'un corps à un changement de sa température. Pour l'étudier, on effectue plusieurs enregistrements généralement répartis sur un cycle diurne.

37. Lambin E.F., 1994, *Modelling Deforestation Processes. A Review*, TREES, Tropical Ecosystem Environment Observations. by Satellites, Ser. B, Research Report N° 1 ESA J.R.C., Ispra, EUR 15 744 EN, 113 p.

38. Grainger A., 1986, *The future role of tropical rain forests in the world forest economy*, Ph. D. Dissertation, publ. *in* : 1989 by Oxford Academic Publishers. Grainger A., 1987, *TROPFORM : A model of future hardwood supplies*, Proceed. of the CINTRAFOR Univ. of Washington, Seattle November 3-4, p. 205-212.

neuronaux. Ceux-ci apportent une importante contribution technique aux procédés de simulation utilisant des données de télédétection. En effet, ils permettent, dans un couplage de ces données avec des systèmes d'information géographique, d'utiliser certains éléments quantifiés fournis par ceux-ci comme coefficients de pondération introduits dans les couches du système neuronal ou encore de calculer des fonctions de divers ordres qui seront appliquées aux nœuds des couches intermédiaires de ce système. Les effets d'entraînement sur la classification des taxons pourront être mesurés à la sortie, ce qui permettra son ajustement éventuel par rétropropagation. Dans l'architecture d'un système neuronal, d'ailleurs, les données de télédétection seront naturellement privilégiées puisque, matricielles par nature, elles s'y intègrent aisément. On conçoit dès lors l'intérêt de tels systèmes pour l'analyse diachronique puisqu'ils permettent de comparer les résultats fournis par la simulation sur les données initiales aux classifications issues d'enregistrements de télédétection réalisés ex-post. On saisit ici tout l'intérêt d'une telle recherche en vue d'applications à des systèmes environnementaux modifiés par l'homme ou encore pour guider des actions d'aménagement du territoire. Enfin, la possibilité de *dépointer*[40] le capteur de sa visée nadirale pour enregistrer des surfaces situées à l'aplomb d'une orbite précédente (c'est le cas de SPOT), fournit une opportunité nouvelle d'observer des phénomènes dynamiques comme les feux de brousse ou les coulées de laves volcaniques, par exemple.

La mise en orbite prochaine de capteurs à très haute résolution spatiale (de l'ordre du mètre) et (ou) spectrale (36 canaux avec le futur MODIS) accroissent encore cette capacité d'investigation.

En effet, à la faculté d'étude diachronique se combine souvent celle d'une *analyse multisensorielle*[41] des surfaces terrestres par les nombreux capteurs équipant le satellite (ou parfois l'avion). Certains d'entre eux, comme le radar, sont susceptibles, dans certaines fréquences et dans certaines conditions de teneur en eau des sols, de repérer des objets situés sous la surface du terrain. L'*analyse multispectrale*[42] permet aussi d'affiner l'identification des éléments d'occupation du sol et de certains types de couverture végétale, de formations pédologiques, la caractérisation de leur taux d'humidité, le repérage des reliefs littoraux, des nappes de pollution marine ou fluviale.

Le dépointement du miroir d'entrée signalé plus haut chez SPOT permet, à partir de deux orbites voisines successives, d'obtenir des images stéréoscopiques d'une scène complète. Cette possibilité peut être mise à profit pour confectionner des *modèles numériques de terrain*[43] en trois dimensions et en général procéder à une cartographie altimétrique et planimétrique à des échelles moyennes. Il s'agit là d'une opportunité particulièrement intéressante dans les pays en développement dont la cartographie de base est souvent lacunaire. Suivant la méthode

39. Paolo M., Mery J. and Salmi J., 1987, *Deforestation in the Tropics : pilot scenarios based on quantitative analyses, in :* Paolo M. and Mery J., ed., Deforestation or Development in the Third World ?, vol. I, Helsinki, *Division of Social Economics in Forestry*, 53-106.
40. *Dépointer :* modifier l'angle de visée du capteur par rotation du miroir d'entrée d'un angle déterminé sur son axe. Sur le satellite SPOT, le miroir est mobile par pas de 0,7 grade jusqu'à 27° du nadir.
41. *Analyse multisensorielle :* combinaison des enregistrements de divers instruments opérant simultanément dans la même gamme ou des gammes différentes de longueurs d'onde et couvrant la même surface au sol.
42. *Analyse multispectrale :* Étude d'enregistrements de la même surface au sol effectués simultanément dans plusieurs longueurs d'onde.
43. L'étude des *modèles numériques de terrain* est envisagée par R. Ferras et Ch. Hussy au chap. 22.

évoquée plus haut, le calage des modèles stéréoscopiques est réalisé en utilisant des points de contrôle supplémentaires levés au sol à l'aide d'un GPS.

4. Conclusion : télédétection et dialectique des paysages de l'écoumène

Si la télédétection contribue à une meilleure connaissance de ce qu'on est convenu d'appeler les « états de surface » terrestres, il ne faudrait pas en inférer qu'elle s'intéresse uniquement aux propriétés physiques des paysages. Certes la géographie physique au sens strict tire un profit non négligeable de son utilisation. Cependant, la très grande majorité des paysages terrestres est humanisée à des degrés divers. La géographie humaine est donc aussi tributaire de l'observation par satellite. À cet égard, plusieurs concepts nouveaux sont nés à la faveur de celle-ci :

1. L'appréhension multispectrale qui en diversifiant l'information, modifie son contenu. C'est à la fois la vertu et le danger de l'image multitemporelle ou multispectrale, qui peut révéler des aspects ou des relations inattendus, grâce à la diversité du message, mais aussi estomper l'objet réellement significatif pour l'étude envisagée dans une pléthore de signaux variés. On retrouve ici le vieux mais faux débat entre l'hypothèse et l'observation.

En effet, l'aphorisme, selon lequel nous ne cherchons jamais que ce que nous croyons pouvoir trouver ou prouver, est dans le cas présent partiellement remis en question. L'image de télédétection déconcerte parce qu'elle contient une part d'information qui paraît, à première vue, dénuée d'intérêt pour l'analyse considérée. On tendrait donc à considérer cette information surérogatoire, un peu rapidement parfois, comme du bruit. Mais à bien l'analyser, on constate cependant qu'elle recèle un certain nombre de données médiates, c'est-à-dire exprimant une information et (ou) une relation indirecte(s) avec l'objet de la recherche. C'est ainsi, par exemple, qu'un dispositif parcellaire complexe contient souvent des structures héritées du passé ou encore que des massifs forestiers de composition floristique particulière se maintiennent dans certains paysages de savane africaine là où ils contiennent des bois sacrés. Une carte topographique ne possède pas la même richesse potentielle d'interprétation parce que sa légende est prédéterminée par les choix thématiques du cartographe. En revanche, elle l'emporte en lisibilité immédiate et permet la figuration d'éléments non visibles dans le paysage.

Ainsi le message de la télédétection est inséparable d'une interprétation utilisant les ressources de l'enregistrement multitemporel et multispectral. Mais, par ailleurs, le choix du ou des capteur(s), de l'échelle, de la composition spectrale peut être déterminé, dans les limites des enregistrements disponibles, par la formulation de l'hypothèse scientifique. Ainsi on retrouve ce va-et-vient entre l'image et la réflexion, la complémentarité toujours présente dans les sciences d'observation entre déduction et induction, entre l'imaginaire et l'observé.

2. Une seconde remarque de nature méthodologique mais à signification conceptuelle concerne l'échelle.

Tout d'abord, l'intégration des classifications de la télédétection dans les couches de données d'un *Système d'Information Géographique*[44] ou SIG pose de délicats problèmes d'agrégation ou de désagrégation de ces données selon les échelles respectives des unes et des autres. En effet, rappelons que ces classifications trouvent leur origine dans le traitement de valeurs numériques issues d'un sondage à pas constant dans le signal continu (analogique) produit par le capteur. En revanche, les autres couches du SIG, à l'exception des données topographiques numérisées, proviennent dans la plupart des cas d'informations statistiques fournies par unité administrative ou de recensement. L'agrégation des unes ou la désagrégation des autres ne constituent pas des opérations symétriques et équivalentes.

Par ailleurs, lors d'une comparaison entre des classifications de télédétection obtenues à partir de capteurs à résolution spatiale différente, le changement d'échelle obtenu par un regroupement des valeurs numériques de l'enregistrement à haute résolution ne peut être tenu pour équivalant à l'information fournie pour la même surface par le capteur à basse résolution spatiale. Une analyse de la variance locale le démontre aisément.

Certes des techniques statistiques basées sur l'*autocorrélation spatiale, l'analyse de la variance, la régression simple ou multiple*[45] permettent de lever la plupart de ces ambiguïtés. Mais dans tous les cas, l'application de ces procédés techniques doit être précédé d'un examen sérieux de la signification conceptuelle des taxons utilisés.

5. Conseils de lectures

BONN F. et ROCHON R., 1992, *Précis de télédétection, Principes et Méthodes*, Presses de l'Université du Québec. Tome 1, 485 p. ; sous la direction de F. Bonn, 1996, *Applications thématiques*, 633 p.

Cet ouvrage est le plus complet produit en langue française sur le sujet. La premier tome comporte un rappel substantiel des notions de physique de la télédétection ainsi qu'un exposé sur l'acquisition et l'analyse des données. Le second envisage les applications de la discipline à la géosphère, l'hydrosphère et la biosphère dans trois parties successives. La quatrième est consacrée aux milieux marin et littoral ; enfin une dernière

44. Les SIG sont traités par Y. Guermond au chap. 21.
45. Ces termes sont définis par H. Beguin au chapitre 20.

partie envisage les transformations opérées par l'urbanisation, la désertification et le développement des sociétés humaines, surtout dans les pays en développement. Chacun des chapitres composant ces différentes parties est accompagné d'exemples et d'un questionnaire destiné à tester les connaissances acquises.

LO C.P., 1986, *Applied Remote Sensing*, Longman, New York.

Ce manuel est surtout destiné aux géographes. L'exposé est ordonné en fonction des capteurs utilisés et de leurs applications à des problèmes concrets. Si le milieu physique n'est pas négligé, d'importants chapitres traitant de l'atmosphère et de l'hydrosphère, de substantiels exposés envisagent l'étude de la population, l'occupation du sol et la cartographie. Enfin, un court chapitre traite de l'intégration de la télédétection dans les Systèmes d'Information Géographique.

GIRARD C.-M. et M.-C., 1989, *Télédétection appliquée. Zones tempérées et intertropicales*, Masson, Coll. Sc. agronomiques, Paris.

Comme l'indique le titre de la collection, l'ouvrage est destiné d'abord aux agronomes. Il comporte une première partie consacrée aux bases physiques de la télédétection avec une attention spéciale portée sur les micro-ondes. Une deuxième s'attache à la problématique de la télédétection et au traitement de l'image. Des applications botaniques, pédologiques et agronomiques sont ensuite proposées. Enfin la mise en œuvre des techniques du radar est appliquée au traitement des surfaces marines et aux reliefs littoraux.

WILMET J., 1996, *Télédétection aérospatiale. Méthodes et Applications*, SIDES, Fontenay-sous-Bois, 16 h.t.

Ce livre envisage la télédétection suivant une perspective globale incluant les techniques satellitaires et aériennes. La partie théorique est surtout méthodologique et destinée à l'enseignement universitaire. La seconde est orientée vers les applications en géographie humaine : analyse du paysage, protection des sites, aménagement urbain, gestion et conversion des zones rurales avec un accent particulier mis sur le développement des régions défavorisées du Tiers Monde.

6. Sujet : télédétection aérospatiale et aménagement des zones urbaines

La question porte sur la contribution de la télédétection aérospatiale à l'aménagement des zones urbanisées. On demande en particulier d'évaluer la croissance démographique et aréale de villes situées dans des pays en développement pour lesquelles des statistiques précises sont indisponibles. Il conviendra d'indiquer, pour chacune des deux parties de la question, le cheminement méthodologique et de préciser les techniques utilisées.

Réponse : deux hypothèses peuvent être formulées dans le cadre de cette problématique :

1. Hypothèse scientifique : il existe une relation entre populations et superficies urbaines

2. Hypothèse technique : la télédétection permet de mesurer la croissance aréale urbaine. En outre, il est possible d'identifier sur les images aérospatiales des zones homogènes sur le plan de l'occupation du sol. À ces zones homogènes, on pourra associer des classes de densité de population.

Vérification de la première hypothèse : le modèle général allométrique de la croissance urbaine est le suivant :

$P = a. S^b$ où P est la population, S, la surface urbaine, a et b sont des coefficients à déterminer par ajustement à une série de villes d'un ensemble régional. Une telle croissance allométrique n'est pas toujours vérifiée. Il convient donc de vérifier la relation par régression sur une série de villes respectivement du Tiers Monde et de l'Europe. D'autres modèles d'ajustement sont possibles : relations du premier degré ou encore modèles polynomiaux intégrant l'interaction spatiale.

La télédétection intervient ici pour mesurer S à deux ou plusieurs périodes successives de façon à évaluer la croissance des surfaces et la comparer à celle de la population. La fréquence temporelle sera suffisante pour suivre efficacement la croissance urbaine dans les villes du Tiers Monde. L'intervalle de cinq années paraît plus que suffisant, d'autant plus qu'il n'existe pas de dénombrements quinquennaux dans de nombreux pays tiers et que, dans bien des cas, le chercheur doit se satisfaire de sondages statistiques décennaux plus ou moins précis. Ces données statistiques seront cependant nécessaires pour vérifier la validité de l'ajustement. Sur le plan technique, la mesure des superficies ne nécessite pas l'utilisation de satellites à haute résolution. Au contraire, un masque peut être plus aisément défini sur un périmètre d'agglomération cerné à partir de satellites à moyenne voire faible résolution spatiale mais en mettant à profit les ressources d'enregistrements multispectraux. L'utilisation de l'indice de végétation sera utile notamment pour définir la zone périphérique de la tache urbaine.

Les coefficients de corrélation entre surfaces urbaines et population peuvent être relativement peu élevés (0,75 pour 124 villes chinoises étudiées par Lo). On peut donc être amené à utiliser le satellite en combinaison avec des transects urbains réalisés par photographie aérienne à basse altitude (Baudot, 1994). On définit ainsi des zones isophènes représentant des types d'occupation du sol ou des ensembles d'îlots urbains homogènes sur le plan de l'habitat. Le calcul de la population pour chacune de ces zones est dès lors basé sur un sondage démographique. C'est sur une stratification semblable que l'ORSTOM a évalué la population de la ville de Quito. Néanmoins cette méthode nécessite des sondages répétés dans le temps et une définition actualisée des zones isophènes. Elle est donc plus lourde mais plus précise.

À titre de comparaison, la croissance des villes du nord pendant la même période sera aisément calculée à partir des recensements disponibles. Néanmoins, on vérifiera sur imagerie satellitaire la correspondance entre les limites du périmètre d'agglomération et celles des districts de recensement. Il arrive souvent, en effet, que la croissance urbaine dans nos pays s'effectue par ex-urbanisation et suburbanisation Les statistiques fournies dans le cadre d'une définition administrative du périmètre urbain ne sont donc plus adaptées à la réalité de l'occupation du sol. Dès lors, la télédétection par satellite à haute résolution spatiale permet une zonation précise des périmètres d'habitat et une caractérisation des tissus résidentiels. Le problème revient donc à assigner une population déterminée à chaque pixel d'une zone isophène représentant un type d'habitat en fonction des données démographiques disponibles au niveau de l'unité de recensement la plus petite. Ce problème de désagrégation spatiale a été traité par Reginster et Baudot (1997).

24

La géographie appliquée

Antoine S. Bailly*

* Professeur à l'Université de Genève.

Géographie appliquée[1], *géographie active*[2], géographie et action ; autant de qualificatifs appliqués au terme géographie et destinés à valoriser les possibilités opérationnelles de la discipline. M. Derruau[3] n'écrivait-il pas en 1961 que « la géographie active n'est pas une branche particulière de notre discipline. Elle l'est même d'autant moins que la géographie humaine n'est jamais entièrement théorique et qu'elle ne se conçoit que comme étude du concret ». Opinion partagée par l'équipe qui a fondé la revue, le *Professional Geographer*[4] dans le but de mieux faire connaître le potentiel technique de la géographie.

1. Un plaidoyer ancien

M. Phliponneau[5], un des ardents défenseurs de la géographie appliquée en France, fait remonter à Vauban les premières enquêtes sur l'aménagement du territoire, mais c'est surtout à partir de la fin des années soixante que de nombreux géographes ont mis l'accent sur ce type de recherche. Bien des exemples pourraient illustrer les origines de ce mouvement dont le caractère opératoire est plus ou moins apprécié comme en témoigne l'ouvrage d'Y. Lacoste[6] « La géographie, ça sert d'abord à faire la guerre ». L'accent est cependant, en général, mis sur l'aspect utile de l'aménagement du cadre de vie. Ainsi le plaidoyer pour une géographie appliquée de H. Bernard, M. Derruau, B. Dezert, J. Renard et M. Wolkowitsch[7] est-il un discours à orientation économique sur les mécanismes et circuits administratifs français, sorte de guide pratique pour une meilleure connaissance des rouages de l'aménagement du territoire. Sont, par exemple, présentés les grands éléments de la loi d'orientation foncière en France : Schéma Directeur d'Aménagement et d'Urbanisme (SDAU), Plans d'Occupation

1. *Géographie appliquée :* recherches géographiques orientées en vue d'applications pratiques.
2. *Géographie active :* géographie consciente des liens entre ses recherches et ses utilisateurs éventuels.
3. Derruau M., 1991, *Précis de géographie humaine*, Colin, Paris.
4. *Professional Geographer :* revue américaine qui traite de géographie appliquée et professionnelle.
5. Phliponneau M., 1960, *Géographie et action*, Masson, Paris.
6. Lacoste Y., 1976, *La géographie, ça sert d'abord à faire la guerre*, Maspero, Paris.
7. Bernard H., Derruau M., Dezert B., Renard J., Wolkowitsch M., 1978, *Initiation à la géographie appliquée*, Masson, Paris.

des Sols (POS). Par curiosité intellectuelle et par souci de s'insérer dans les structures décisionnelles de la société, les géographes participent massivement à des contrats qui leur donnent une nouvelle validation sociale. « Se voulant utile sur le plan national, la géographie s'est déclarée applicable et s'est voulue appliquée »[8]. L'enquête menée par R. Brunet[9] en France fait clairement ressortir « à quel point les géographes se sont engagés dans des recherches appliquées, en fait liées à l'aménagement des territoires ».

Apparaît dans ce souci d'applications toute l'influence de la finalité productiviste des sociétés contemporaines et du désir de mieux contrôler l'aménagement des espaces physiques et humains. La revue *Applied geography* ne pose-t-elle pas comme principe fondamental la compréhension des systèmes physiques, comportementaux et informatifs pour que l'homme puisse optimiser ses ressources ? Le développement de banques de données, d'observatoires régionaux et nationaux, témoignent du besoin d'informations efficaces et rapides dans nos sociétés. Il s'agit de développer des connaissances sur les espaces actions et de proposer des solutions aux problèmes d'utilisation de l'espace. Bien des géographes vont faire l'expérience de recherches pluridisciplinaires[10] (Commissions, Groupes d'Études et de Programmation) et se rendent rapidement compte des difficultés du dialogue ; outre l'apprentissage du vocabulaire, de techniques, ils s'aperçoivent que « la coopération avec les techniciens est rarement réalisée »[11], ce qui n'est pas sans engendrer certaines frustrations. Ce malentendu est en partie fondé sur une mauvaise compréhension de la répartition des tâches : alors que la plupart des aménageurs réduisent l'apport des géographes à la connaissance du milieu et aux études préalables, ces derniers souhaitent être intégrés à l'ensemble du processus de *planification*[12].

2. La géographie appliquée : une vocation puissante pour des géographes professionnels

Depuis les années 1980 la géographie appliquée devient partie intégrante des instituts de géographie à la recherche de mandats pour la formation des étudiants et le financement des équipements. La première conférence de l'*Applied Geography*[13] s'est tenue en 1977 et la revue *Applied Geography*[14] a vu le jour en 1996, en complément de celles de planification et de science régionale (par exemple la *Revue d'Économie Régionale et Urbaine*). Elle complète le *Professional Geographer* publié par l'Association des Géographes Américains déjà présentée ici.

De nombreux jeunes chercheurs, préférant la géographie appliquée à l'enseignement, se lancent dans cette voie grâce à la création d'instituts semi-universitaires ou privés. Trois domaines majeurs sont développés : ceux liés à la protection de

8. Sant M., 1982, *Applied geography ; pratice, problems ans prospects*, Longman, New York.
9. Brunet R., 1982, Rapport sur la géographie, *L'Espace Géographique*, 3, p. 204-205.
10. Bailly A.-S., Guesnier B., Paelinck J., Sallez A., 1988, *Comprendre et maîtriser l'espace*, GIP Reclus, Montpellier.
11. George P., 1982, Cent ans d'histoire de la géographie, *Acta Geographica*, 50, p. 7.
12. *Planification :* ensemble de dispositions destinées à organiser une activité dans l'espace et dans le temps.
13. « Applied Geography » est publié par Wiley.
14. Professional Geographer, publié par l'Association des Géographes Américains.

l'environnement et au global change qui fait appel aux Systèmes d'Informations Géographiques (SIG)[15] ; ceux liés à l'aménagement urbain et du territoire, proche de la planification ; ceux consacrés aux localisations des activités économiques, dans la tradition de la science régionale. Parmi quelques titres de contributions présentées à la conférence de l'*Applied Geography* en 1997, notons par exemple la justice environnementale[16], la conservation de parcs ou de ressources, les risques naturels[17] dans le premier domaine, les systèmes d'information du territoire, l'écotourisme, la planification sanitaire dans le deuxième et l'influence des télécommunications, la localisation des activités économiques et de service dans le troisième.

Au total, nombre d'instituts de géographie dans le monde glissent de leur vocation pédagogique première à une vocation en recherche appliquée. L'avenir devrait confirmer cette tendance lourde qui implique de nouveaux financements privés et une part majeure du travail des géographes en recherche appliquée.

3. Une démarche difficile

Les géographes sont-ils formés pour donner des conseils en planification aux politiciens ou aux aménagistes? A. Buttimer[18] répond en ces termes : le rôle du géographe « n'est pas de choisir ou de décider pour les gens, pas même de formuler des choix alternatifs, mais plutôt, à travers les modèles de la discipline, d'élargir la vision des décideurs afin que l'articulation des alternatives et des choix puisse véritablement devenir la leur ».

Le problème reste qu'à l'image de bien des sciences, la géographie a cru à l'efficacité de ses *techniques*[19], avant d'avoir prouvé sa plausibilité *scientifique*[20]. A. Bailly et J.-B. Racine n'écrivent-ils pas : « La géographie s'est toujours voulue radicalement empiriste. Si théories il y a, elles ne peuvent être que l'émanation des phénomènes observés... Or on sait depuis longtemps que cet effort pour inférer une théorie à partir de l'empirie ne nous conduit à aucune certitude... »[21]. Et pourtant bien des ouvrages de géographie appliquée s'attachent aux phénomènes concrets en travaillant sans hypothèse explicite, sans toujours aborder les problèmes de validité des démarches et des modèles et en ne reconnaissant comme seule règle que l'expérience. Le géographe amené à faire de nombreuses études n'a souvent plus le temps de se consacrer aux progrès de la théorie scientifique. Tout se résume en termes de débouchés puisque la finalité professionnelle des bureaux d'étude l'emporte sur la réflexion épistémologique. Bien des tenants de la géographie appliquée postulent l'idée d'indépendance scientifique[22] donc d'objectivité technique du géographe, détenteur d'un savoir sur l'espace. Ainsi les décideurs feraient-ils leurs

15. SIG (voir chapitre 21).
16. *Justice environnementale :* concept qui aborde les inégalités dans la répartition des pollutions et autres nuisances dans l'espace.
17. Bailly A. (éd.), 1996, *Risques naturels, risques de sociétés*, Économica, Paris.
18. Buttimer A., 1971, Values in geography, Commission on College Geography, *Resource Paper*, 24, Washington.
19. *Technique :* la technique est le moyen d'application des données scientifiques aux activités concrètes.
20. *Scientifique :* la technique est souvent opposée à la science dans la mesure où elle a une fonction pratique, alors que la science aurait, dans un premier temps, une fonction théorique.
21. Bailly A. et Racine J.-B., 1978, « Les géographes ont-ils trouvé le Nord ? », L'*Espace Géographique*, 1, p. 5-14.
22. Vendryes P., 1973, *Vers la théorie de l'homme*, PUF, Paris.

choix à partir des rapports élaborés par ces techniciens objectifs. De bons géographes, formés à la géographie physique et humaine, deviendraient experts en aménagement, créateurs de notre avenir. Ne sommes-nous pas seuls à croire qu'une connaissance détaillée d'un milieu permet une séparation entre « experts objectifs » garants du savoir et « hommes politiques » ayant le pouvoir ?[23] Cette conception n'engendre-t-elle pas une confusion entre l'évidence et le concret ? L'être humain, quelle que soit sa fonction, n'est-il pas avant tout homme social, qui sans légitimation du groupe ne peut exercer une pratique quelconque et dont les référentiels sont construits par ce même groupe. Réfléchir à ce problème revient à délimiter notre objectivité, c'est-à-dire, pour reprendre le propos de M. Serres[24], « notre cohérence doctrinale » et à aborder les questions de la *subjectivité*[25] de nos choix, de nos méthodes et de nos résultats. Il n'existe pas une, mais plusieurs manières d'aborder les questions d'aménagement de l'espace ; A. Bailly et H. Beguin[26] le montrent à travers quatre perspectives dans l'*Introduction à la géographie humaine*, tout comme les géographes et sociologues marxistes dans leurs analyses des enjeux dans l'aménagement de l'espace[27].

Certes de nombreuses propositions d'aménagement de l'espace fondées sur des analyses empiriques[28] ont permis de fournir aux décideurs des alternatives et d'influencer l'aménagement, en particulier dans certains pays du Tiers Monde, mais nul ne peut contester le caractère technocratique de recherches conçues sur la base de la séparation entre aménageur (détenteur du savoir), décideur (pouvoir) et homme-habitant (utilisateur). L'échec de l'aménagement par le haut, qui se substitue à celui par le bas, est dès lors évident, postulé *a priori*, attendu par définition. Il opprime l'usager, ce dernier n'étant plus le bâtisseur-habitant qui exerce une part de contrôle mais devenant simple utilisateur[29]. Idée développée ailleurs par J. Remy et L. Voyé[30] : « Lorsque le village voit son contrôle diminuer dans une multiplicité de champs d'activités, le poids de ce capital d'informations locales diminue… », et la société locale, enracinée dans le milieu, se voit supplantée par une néobourgeoisie technicienne en provenance de l'extérieur.

23. Michaïkof S., 1987, *Les apprentis sorciers du développement*, Économica, Paris.
24. Serres M., 1968, *La communication*, Minuit, Paris.
25. Concept de subjectivité développé par B. Debarbieux dans le chapitre Les problématiques de l'image et de la représentation en géographie.
26. Bailly A.-S. et Beguin H., 1995, *Introduction à la géographie humaine*, Masson, Paris.
27. Castells M., 1975, *Sociologie de l'espace industriel*, Anthropos, Paris.
28. Par exemple celles de Piatier A., 1964, *Les zones d'attraction commerciale au Sud-Ouest*, Gauthier Villars, Paris.
29. Pecqueur B., 1989, *Le développement local*, Sirey, Paris.
30. Remy J. et Voyé L., 1979, *Pouvoir local et délocalisation*, Université Catholique de Louvain-la-Neuve.

4. Vers de nouveaux objectifs de la géographie appliquée

La géographie appliquée, comme beaucoup de sciences opérationnalisées rapidement, a longtemps peu participé au débat d'ensemble des sciences sociales et est ainsi devenue étude d'objets spatiaux plutôt que de processus, de choses plutôt que d'êtres humains. Sont enseignés aux étudiants les techniques de recherches, parfois les modèles principaux, et les cadres juridiques de l'aménagement, mais moins le rôle des idéologies, les problèmes épistémologiques, donc les principes premiers de la recherche. « Notre travail de reproduction et d'invention s'exerce sur la structure de surface, et c'est pourquoi nous continuons à accumuler des connaissances relatives à cette même structure de surface »[31] en oubliant l'ampleur des structures profondes. J. Starobinski[32] nous rappelle l'un des risques tautologiques fondamentaux de la *logique interprétative*[33], c'est-à-dire de produire des interprétations « qui ont dans le dos leur point d'arrivée ». L'être excède les phénomènes, l'a-t-on oublié ?

Notre objectif ne doit-il pas s'orienter alors vers une évaluation des probabilités d'occurrence des phénomènes dans un monde dynamique et instable pour en saisir les composantes profondes ? La coexistence d'éléments déterministes (trajectoires) et évolutifs permet d'envisager, non pas une utopique connaissance globale, mais une réflexion sur la cohérence des phénomènes. Les découvertes de la thermodynamique (*entropie*[34] et structures dissipatives) nous montrent l'indissoluble lien entre hasard et nécessité. C'est à ce niveau que peut se situer une géographie appliquée consciente de ses limites, consciente d'être produite par la culture et l'évolution conceptuelle des sciences au sein de cette culture ; la géographie appliquée s'attache alors aux interactions réciproques entre culture-science-action, à la subjectivité de notre connaissance, de nos jugements, bref de nos constructions intellectuelles. Nous construisons sur des connaissances du monde et non sur le monde nous rappelle L. Prieto[35].

Faut-il alors être pessimiste face aux possibilités de la géographie appliquée par suite de cette absence de réflexion théorique ? Non, car l'effort conceptuel et l'examen de la production empirique, en ouvrant la voie à la prudence, devraient permettre de prendre conscience de la diversité des approches et de la cohérence des doctrines dans des milieux de vie complexes. Passer de la pseudo-rationalité de la géographie appliquée à l'acceptation des variétés dans les comportements sociaux et culturels (y compris ceux des chercheurs) constitue un premier élargissement disciplinaire. Revenir au problème de la conceptualisation pour comprendre nos motivations (et celles des décideurs) constitue alors la deuxième étape, pour remplacer la géographie technicienne par une géographie humaine à la fois active et créative qui permettrait, tant sur le plan de l'information que sur celui de la connaissance fondamentale, « de révéler l'humanité à elle-même ». La mise au point de nouveaux outils (cartographie automatique, télédétection, systèmes d'informations géographique), présentés dans cet ouvrage, n'est pas sans ouvrir des voies pour la géographie appliquée parmi lesquelles, sans souci d'exhaustivité, nous mentionnons :

- la gestion des ressources, des matières premières et la protection de l'environnement physique ;
- les études sur les conséquences des modifications de l'environnement (par l'urbanisation, l'industrialisation…) ;

31. Ferrier J.-P., Racine J.-B., Raffestin C., 1978, Vers un paradigme critique : matériaux pour un projet géographique, *L'Espace Géographique*, 4, p. 191-197.
32. Starobinski J., 1970, *La relation critique*, NFR, Paris.
33. *Logique interprétative :* lire un paysage, un texte à travers les questions et les valorisations que l'on porte en soi pour imaginer une interprétation préfigurée par notre volonté.
34. Le concept *d'entropie* est développé par H. Beguin dans le chapitre Analyse quantitative.
35. Prieto L., 1975, *Pertinence et pratique ; essai de sémiologie*, Minuit, Paris.

– les études de transformation des espaces urbains et ruraux et leurs effets régionaux… ;
– l'aménagement du territoire et la planification (des systèmes d'information du territoire à la localisation des activités).

5. Conseils de lectures

Devant l'évolution rapide des thèmes de la géographie appliquée il est utile de lire des revues récentes comme *Mappemonde* (publiée aux éditions Belin) et *Applied geography* (publiée aux éditions Wiley). La revue *Professional Geographer,* publiée par l'Association des Géographes Américains permet de compléter ce tour d'horizon.

Des thèmes de géographie appliquée sont présentés dans :

BAILLY A.-S., FERRAS R., PUMAIN D., 1995, *Encyclopédie de géographie,* Économica, Paris. Troisième partie de l'*Encyclopédie.*

6. Sujet : comment utiliser la théorie de la base économique pour résoudre les problèmes de développement régional ?

La théorie de la base économique, issue des conceptions mercantilistes sur le rôle des exportations dans l'accroissement de la richesse des nations, constitue un mode de réflexion utile pour aborder les questions de développement régional. Dans chaque région toute activité a une fonction locale et une fonction d'exportation source de flux financiers. Par exemple dans une étude sur la région des « White Mountains » en Arizona, L. Gibson démontre que 85 % des employés agricoles travaillent pour l'exportation, tout comme 87 % de ceux de l'industrie, mais seulement 37 % de ceux du commerce de détail.

Chacun de ces secteurs, grâce aux multiplicateurs économiques (effets sur l'ensemble du système), génère des flux financiers dans la région, évalués par exemple à 2 pour l'hôtellerie et à 2,17 dans les mines ; c'est-à-dire que pour 1 unité investie, les retombées totales dans le système économique sont doublées ou plus que doublées.

Peut-on, grâce à ces multiplicateurs, calculer les risques régionaux liés à une fermeture d'entreprise ? La même étude montre qu'avec une fermeture progressive le multiplicateur de 2,17 en 1981 passe à 1,22 en 1995. Le rôle de l'activité s'effrite pour la base économique régionale. Il faudra donc la remplacer par d'autres activités si l'on souhaite un maintien de la croissance régionale et non un déclin.

La théorie de la base économique permet, grâce aux calculs des multiplicateurs économiques, d'anticiper des politiques de développement régional pour trouver les secteurs les plus porteurs et ainsi effectuer de bons choix d'activités et prévoir les conséquences des décisions économiques dans l'espace. Cette théorie est ainsi utilisée en médicométrie pour évaluer les retombées socio-économiques des activités hospitalières et calculer les effets sur l'emploi et les flux financiers pour la région concernée. Ses potentialités sont nombreuses de la mesure des effets du tourisme à celui des universités sur l'emploi et l'activité régionale.

De maniement scientifique aisé, simple à comprendre pour les autorités, la théorie de la base économique constitue un outil fondamental de la géographie appliquée.

Index des auteurs

R

S

T

Index des concepts

R

S

T

Ont participé à cet ouvrage

BAILLY Antoine S., professeur à la Faculté des Sciences Économiques et Sociales de l'Université de Genève, président d'Honneur de l'Association de Science Régionale de Langue Française, président de la section Suisse de l'UGI. Parmi ses principales publications, *Éléments d'épistémiologie de la géographie* (Colin, Paris), *Comprendre et maîtriser l'espace* (GIP Reclus, Montpellier, 1988) (avec J. Paelienck, A. Sallez et B. Guesnier), *Introduction à la géographie humaine* (Masson, Paris, 1982-1998, avec H. Beguin), *La géographie du bien-être* (PUF, Paris, 1981), *La perception de l'espace urbain* (CRU, Paris, 1977), *L'organisation urbaine* (CRU, Paris, 1975, 1978). Éditeur d'ouvrages en géographie de la santé, géographie des représentations et géographie humaniste (Anthropos. Économica, Paris). Auteur du volume *États-Unis* (avec G. Dorel) de la Géographie Universelle (Belin, Paris).

BARAMPAMA Angelo, chargé de cours à l'Université de Genève où il donne des cours de géographie politique et géographie régionale. Ses recherches ont porté notamment sur le secteur informel et le développement du monde rural africain. Parmi ses publications, *Le manioc en Afrique de l'Est, Rôle et perspectives dans le développement agricole* (Éditions Karthala, Paris, 1992), *Ravitaillement urbain et diffusion d'innovation: le cas du manioc au Rwanda* (Lausanne, Institut de Géographie), *Profil et capacités technologiques des micro-entreprises du secteur métallique de Kigali et Butare (Rwanda)* (Genève, BIT, 1987).

BEGUIN Hubert, professeur à l'Université Catholique de Louvain-la-Neuve (Belgique), membre de l'Académie Royale des Sciences d'Outre-Mer de Belgique et d'une Commission de l'Union Géographique Internationale. Parmi ses principales publications, *Introduction à la géographie humaine* (Masson, Paris, 1982, 1998, avec A.-S. Bailly), *Méthodes d'analyse géographique quantitative* (Librairies Techniques, Paris, 1979), *L'organisation de l'espace au Maroc* (Académie Royale des Sciences d'Outre-Mer, Bruxelles, 1974). *Theoretical market areas under Euclidean distance* (Ann Arbor, IMAGE, 1988, avec P. Hanjoul et J. Thill), *Aide à la décision: l'évaluation des projets d'aménagement* (Economica, Paris, 1992, avec H. Zoller).

CHAPUIS Robert, professeur à l'Université de Bourgogne à Dijon. Parmi ses principales publications, *Les ruraux du département du Doubs* (Cêtre, Besançon, 1982), *Espace et société: Géographie sociologique des campagnes du département du Doubs* (Thèse d'État, 1980), *La Haute Loue* (Les Belles Lettres, Paris, 1968), *Les ruraux français* (Masson, Paris, 1986), *Les quatre mondes du Tiers Monde* (Masson/Colin, Paris, 1977).

CLAVAL Paul, professeur de géographie à l'Université de Paris-Sorbonne. Parmi ses nombreuses publications, *La Logique des villes* (Litec, Paris, 1981), *Les mythes fondateurs des sciences sociales* (PUF, Paris, 1980), *Espace et pouvoir* (PUF, Paris, 1977), *Éléments de géographie économique* (Litec, Paris, 1974). Prix Vautrin Lud 1996.

COSINSCHI Micheline, agrégée de Faculté à l'Université de Lausanne où elle enseigne l'analyse théorique et quantitative en géographie. S'occupe principalement de l'analyse des systèmes urbains et intra-urbains.

DAUPHINÉ André, professeur à l'Université de Nice où il dirige le Laboratoire d'Analyse Spatiale Quantitative. A été chargé de mission au Ministère de l'Éducation Nationale, de la Recherche et de la Technologie. Parmi ses principales publications, *Espace, région et système* (Economica, Paris, 1979), *Les précipitations dans les Midis Français* (Thèse d'État, Lille, 1976).

DEBARBIEUX Bernard, professeur à l'Institut de Géographie Alpine de Grenoble, directeur du LAMA. Ses principales recherches ont porté sur les pratiques et l'appropriation de la haute montagne alpine («Territoires de haute montagne», 1988, thèse de doctorat; IGA, Université de Grenoble 1), sur la notion de montagne elle-même («Quelle spécificité montagnarde?», *Revue de Géographie Alpine*, 1989, T. 1-2-3), sur l'histoire de la géographie alpine et sur l'aménagement et la protection des régions calcaires.

FERRAS Robert, professeur des Universités de Montpellier, ancien directeur de *Mappemonde*, ancien directeur d'IUFM. Parmi ses principales publications, une thèse sur *Barcelone, les paysages Méditerranéens* (Documentation Française, Paris), *Europe des douze/Europe du Sud* (Documentation française, Paris), des ouvrages sur le Languedoc-Roussillon, un atlas d'Espace (GIP Reclus, Montpellier), directeur du volume de la GU. *Europe du Sud* (Hachette, Paris), Éléments d'épistémiologie de la géographie (Colin, Paris) (avec A. Bailly).

GUERMOND Yves, professeur à l'Université de Rouen, directeur de l'UA CNRS «Modélisation et Traitements Graphiques» (MTG), membre du Comité Scientifique de la DATAR. Principales publications: *Le système de différenciation spatiale en agriculture* (H. Champion, 1979), *Analyse de système en Géographie* (PU Lyon, 1984), *Géopolitique de la Haute-Normandie* (*in:* Y. Lacoste, Fayard, 1986).

HUSSY Charles, professeur à la Faculté des Sciences Économiques de l'Université de Genève, où il développe les applications géostatistiques et graphiques. Parmi ses publications, *Genève, étude régionale* (P. Lang, 1980), thèse consacrée à une interprétation sémiologique de la géographie. Directeur du Centre d'Écologie Humaine de l'Université de Genève.

DE KONINCK Rodolphe, professeur à l'Université Laval à Québec où il participe à la direction du GÉRAC (Groupe d'Études et de Recherches sur l'Asie Contemporaine). Parmi ses publications, on compte *Malay Peasants Coping with the World* (ISEAS, Singapour, 1992), *Singapour. Un Atlas de la révolution du territoire* (GIP RECLUS, Montpellier, 1993), *L'Asie du Sud-Est* (Masson, Paris, 1994), *Le Monde à la carte* (Fischer Presses, Québec, 3e édition, 1995), *Le recul de la forêt au Vietnam* (CRDI, Ottawa, 1997), cinq chapitres du volume *Asie du Sud-Est Océanie de la Géographie Universelle* (Belin, Paris, 1995) et quelque trente-cinq articles dans le *Dictionnaire de géopolitique* (Y. Lacoste, dir., Flammarion, Paris, 2e édition, 1995).

LÉVY Bertrand, maître d'Enseignement et de Recherche à l'Université de Genève, directeur de collection chez Corti, spécialiste de géographie humaniste, auteur d'ouvrages en géographie humaniste en particulier sur H. Hesse et sur Genève.

NOIN Daniel, professeur à l'Université Panthéon-Sorbonne (Paris I), ancien élève de l'École Normale Supérieure de Saint-Cloud. Il a publié plusieurs ouvrages portant sur la population d'un pays (*Géographie démographique de la France*, 1973) ou du monde (*La transition démographique dans le monde*, 1983 — *Géographie de la population*, Masson, 1995) et une géographie de la France (*L'espace français*, A. Colin, 1976).

NONN Henri, professeur émérite à l'Université Louis Pasteur de Strasbourg, ancien directeur du Laboratoire de Recherches Régionales et Président de la commission Analyse Régionale du Comité National Français de Géographie. Parmi ses principales publications, *L'Alsace, la terre, les hommes* (Éd. Mars et Mercure, Colmar, 1983, en collaboration), *Strasbourg et sa communauté urbaine* (Notes et Études Documentaires, 1982), *Les villes du Nord-Est* (*in:* La France des villes, tome 3, Documentation française, Paris, 1980).

PICHERAL Henri, professeur à l'Université de Montpellier, membre du groupe de travail de Géographie de la santé de l'UGI et responsable de ce même groupe en France. Parmi ses principales publications, *Complexes et systèmes pathogènes: approche géographique* (Actes de la Table Ronde CNRS *Tropiques et santé*, Bordeaux, 1982), *Espace et santé. Géographie médicale du Midi de la France* (Montpellier, 1976).

PINI Giuseppe, maître assistant à l'Université de Genève et chargé de cours à l'Université de Fribourg, il enseigne la géographie des transports et des télécommunications. Parmi ses publications, *Géographie des échanges interrégionaux de marchandises par voie ferrée et par route Suisse* (Thèse, Genève, 1990) et de nombreuses recherches sur les transversales alpines et le réseau urbain Suisse.

RACINE Jean-Bernard, professeur à l'Université de Lausanne en géographie urbaine, économique et sociale. Parmi ses principales publications, *Problématiques de la géographie* (PUF, Paris, 1981, en collaboration avec H. Isnard et H. Reymond), *Un type nord-américain d'expansion métropolitaine, la couronne urbaine du Grand-Montréal* (Thèse d'État, Lille, 1975), *L'analyse quantitative en géographie* (PUF, Paris, 1973, en collaboration avec H. Reymond), *Une géographie de la Suisse et des Suisses* (éd. avec C. Raffestin, Payot, Lausanne), Directeur (avec P. Villeneuve) du volume de la GU. *Canada* (Hachette, Paris, 1991). Prix Vautrin Lud 1997.

RAFFESTIN Claude, professeur à la Faculté des Sciences Économiques et Sociales de l'Université de Genève. Parmi ses principales publications, *Pour une géographie du pouvoir* (Litec, Paris, 1980), *Travail, Espace, pouvoir* (L'Âge d'Homme, Lausanne, 1979, en collaboration avec M. Bresso), *La Géographie des Frontières* (PUF, Paris, 1974), *Une géographie de la Suisse et des Suisses* (éd. avec J.-B. Racine, Payot, Lausanne, 1990).

SCARIATI Renato, documentaliste à l'Université de Genève. Publications sur des thèmes de géographie des représentations et de géographie humaniste dans l'*Espace géographique*, la *Revue de Géographie Alpine* et dans *Représenter l'espace, l'imaginaire spatial à l'école* (Y. André *et al.* (éds), Anthropos, Paris, 1989). Coéditeur de *L'humanisme en géographie* (Anthropos, Paris, 1990) avec A. Bailly.

WILMET Jules, professeur à l'Université Catholique de Louvain où il dirige le Laboratoire de Télédétection de l'Institut de Géographie. Membre du Planning Board for Remote Sensing de l'Agence Spatiale Européenne. Parmi ses principales publications, *L'interprétation des données Landsat dans les zones urbanisées d'Afrique Centrale* (Centre d'Études et de Réalisations Cartographiques Géographiques, CNRS, Paris, p. 121-127, 1982), Télédétection par satellite et espaces régionaux (*L'Espace Géographique*, n° 2, p. 89-98, 1981), L'interprétation des images Landsat en vue d'études urbaines et régionales (*Bulletin de la Société Française de Photogrammétrie*, n° 70, p. 13-23, 1978).

S.E.S.J.M./Armand Colin
34 bis, rue de l'Université - 75007 Paris
N° 21740/1
Dépôt légal : juillet 1998

Achevé d'imprimer sur les presses de la
SNEL S.A.
Rue Saint-Vincent 12 – B-4020 Liège
tél. 32(0)4 344 65 60 - fax 32(0)4 343 77 50
juin 1998 - 8949